大学数学科学丛书 37

测度与概率教程

任佳刚　巫　静　著

科学出版社

北　京

内 容 简 介

本书讲述现代概率论与数理统计所需要的基本测度论知识,包括测度的构造、积分、乘积测度、赋号测度、L^p空间、条件与独立及 Polish 空间上的测度等.

本书可供概率统计及相关方向的高年级本科生、研究生和科研工作者使用.

图书在版编目(CIP)数据

测度与概率教程/任佳刚，巫静著. —北京: 科学出版社, 2018.12
(大学数学科学丛书; 37)
ISBN 978-7-03-059871-4

Ⅰ. ①测… Ⅱ. ①任… ②巫… Ⅲ. ①测度论-高等学校-教材②概率论-高等学校-教材 Ⅳ. ①O174.12; O21

中国版本图书馆 CIP 数据核字 (2018) 第 273479 号

责任编辑: 李 欣／责任校对: 彭珍珍
责任印制: 吴兆东／封面设计: 陈 敬

科学出版社出版
北京东黄城根北街 16 号
邮政编码: 100717
http://www.sciencep.com

北京虎彩文化传播有限公司印刷

科学出版社发行 各地新华书店经销

*

2018 年 12 月第 一 版 开本: 720 × 1000 B5
2024 年 1 月第六次印刷 印张: 18 3/4
字数:370 000

定价: 88.00 元

《大学数学科学丛书》序

按照恩格斯的说法，数学是研究现实世界中数量关系和空间形式的科学．从恩格斯那时到现在，尽管数学的内涵已经大大拓展了，人们对现实世界中的数量关系和空间形式的认识和理解已今非昔比，数学科学已构成包括纯粹数学及应用数学内含的众多分支学科和许多新兴交叉学科的庞大的科学体系，但恩格斯的这一说法仍然是对数学的一个中肯而又相对来说易于为公众了解和接受的概括，科学地反映了数学这一学科的内涵．正由于忽略了物质的具体形态和属性、纯粹从数量关系和空间形式的角度来研究现实世界，数学表现出高度抽象性和应用广泛性的特点，具有特殊的公共基础地位，其重要性得到普遍的认同．

整个数学的发展史是和人类物质文明和精神文明的发展史交融在一起的．作为一种先进的文化，数学不仅在人类文明的进程中一直起着积极的推动作用，而且是人类文明的一个重要的支柱．数学教育对于启迪心智、增进素质、提高全人类文明程度的必要性和重要性已得到空前普遍的重视．数学教育本质是一种素质教育；学习数学，不仅要学到许多重要的数学概念、方法和结论，更要着重领会数学的精神实质和思想方法．在大学学习高等数学的阶段，更应该自觉地去意识并努力体现这一点．

作为面向大学本科生和研究生以及有关教师的教材，教学参考书或课外读物的系列，本丛书将努力贯彻加强基础、面向前沿、突出思想、关注应用和方便阅读的原则，力求为各专业的大学本科生或研究生(包括硕士生及博士生)走近数学科学、理解数学科学以及应用数学科学提供必要的指引和有力的帮助，并欢迎其中相当一些能被广大学校选用为教材，相信并希望在各方面的支持及帮助下，本丛书将会愈出愈好．

李大潜

2003 年 12 月 27 日

前言

想起来是那样遥远 —— 从 Lebesgue 发表他建立的我们现在称之为 Lebesgue 测度与积分的几页纸的划时代的论文算起，一个多世纪过去了. 一百年春风秋雨，一百年春华秋实，Lebesgue 的工作经受住了时间和实践的检验 —— 这棵当年虽然幼小但却茁壮的树苗长成了枝繁叶茂的大树 —— 它的枝叶荫及了现代数学中的许多领域. 回望来路，我们可以看到许多大大小小的数学家在树下辛勤劳作的身影；展望未来，它将长久地为后来者提供庇荫.

人们为什么需要它？有无穷多条理由. 我们只要看一下概率论的情况就可以知道了.

在日常生活使用的数学术语中，“概率”恐怕是出现频率最高的词之一了，也许连“之一”也可以去掉. 虽然对古典概型而言，理解“概率”只需要直观经验，然而要真正从数学上严格定义“概率”这个概念，却绝非易事 —— 这正如我们在生活中经常使用“力”这个词，但物理上的“力”却是另有含义并有严密的分类的；也正如对电和磁的阴阳极概念的划分与研究不能像《易经》那样大而化之. 事实上，将概率公理化是如此的重要与困难，以至于它包含在希尔伯特的 23 个数学问题中；而这一任务的完成则归功于另一位数学巨人 ——Andrey Nikolaevich Kolmogorov. 而他之所以能完成这一任务，是因为他独具慧眼地站在了第三位巨人也就是 Lebesgue 的肩膀上.

现在大学本科的初等概率论的标准教材几乎都是使用 Kolmogorov 的公理化体系来讲述概率论的. 因而我们知道，概率云云，无非就是一个定义在样本空间上的测度. 然而，初等概率论中讲述了许多没有严格证明的结论. 例如，我们都学过下面这个结论：设 ξ 为一连续型随机变量，分布密度函数为 f，则对于任意 Borel 可测函数 F, $F(\xi)$ 也为随机变量且

$$E[F(\xi)] = \int F(x)f(x)dx.$$

一般教材并没有给出这个结论的证明. 这倒不是所有的作者不约而同地忽视了这个问题，而是因为只凭初等概率的知识是无法证明的. 再如，我们学过独立随机变量序列的种种性质，但却“忽略”了一个基本问题：这种序列是否存在？如果它们根本就不存在的话，我们所学的一切岂不全是空中楼阁？还有，如果你足够细心，那么就应该注意到了在那里只对连续型和离散型的随机变量定义了条件数学期望. 那么，一般的情形呢？

当然, 所有这些并不是粗心所造成的忽略, 而是在初等概率论中, 根本就无法回答这些问题.

而有了测度论, 就可以严格地解决这些问题. 当然, 历史的发展证明, 测度论对概率论的作用远不止于此. 并且, 事情起了、正在起、还会起 —— 变化: 概率论的需求反过来又推动了测度论的发展. 例如, 随机变量分布律的密度函数的研究就促进了测度空间上微分理论的建立. 并且, 谁知道呢, 概率论的需求不是建立测度论的原始动力之一? 我们的意思是说, 想想 Borel 吧, 他是 Lebesgue 的老师, 建立了如下的强大数定律: 以 μ_n 表示 Bernoulli 试验中前 n 次试验成功的次数, 那么

$$P\left(\lim_{n\to\infty}\frac{\mu_n}{n}=p\right)=1.$$

你学习这个结果时一定不会纠结, 但我们猜 Borel 一定纠结过: 左边的那个概率到底有没有意义? 也就是说 P 后面的那一摊子究竟是不是事件? 你要知道那时 Kolmogorov 还没有横空出世! Borel— 大数定律 —Lebesgue—Kolmogorov, 藏在漂亮的概率论的测度化公理体系后面的历史迷雾, 谁, 能够拨开?

大江东去浪淘尽 ······ 这是苏轼说的.

测度论是如此重要, 以致这方面的鸿篇巨著可谓是汗牛充栋了. 那么, 我们为什么还要写本书, 有必要写本书吗?

我们真的不敢说有必要. 事实上, 我们一直是把它作为自己用的讲义写的. 写的时候我们考虑了下列因素: 读者对象、课时、我们从自己的研究工作和教学工作中感受到的必备的内容, 以及我们自己学习测度论的一些心得.

我们心目中的读者对象是平庸如我们的人. 所以, 如果你足够聪明, 你可以直接去读本书后面参考文献所列的优秀专著或教本, 而不必读本书. 此外, 内容的选取也受到课时的限制. 如果你有足够的时间去学习更多的知识, 你依然可以直接去读这些专著. 请原谅我们没有列出 P. R. Halmos 的著作 *Measure Theory*. 时光飞逝, 这部哺育了包括本书作者之一在内的几代人的经典, 从现代的观点和需求来看, 也许有点 “老” 了. 呜呼, 光阴荏苒, 谁能不老呢?!

这里的内容都是从现存的各种著述中取材的, 不同的只是编排上的区别而已. 在学习、运用和讲授测度论的过程中, 对我们产生影响较大的有参考文献中列出的和没有列出的许多著作. 这些影响渗透在本书中的各个角落, 恕不一一标明了. 此外就是加上了一些自己的理解. 我们愿意将自己的理解拿出来和读者分享, 就是因为它们是我们自己的学习心得, 哪怕是不完善的心得, 也愿意拿出来接受读者的指正.

我们没有弄巧成拙吗, 没有画蛇添足吗, 没有歪批三国吗, 没有犯低级错误而留下笑柄吗, 没有犯不那么低级的错误而误人子弟吗? 这一切只能留待时间、实践

和读者检验了. 我们诚惶诚恐, 如履薄冰. 唯一让我们有勇气同意出版的理由是来自朋友、学生和科学出版社编辑的热情鼓励.

因此我们非常感谢:

1. 阅读和使用过本书不同阶段的初稿的朋友们, 特别是刘继成、徐嗣棪、张华和黄永辉, 他们对各个阶段粗糙的初稿的肯定给予了我们写作本书的信心和勇气, 他们细心地发现并指出了初稿中的许多错误和模糊之处, 并提出了很多改进意见.

2. 使用过本书作为教材的各个年级的学生们, 特别是李悦、杨芳、张为正、崔勇、王圣等同学, 他们提出的疑问和建议以及发现的错误改善了本书质量; 特别是王圣, 他非常仔细地核对了所有的习题并撰写了答案.

3. 科学出版社李欣编辑. 没有她的建议和鼓励, 我们根本不会想到整理这份讲义.

4. 国家自然科学基金 (No.11471340, 11671408, 11871484) 的资助.

当然, 对依然留下来的问题, 我们自己要负全责. 由于使用电脑写作, 修改起来特别方便, 所以每看一遍都觉得有值得修改的地方. 但显然, 我们必须有一个停时. 所以, 我们就在这里停下来, 剩下的缺憾, 就留待读者指教, 这里先表示感谢!

在本书完稿之际, 我们特别怀念我们的老师、法国科学院已故院士、随机变分学 (Malliavin calculus) 的创始人 Paul Malliavin 教授. 他言传身教, 教导我们刻苦学习, 勤奋工作, 献身科学. 谨以这本不成样子的小书, 作为一朵无名的小花, 敬献于他的灵前 —— 他离开我们已经八年了.

哦, 一年又一年……

任佳刚　巫静

2018 年 7 月于广州

目　　录

记号与约定

1.

$$a \wedge b := \min\{a, b\}, \quad a \vee b := \max\{a, b\},$$

$$\wedge_{i \in I} a_i = \inf\{a_i, i \in I\}, \quad \vee_{i \in I} a_i = \sup\{a_i, i \in I\}.$$

2.

$\rightrightarrows$: 一致收敛

$\upuparrows$: 单调上升一致收敛

$\downdownarrows$: 单调下降一致收敛

如果少一个箭头，则表示同样的收敛，但未必一致.

3. a.e. 表示几乎处处，a.s. 表示几乎必然，a.a. 表示几乎所有.

第 1 章　可测集与可测函数

本章引入后面要用的一些基本概念, 并给出基本术语和记号.

1.1　基 本 术 语

假设读者已经知道了集合论的基本概念 —— 你们当然知道了, 不是吗?

我们考虑问题时, 总会局限在一定的范围内. 随着问题的变化, 这个范围也会变化. 但当一个问题确定下来后, 这个范围一般也会随之确定下来. 这样的一个范围, 称为空间, 或有时为了强调其大而称为全空间. 例如, 我们在数学分析中考虑一元微积分时, 这个空间是 $\mathbb{R}^1$; 考虑 n 元微积分时, 它是 $\mathbb{R}^n$; 在初等概率论中, 这个空间是样本空间即所有可能的试验结果构成的空间; 等等. 以后如不特别声明, 我们都假定已预设了这样一个全空间: 一切元素、子集等都是来自这个空间的. 我们现在用 X 表示这个空间. X 的子集一般用带上、下标 (绝大多数情况下是下标) 或不带标的大写字母表示; 空集用 $\varnothing$ 表示.

我们当然也知道下列的集合运算:

1. 并

$$E_1 \cup E_2 := \{x; x \in E_1 \text{ 或 } x \in E_2\}, \quad \cup_{i\in I} E_i := \{x;\ \text{存在 } i \in I,\ \ x \in E_i\}.$$

2. 交

$$E_1 \cap E_2 := \{x; x \in E_1 \text{ 且 } x \in E_2\}, \quad \cap_{i\in I} E_i := \{x;\ \text{任意 } i \in I,\ \ x \in E_i\}.$$

为省事, $E_1 \cap E_2$ 也往往写成 E_1E_2. 若 $E_1E_2 = \varnothing$, 则 $E_1 \cup E_2$ 往往用 $E_1 + E_2$ 表示; 或者说表达式 $E_1 + E_2$ 自动意味着 $E_1E_2 = \varnothing$, 无须另行声明.

这是最基本的集合运算. 要学会将一些我们熟悉的东西用这种运算符号表示出来. 例如, 设 f_n, f 是具有相同定义域 X 的函数, $x \in X$, 那么我们知道 $f_n(x)$ 收敛到 $f(x)$ 是指"对任意 $\varepsilon > 0$, 存在 N, 使得当 $n \geqslant N$ 时 $|f_n(x) - f(x)| < \varepsilon$". 由于"任意"就是"交", "存在"就是"并", 故翻译成集合语言, 其收敛的集合可表示为

$$\cap_{\varepsilon>0} \cup_{N=1}^{\infty} \cap_{n\geqslant N} \{x; |f_n(x) - f(x)| < \varepsilon\}.$$

以后我们还要经常用到以下概念.

3. 示性函数

$$1_E(x) = \begin{cases} 1, & x \in E, \\ 0, & x \notin E. \end{cases}$$

示性函数在有些文献中称为特征函数. 但由于概率论中特征函数是另一种函数的唯一称呼, 我们选择将上述函数称为示性函数.

集合与其示性函数相互唯一确定, 即

$$E = F \Longleftrightarrow 1_E = 1_F.$$

现在设 $E_n \subset X,\ n = 1, 2, \cdots$. 我们定义如下.

4. 上极限

$$\begin{aligned}\limsup_n E_n :&= \{x : \exists \text{无穷多个 } n \text{ 使 } x \in E_n\} \\ &= \{x : x \in E_n \text{ i.o.}\} \\ &= \{x \in X : \forall n, \exists k \geqslant n \text{ 使 } x \in E_k\} \\ &= \cap_{n=1}^{\infty} \cup_{k=n}^{\infty} E_k.\end{aligned}$$

这里第一个等号和第二个等号后面的描述实际上是完全一样的, 只不过把中文换为英文 —— i.o. 是 infinitely often 的缩写, 写起来会简洁一些.

5. 下极限

$$\begin{aligned}\liminf_n E_n :&= \{x \in X : \text{只有有穷多个 } n \text{ 使 } x \notin E_n\} \\ &= \{x \in X : \exists n, \forall k \geqslant n, x \in E_k\} \\ &= \cup_{n=1}^{\infty} \cap_{k=n}^{\infty} E_k.\end{aligned}$$

易见上极限和下极限的关系是: $\liminf_n E_n \subset \limsup_n E_n$, 这很有点像数列的上、下极限之间的关系. 回忆当数列的上、下极限相等时, 则极限存在, 因此我们可以类比地定义集合序列的极限.

6. 极限

若 $\limsup_n E_n = \liminf_n E_n$, 则称极限存在, 且记为 $\lim_n E_n$.

7. 单调列

若 $\forall n,\ E_n \subset E_{n+1}$, 则称为单调上升列, 记为 $E_n \uparrow$. 此时极限存在且 $\lim_n E_n = \cup_n E_n$.

若 $\forall n,\ E_n \supset E_{n+1}$, 则称为单调下降列, 记为 $E_n \downarrow$. 此时极限存在且 $\lim_n E_n = \cap_n E_n$.

8. 余集

集合 E 的余集定义为

$$E^c := \{x : x \notin E\}.$$

显然有

$$E \subset F \Longleftrightarrow E^c \supset F^c.$$

注意余集与全空间是有关系的, 空间不一样, 同一个集合的余集当然也不一样.

9. 差

$$E \setminus F := E \cap F^c.$$

如果 $F \subset E$, 则为了强调此点的时候也称此差为真差, 写为 $E - F$. 或者说, 符号 $E - F$ 自动意味着 $F \subset E$. 当然, 这并不意味着 $E \setminus F$ 就一定不能表示真差.

10. 对称差

$$E \triangle F := (E \setminus F) \cup (F \setminus E).$$

11. 运算法则

$$A \cap B = B \cap A, \quad A \cup B = B \cup A,$$

$$(A \cup B) \cap C = (A \cap C) \cup (B \cap C),$$

$$(A \cap B) \cup C = (A \cup C) \cap (B \cup C),$$

$$(A \cap B) \cap C = A \cap (B \cap C),$$

$$(A \cup B) \cup C = A \cup (B \cup C),$$

$$(\cup_{i \in I} A_i) \setminus B = \cup_{i \in I}(A_i \setminus B).$$

12. De Morgan 原理

$$(\cup_{i \in I} E_i)^c = \cap_{i \in I} E_i^c, \quad (\cap_{i \in I} E_i)^c = \cup_{i \in I} E_i^c.$$

因此有

$$F \setminus (\cup_{i \in I} E_i) = \cap_{i \in I}(F \setminus E_i), \quad F \setminus (\cap_{i \in I} E_i) = \cup_{i \in I}(F \setminus E_i).$$

1.2 常 用 集 类

以 X 的子集为元素的集合称为集类. 我们以后要研究的集类全都满足的运算性质. 下面依次引入这些集类.

定义1.2.1 设 $\mathscr{S}$ 是非空集类. 称 $\mathscr{S}$ 是半环, 如果

(1) $\varnothing \in \mathscr{S}$;

(2) $A,\ B \in \mathscr{S} \ \Rightarrow\ A \cap B \in \mathscr{S}$;

(3) 对任意 $A, B \in \mathscr{S}$, $A \subset B$, $B \setminus A$ 可表示为 $\mathscr{S}$ 中有限个两两互不相交集合的并.

而如果还有 $X \in \mathscr{S}$, 则 $\mathscr{S}$ 称为半代数.

注 由于 $B \setminus A = B \setminus A \cap B$, 故 (2) + (3) 意味着任意差 $B \setminus A$ 均可以表示 $\mathscr{S}$ 中有限个两两互不相交集合的并.

例1.2.2 设 $X = (-\infty, +\infty)$, $\mathscr{S} = \{[a, b), -\infty < a \leqslant b < +\infty\}$. 则 $\mathscr{S}$ 为半环.

例1.2.3 设 X 为任意空间, I 是任意指标集, $A_i \subset X$, $\forall i$ 且 $i \neq j$ 时 $A_i A_j = \varnothing$. $\mathscr{S} = \{\varnothing, A_i,\ i \in I\}$. 则 $\mathscr{S}$ 为半环.

例1.2.4 设 $X = [0, 1)$, $\mathscr{S} = \{[a, b), 0 \leqslant a \leqslant b \leqslant 1\}$. 则 $\mathscr{S}$ 为半代数.

定义1.2.5 设 $\mathscr{R}$ 为非空集类. 若

$$E, F \in \mathscr{R} \Rightarrow E \cup F, \quad E \cap F, \quad E \setminus F \in \mathscr{R},$$

则称 $\mathscr{R}$ 为环.

在环的定义中, 条件 $E \cap F \in \mathscr{R}$ 实际上是多余的: 它可以从另外两条推出. 事实上我们有如下命题.

命题1.2.6 设 $\mathscr{R}$ 为对并和差封闭的集类, 则

(1) $E, F \in \mathscr{R} \Rightarrow E \bigtriangleup F, E \cap F \in \mathscr{R}$.

(2) $E_i \in \mathscr{R}$, $i = 1, 2, 3, \cdots, n \Longrightarrow \cup_{i=1}^n E_i \in \mathscr{R}, \quad \cap_{i=1}^n E_i \in \mathscr{R}$.

证明 (1)

$$E \bigtriangleup F = (E \setminus F) \cup (F \setminus E),$$

$$E \cap F = (E \cup F) - (E \bigtriangleup F).$$

(2) 归纳法.

Q.E.D.

之所以在环的定义中保留对交的封闭性质是因为这样看起来自然一些, 并且这一点反正是要明确的. 而有了上面的命题, 在验证一个集类是环的时候我们就可以省略一步. 同时我们还有下面的命题.

命题1.2.7 $\mathscr{R}$ 为环当且仅当 $\mathscr{R}$ 关于并及真差封闭.

证明 必要性显然. 充分性: 事实上, 设 $E, F \in \mathscr{R}$, 则 $E \cup F \in \mathscr{R}$, 因而 $E - F = E \cup F - F \in \mathscr{R}$.

Q.E.D.

现在来看一些环与非环的例子.

例1.2.8 设 X 是一集合, 则 X 的所有有限子集构成的集类是环.

例1.2.9 $\mathscr{R} := \{\cup_{i=1}^n [a_i, b_i), n = 1, 2, \cdots, -\infty < a_i \leqslant b_i < +\infty\}$ 是环.

证明是简单的. 首先易见 $\mathscr{R}$ 对有限交与并均封闭. 又因为

$$[a,b)\setminus[c,d)\in\mathscr{R},$$

所以由 De Morgan 原理

$$\begin{aligned}&\cup_{i=1}^{n}[a_i,b_i)\setminus\cup_{j=1}^{m}[c_j,d_j)\\=&\cup_{i=1}^{n}([a_i,b_i)\setminus\cup_{j=1}^{m}[c_j,d_j))\\=&\cup_{i=1}^{n}\cap_{j=1}^{m}([a_i,b_i)\setminus[c_j,d_j))\\\in&\mathscr{R}.\end{aligned}$$

这样的一个具体结果实际上可推广到一般的情形, 见引理 1.3.4. 此外, 读者可以自己验证下面两个例子.

例1.2.10 设 X 是一无穷集合, n 是一整数, 则 X 的所有由 n 个元素组成的有限子集构成的集类不是环.

例1.2.11 $\mathscr{R}:=\{[a,b),-\infty<a\leqslant b<+\infty\}$ 不是环.

定义1.2.12 一个环 $\mathscr{R}$ 若含全空间, 则称为代数.

例 1.2.9 只是环而不是代数. 但下面的集类是代数:

$$\mathscr{A}:=\{\cup_{i=1}^{n}[a_i,b_i),\ -\infty\leqslant a_i\leqslant b_i\leqslant\infty\},\tag{2.1}$$

这里约定当 $a=-\infty$ 时, $[a,b)=(-\infty,b)$.

要验证一个集类为代数, 当然可以直接用定义, 先证明它为环, 再验证它包含全空间. 但通过下面的结果去验证会更快捷一些.

命题1.2.13 一非空集类 $\mathscr{R}$ 为代数的充要条件是下面两条之一成立:

(1) $\mathscr{R}$ 对并及余封闭;

(2) $\mathscr{R}$ 对交及余封闭.

证明 两个条件的必要性显然, 下面证充分性. 设全空间为 X.

(1) 设 $\mathscr{R}$ 对并及余封闭, 首先, 注意任取 $F\in\mathscr{R}$, 有 $F^c\in\mathscr{R}$, 从而

$$X=F\cup F^c\in\mathscr{R}.$$

其次, 设 $F,E\in\mathscr{R}$, 则

$$E\setminus F=E\cap F^c=(E^c\cup F)^c\in\mathscr{R},$$

所以 $\mathscr{R}$ 是代数.

(2) 设 $\mathscr{R}$ 对交及余封闭, $E,F\in\mathscr{R}$. 则 $F^c\in\mathscr{R}$, 故 $\varnothing=F\cap F^c\in\mathscr{R}$, 进而 $X=\varnothing^c\in\mathscr{R}$.

又 $E^c,F^c\in\mathscr{R}$, 故 $E^c\cap F^c\in\mathscr{R}$, 进而 $E\cup F=(E^c\cap F^c)^c\in\mathscr{R}$. Q.E.D.

1.3　生成环与代数

我们仍然假定全空间为 X, 一切集类均是这个空间的子集所构成的集类.

定义1.3.1　设 $\mathscr{E}$ 为一集类, $\mathscr{R}_0$ 为环, $\mathscr{A}_0$ 为代数.

若 $\mathscr{E}\subset\mathscr{R}_0$, 且对任意包含 $\mathscr{E}$ 的环 $\mathscr{R}$, 有 $\mathscr{R}_0\subset\mathscr{R}$, 则称 $\mathscr{R}_0$ 为 $\mathscr{E}$ 所生成的或产生的环, 记为 $\mathscr{R}_0=\mathscr{R}(\mathscr{E})$.

同样地, 若 $\mathscr{E}\subset\mathscr{A}_0$, 且对任意包含 $\mathscr{E}$ 的代数 $\mathscr{A}$, 有 $\mathscr{A}_0\subset\mathscr{A}$, 则称 $\mathscr{A}_0$ 为 $\mathscr{E}$ 所生成的或产生的代数, 记为 $\mathscr{A}_0=\mathscr{A}(\mathscr{E})$.

定理1.3.2　对任意一个非空集类 $\mathscr{E}$, $\mathscr{R}(\mathscr{E})$ 与 $\mathscr{A}(\mathscr{E})$ 均存在且唯一.

证明　唯一性由定义直接得到. 往证存在性. 以环为例. 以 $\mathscr{P}(X)$ 表示 X 的所有子集构成的集类, 则 $\mathscr{P}(X)$ 为环且 $\mathscr{P}(X)\supset\mathscr{E}$.

于是, 令

$$\mathscr{Q}:=\{\mathscr{R}:\mathscr{R}\text{ 为环且 }\mathscr{R}\supset\mathscr{E}\},$$

则 $\mathscr{Q}$ 非空. 令

$$\mathscr{R}_0:=\cap_{\mathscr{R}\in\mathscr{Q}}\mathscr{R}=\{E:\forall\mathscr{R}\in\mathscr{Q},E\in\mathscr{R}\},$$

则 $\mathscr{R}_0$ 为环且 $\forall\mathscr{R}\in\mathscr{Q}$, $\mathscr{R}_0\subset\mathscr{R}$. 因此 $\mathscr{R}_0=\mathscr{R}(\mathscr{E})$.　　Q.E.D.

推论1.3.3　设 $\mathscr{E}$ 为集类, 则 $\forall A\in\mathscr{R}(\mathscr{E})$, $\exists n$, 以及 $B_i\in\mathscr{E}$, $i=1,2,\cdots,n$, 使 $A\subset\cup_{i=1}^n B_i$.

证明　令

$$\mathscr{T}:=\left\{A:\exists n,\exists B_i\in\mathscr{E},i=1,2,\cdots,n,\ \text{使}A\subset\cup_{i=1}^n B_i\right\}.$$

则 $\mathscr{T}$ 为环且 $\mathscr{E}\subset\mathscr{T}$. 因此 $\mathscr{R}(\mathscr{E})\subset\mathscr{T}$.

而如果我们从半环 (半代数) 出发, 则结果就精确一些.

引理1.3.4　设 $\mathscr{S}$ 为半环 (半代数), 则 $\mathscr{S}$ 中集合的有限并全体构成环 (代数), 且该环 (代数) 的任意元素都可以表示为 $\mathscr{S}$ 中元素的有限不交并. 此环 (代数) 是 $\mathscr{S}$ 生成的环 (代数).

证明　只证环的情形, 代数是一样的. 令

$$\mathscr{R}:=\{\cup_{i=1}^n A_i,\ A_i\in\mathscr{S},n=1,2,\cdots\}.$$

显然, 任意包含了 $\mathscr{S}$ 的环必包含 $\mathscr{R}$. 于是只需证明它是环. 首先, $\mathscr{R}$ 自然对并封闭. 往证它对差封闭. 设

$$A=\cup_{i=1}^m A_i,\quad A_i\in\mathscr{S},$$

$$B=\cup_{j=1}^n B_j,\quad B_j\in\mathscr{S}.$$

则

$$\begin{aligned} A \setminus B &= \cup_{i=1}^{m}(A_i \setminus \cup_{j=1}^{n} B_j) \\ &= \cup_{i=1}^{m} \cap_{j=1}^{n} (A_i \setminus B_j). \end{aligned}$$

由定义, 可将 $A_i \setminus B_j$ 写成不交并:

$$A_i \setminus B_j = \cup_{k=1}^{n_{ij}} C_k^{ij}, \quad C_k^{ij} \in \mathscr{S}.$$

于是

$$A \setminus B = \cup_{i=1}^{m} \cup_{k_1=1}^{n_{i1}} \cdots \cup_{k_n=1}^{n_{in}} C_{k_1}^{i1} \cdots C_{k_n}^{in} \in \mathscr{R}.$$

其次证 $\mathscr{R}$ 中的元素都可以写成 $\mathscr{S}$ 中元素的不交并. 对 n 用归纳法. 当 $n=2$ 时由关系式

$$E \cup F = E \cup (F \setminus E)$$

及半环的定义即得. 假设 n 时正确. 对任意 $A_i \in \mathscr{S}$, $i = 1, 2, \cdots, n+1$, 由归纳假设存在两两不交的 $B_j \in \mathscr{S}$, $j = 1, \cdots, m$ 使得

$$\cup_{i=1}^{n} A_i = \cup_{j=1}^{m} B_j.$$

因此有

$$\begin{aligned} \cup_{i=1}^{n+1} A_i &= (\cup_{i=1}^{n} A_i) \cup A_{n+1} \\ &= (\cup_{j=1}^{m} B_j) \cup (A_{n+1} \setminus \cup_{j=1}^{m} B_j) \\ &= (\cup_{j=1}^{m} B_j) \cup (\cap_{j=1}^{m} (A_{n+1} \setminus B_j)). \end{aligned}$$

再由定义, 对任意 $j = 1, \cdots, m$, 存在两两不交 (且均与 B_j 不交) 的 $C_{jk} \in \mathscr{S}$, $k = 1, \cdots, l_j$, 使得

$$A_{n+1} \setminus B_j = \cup_{k=1}^{l_j} C_{jk}.$$

因此

$$\cup_{i=1}^{n+1} A_i = (\cup_{k_1=1}^{l_1} \cdots \cup_{k_m=1}^{l_m} C_{1k_1} \cdots C_{mk_m}) \cup \left(\cup_{j=1}^{m} B_j \right)$$

恰为 $\mathscr{S}$ 中元素的不交并. Q.E.D.

例1.3.5 若

$$X = \mathbb{R}, \quad \mathscr{E} = \{[a, b), -\infty < a \leqslant b < +\infty\}.$$

那么

$$\mathscr{R}(\mathscr{E}) = \{\cup_{i=1}^{n} [a_i, b_i), n = 1, 2, 3, \cdots, -\infty < a_i \leqslant b_i < +\infty\}.$$

例1.3.6　设 X 为任一空间, $\mathscr{E}=\{\{x\},x\in X\}$, 则

$$\mathscr{R}(\mathscr{E})=\{A:A\text{ 为 }X\text{ 的有限子集}\},$$

$$\mathscr{A}(\mathscr{E})=\{A:A\text{ 或}A^c\text{ 为 }X\text{ 的有限子集}\}.$$

最后我们指出, 显然有

$$\mathscr{R}(\mathscr{E})=\mathscr{R}(\mathscr{R}(\mathscr{E})),$$

$$\mathscr{A}(\mathscr{E})=\mathscr{A}(\mathscr{A}(\mathscr{E}))=\mathscr{A}(\mathscr{R}(\mathscr{E})).$$

1.4　σ-代数与可测空间

对极限运算封闭的代数称为 σ-代数.

定义1.4.1　X 的非空集类 $\mathscr{F}$ 若满足

(1) 对余封闭:

$$E\in\mathscr{F}\Longrightarrow E^c\in\mathscr{F};$$

(2) 对可列并封闭:

$$E_i\in\mathscr{F},i=1,2,\cdots\Longrightarrow\cup_{i=1}^{\infty}E_i\in\mathscr{F},$$

则称为 σ-代数.

σ-代数当然是代数. 而如果已经知道一个集类是代数, 则验证它是 σ-代数的手续要简单一些.

命题1.4.2　代数 $\mathscr{F}$ 如果对不交的可列并封闭, 则称为 σ-代数.

证明　设 $E_n\in\mathscr{F}$, $n\geqslant 1$. 补充定义 $E_0=\varnothing$. 由于 $\mathscr{F}$ 是代数, 故 $F_n:=E_n\setminus\cup_{k=0}^{n-1}E_k\in\mathscr{F}$, 且 $F_n(n\geqslant 1)$ 两两不交. 故

$$\cup_{n=1}^{\infty}E_n=\cup_{n=1}^{\infty}F_n\in\mathscr{F}.\qquad\text{Q.E.D.}$$

σ-代数其实对更多的可列运算也是封闭的.

命题1.4.3　设 $\mathscr{F}$ 为 σ-代数, $E_n\in\mathscr{F}$, $n=1,2,\cdots$, 则

$$\cap_{n=1}^{\infty}E_n,\quad\limsup_n E_n,\quad\liminf_n E_n\in\mathscr{F}.$$

证明　由于 $E_n\in\mathscr{F}$, 有 $E_n^c\in\mathscr{F}$, 因此 $\cup_{n=1}^{\infty}E_n^c\in\mathscr{F}$. 于是

$$\cap_{n=1}^{\infty}E_n=(\cup_{n=1}^{\infty}E_n^c)^c\in\mathscr{F}.$$

进而

$$\limsup_n E_n = \cap_{n=1}^\infty \cup_{k=n}^\infty E_k \in \mathscr{F},$$

$$\liminf_n E_n = \cup_{n=1}^\infty \cap_{k=n}^\infty E_k \in \mathscr{F}.$$ Q.E.D.

定理及定义1.4.4 设 $\mathscr{E}$ 为一非空集类, 则存在唯一的 σ-代数 $\mathscr{F}_0$ 使

(1) $\mathscr{E} \subset \mathscr{F}_0$.

(2) 若 $\mathscr{F}$ 为 σ-代数且 $\mathscr{F} \supset \mathscr{E}$, 则 $\mathscr{F} \supset \mathscr{F}_0$.

$\mathscr{F}_0$ 称为由 $\mathscr{E}$ 生成的 σ-代数, 记为 $\sigma(\mathscr{E})$.

证明与定理 1.3.2 的证明类似, 留作练习.

我们注意到, 对任意集类 $\mathscr{E}$,

$$\sigma(\mathscr{E}) = \sigma(\sigma(\mathscr{E})) = \sigma(\mathscr{R}(\mathscr{E})) = \sigma(\mathscr{A}(\mathscr{E})).$$

例1.4.5 设

$$X = \mathbb{R}, \quad \mathscr{E} = \{[a,b), -\infty < a \leqslant b < +\infty\}.$$

我们知道

$$\mathscr{A}(\mathscr{E}) = \{\cup_{i=1}^n E_i, n = 1, 2, \cdots, \text{ 其中}E_i \text{ 或者为}[a,b),\ -\infty < a \leqslant b < +\infty,$$
$$\text{或者为}(-\infty, a) \cup [b, +\infty),\ -\infty < a \leqslant b < +\infty\}.$$

但 $\mathscr{A}(\mathscr{E})$ 不是 σ-代数. 例如, 若

$$A_n = \left[\frac{1}{n}, 1\right),$$

则

$$\cup_{n=1}^\infty A_n = (0,1) \notin \mathscr{A}(\mathscr{E}).$$

所以

$$\mathscr{A}(\mathscr{E}) \subset \sigma(\mathscr{E}),$$

且

$$\mathscr{A}(\mathscr{E}) \neq \sigma(\mathscr{E}).$$

那么这时的 $\sigma(\mathscr{E})$ 包含了什么元素呢?

首先, 对任意开区间 (a,b),

$$(a,b) = \cup_{n=1}^\infty \left[a + \frac{1}{n}, b\right) \in \sigma(\mathscr{E}).$$

又由于直线上的任意开集均可表示为可数个开区间的并, 所以 $\sigma(\mathscr{E})$ 包含了所有开集. 进而, 由于 $\sigma(\mathscr{E})$ 对余封闭, 所以它又包含了所有闭集. 特别地, 它包含了任一单点集 $\{x\}, x \in \mathbb{R}$. 这样, 它还包含了

$$(a,b] = (a,b) \cup \{b\}, \quad \forall a,b \in \mathbb{R},$$

$$[a,b] = (a,b) \cup \{b\} \cup \{a\}, \quad \forall a,b \in \mathbb{R}.$$

又由于

$$(-\infty, a) = \cup_{n=1}^{\infty}(-n, a),$$

它包含了 $(-\infty, a)$. 同理, 它还包含了 $(-\infty, a]$, $(a, +\infty)$, $[a, +\infty)$, $\forall a \in \mathbb{R}$. 自然, 它也包含了全空间 $\mathbb{R} = (-\infty, +\infty)$. 这样, 常见的 —— 也许我们可以说是正常的 —— 集合, 它都包含了. 但同时我们也应该知道, 的确有一些集合它是没有包含的. 这样的集合想想都应该是比较不常见的, 其构造可见 [5].

$\sigma(\mathscr{E})$ 称为 $\mathbb{R}$ 上的 Borel 代数, 记为 $\mathscr{B}(\mathbb{R})$ 或 $\mathscr{B}^1$(上标“1”代表“一维”), 或简记为 $\mathscr{B}$, 其元素称为 Borel 集.

有时候我们需要考虑集类在某个局部上的限制. 这时, 下面的结果往往有用.

定理1.4.6 设 $\mathscr{E}$ 是集类, A 是集合, 属不属于 $\mathscr{E}$ 都行. 记

$$\mathscr{E} \cap A := \{E \cap A : E \in \mathscr{E}\}.$$

则

$$\sigma(\mathscr{E}) \cap A = \sigma_A(\mathscr{E} \cap A),$$

这里右边表示视 A 为全空间时, 集类 $\mathscr{E} \cap A$ 生成的 σ-代数.

证明 由定义容易验证当 A 为全空间时, $\sigma(\mathscr{E}) \cap A$ 为 σ-代数. 又 $\mathscr{E} \cap A \subset \sigma(\mathscr{E}) \cap A$, 由此

$$\sigma_A(\mathscr{E} \cap A) \subset \sigma(\mathscr{E}) \cap A.$$

反过来, 令

$$\mathscr{F} := \{E : E \in \sigma(\mathscr{E}), E \cap A \in \sigma_A(\mathscr{E} \cap A)\}.$$

则 $\mathscr{F}$ 为 σ-代数且 $\mathscr{F} \supset \mathscr{E}$, 因而 $\mathscr{F} \supset \sigma(\mathscr{E})$. 故 $\mathscr{F} = \sigma(\mathscr{E})$. 于是

$$\sigma_A(\mathscr{E} \cap A) \supset \sigma(\mathscr{E}) \cap A. \qquad \text{Q.E.D.}$$

注意上述证明中第二步的方法: 为证明具有某种性质的集类 (这里是 $\mathscr{F}$) 包含了另一集类 ($\mathscr{E}$) 产生的 σ-代数, 只要说明前者是 σ-代数并且包含了后者. 这一方法在测度论中经常使用.

由于我们以后常常会遇到取值包括 $\pm\infty$ 的函数, 因此将上述定义推广一下会带来许多方便. 即将 $\{-\infty\}$, $\{+\infty\}$ 也称为 Borel 集. 因此我们以后将这两个集合和 $\mathscr{B}(\mathbb{R})$ 共同产生的 σ-代数也称为 (扩张)Borel σ-代数并以 $\mathscr{B}(\overline{\mathbb{R}})$ 表示之, 即

$$\mathscr{B}(\overline{\mathbb{R}}) := \sigma(\mathscr{B}(\mathbb{R}), \{-\infty\}, \{+\infty\}).$$

现在可以定义可测空间和可测集了.

定义1.4.7 *设 X 是一空间, $\mathscr{F}$ 是其子集 σ-代数. 称二元体 $(X, \mathscr{F})$ 为可测空间. $\mathscr{F}$ 中的元素称为可测集.*

"可测"这个术语可能会给人一头雾水 —— 比如, 就的确给过本书的作者一头雾水, 当我们初学测度论的时候. 为什么叫可测, 可以测量什么, 拿什么测量?

我们相信这个术语是从某个集合相对于某种尺度的可测量性衍生出来的, 这在我们学习了测度的扩张后也许会变得好理解一些. 数学往往是这样, 一个概念所用的术语, 可能会与其脱胎出来的母体看不出太多的表面联系了, 不是吗?

1.5 可测函数

设 X, Y 为两空间, $f: X \mapsto Y$ 为映射. 对 $A \subset Y$, 记

$$f^{-1}(A) := \{x \in X : f(x) \in A\}.$$

$f^{-1}(A)$ 称为 A 的逆像, f^{-1} 称为 f 的逆映射. 又若 $\mathscr{Y}$ 为 Y 上的集类, 则记

$$f^{-1}(\mathscr{Y}) := \{f^{-1}(A) : A \in \mathscr{Y}\}.$$

容易验证逆映射保持所有的集合运算不变, 即

$$f^{-1}(\cap_{i\in I} A_i) = \cap_{i\in I} f^{-1}(A_i),$$

$$f^{-1}(\cup_{i\in I} A_i) = \cup_{i\in I} f^{-1}(A_i),$$

$$f^{-1}(A \setminus B) = f^{-1}(A) \setminus f^{-1}(B),$$

等等. 这是一条十分有用的性质. 特别是我们可以由此推出, 对任意集类 $\mathscr{A}$, 有

$$f^{-1}(\sigma(\mathscr{A})) = \sigma(f^{-1}(\mathscr{A})).$$

现在可以定义可测函数了.

定义1.5.1 设 $(X,\mathscr{F})$, $(Y,\mathscr{G})$ 为可测空间. 映射 $f: X\mapsto Y$ 若满足 $f^{-1}(\mathscr{G})\subset\mathscr{F}$, 则称为可测映射, 记为 $f\in\mathscr{F}/\mathscr{G}$. 特别地, 若 $f:(X,\mathscr{F})\to(\overline{\mathbb{R}},\mathscr{B}(\overline{\mathbb{R}}))$ 为可测映射, 则称为可测函数.

我们有如下结论.

命题1.5.2 设 $(X,\mathscr{F})$, $(Y,\mathscr{G})$ 为可测空间, $\mathscr{A}\subset\mathscr{G}$ 且 $\sigma(\mathscr{A})=\mathscr{G}$. $f: X\mapsto Y$. 若 $f^{-1}(\mathscr{A})\subset\mathscr{F}$, 则 $f\in\mathscr{F}/\mathscr{G}$.

证明 在所给条件下, 有

$$f^{-1}(\mathscr{G})=f^{-1}(\sigma(\mathscr{A}))=\sigma(f^{-1}(\mathscr{A}))\subset\sigma(\mathscr{F})=\mathscr{F}. \qquad \text{Q.E.D.}$$

由此可以直接得到如下结论.

推论1.5.3 $f: X\to\overline{\mathbb{R}}$ 为可测函数的充要条件是

$$\{x\in X: f(x)<a\}\in\mathscr{F},\quad \forall a\in\mathbb{R}.$$

这正是初等概率论里面可测函数或者说随机变量的定义. 还可以给出许多类似的充要条件, 例如将上式中的严格不等号换为不严格的不等号等.

例1.5.4 若 $(X,\mathscr{F})=(I,I\cap\mathscr{B}(\mathbb{R}))$, 其中 I 为任一区间, 则 I 上的所有连续函数均为可测函数.

这是因为, 若 f 连续, E 是开集, 则 $f^{-1}(E)$ 也是 I 中的相对开集.

例1.5.5 设 $(X,\mathscr{F})$ 为可测空间, $A\in\mathscr{F}$, 则 $f(x):=1_A(x)$ 为可测函数.

这是因为

$$\{f<a\}=\begin{cases}\varnothing, & a\leqslant 0,\\ A^c, & 0<a\leqslant 1,\\ X, & a>1.\end{cases} \tag{5.1}$$

例1.5.6 若 $(X_i,\mathscr{F}_i)(i=1,2,3)$ 为可测空间, $f\in\mathscr{F}_1/\mathscr{F}_2$, $g\in\mathscr{F}_2/\mathscr{F}_3$, 则 $g\circ f\in\mathscr{F}_1/\mathscr{F}_3$.

这是因为 $(g\circ f)^{-1}(\mathscr{F}_3)=f^{-1}(g^{-1}(\mathscr{F}_3))\subset f^{-1}(\mathscr{F}_2)\subset\mathscr{F}_1$.

对 $\overline{\mathbb{R}}$ 中的四则运算作如下规定: 对 $x\in\mathbb{R}$,

$$(\pm\infty)+x=x+(\pm\infty)=x-(\mp\infty)=\pm\infty,$$

$$(\pm\infty)+(\pm\infty)=(\pm\infty)-(\mp\infty)=\pm\infty,$$

$$\frac{x}{\pm\infty}=0,$$

$$x\cdot(\pm\infty)=(\pm\infty)\cdot x=\pm\infty\,(x>0),\quad 0\,(x=0),\quad \mp\infty\,(x<0).$$

下面的运算无意义

$$\frac{x}{0}, \quad \frac{\pm\infty}{\pm\infty},$$
$$(\pm\infty)-(\pm\infty), \quad (\pm\infty)+(\mp\infty).$$

我们知道, 连续函数对一些常见的运算, 如和、差、积、商 (在分母非零时)、复合等都是封闭的. 我们马上会看到, 可测函数也有类似的性质. 不仅如此, 它们对一些关于连续函数不封闭的运算如极限也是封闭的. 从这个意义上讲, 可测函数之于连续函数正如实数之于有理数. 可测函数的重要性由此可见一斑 —— 能想象吗? 我们这个世界如果没有实数; 测度论如果没有下面这个定理!

定理1.5.7 设 $(X,\mathscr{F})$ 为可测空间, f,g,f_n 为可测函数, c 为常数. 假定下面出现的所有运算均有意义. 则 $f+g$, cf, fg, $\vee_{n=1}^{\infty}f_n$, $\wedge_{n=1}^{\infty}f_n$, $\limsup_n f_n$, $\liminf_n f_n$ 均是可测函数.

证明 我们逐个证明.

(1) 以 $\mathbb{Q}$ 表示 $\mathscr{B}(\mathbb{R})$ 中全体有理数的集合, 则由于有理数全体可数, 故 $\{f+g<a\}=\cup_{r\in\mathbb{Q}}(\{f<r\}\cap\{g<a-r\})\in\mathscr{F}$, $\forall a\in\mathbb{R}$, 即 $f+g$ 可测.

(2) 当 $c=0$ 时 $cf=0$, 自然可测. 当 $c\neq 0$ 时, 由于

$$\{cf<a\}=\begin{cases}\{f<c^{-1}a\}, & c>0,\\ \{f>c^{-1}a\}, & c<0,\end{cases}$$

故 cf 可测.

(3) 由以上两点特别得到 $f+g$ 与 $f-g$ 可测. 再注意 $x\mapsto x^2$ 为连续函数, 由例 1.5.6 知 $(f+g)^2$ 与 $(f-g)^2$ 均可测. 这样,

$$fg=\frac{1}{4}\{(f+g)^2-(f-g)^2\}$$

便可测了.

(4) $\{\vee_{n=1}^{\infty}f_n\leqslant a\}=\cap_{n=1}^{\infty}\{f_n\leqslant a\}$.

(5) $\{\wedge_{n=1}^{\infty}f_n\geqslant a\}=\cap_{n=1}^{\infty}\{f_n\geqslant a\}$.

(6) 先假设 $f_n\uparrow$. 由于

$$\lim_n f_n=\vee_{n=1}^{\infty}f_n,$$

故 $\lim_n f_n$ 可测. 同理对单调下降的序列结论也成立. 一般情形可由

$$\liminf_n f_n=\lim_n \wedge_{k\geqslant n}f_k$$

及

$$\limsup_n f_n=\lim_n \vee_{k\geqslant n}f_k$$

得到. Q.E.D.

最简单的可测函数自然是可测集的示性函数, 即形如 1_E 的函数, 其中 $E \in \mathscr{F}$; 稍微复杂一点的是这些函数的线性组合, 它们称为简单函数, 其一般形式是

$$f = \sum_{i=1}^{n} a_i 1_{E_i}. \tag{5.2}$$

对 $\cup_{i=1}^n E_i$ 作如下分割: 对任一 $I \subset \{1, 2, \cdots, n\}$, $I \neq \varnothing$, 令

$$F_I := (\cap_{i \in I} E_i) \cap (\cap_{i \notin I} E_i^c).$$

则这样的 F_I 只有有限个, 且若 $I_1 \neq I_2$, 则 $F_{I_1} \cap F_{I_2} = \varnothing$. 我们有

$$f = \sum_{I \subset \{1,2,\cdots,n\}} \left(\sum_{i \in I} a_i \right) 1_{F_I}. \tag{5.3}$$

事实上, $\forall x \in X$, 令

$$I(x) = \{i \in I : x \in E_i\}.$$

则

$$f(x) = \sum_{i \in I(x)} a_i.$$

将 (5.3) 式的右边记为 g. 注意 $I = I(x)$ 时, $1_{F_I}(x) = 1$; $I \neq I(x)$ 时, $1_{F_I}(x) = 0$. 因此

$$g(x) = \sum_{i \in I(x)} a_i = f(x).$$

这样便说明了简单函数的表达式中, 诸集合是可以选为互不相交的. 今后有必要时, 我们直接做此假定.

有限个简单函数的线性组合、乘积、极大值、极小值都是简单函数.

由定理 1.5.7, 简单函数的上、下极限是可测函数. 有用的是, 反过来也是对的.

命题1.5.8　*任一可测函数均是简单函数序列的极限.*

证明　先设 f 非负可测. 令

$$f_n(x) := \begin{cases} \dfrac{i-1}{2^n}, & \dfrac{i-1}{2^n} \leqslant f(x) < \dfrac{i}{2^n}, \\ n, & f(x) \geqslant \dfrac{i}{2^n}. \end{cases} \tag{5.4}$$

则 $f_n \uparrow f$. 一般情况用分解 $f = f^+ - f^-$ 即可, 其中

$$f^+ := f 1_{f \geqslant 0}, \quad f^- := -f 1_{f<0}.$$

Q.E.D.

这一定理给我们提供了一个由简单函数过渡到一般可测函数的途径, 以后我们会看到, 许多构造和结果都是通过这种过渡实现的. 下面就是一个简单而有用的例子.

定理1.5.9 设 X 是一空间, $(Y,\mathscr{G})$ 是可测空间, $F:X\mapsto Y$. 令

$$\sigma(F) := F^{-1}(\mathscr{G}).$$

则对 $(X,\sigma(F))$ 上的任一可测函数 f, 存在 $(Y,\mathscr{G})$ 上的可测函数 g 使得

$$f = g\circ F.$$

证明 若

$$f=\sum_{i=1}^{n} a_i 1_{F^{-1}(A_i)}, \quad A_i\in\mathscr{G},$$

则令

$$g=\sum_{i=1}^{n} a_i 1_{A_i}$$

即可. 若 $f\geqslant 0$, 则有一列这样的函数 f_n, 使得 $f_n\uparrow f$. 于是任给 n, 有 $0\leqslant g_n\in\mathscr{G}$ 使得

$$f_n = g_n\circ F.$$

尽管 f_n 是单调上升的, 但 g_n 却未必. 但若令

$$h_n=\max_{k\leqslant n}\{g_k\}.$$

则 h_n 单调上升且仍有 $f_n = h_n\circ F$. 令

$$h=\lim_{n\to\infty} h_n.$$

则 $f=h\circ F$.

最后, 对一般的 f, 有 $f=f^+-f^-$. 设 $h^\pm$ 分别为 $f^\pm$ 的 h, 令

$$h=h^+-h^-$$

即可. Q.E.D.

1.6 单调类定理

一般说来, 要验证一个给定的集类是 σ-代数, 到目前为止我们基本上只知道根据定义去验证, 而这往往是相当困难的. 类似地, 一般说来, 要知道一个集类产生的

σ-代数有多大、是怎么产生的也是相当困难的. 但是, 对两种比较特殊的集类 (代数和 π 类), 人们还是找到了很好的办法. 事实上, 这些办法决不只是技巧上的改进, 而是关乎整个测度论的奠基性的方法: 要是没有它们, 我们对很多问题恐怕都是束手无策的.

这就是将要介绍的单调类定理. 我们先定义单调类.

定义1.6.1　非空集类 $\mathscr{M}$ 若满足

$$\{E_n\} \subset \mathscr{M}, E_n \text{ 单调} \Longrightarrow \lim E_n \in \mathscr{M},$$

则称为单调类.

按定义, σ-代数都是单调类, 但单调类未必都是 σ-代数. 不过我们有如下定理.

定理1.6.2　若 $\mathscr{F}$ 既是代数又是单调类, 则它是 σ-代数.

证明　事实上, 设 $E_i \in \mathscr{F}, i = 1, 2, \cdots$, 要证明 $\cup_{i=1}^{\infty} E_i \in \mathscr{F}$. 为此, 写为

$$\cup_{i=1}^{\infty} E_i = \cup_{n=1}^{\infty} \cup_{i=1}^{n} E_i.$$

因为 $\mathscr{F}$ 是代数, 故 $\cup_{i=1}^{n} E_i \in \mathscr{F}$; 又因为它是单调类, 故 $\cup_{n=1}^{\infty} \cup_{i=1}^{n} E_i \in \mathscr{F}$.

Q.E.D.

与 σ-代数的情形一样, 可以证明如下定理.

定理1.6.3　对任意集类 $\mathscr{E}$, 存在包含 $\mathscr{E}$ 的最小的单调类, 称为 $\mathscr{E}$ 生成的或产生的单调类, 记为 $\mathscr{M}(\mathscr{E})$.

由于 σ-代数都是单调类, 因此一般说来 $\mathscr{M}(\mathscr{E}) \subset \sigma(\mathscr{E})$. 但若 $\mathscr{E}$ 为代数, 两者就是相等的. 这就是下面的单调类定理.

定理1.6.4　若 $\mathscr{A}$ 为代数, 则 $\mathscr{M}(\mathscr{A}) = \sigma(\mathscr{A})$.

证明　刚刚说过了

$$\sigma(\mathscr{A}) \supset \mathscr{M}(\mathscr{A}).$$

现在证明相反的包含关系. 为此只要证明 $\mathscr{M}(\mathscr{A})$ 是 σ-代数即可. 由定理 1.6.2, 只要证明它是代数就行了.

下面就证明它是代数. 用命题 1.2.13, 只要说明它对交及余封闭就行了. 先看余. 令

$$\mathcal{M} := \{E \in \mathscr{M}(\mathscr{A}) : E^c \in \mathscr{M}(\mathscr{A})\}.$$

自然 $\mathcal{M} \supset \mathscr{A}$. 再者易证 $\mathcal{M}$ 是单调类, 故 $\mathcal{M} \supset \mathscr{M}(\mathscr{A})$. 于是 $\mathcal{M} = \mathscr{M}(\mathscr{A})$.

再看交. 我们的目的是证明

$$E, F \in \mathscr{M}(\mathscr{A}) \Longrightarrow E \cap F \in \mathscr{M}(\mathscr{A}).$$

把这视为彼岸, 而我们现在的位置是此岸:

$$E, F \in \mathscr{A} \Longrightarrow E \cap F \in \mathscr{A} \subset \mathscr{M}(\mathscr{A}).$$

为到达彼岸, 在河中央垫一块石头, 即先证

$$E \in \mathscr{A},\ F \in \mathscr{M}(\mathscr{A}) \Longrightarrow E \cap F \in \mathscr{M}(\mathscr{A}).$$

为此, $\forall E \in \mathscr{A}$, 令

$$\mathscr{M}_1(E) := \{F \in \mathscr{M}(\mathscr{A}), E \cap F \in \mathscr{M}(\mathscr{A})\}.$$

则 $\mathscr{M}(\mathscr{A}) \supset \mathscr{M}_1(E) \supset \mathscr{A}$ 且 $\mathscr{M}_1(E)$ 为单调类, 故 $\mathscr{M}_1(E) \supset \mathscr{M}(\mathscr{A})$. 从而

$$\mathscr{M}_1(E) = \mathscr{M}(\mathscr{A}).$$

就此我们跨出了第一步. 接下来如法炮制跨越第二步, 即对 $E \in \mathscr{M}(\mathscr{A})$, 令

$$\mathscr{M}_2(E) := \{F : F \in \mathscr{M}(\mathscr{A}), E \cap F \in \mathscr{M}(\mathscr{A})\}.$$

由上一步, $\mathscr{M}_2(E) \supset \mathscr{A}$, 且容易验证它也是单调类, 故 $\mathscr{M}_2(E) \supset \mathscr{M}(\mathscr{A})$. 这样最后得到

$$\mathscr{M}_2(E) = \mathscr{M}_(\mathscr{A}).$$

于是 $\mathscr{M}(\mathscr{A})$ 是代数. Q.E.D.

例1.6.5 设 ξ 是概率空间 $(\Omega, \mathscr{F}, P)$ 上的随机变量, F 是其分布函数, 则对任意 Borel 集 B, 有

$$P(\xi \in B) = \int_B dF(x). \tag{6.5}$$

这里右边的积分是 Lebesgue-Stieltjes 积分.

这是因为, 使上式成立的 B 的全体构成一单调类, 且包含了代数:

$$\mathscr{E} := \left\{ \sum_{i=1}^{n} E_i, n = 1, 2, \cdots,\ \text{其中} E_i\ \text{或者为}\ [a, b), -\infty < a \leqslant b < +\infty, \right.$$
$$\left. \text{或者为} (-\infty, a) \cup [b, +\infty), b < +\infty \right\}.$$

因此包含了 $\mathscr{M}(\mathscr{E}) = \sigma(\mathscr{E})$, 而这正是 Borel 集全体.

由于在应用中确定一个集类是单调类往往比较简单 —— 我们以后会看到, 它常常有诸如积分的极限定理之类的标准工具可用, 因此上面的定理实际上是将确定

一个集类为 σ-代数的问题转化为确定它的一个子类为代数的问题. 例如, 例 1.6.5 就是如此. 但也正是这个例子使我们看到, 由于代数的构造仍然比较复杂, 真要做起来还是比较烦琐的. 我们还能够看到, 在应用中主要的矛盾是对交的封闭性质. 例如, 若

$$\int_{A_i} f(x)dx = \int_{A_i} g(x)dx, \quad i = 1, 2,$$

那么一般说来下式是不可求的:

$$\int_{A_1 \cap A_2} f(x)dx = \int_{A_1 \cap A_2} g(x)dx.$$

所以当然希望不用验证此式, 而这就要求我们的出发点所在的集类满足这一性质. 我们不敢妄议, 但我们非常愿意推测正是这个考量促使 E. B. Dynkin 对上面传统的单调类定理进行了改造, 得到了一种有时候用起来更方便的形式. 我们下面就来介绍他的结论.

首先, 代替代数的将是 π 类 —— 对交封闭的类.

定义1.6.6 *非空集类 $\mathscr{C}$ 若满足*

$$E, F \in \mathscr{C} \Longrightarrow E \cap F \in \mathscr{C},$$

则称为 π 类.

代数当然是 π 类. π 类却不一定是代数. 例如

$$\mathscr{C} := \{(-\infty, a), a \in \mathbb{R}\}$$

是 π 类而不是代数. 比较一下, 它当然比例 1.6.5 中的代数要简单多了.

代替单调类的将是 λ 类, 它比单调类的要求要多一些 —— 这是可以想到的, 因为对代数要求的减弱必须得到补偿. 问题的关键在于, 这种多出来的要求在应用中往往很容易就满足了, 这样整个问题便得到了简化.

定义1.6.7 *非空集类 Λ 如果满足以下条件:*

(1) *包含全空间;*

(2) $E, F \in \Lambda, E \supset F \Longrightarrow E \setminus F \in \Lambda$;

(3) $E_n \in \Lambda, E_n \uparrow \Longrightarrow \lim_n E_n \in \Lambda$,

则称为 λ 类.

仔细一看就知道, 这是把从代数到 π 类减掉的两个条件 —— 包含全空间和对差封闭 —— 加到单调类上了. 如果要问为什么在第三条中只要求对上升的极限封闭, 那是因为有了第一条包含全空间和第二条对真差封闭, 因而合起来对余封闭, 这就自然保证了对下降的极限封闭.

σ-代数一定是 λ 类, 但反之不然: λ 类对并未必封闭.

同代数的情形一样, 有下面的结果.

定理1.6.8 设 $\mathscr{E}$ 为非空集类, 则存在包含它的最小 λ 类 $\lambda(\mathscr{E})$, 称为由 $\mathscr{E}$ 生成的 λ 类.

现在可以叙述相应的结果了, 即单调类定理的 λ-π 变体, 或直接称之为 λ-π 定理. 其证明类似于定理 1.6.3 及定理 1.6.4 的证明, 留作练习.

定理1.6.9 一集类为 σ-代数的充要条件是它既是 π 类又是 λ 类.

定理1.6.10 (λ-π 定理) 若 $\mathscr{C}$ 为 π 类, 则 $\lambda(\mathscr{C}) = \sigma(\mathscr{C})$.

我们试一试用现在的定理处理例 1.6.5.

使 (6.5) 成立的 B 的全体构成一 λ 类, 且包含了 π 类:

$$\mathscr{C} := \{(-\infty, b), b \leqslant +\infty\}.$$

于是结论成立.

看看, 果然快得多吧! E. B. Dynkin 可真是不寻常啊!

下面我们要叙述的是函数形式的单调类定理. 它与集合形式的对等定理同样有用 —— 如果不是更有用的话. 不过我们要等到学了积分后才能体会它的妙处.

定理1.6.11 $(X, \mathscr{F})$ 上的可测函数的子类 $\mathscr{H}$ 若满足

(1) $1 \in \mathscr{H}$;

(2) $\mathscr{H}$ 是线性空间;

(3) 若 $f_n \geqslant 0$, $f_n \in \mathscr{H}$, $f_n \uparrow f$, f 有界可测 (可测), 则 $f \in \mathscr{H}$;

(4) $\mathscr{H} \supset \{1_E, E \in \mathscr{C}\}$, 而 $\mathscr{C}$ 是 π 类且 $\sigma(\mathscr{C}) = \mathscr{F}$,

则 $\mathscr{H}$ 包含全体有界可测 (可测) 函数.

我们会经常碰到满足上面前三条条件的函数类. 为方便计, 给它们一个名称.

定义1.6.12 若函数类 $\mathscr{H}$ 满足以上定理中的 (1)—(3), 则称为 $\mathscr{L}$ 类.

定理的证明: 令 $\mathscr{G} := \{E \in \mathscr{F} : 1_E \in \mathscr{H}\}$, 则 $\mathscr{G} \supset \mathscr{C}$ 且易证 $\mathscr{G}$ 为 λ 类, 于是 $\mathscr{G} = \mathscr{F}$. 所以 $\mathscr{H} \supset \{1_E : E \in \mathscr{F}\}$. 由 (2), $\mathscr{H}$ 包含了所有简单函数; 由 (3), $\mathscr{H}$ 包含了所有有界可测 (可测) 函数. Q.E.D.

此定理对应的是集合形式的单调类定理, 已包含大部分常见的应用. 下面叙述它的一些推论.

一个由函数构成的线性空间如果对格运算 ($f \vee g$ 与 $f \wedge g$) 封闭, 则称为线性格; 如果对乘积封闭, 则称为线性代数. 它们之间有如下关系.

命题1.6.13 一个有界函数空间中的线性代数若对一致收敛封闭, 则为线性格.

证明　以 $\mathscr{L}_0$ 表示这个线性代数. 由于

$$f \wedge g = \frac{1}{2}(f + g - |f - g|),$$

$$f \vee g = \frac{1}{2}(f + g + |f - g|),$$

故只要证明

$$f \in \mathscr{L}_0 \Longrightarrow |f| \in \mathscr{L}_0.$$

因为 f 有界, 故不妨假定 $|f| \leqslant 1$. 作为 $[-1,1]$ 上的连续函数, 由 Weierstrass 定理, $|x|$ 可由多项式列 $\{P_n(x)\}$ 一致地逼近. 于是 $P_n(f) \in \mathscr{L}_0$ 且 $P_n(f) \rightrightarrows |f|$, 故 $|f| \in \mathscr{L}_0$. Q.E.D.

推论1.6.14　设 $\mathscr{L}$ 为 X 上一族有界函数, $\mathscr{L} \supset \mathscr{L}_0$, $\mathscr{L}_0$ 为线性格且 $1 \in \mathscr{L}_0$. 若 $\mathscr{L}$ 对一致有界单调序列极限封闭, 则 $\mathscr{L} \supset \sigma(\mathscr{L}_0)$-有界可测函数.

证明　设 $\mathscr{L}_1$ 为 $\mathscr{L}_0$ 生成的单调族 (即包含 $\mathscr{L}_0$ 的对一致有界单调序列极限封闭的函数类), 则当然 $\mathscr{L}_1 \subset \mathscr{L}$ 且易证 $\mathscr{L}_1$ 为线性格. 再令 $\mathscr{F} := \{F \subset X : 1_F \in \mathscr{L}_1\}$, 则易证 $\mathscr{F}$ 为 σ-代数. 由定理 1.6.11 $\mathscr{L}_1$ 包含一切有界 $\mathscr{F}$-可测函数. 故为完成证明, 只需证任意 $f \in \mathscr{L}_0$ 均为 $\mathscr{F}$-可测.

设 $f \in \mathscr{L}_0$. 因 $\mathscr{L}_0$ 为线性格且 $1 \in \mathscr{L}_0$, 故 $\forall a \in \mathbb{R}$,

$$(f-a)^+ = (f-a) \vee 0 \in \mathscr{L}_0,$$

进而

$$f_n := n(f-a)^+ \wedge 1 \in \mathscr{L}_0, \quad \forall n \in \mathbb{N}.$$

又由于 $\mathscr{L}_1$ 为单调族, 故

$$0 \leqslant f_n \uparrow 1_{\{f>a\}} \in \mathscr{L}_1.$$

从而 $\{f > a\} \in \mathscr{F}$. 这就说明 $f \in \mathscr{F}$. Q.E.D.

由命题 1.6.13, 又有如下的推论.

推论1.6.15　在上一推论中, 若 $\mathscr{L}_0$ 为线性代数, 对一致收敛封闭, 且 $1 \in \mathscr{L}_0$, 则结论依然成立.

此外我们还有如下推论.

推论1.6.16　设 $\mathscr{L}$ 为 X 上一族有界函数构成的单调族, 对一致收敛封闭, $1 \in \mathscr{L}$, 且为线性空间. 若 $\mathscr{L}_0 \subset \mathscr{L}$ 且为代数, 即

$$f, g \in \mathscr{L}_0 \Longrightarrow fg \in \mathscr{L}_0,$$

则 $\mathscr{L}$ 包含一切 $\sigma(f, f \in \mathscr{L}_0)$-可测函数.

证明　令 $\mathscr{L}_1$ 为由 1 及 $\mathscr{L}_0$ 生成的线性代数, $\bar{\mathscr{L}}_1$ 为 $\mathscr{L}_1$ 在一致收敛拓扑下的闭包, 则 $\bar{\mathscr{L}}_1$ 为线性代数且含于 $\mathscr{L}$. 于是用推论 1.6.15 即可. Q.E.D.

习 题 1

1. 证明:

(a)

$$(A\triangle B)\triangle C = A\triangle(B\triangle C),$$

$$A\cap(B\triangle C) = (A\cap B)\triangle(A\cap C).$$

(b)

$$A\triangle B = B\triangle A = B^c\triangle A^c,$$

$$(A\triangle B)\cap(C\triangle A) = A\triangle(B\cup C) - (B\triangle C).$$

(c)

$$(A\triangle B)\triangle(B\triangle C) = A\triangle C.$$

(d) 对任意 A, B, 存在 C 使得 $A\triangle C = B$.

(e)

$$A\triangle B = C \Longleftrightarrow A = B\triangle C.$$

(f)

$$(A\cup B)\triangle(C\cup D) \subset (A\triangle C)\cup(B\triangle D),$$

$$(A\cap B)\triangle(C\cap D) \subset (A\triangle C)\cap(B\triangle D).$$

2. 设 $\{A_n\}$ 是一列集合. 证明:

$$1_{\liminf\limits_n A_n} = \liminf_n 1_{A_n}, \quad 1_{\limsup\limits_n A_n} = \limsup_n 1_{A_n},$$

$$1_{\limsup\limits_n A_n \setminus \liminf\limits_n A_n} = 1_{\limsup\limits_n A_n} - 1_{\liminf\limits_n A_n},$$

$$1_{\cup_{n=1}^{\infty} A_n} = \max_{n\geqslant 1} 1_{A_n}, \quad 1_{\cap_{n=1}^{\infty} A_n} = \min_{n\geqslant 1} 1_{A_n}.$$

3. 设 $\{A_n\}$ 是一列集合. 证明:

$$\limsup(A_n \setminus A_{n+1}) = \limsup(A_{n+1} \setminus A_n) = \limsup A_n \setminus \liminf A_n.$$

4. 设 f 是定义在开区间 I 内的函数. 试写出 f 连续的集合并判断是否是可测集.

5. 证明:

$$\limsup_{n\to\infty}(A_n\cup B_n) = \limsup_n A_n \cup \limsup_n B_n,$$

$$\liminf_{n\to\infty} A_n \cap B_n = \liminf_n A_n \cap \liminf_n B_n.$$

若 $A_n \to A$, $B_n \to B$, 是否有 $A_n \cup B_n \to A \cup B$, $A_n \cap B_n \to A \cap B$?

6. 设 $\{A_n, n \geqslant 1\}$, $\{B_n, n \geqslant 1\}$ 是两列事件, 令 $C_{2n-1} = A_n$, $C_{2n} = B_n$, $n \geqslant 1$. 证明:

(a)

$$\limsup_n C_n = (\limsup_n A_n) \cup (\limsup_n B_n),$$

$$\liminf_n C_n = (\liminf_n A_n) \cap (\liminf_n B_n).$$

(b) $\lim_n C_n$ 存在的充要条件是 $\lim_n A_n$ 与 $\lim_n B_n$ 均存在且两者相等.

7. 设 $\{x_n\}, \{y_n\}$ 为数列, $x_n \leqslant y_n$, $\forall n$, $A_n = (x_n, y_n)$. 令

$$z_0 = \liminf z_n, \quad z_1 = \limsup z_n, \quad z = x, y.$$

证明:

$$(x_1, y_0) \subset \liminf A_n \subset [x_1, y_0],$$

$$(x_0, y_0) \cup (x_1, y_1) \subset \limsup A_n \subset [x_0, y_1].$$

$\lim A_n$ 存在的条件是什么? 此时的极限是什么?

8. 证明: $1_{A\cup B} = 1_A \vee 1_B$, $1_{A\cap B} = 1_A \wedge 1_B$. 若 $A_n \to A$, 则 1_{A_n} 点点收敛到 1_A.

9. 若 A, B 为 X 的任意两个非空子集, 求 $\mathscr{A}(\{A, B\})$, $\sigma(\{A, B\})$.

10. 证明: 当 $\mathscr{A}$ 与 $\mathscr{B}$ 为代数、单调类、σ-代数时, $\mathscr{A} \cap \mathscr{B}$ 一定也是.

11. 证明: 一个 σ-代数要么只有有限个元素, 要么就有不可数无穷多个元素.

12. 举例说明当 $\mathscr{A}$ 与 $\mathscr{B}$ 为 π 类、代数、σ-代数时, $\mathscr{A} \cup \mathscr{B}$ 未必是. 在 σ- 代数的情形, 以 $\mathscr{A} \vee \mathscr{B}$ 表示 $\mathscr{A} \cup \mathscr{B}$ 生成的 σ-代数. 证明:

$$\mathscr{A} \vee \mathscr{B} = \sigma(\{A \cap B : A \in \mathscr{A}, B \in \mathscr{B}\}).$$

13. 证明: 对任意集类 $\mathscr{A}$, 有

$$f^{-1}(\sigma(\mathscr{A})) = \sigma(f^{-1}(\mathscr{A})).$$

14. 设 I 是任一指标集而对任意 $i \in I$, $\mathscr{F}_i$ 为 σ-代数. 证明: 若 $A \in \sigma(\cup_{i\in I} \mathscr{F}_i)$, 则存在 I 的可数子类 I_0, 使得 $A \in \sigma(\cup_{i\in I_0} \mathscr{F}_i)$.

15. $\{\mathscr{A}_n\}$ 是一列递增的代数列, 则 $\cup_n \mathscr{A}_n$ 也是代数. 若 $\{\mathscr{F}_n\}$ 是一列递增的 σ-代数列, $\cup_n \mathscr{F}_n$ 是否仍为 σ-代数? 证明或举出反例.

16. 设 X 非空, 令 $\mathscr{C}$ 为 X 所有单点集构成的集类. 证明:

$$\sigma(\mathscr{C})=\{A\subset X;A\ \text{可数}\}\cup\{A\subset X;A^c\ \text{可数}\}.$$

17. 证明定理 1.6.9 和定理 1.6.10.

18. 沿用例 1.5.4 的记号.

(a) 证明: 一切单调函数都是可测函数.

(b) 称函数 f 在点 x 上半连续, 如果 $\limsup_{y\to x}f(y)\leqslant f(x)$. 证明: 若 f 在 $\mathbb{R}$ 上处处上半连续, 则 f 为 Borel 可测函数.

19. 设 X 是一空间, $(Y,\mathscr{G})$ 是一可测空间, f 是映射: $X\mapsto Y$. $\forall E\subset Y$, 记

$$f^{-1}(E):=\{x\in X,f(x)\in E\}.$$

证明:

$$f^{-1}(\mathscr{G}):=\{f^{-1}(E):E\in\mathscr{G}\}$$

为 σ-代数.

20. 设 $\mathscr{E}$ 为 $\mathbb{R}$ 中的集类, $\sigma(\mathscr{E})=\mathscr{B}(\overline{\mathbb{R}})$. 设 $(X,\mathscr{F})$ 为测度空间, $f:X\to\overline{\mathbb{R}}$. 证明: f 可测的充要条件是

$$f^{-1}(\mathscr{E})\subset\mathscr{F}.$$

21. 令

$$\mathscr{E}_1:=\{(-\infty,a),a\in\mathbb{R}\},$$

$$\mathscr{E}_2:=\{(-\infty,a],a\in\mathbb{R}\},$$

$$\mathscr{E}_3:=\{(a,b),a,b\in\mathbb{R}\},$$

$$\mathscr{E}_4:=\{(a,b],a\in\mathbb{R}\},$$

$$\mathscr{E}_5:=\{[a,b],a,b\in\mathbb{R}\},$$

$$\mathscr{E}_6:=\{(a,+\infty],a\in\mathbb{R}\},$$

$$\mathscr{E}_7:=\{[a,+\infty),a\in\mathbb{R}\},$$

$$\mathscr{E}_8:=\mathbb{R}\text{中的所有开集},$$

$$\mathscr{E}_9:=\mathbb{R}\text{中的所有闭集}.$$

证明: $\forall i=1,\cdots,9$,

$$\sigma(\mathscr{E}_i)=\mathscr{B}_1.$$

22. 将构造 Borel σ-代数的方法推广到 $\mathbb{R}^n$.

23. 可分度量空间上的 Borel σ-代数. 设 (X,d) 为一可分度量空间, 由 X 的所有开集产生的 σ-代数称为 Borel 代数, 记为 $\mathscr{B}(X)$. 证明:

(a) $\mathscr{B}(X)=\sigma$(所有闭集);

(b) $\mathscr{B}(X)=\sigma$(所有开球);

(c) $\mathscr{B}(X)=\sigma$(所有闭球);

(d) 存在可数个开球生成 $\mathscr{B}(X)$;

(e) 存在可数个闭球生成 $\mathscr{B}(X)$.

24. 设 $\mathscr{F}$ 是 σ-代数, $A\notin\mathscr{F}$. 证明: $\sigma(\mathscr{F}\cup\{A\})=\{AB+\bar{A}C;B,C\in\mathscr{F}\}$.

25. 设 $\mathscr{C}$ 是集合 X 的非空子集类, 记 $E:=\cup_{A\in\mathscr{C}}A$. 设 $X\setminus E\neq\varnothing$. 则 E 是 $\mathscr{C}$ 中至多可数个集合之并当且仅当存在一个最小的集类 $\mathscr{F}$ 使得 $\mathscr{C}\subset\mathscr{F}$ 且 $\mathscr{F}$ 是 X 的某个子集 X_0 上的 σ-代数. 这里的最小是指若另有一个满足同样性质的 $\mathscr{F}'$, 则 $\mathscr{F}\subset\mathscr{F}'$.

26. 设 $X=C[0,1]:=\{x:[0,1]\mapsto\mathbb{R},\ x$ 连续$\}$. 令

$$f_t(x)=x(t),\quad t\in[0,1].$$

证明:

$$\sigma(|f_t|,t\in[0,1])\neq\sigma(f_t,t\in[0,1]).$$

27. 一个 σ-代数如果能由一个可数集类生成, 则称为可数生成的.

(a) 设 X 为可分度量空间. 证明其 Borel 代数 (即由开集生成的 σ-代数) 是可数生成的.

(b) 举例说明: 两个 σ-代数 $\mathscr{F}_1\subset\mathscr{F}_2$, 有可能 $\mathscr{F}_2$ 是可数生成的, 而 $\mathscr{F}_1$ 不是.

(c) 证明: 若 $\mathscr{F}$ 是可数个两两不交的集合生成的, 则必然存在可测函数 f, 使得 $\mathscr{F}=\sigma(f)$.

28. 令

$$C([0,1]):=\{f:\ f:[0,1]\mapsto\mathbb{R},\ f\text{ 连续}\}.$$

在 $C([0,1])$ 定义范数:

$$\|f\|:=\max_{t\in[0,1]}|f(t)|.$$

(a) 证明: 在该范数下 $C([0,1])$ 为 Banach 空间.

(b) $C([0,1])$ 中形如

$$\{f:f(t_i)\in A_i,\ i=1,2,\cdots,n,n=1,2,\cdots\},\quad t_i\in[0,1],\quad A_i\in\mathscr{B}^1$$

的集合称为柱集. 证明: 由柱集生成的 σ-代数重合于由开集生成的 σ-代数.

(c) 证明: 由 $[0,1]$ 上所有连续的有界变差函数, 所有绝对连续函数, 所有连续可微函数构成的集合皆为 $C[0,1]$ 的 Borel 集.

29. 设 $\mathscr{E}$ 为集类, $\mathscr{F}=\sigma(\mathscr{E})$. 证明: 对任意 $A\in\mathscr{F}$, 存在 $\mathscr{E}$ 的可数子类 $\mathscr{C}$, 使得 $A\in\sigma(\mathscr{C})$.

30. 对 $A\subset\mathbb{R}^n$, $x\in\mathbb{R}^n$, T 为 $n\times n$ 矩阵. 令

$$A+x:=\{x+y:y\in A\},\quad TA:=\{Ty:y\in A\}.$$

证明: 若 $A\in\mathscr{B}^n$, 则 $A+x$, $TA\in\mathscr{B}^n$.

第 2 章　测　　度

我们回忆一下直线上长度概念的逐步拓广, 即 Lebesgue 测度的构造: 先是区间 $[a,b)$ 有长度的概念, 然后对有限个两两不交的这样的区间的并集, 可以很自然也很简单地定义其长度, 即组成它的区间的长度的和. 然后是决定性的一击: 从这样的集合扩张到所有 Borel 集. 现在我们就将这一做法抽象化, 考虑半代数上的测度到其生成的 σ-代数上的扩张.

2.1　半代数到代数的扩张

定义2.1.1　*设 $\mathscr{S}$ 为空间 X 上的半代数, μ 为 $\mathscr{S}$ 上的取值于 $\bar{\mathbb{R}}_+$ 的函数. 若*

$$E, F \in \mathscr{S}, E \cap F = \varnothing, E \cup F \in \mathscr{S} \Longrightarrow \mu(E \cup F) = \mu(E) + \mu(F),$$

则称 μ 为有限可加集函数; 若

$$E,\ E_i \in \mathscr{S}, i = 1, 2, \cdots,\ E = \sum_{i=1}^{\infty} E_i \in \mathscr{S} \Longrightarrow \mu(E) = \sum_{i=1}^{\infty} \mu(E_i),$$

则称 μ 为可列可加集函数, 或 σ 可加集函数, 简称测度. 若 $\mu(X) < \infty$, 则称为有限测度.

注意这里两个“有限”的词性. 在“有限可加集函数”中, “有限”是副词, 是修饰“可加”的; 而在“有限测度”中, 它是形容词, 是修饰“测度”的. 词性的不明确可能是中文作为科学语言的天然缺陷之一吧.

我们知道 (见引理 1.3.4), $\mathscr{S}$ 生成的代数可表为

$$\mathscr{A}(\mathscr{S}) = \left\{ \sum_{i=1}^{n} A_i, A_i \in \mathscr{S}, i = 1, 2, \cdots, n;\ n = 1, 2, \cdots \right\},$$

因此很想按如下方式将 $\mathscr{S}$ 上的有限可加集函数 μ 扩张到 $\mathscr{A}(\mathscr{S})$ 上: 令

$$\mu\left(\sum_{i=1}^{n} A_i\right) = \sum_{i=1}^{n} \mu(A_i).$$

但在这样做之前, 应该解决这个定义的一致性问题, 即我们需要下面的命题.

命题2.1.2　若 μ 为 $\mathscr{S}$ 上的可加集函数, $A_i, B_j \in \mathscr{S}$, $i = 1, \cdots, n$; $j = 1, \cdots, m$, $A_i \cap A_j = \varnothing$, $B_i \cap B_j = \varnothing$, $i \neq j$, 且

$$\sum_{i=1}^{n} A_i = \sum_{j=1}^{m} B_j,$$

则

$$\sum_{i=1}^{n} \mu(A_i) = \sum_{j=1}^{m} \mu(B_j).$$

证明　我们有

$$A_i = A_i \cap \left(\sum_{j=1}^{m} B_j \right) = \sum_{j=1}^{m} A_i B_j.$$

因此

$$\mu(A_i) = \sum_{j=1}^{m} \mu(A_i B_j).$$

所以

$$\sum_{i=1}^{n} \mu(A_i) = \sum_{i=1}^{n} \sum_{j=1}^{m} \mu(A_i B_j).$$

同理

$$\sum_{j=1}^{m} \mu(B_i) = \sum_{j=1}^{m} \sum_{i=1}^{n} \mu(B_j A_i).$$

所以它们相等.　　Q.E.D.

有了这个命题, 下面的定义便是合理的.

定义2.1.3　对 $A = \sum_{i=1}^{n} A_i$, $A_i \in \mathscr{S}$, 定义

$$\mu(A) := \sum_{i=1}^{n} \mu(A_i).$$

如此这般我们便把 $\mathscr{S}$ 上的可加集函数扩充到了它生成的代数上. 进一步, 我们有如下命题.

命题2.1.4　如果 μ 在 $\mathscr{S}$ 上是可列可加的, 则扩充后在 $\mathscr{A}(\mathscr{S})$ 上也是可列可加的.

证明　设

$$E_i, \quad E \in \mathscr{A}(\mathscr{S}), \quad E = \sum_{i=1}^{\infty} E_i.$$

要证:

$$\mu(E)=\sum_{i=1}^{\infty}\mu(E_i).$$

设

$$E=\sum_{j=1}^{n}F_j,\quad F_j\in\mathscr{S},$$

$$E_i=\sum_{j=1}^{n_i}F_{ij},\quad F_{ij}\in\mathscr{S}.$$

则

$$\begin{aligned}F_j&=\left(\sum_{i=1}^{\infty}E_i\right)F_j\\&=\sum_{i=1}^{\infty}\left(\sum_{k=1}^{n_i}F_{ik}\right)F_j\\&=\sum_{i=1}^{\infty}\sum_{k=1}^{n_i}F_{ik}F_j.\end{aligned}$$

因为 $\mathscr{S}$ 是半代数, 所以诸 $F_{ik}F_j\in\mathscr{S}$. 因此

$$\mu(F_j)=\sum_{i=1}^{\infty}\sum_{k=1}^{n_i}\mu(F_{ik}F_j).$$

这样就有

$$\begin{aligned}\mu(E)&=\sum_{j=1}^{n}\mu(F_j)\\&=\sum_{j=1}^{n}\sum_{i=1}^{\infty}\sum_{k=1}^{n_i}\mu(F_{ik}F_j)\\&=\sum_{i=1}^{\infty}\sum_{k=1}^{n_i}\sum_{j=1}^{n}\mu(F_{ik}F_j)\\&=\sum_{i=1}^{\infty}\sum_{k=1}^{n_i}\mu\left(\sum_{j=1}^{n}F_{ik}F_j\right)\\&=\sum_{i=1}^{\infty}\sum_{k=1}^{n_i}\mu(F_{ik})\\&=\sum_{i=1}^{\infty}\mu(E_i).\end{aligned}$$

2.2 代数上测度的性质

现在我们已完成了从半代数到代数的扩张, 下一步就要由此出发, 进一步扩张到 σ-代数上去. 因此, 现在我们的起跑线是下面的定义.

定义2.2.1 设 X 是全空间, $\mathscr{A}$ 是其子集代数. $\mathscr{A}$ 上取值于 $\bar{\mathbb{R}}_+$ 的函数 μ 若满足

$$E, F \in \mathscr{A}, E \cap F = \varnothing \Longrightarrow \mu(E \cup F) = \mu(E) + \mu(F),$$

则称为有限可加集函数; 若满足

$$\sum_{i=1}^{\infty} E_i \in \mathscr{A}, \quad E_i \in \mathscr{A}, i = 1, 2, \cdots \Longrightarrow \mu\left(\sum_{i=1}^{\infty} E_i\right) = \sum_{i=1}^{\infty} \mu(E_i),$$

则称为可列可加集函数, 简称测度. 若 $\mu(X) < \infty$, 则称为有限测度.

我们先罗列测度的一些简单的性质.

定理2.2.2 设 μ 是有限可加集函数, 则它有下列性质:

(1) 可减性: $E, F \in \mathscr{A}, E \subset F \Longrightarrow \mu(F - E) = \mu(F) - \mu(E)$;

(2) 单调性: $E, F \in \mathscr{A}, E \subset F \Longrightarrow \mu(E) \leqslant \mu(F)$;

(3) 有限次可加性: $E, E_i \in \mathscr{A}, i = 1, 2, \cdots, n, E \subset \cup_{i=1}^n E_i \Longrightarrow \mu(E) < \sum_{i=1}^n \mu(E_i)$;

(4) $E_i \in \mathscr{A}, i = 1, 2, \cdots, E_i \cap E_j = \varnothing, \quad \forall i \neq j, \quad \cup_{i=1}^{\infty} E_i \subset E \in \mathscr{A} \Longrightarrow \sum_{i=1}^{\infty} \mu(E_i) \leqslant \mu(E)$;

若 μ 是有限测度, 则除此之外还满足:

(5) 可列次可加性: $E, E_i \in \mathscr{A}, i = 1, 2, \cdots, E \subset \cup_{i=1}^{\infty} E_i \Longrightarrow \mu(E) \leqslant \sum_{i=1}^{\infty} \mu(E_i)$.

证明 (1) 与 (2) 显然.

(3) 只需对 $n = 2$ 证明, 一般情形可用归纳法. $n = 2$ 时的证明如下:

$$\mu(E) \leqslant \mu(E_1 \cup E_2) = \mu(E_1 \cup (E_2 - E_1)) = \mu(E_1) + \mu(E_2 - E_1) \leqslant \mu(E_1) + \mu(E_2).$$

(4) 只要对每一 n 证明

$$\sum_{i=1}^{n} \mu(E_i) \leqslant \mu(E).$$

但这是显然的, 因为先由有限可加性, 再由单调性有

$$\sum_{i=1}^{n} \mu(E_i) = \mu\left(\cup_{i=1}^{n} E_i\right) \leqslant \mu(E).$$

(5) 证明基本与 (3) 的证明一样, 只是需要注意由于 $\cup_{i=1}^{\infty}E_i$ 未必属于 $\mathscr{A}$, 必须做一点点技术上的修改. 记 $F_i := E\cap E_i$, 则 $F_i\in\mathscr{A}$ 且 $\cup_{i=1}^{\infty}F_i = E\in\mathscr{A}$. 于是

$$\begin{aligned}\mu(E) &= \mu(E\cap(\cup_{i=1}^{\infty}E_i)) = \mu(\cup_{i=1}^{\infty}F_i)\\ &= \mu(F_1\cup(F_2-F_1)\cup(F_3-F_2-F_1)\cup\cdots)\\ &= \mu(F_1)+\mu(F_2-F_1)+\mu(F_3-F_2-F_1)+\cdots\\ &\leqslant \mu(F_1)+\mu(F_2)+\mu(F_3)+\cdots\\ &\leqslant \mu(E_1)+\mu(E_2)+\mu(E_3)+\cdots.\end{aligned}$$

Q.E.D.

接下来我们要引进集函数的上、下连续性概念.

定义2.2.3　设 $\mu:\mathscr{A}\to\mathbb{R}_+$, $E\in\mathscr{A}$. 若 $\forall E_n\in\mathscr{A}, E_n\downarrow E$, 有 $\mu(E_n)\downarrow\mu(E)$, 则称 μ 在 E 处上连续; 若 $\forall E_n\in\mathscr{A}, E_n\uparrow E$, 有 $\mu(E_n)\uparrow\mu(E)$, 则称 μ 在 E 处下连续. 若 μ 在每一处都上 (下) 连续, 则称为上 (下) 连续.

定理2.2.4　设 μ 为 $\mathscr{A}$ 上有限可加集函数, 则下列各条件等价:

(1) μ 为有限测度;

(2) μ 下连续;

(3) μ 上连续;

(4) μ 在 $\varnothing$ 处上连续;

(5) μ 在 X 处下连续.

证明　(1)$\Longrightarrow$(2) 设 $E_n, E\in\mathscr{A}$, $n=1,2,\cdots$, $E_n\uparrow E$. 由于

$$E=\cup_{n=1}^{\infty}E_n = E_1\cup(E_2-E_1)\cup(E_3-E_2)\cup\cdots,$$

所以由测度的可列可加性有

$$\begin{aligned}\mu(E) &= \mu(E_1)+\sum_{n=1}^{\infty}\mu(E_{n+1}-E_n) = \lim_{n\to\infty}\left[\mu(E_1)+\sum_{k=1}^{n}\mu(E_{k+1}-E_k)\right]\\ &= \lim_{n\to\infty}\left[\mu(E_1)+\sum_{k=1}^{n}(\mu(E_{k+1})-\mu(E_k))\right] = \lim_{n\to\infty}\mu(E_n).\end{aligned}$$

(2)$\Longrightarrow$(3) 设 $E_n, E\in\mathscr{A}$, $n=1,2,\cdots, E_n\downarrow E$. 则 $E_n^c, E^c\in\mathscr{A}$, $n=1,2,\cdots, E_n^c\uparrow E^c$. 于是

$$\mu(E)=\mu(X)-\mu(E^c)=\mu(X)-\lim_{n\to\infty}\mu(E_n^c)=\lim_{n\to\infty}\mu(E_n).$$

(3)$\Longrightarrow$(4) 当然.

(4)$\Longrightarrow$(5) 考虑余集, 与 2$\Longrightarrow$ 3 一样.

(5)$\Longrightarrow$(1) 设 $E_i \cap E_j = \varnothing, i \neq j$, $E = \cup_{n=1}^{\infty} E_n$. 补充定义 $E_0 = E^c$. 则

$$\mu(E) - \sum_{n=1}^{\infty} \mu(E_n) = \lim_{n\to\infty} \left(\mu(X) - \sum_{i=0}^{n} \mu(E_i) \right)$$
$$= \lim_{n\to\infty} \left(\mu(X) - \mu\left(\sum_{i=0}^{n} E_i \right) \right) = 0. \qquad \text{Q.E.D.}$$

2.3 代数到 σ-代数的扩张

现在我们可以迈出测度扩张的最后一步了, 即完成从代数到其生成的 σ-代数的扩张. 先固定记号: X 是全空间, $\mathscr{A}$ 是其子集代数, μ 是 $\mathscr{A}$ 上有限测度. 可以很容易地将 μ 扩张, 因为只要对任一 $E \subset X$, 令

$$\mu^*(E) := \inf \left\{ \sum_{n=1}^{\infty} \mu(A_n), A_n \in \mathscr{A}, E \subset \cup_n A_n \right\} \tag{3.1}$$

就行了. 它称为 μ 的外测度. 补充 $A_0 = \varnothing$, 在上式中以 $A_n - \cup_{k=0}^{n-1} A_k$ 代替 A_n, 则其测度之和不会变大也不会变小, 因而

$$\mu^*(E) := \inf \left\{ \sum_{n=1}^{\infty} \mu(A_n), A_n \in \mathscr{A}, E \subset \cup_n A_n, A_n \text{ 不交} \right\} \tag{3.2}$$

$$= \inf \left\{ \lim_n \mu(A_n):\ A_n \in \mathscr{A},\ A_n \uparrow,\ E \subset \lim_n A_n \right\}. \tag{3.3}$$

我们有下面的命题.

命题2.3.1 设 $E \subset X$. 则任给 $\varepsilon > 0$, 存在 $A \in \mathscr{A}, A_n \in \mathscr{A}, n = 1, 2, \cdots$, 使得 $E \setminus A \subset \cup_{n=1}^{\infty} A_n$ 且

$$\mu^*(E) - \varepsilon \leqslant \mu(A) \leqslant \mu^*(E) + \varepsilon,$$
$$\sum_{n=1}^{\infty} \mu(A_n) < \varepsilon.$$

证明 任给 $\varepsilon > 0$. 由定义, 存在 $B_n \in \mathscr{A}$, $n = 1, 2, \cdots$ 使得

$$E \subset \sum_{n=1}^{\infty} B_n,$$

$$\sum_{n=1}^{\infty} \mu(B_n) - \varepsilon/2 \leqslant \mu^*(E) \leqslant \sum_{n=1}^{\infty} \mu(B_n).$$

取 N 使

$$\sum_{n=1}^{N} \mu(B_n) > \sum_{n=1}^{\infty} \mu(B_n) - \varepsilon/2.$$

再令

$$A := \sum_{n=1}^{N} B_n, \quad A_n := B_{N+n}$$

即可. Q.E.D.

由此立即得到如下推论.

推论2.3.2 $\forall E \subset X, \forall \varepsilon > 0, \exists E_n \in \mathscr{A}$, 使得 $E_n \uparrow, E \subset \lim_{n\to\infty} E_n$ 且

$$\mu^*(E) \leqslant \lim_{n\to\infty} \mu(E_n) \leqslant \mu^*(E) + \varepsilon.$$

若 $E \in \mathscr{A}$, 则一方面由定理 2.2.2, 有 $\mu(E) \leqslant \mu^*(E)$; 另一方面, 取 $A_1 = E$, $A_i = \varnothing, i \geqslant 2$, 得 $\mu^*(E) \leqslant \mu(E)$. 这说明 μ^* 的确是 μ 的扩张.

μ^* 自然保持了 μ 的一些性质, 它们有下面的命题.

命题2.3.3 (1) $\mu^*(\varnothing) = 0$;

(2) $\mu^*(E) \geqslant 0, \ \forall E \subset X$;

(3) 单调性: $E_1 \subset E_2 \Longrightarrow \mu^*(E_1) \leqslant \mu^*(E_2)$;

(4) 次可加性: $\mu^*(E \cup F) \leqslant \mu^*(E) + \mu^*(F)$;

(5) 强次可加性: $\mu^*(E \cup F) + \mu^*(E \cap F) \leqslant \mu^*(E) + \mu^*(F)$;

(6) 可列次可加性: $\mu^*(\cup_{n=1}^{\infty} E_n) \leqslant \sum_{n=1}^{\infty} \mu^*(E_n)$.

证明 (1), (2) 及 (3) 显然.

(4) 与 (5): 只需证 (5). 首先注意对 $A, B \in \mathscr{A}$, 有

$$\mu(A \cup B) + \mu(A \cap B) = \mu(A) + \mu(B),$$

因为它们都等于 $\mu(A \setminus B) + \mu(B \setminus A) + 2\mu(A \cap B)$.

$\forall \varepsilon > 0$, 取 $\{E_n, F_n, n = 1, 2, \cdots\} \subset \mathscr{A}$ 使 $E_n, F_n \uparrow$,

$$E \subset \lim_n E_n, \quad F \subset \lim_n F_n$$

且

$$\lim_n \mu(E_n) < \mu^*(E) + \varepsilon, \quad \lim_n \mu(F_n) < \mu^*(F) + \varepsilon.$$

因为

$$E \cup F \subset \lim_n (E_n \cup F_n),$$

$$E \cap F \subset \lim_n (E_n \cap F_n),$$

所以

$$\mu^*(E \cup F) \leqslant \lim_n \mu(E_n \cup F_n),$$

$$\mu^*(E\cap F)\leqslant\lim_n\mu(E_n\cap F_n).$$

于是

$$\begin{aligned}\mu^*(E\cup F)+\mu^*(E\cap F)&\leqslant\lim_n\mu(E_n\cup F_n)+\lim_n\mu(E_n\cap F_n)\\&=\lim_n(\mu(E_n\cup F_n)+\mu(E_n\cap F_n))\\&=\lim_n\left(\mu(E_n)+\mu(F_n)\right)\\&\leqslant\mu^*(E)+\mu^*(F)+2\varepsilon.\end{aligned}$$

但 $\varepsilon>0$ 是任意的, 故结论成立.

最后看 (6). $\forall\varepsilon>0$, $\forall n\geqslant 1$, 找 $\{A_{n,m},n,m\geqslant 1\}\subset\mathscr{A}$ 使

$$E_n\subset\cup_{m=1}^\infty A_{n,m},\quad\forall n,$$

且

$$\mu^*(E_n)\geqslant\sum_{m=1}^\infty\mu(A_{n,m})-2^{-n}\varepsilon.$$

两边对于 n 求和给出

$$\sum_{n=1}^\infty\mu^*(E_n)\geqslant\sum_{n,m=1}^\infty\mu(A_{n,m})-\varepsilon.$$

但 $\cup_{n=1}^\infty E_n\subset\cup_{n,m=1}^\infty A_{n,m}$, 因此上式右端第一项大于等于 $\mu^*(\cup_{n=1}^\infty E_n)$, 这就是说

$$\sum_{n=1}^\infty\mu^*(E_n)\geqslant\mu^*(\cup_{n=1}^\infty E_n)-\varepsilon.$$

由 ε 的任意性便得到 (6). Q.E.D.

看了 (5) 的证明后, 也许有人会想, 是不是再坚持一下, 努把力, 就可以证明

$$\mu^*(E\cup F)+\mu^*(E\cap F)=\mu^*(E)+\mu^*(F)?$$

但这是不可能的. 例如, 取 $X=\{0,1\}$, $\mathscr{A}=\{\varnothing,X\}$, $\mu(\varnothing)=0$, $\mu(X)=1$. 则 $\mu^*(\{0\})=\mu^*(\{1\})=1$, 显然给了上式一个反例. 这个例子同时说明, 在扩张之后, 很不幸, 可加性丢失了.

能在某种范围内恢复可加性吗? 启示同样来自这个例子. 在上面的例子中, 可加性丢失的原因在于 $\mathscr{A}$ 中的元素不能分辨 $\{0\}$ 和它的余集即 $\{1\}$. 提高到抽象的高度, 也就是说尽管 E 与 E^c 是分离的, 但覆盖 E 的 $\cup_{n=1}^\infty E_n$ 与覆盖 E^c 的 $\cup_{n=1}^\infty H_n$ 并不能足够分离, 这样就导出了 $\mu^*(E)+\mu^*(E^c)>\mu(X)$, 因此比如说测量它们的长度时就无法做到足够精确.

如果你手上只有一把刻度为 1 厘米的卡尺, 你怎么可能去测量毫米级的零件? 而如果你的尺子是毫米级的, 你就无法测量微米级的零件, 更不用说纳米级的了. 期待拥有一把放之四海而皆可用的尺子是不可能的, 也是不必要的. 因此对任何一把卡尺, 都有它不可测量的东西. 同样地, 对任何代数上的测度, 一般都有它不可测量的集合.

而如果能做到精确测量, 我们就说这个集合是可以测量的, 简称可测的. 因此有下面的定义.

定义2.3.4 若 $E \subset X$ 满足 $\mu^*(E) + \mu^*(E^c) = \mu^*(X)$, 则称为 μ^* 可测集.

注意, 由于恒有 $\mu^*(E)+\mu^*(E^c) \geqslant \mu^*(X)$, 故为要 E 是 μ^* 可测集, 只要 $\mu^*(E)+\mu^*(E^c) \leqslant \mu^*(X)$ 就够了.

在实际工作中, 重要的不是有没有卡尺不可测量的零件, 而是我们面对的零件是不是可以测量的; 同样, 在数学上, 重要的也不是有没有不可测集, 而在于可测集到底有哪些, 是否能满足我们的需要. 因此, 我们以后只关注可测集, 其全体以 $\mathscr{F}$ 表示. 我们有下面的好性质.

命题2.3.5 若 $E \subset X$ 为可测集, 则 $\forall F \subset X$, 有 $\mu^*(E\cap F)+\mu^*(E^c\cap F)=\mu^*(F)$.

证明 由于恒有 $\mu^*(E \cap F) + \mu^*(E^c \cap F) \geqslant \mu^*(F)$, 故只要证 $\mu^*(E \cap F) + \mu^*(E^c \cap F) \leqslant \mu^*(F)$.

$\forall \varepsilon > 0$, 取 $F_n, E_n, H_n \in \mathscr{A}$ 使得它们均单调上升且

$$F \subset \lim_n F_n, \quad E \subset \lim_n E_n, \quad E^c \subset \lim_n H_n.$$

$$\lim_n \mu(F_n) < \mu^*(F) + \varepsilon,$$
$$\lim_n \mu(E_n) < \mu^*(E) + \varepsilon,$$
$$\lim_n \mu(H_n) < \mu^*(E^c) + \varepsilon.$$

因为 $E_n \cap F_n$ 与 $H_n \cap F_n$ 也单调上升且

$$E \cap F \subset \lim_n (E_n \cap F_n), \quad E^c \cap F \subset \lim_n (H_n \cap F_n),$$

所以

$$\mu^*(E \cap F) + \mu^*(E^c \cap F) \leqslant \lim_n (\mu(E_n \cap F_n) + \mu(H_n \cap F_n)).$$

因为

$$\lim_n (\mu(E_n) + \mu(H_n)) \leqslant \mu^*(E) + \mu^*(E^c) + 2\varepsilon = \mu(X) + 2\varepsilon,$$

而由于 $E_n \cup H_n \uparrow X$, 故

$$\mu(E_n \cup H_n) \uparrow \mu(X),$$

所以

$$\lim_n \mu(E_n \cap H_n) = \lim_n (\mu(E_n) + \mu(H_n) - \mu(E_n \cup H_n))$$
$$\leqslant \mu(X) + 2\varepsilon - \mu(X)$$
$$= 2\varepsilon.$$

于是

$$\lim_n (\mu(E_n \cap F_n) + \mu(H_n \cap F_n)) = \lim_n (\mu((E_n \cup H_n) \cap F_n) + \mu((E_n \cap H_n) \cap F_n))$$
$$\leqslant \lim_n (\mu(F_n) + \mu(E_n \cap H_n))$$
$$\leqslant \mu^*(F) + 3\varepsilon.$$

由 ε 的任意性得

$$\mu^*(E \cap F) + \mu^*(E^c \cap F) \leqslant \mu^*(F). \qquad \text{Q.E.D.}$$

我们还有两个直接出自可测集的定义的推论. 首先, 该定义关于"余"是对称的, 因此 E 和 E^c 同时为或同时不为 μ^* 可测集. 其次, 设 E_1, E_2 为 μ^* 可测集且不交, 在上一命题中分别以 $E_1, (E_1 \cup E_2) \cap F$ 代替 E, F, 则得到

$$\mu^*(F \cap (E_1 \cup E_2)) = \mu^*(E_1 \cap F) + \mu^*(E_2 \cap F). \tag{3.4}$$

进一步取 $F = X$ 则得到

$$\mu^*(E_1 \cup E_2) = \mu^*(E_1) + \mu^*(E_2). \tag{3.5}$$

这就是说, 对任意 $F \subset X$, μ^* 在集类

$$\{F \cap E:\ E \text{ 为 } \mu^* \text{ 可测集}\}$$

上保持可加性; 特别地, μ^* 在 μ^* 可测集上保持可加性.

可测集当然是有的. 如 $\mathscr{A}$ 的元素全是 μ^* 可测集. 但除此之外还有吗? 回答是有的, 而且相当多.

定理2.3.6 *以 $\mathscr{F}$ 表示可测集全体, 则 $\mathscr{F}$ 为 σ-代数. 于是特别地, $\mathscr{F} \supset \sigma(\mathscr{A})$.*

证明 由命题 1.4.2 只要证明 $\mathscr{F}$ 既是代数又对不交的可列并封闭.

我们已经注意到 $\mathscr{F}$ 关于"余"是封闭的.

再设 $E_i \in \mathscr{F}$, $i=1,2$, 有

$$\begin{aligned}&\mu^*(E_1\cup E_2)+\mu^*((E_1\cup E_2)^c)\\=&\mu^*(E_1)+\mu^*(E_1^c\cap E_2)+\mu^*(E_1^c\cap E_2^c)\\=&\mu^*(E_1)+\mu^*(E_1^c)=\mu^*(X).\end{aligned}$$

故 $\mathscr{F}$ 关于并也封闭. 因而 $\mathscr{F}$ 是 σ-代数.

现在假设 $E_n \in \mathscr{F}, n\geqslant 1$, $E_i\cap E_j=\varnothing$. 由于 $\cup_{k=1}^n E_k, n\geqslant 1$ 均是 μ^* 可测集, 反复运用 (3.5) 便得到

$$\mu^*(\cup_{k=1}^n E_k)=\sum_{k=1}^n \mu^*(E_k).$$

这样

$$\begin{aligned}\mu^*(X)&=\mu^*(\cup_{k=1}^n E_k)+\mu^*((\cup_{k=1}^n E_k)^c)\\&=\sum_{k=1}^n\mu^*(E_k)+\mu^*((\cup_{k=1}^n E_k)^c).\end{aligned}$$

让 $n\to\infty$ 就有

$$\begin{aligned}\mu^*(X)&\geqslant\sum_{n=1}^\infty\mu^*(E_n)+\mu^*((\cup_{n=1}^\infty E_n)^c)\\&\geqslant\mu^*(\cup_{n=1}^\infty E_n)+\mu^*((\cup_{n=1}^\infty E_n)^c)\\&\geqslant\mu^*(X).\end{aligned}\tag{3.6}$$

所以上式中的不等号全为等号, 因而 $\cup_{n=1}^\infty E_n\in\mathscr{F}$. Q.E.D.

现在我们已做好了所有的准备, 可以扩张代数上的测度了. 我们的结果是下面的定理.

定理2.3.7 *μ^* 是 $\mathscr{F}$ 上的测度. 另外, 若 ν 也是 $\mathscr{F}$ 上的测度且在 $\mathscr{A}$ 上与 μ 相等, 则在 $\sigma(\mathscr{A})$ 上 $\mu^*=\nu$.*

证明 我们需要证明 μ^* 在 $\mathscr{F}$ 上的可列可加性. 设 $E_i\in\mathscr{F}(i=1,2,\cdots)$ 且两两不交. 由于对任意 n, $\sum_{i=1}^n E_i$ 与 $\sum_{i=n+1}^\infty E_i$ 属于 $\mathscr{F}$, 故由 (3.5) 得

$$\mu^*(\cup_{i=1}^\infty E_i)=\sum_{i=1}^n\mu^*(E_i)+\mu^*(\cup_{i=n+1}^\infty E_i).$$

令 $n\to\infty$ 得

$$\begin{aligned}\mu^*(\cup_{i=1}^\infty E_i)&=\sum_{i=1}^\infty\mu^*(E_i)+\lim_{n\to\infty}\mu^*(\cup_{i=n+1}^\infty E_i)\\&\geqslant\sum_{i=1}^\infty\mu^*(E_i).\end{aligned}$$

但相反的不等式是恒成立的, 所以等号成立. 另外, 令

$$\mathscr{G} := \{E \in \sigma(\mathscr{A}) : \mu(E) = \nu(E)\}.$$

则 $\mathscr{G}$ 是单调类且包含代数 $\mathscr{A}$, 因而由单调类定理 $\mathscr{G} = \sigma(\mathscr{A})$. Q.E.D.

所以我们成功地将测度从半代数扩张到它所生成的 σ-代数上. 这就引出了如下定义.

定义2.3.8 测度空间是指一三元组 $(X, \mathscr{F}, \mu)$, 其中 $(X, \mathscr{F})$ 是可测空间, μ 是 $\mathscr{F}$ 上测度. 若 $\mu(X) = 1$, 则 μ 称为概率测度, $(X, \mathscr{F}, \mu)$ 称为概率空间. 概率空间上的可测函数称为随机变量.

我们注意到, 在定理 2.3.7 中, 尽管 $\mathscr{F}$ 一般与 μ 有关 —— 我们以后将写为 $\mathscr{F}^\mu$ 以强调这种关系 —— 但它们都包含了一个公共的 σ-代数 $\sigma(\mathscr{A})$. 于是由定理 2.3.7 立即推出下面漂亮的结果.

定理2.3.9 $\mathscr{A}$ 上任意有限测度均可唯一地扩张到 $\sigma(\mathscr{A})$ 上.

2.4 Lebesgue-Stieltjes 测度

我们考虑前述理论的最基本的例子, 即 $\mathbb{R}^n$ 中的 Lebesgue-Stieltjes 测度. 为简化记号, 约定在区间的记法 $[a, b)$ 中, 若 a 为 $-\infty$, 则变为 $(-\infty, b)$.

我们将详细讨论 $n = 1$ 的情形. 高维情形本质上是一样的, 但记号要复杂得多.

这样, 设 $X = \mathbb{R}^1$, 则

$$\mathscr{A} := \left\{ A : A = \sum_{i=1}^{n} [a_i, b_i),\ n \geqslant 1 \right\}$$

构成代数, 其中 $-\infty \leqslant a_i \leqslant b_i \leqslant +\infty$. 显然, 如果还要求 $a_{i-1} < b_{i-1} < a_i < b_i$, 则这种表示法是唯一的.

我们已经说过, 这个代数产生的 σ-代数为 $\mathscr{B}$.

若 μ 为 $\mathscr{B}$ 上测度, 且 $\mu(\mathbb{R}) = 1$, 令

$$F(x) := \mu((-\infty, x)).$$

则在初等概率论中已经知道, F 满足如下性质:

(i) F 单调上升;

(ii) 在任意点 $x \in \mathbb{R}^1$, F 左连续, 有右极限;

(iii) $F(+\infty) - F(-\infty) = 1$, 其中

$$F(+\infty) := \lim_{x \to +\infty} F(x), \quad F(-\infty) := \lim_{x \to -\infty} F(x).$$

以后我们将满足这三条性质的函数称为*分布函数*. 于是上面的叙述即是说, 任何一个概率测度, 都决定着一个分布函数. 现在我们要证明, 反过来也是一样, 即任何一个分布函数也都决定着一个概率测度. 更准确地, 有下面的定理.

定理2.4.1　*设 F 为 $\mathbb{R}$ 上的分布函数, 则在 $(\mathbb{R}, \mathscr{B})$ 上存在唯一一个概率测度 μ 使得*

$$F(x) = \mu((-\infty, x)).$$

证明　(1) 先证唯一性. 若存在两个测度 μ_1, μ_2 使得上式成立, 令

$$\mathscr{S} := \{[a, b),\ \ -\infty \leqslant a \leqslant b \leqslant +\infty\}.$$

则 $\mathscr{S}$ 为半代数, 因而更为 π 类. 再令

$$\Lambda := \{A \in \mathscr{B} : \mu_1(A) = \mu_2(A)\}.$$

则 Λ 为 λ 类且 $\mathscr{S} \subset \Lambda$, 因此由 λ-π 定理知

$$\Lambda \supset \sigma(\mathscr{S}) = \mathscr{B}.$$

(2) 为证存在性, 令

$$\mu([a, b)) := F(b) - F(a).$$

我们只要能证明 μ 为 $\mathscr{S}$ 上的测度即可. 也就是要证明:

$$E = \sum_{i=1}^{\infty} E_i,\ \ E, E_i \in \mathscr{S} \Longrightarrow \mu(E) = \sum_{i=1}^{\infty} \mu(E_i).$$

设 $E = [a, b)$, $E_i = [a_i, b_i)$.

(i) 若 a, b 均有限, 则有

$$\cup_{i=1}^{n} E_i \subset E, \quad \forall n \geqslant 1.$$

必要时将 $E_i (i = 1, \cdots, n)$ 重新排序并删除掉空集, 可假设 $a_1 < b_1 \leqslant a_2 < \cdots \leqslant a_n < b_n$. 于是

$$\mu(E) = F(b) - F(a) \geqslant F(b_n) - F(a_1) \geqslant \sum_{i=1}^{n} (F(b_i) - F(a_i)) = \sum_{i=1}^{n} \mu(E_i).$$

令 $n \to \infty$ 得

$$\mu(E) \geqslant \sum_{i=1}^{\infty} \mu(E_i).$$

反之, 设 $a<b$. 对 $\forall\varepsilon>0$, 由 F 的左连续性知存在 $\exists b'\in(a,b)$ 使

$$\mu([a,b))=F(b)-F(a)\leqslant F(b')-F(a)+\varepsilon=\mu([a,b'))+\varepsilon.$$

对每个 n, $\exists a_n'<a_n$ 使

$$\mu([a_n,b_n))=F(b_n)-F(a_n)\leqslant F(b_n)-F(a_n')+2^{-n}\varepsilon.$$

由于 $\cup_{i=1}^\infty(a_i',b_i)\supset[a,b']$, 故 $\exists n_0$ 使 $\cup_{i=1}^{n_0}(a_i',b_i)\supset[a,b']\supset[a,b')$. 因而

$$\begin{aligned}F(b')-F(a)&\leqslant\sum_{i=1}^{n_0}(F(b_i)-F(a_i'))\\&\leqslant\sum_{i=1}^{n_0}(\mu(E_i)+2^{-i}\varepsilon)\leqslant\sum_{i=1}^\infty\mu(E_i)+\varepsilon.\end{aligned}$$

因此有

$$\mu(E)\leqslant\sum_{i=1}^\infty\mu(E_i)+2\varepsilon.$$

由 ε 的任意性便有

$$\sum_{i=1}^\infty\mu(E_i)\geqslant\mu(E).$$

(ii) 设 $a=-\infty$, $b<+\infty$.

若存在 n 使得 $a_n=-\infty$, 则不妨设 $a_1=-\infty$. 于是

$$\cup_{i=2}^\infty E_i=[b_1,b).$$

从而由刚刚证明的结论有

$$F(b)-F(b_1)=\sum_{i=2}^\infty\mu(E_i).$$

因此

$$\begin{aligned}F(b)-F(-\infty)&=F(b)-F(b_1)+F(b_1)-F(-\infty)\\&=\sum_{i=1}^\infty\mu(E_i).\end{aligned}$$

若 $a_n>-\infty$, $\forall n$, 则取 $n_k\to\infty$ 使得 $\lim_{k\to\infty}a_{n_k}=-\infty$. 因为

$$[a_{n_k},b)=\sum_{i:a_i\geqslant a_{n_k}}[a_i,b_i),$$

所以

$$F(b)-F(a_{n_k})=\sum_{i:a_i\geqslant a_{n_k}}\mu([a_i,b_i)).$$

令 $k\to\infty$, 即得

$$F(b)-F(-\infty)=\sum_{i:a_i>-\infty}\mu([a_i,b_i))=\sum_{i=1}^{\infty}\mu([a_i,b_i)).$$

(iii) 剩下的两种情况 ($a>-\infty,b=+\infty$ 及 $a=-\infty,b=+\infty$) 可类似证明. Q.E.D.

于是由命题 2.1.4 和定理 2.3.9, 我们立即知道 μ 可唯一地扩张为 $\mathscr{B}$ 上的有限测度.

这样构造出来的测度就称为相应于 F 的 Lebesgue-Stieltjes 测度. 为表示 μ 和 F 的关系, 我们常常将 μ 记为 μ_F.

例2.4.2 设

$$F(x)=\begin{cases}0, & x<0,\\ x, & x\in[0,1],\\ 1, & x>1.\end{cases}\tag{4.1}$$

这时 F 对应的测度即为 $[0,1]$ 上的 Lebesgue 测度.

例2.4.3 设 $a_i>0,\ i=1,2,\cdots,\ \sum_{i=1}^{\infty}a_i=1$. 令

$$F(x):=\sum_{x_i\leqslant x}a_i,\quad x_i,\,x\in\mathbb{R}^1.$$

则对应的概率测度为离散分布, 即

$$\mu(\{x_i\})=a_i.$$

现在我们来看高维空间 $\mathbb{R}^n$ 的情形.

设 F 是定义在 $\mathbb{R}^n$ 上的函数, 记 $x=(x_1,\cdots,x_n)$. 假定

(i) F 左连续, 即对 $x^{(k)},\ x\in\mathbb{R}^n$,

$$\lim_{x^{(k)}\uparrow x}F(x^{(k)})=F(x),$$

其中 $x^{(k)}\uparrow x$ 表示对任意 $1\leqslant i\leqslant n,\ x_i^{(k)}\uparrow x_i$;

(ii) 对任意 $a=(a_1,\cdots,a_n)\leqslant b=(b_1,\cdots,b_n)\in\mathbb{R}^n$,

$$\Delta_{ab}F\geqslant 0,$$

其中

$$\Delta_{a_ib_i}F(x_1,\cdots,x_n)=F(x_1,\cdots,x_{i-1},b_i,x_{i+1},\cdots,x_n)\\ -F(x_1,\cdots,x_{i-1},a_i,x_{i+1},\cdots,x_n),$$

$$\Delta_{ab}:=\Delta_{a_1b_1}\cdots\Delta_{a_nb_n}.$$

则有如下结论.

定理2.4.4 在 $(\mathbb{R}^n,\mathscr{B}(\mathbb{R}^n))$ 上存在唯一一个测度 μ_F 满足

$$\mu_F([a,b))=\Delta_{ab}F,\quad a,b\in\mathbb{R}^n.$$

例2.4.5 设

$$F(x)=\begin{cases}0, & \exists i,\ \text{s.t. } x_i<0,\\ x_1\cdots x_n, & x\in[0,1]^n,\\ 1, & \forall i,\ \text{s.t. } x_i>1.\end{cases}\tag{4.2}$$

这时 F 对应的测度即为 $[0,1]^n$ 上的 Lebesgue 测度.

2.5 测度的完备化

将 μ 在 $\sigma(\mathscr{A})$ 上的唯一扩张 μ^* 仍然记为 μ. 那么 $\mathscr{F}^\mu$ 与 $\sigma(\mathscr{A})$ 的关系如何呢? 要说明此事, 需要用到完备测度的概念.

定义2.5.1 设 $(Y,\mathscr{G},\nu)$ 为测度空间. 若

$$E\in\mathscr{G},\nu(E)=0\Longrightarrow\forall F\subset E,F\in\mathscr{G}.$$

则 ν 称为完备测度, $(Y,\mathscr{G},\nu)$ 称为完备测度空间.

测度空间当然不会自动成为完备测度空间, 但我们有办法将它完备化.

定理2.5.2 设 $(Y,\mathscr{G},\nu)$ 为测度空间. 令

$$\bar{\mathscr{G}^\nu}:=\{E\cup N:E\in\mathscr{G},\ \exists F\in\mathscr{G},\ \nu(F)=0\ \text{使}N\subset F\}\\ =\{A\subset X;\exists E_1,E_2\in\mathscr{G},\ \nu(E_1)=\nu(E_2)\ \text{使}E_1\subset A\subset E_2\};$$

$$\bar{\nu}(E\cup N):=\nu(E).$$

则 $(Y,\bar{\mathscr{G}^\nu},\bar{\nu})$ 为完备测度空间.

证明很容易, 读者自行证之.

$(Y,\bar{\mathscr{G}^\nu},\bar{\nu})$ 称为 $(Y,\mathscr{G},\nu)$ 的完备化.

我们有下面的定理.

定理2.5.3　$(X, \mathscr{F}^\mu, \mu)$ 为 $(X, \sigma(\mathscr{A}), \mu)$ 的完备化.

证明　首先证明

$$\mu^*(E) = \inf\{\mu(F) : E \subset F, F \in \sigma(\mathscr{A})\},$$

并且此下确界可以达到.

事实上, 按定义有

$$\begin{aligned}\mu^*(E) &= \inf\left\{\sum_{n=1}^\infty \mu(E_n), E_n \in \mathscr{A}, E \subset \cup_{n=1}^\infty E_n\right\}\\ &\geqslant \inf\{\mu(\cup_{n=1}^\infty E_n), E_n \in \mathscr{A}, E \subset \cup_{n=1}^\infty E_n\}\\ &\geqslant \inf\{\mu(F) : E \subset F, F \in \sigma(\mathscr{A})\}\\ &\geqslant \mu^*(E),\end{aligned}$$

因而其中的三个不等式全为等式. 再取 $F_n \in \sigma(\mathscr{A})$ 使 $E \subset F_n$ 且 $\mu(F_n) \leqslant \mu^*(E) + \frac{1}{n}$, 则

$$F := \cap_{n=1}^\infty F_n \in \sigma(\mathscr{A}), \quad E \subset F, \quad \mu^*(E) = \mu(F).$$

设 $E \in \mathscr{F}^\mu$, 则 $E^c \in \mathscr{F}^\mu$. 取 $F_1, F_2 \in \sigma(\mathscr{A})$, 使得

$$E \subset F_1, \quad E^c \subset F_2, \quad \mu(F_1) = \mu^*(E), \quad \mu(F_2) = \mu^*(E^c),$$

则 $F_2^c \subset E \subset F_1$ 且

$$\mu(F_2^c) = \mu(X) - \mu(F_2) = \mu(X) - \mu^*(E^c) = \mu^*(E) = \mu(F_1).$$

Q.E.D.

这个定理告诉我们, $\mathscr{F}^\mu$ 与 $\sigma(\mathscr{A})$ 中的集合其实差不多. 下面的结果则说明, $\mathscr{F}^\mu$ 可测函数也与 $\sigma(\mathscr{A})$ 可测函数差不多.

命题2.5.4　设 $f \in \mathscr{F}^\mu$. 则存在 $g \in \sigma(\mathscr{A})$ 使得 $f = g$ μ-a.e..

证明　设 $f = 1_A$, $A \in \mathscr{F}^\mu$, 则由上面的结果, 存在 $E \in \sigma(\mathscr{A})$, 使得

$$A \subset E, \quad \mu(A) = \mu(E).$$

因此取 $g = 1_E$ 即可.

不难证明, 具有这样性质的函数构成 $\mathscr{L}$ 类. 因此, 由单调类定理, 所有 $\mathscr{F}^\mu$ 可测函数均有这样的性质.

Q.E.D.

2.6 σ 有限测度

至今我们一直假定所考虑的测度是有限的, 即 $\mu(X) < +\infty$. 应用中常常也会碰到一类比此稍微广泛些的测度, 它只满足下面较弱的条件:

存在 $A_n \in \mathscr{A}, n \geqslant 1$ 使 $X = \cup_{n=1}^{\infty} A_n$, 而 $\mu(A_n) < +\infty$, $\forall n \geqslant 1$.

在上面的条件中, 我们还可进一步要求其中的 $\{A_n\}$ 是两两不交的 —— 这自然与原要求等价.

这种测度叫 σ 有限测度; 任意满足上面性质的序列 $\{A_n\}$ 称为 μ 的穷竭列. 对这样的测度, 我们总可以先将它限制在每个 $(X, A_n \cap \mathscr{A})$ 上, 利用对有限测度已有的结论进行扩张, 然后再合并起来, 得到 $(X, \sigma(\mathscr{A}))$ 上的 σ 有限测度.

例2.6.1 设

$$F(x) = x, \quad x \in \mathbb{R}.$$

则对每一 $n \in \mathbb{N}$, 在 $[n, n+1)$ 上 F 都产生一个 Lebesgue 测度. 把这些测度拼起来则得到 $\mathbb{R}$ 上的 Lebesgue 测度. 高维情况可同样处理.

例2.6.2 一般地, 可以考虑任何单调上升的左连续函数 F, 而不必假设

$$F(+\infty) - F(-\infty) = 1.$$

这时, 同上面一样, 只需先在每个 $[n, n+1)$ 上产生 Lebesgue-Stieltjes 测度, 然后把各段的测度拼起来即可.

σ 有限测度有和有限测度类似的连续性性质, 即得如下命题.

命题2.6.3 设 $(X, \mathscr{F}, \mu)$ 为 σ 有限测度空间, 则

$$\{E_n\} \subset \mathscr{F},\ E_n \uparrow E \Longrightarrow \mu(E_n) \uparrow \mu(E),$$

$$\{E_n\} \subset \mathscr{F},\ E_n \downarrow E,\ \mu(E_1) < \infty \Longrightarrow \mu(E_n) \downarrow \mu(E).$$

证明 若 $E_n \uparrow E$, 则补充定义 $E_0 = \varnothing$ 后有

$$E = \sum_{n=1}^{\infty} (E_n \setminus E_{n-1}).$$

于是由可列可加性,

$$\mu(E) = \sum_{n=1}^{\infty} \mu(E_n \setminus E_{n-1}) = \sum_{n=1}^{\infty} [\mu(E_n) - \mu(E_{n-1})] = \lim_{n \to \infty} \mu(E_n).$$

若 $E_n \downarrow E$, 则 $E_1 \setminus E = \sum_{n=1}^{\infty}(E_n \setminus E_{n+1})$. 因此

$$\mu(E_1) - \mu(E) = \mu\left(\sum_{n=1}^{\infty}(E_n \setminus E_{n+1})\right) = \sum_{n=1}^{\infty}\mu(E_n \setminus E_{n+1}) = \mu(E_1) - \lim_{n\to\infty}\mu(E_n).$$

故

$$\mu(E) = \lim_{n\to\infty}\mu(E_n). \qquad \text{Q.E.D.}$$

注意第二个结论的条件 $\mu(E_1) < \infty$. 这是必需的, 因为例如假设

$$X = \mathbb{R}, \quad E_n = (n, \infty), \quad E = \varnothing, \quad \mu = \text{Lebesgue 测度},$$

则 $\mu(E) = 0$ 而 $\mu(E_n) = \infty, \forall n \geqslant 1$.

最后我们指出, 如果连 σ 有限也不要求, 就得到一般的测度. 上述性质对一般的测度也是成立的. 当然如此一般的测度在应用中较少碰到, 用处不大. 我们也不予讨论.

2.7　测度空间上的可测函数

本节设 $(X, \mathscr{F}, \mu)$ 为完备测度空间. 此时, 由于 $(X, \mathscr{F})$ 是可测空间, 因而可测函数是已经有定义了的. 但因为现在多了一个测度, 所以研究的内容会更丰富一些, 这主要表现在有两种不同的收敛性.

首先, 我们约定: 一个涉及 X 中的元素的命题如果除开一个零测集 —— 测度为零的集合 —— 外处处成立, 则称它几乎处处成立, 并用 a.e.——almost everywhere—— 表示.

定义2.7.1　设 $\{f_n, n \geqslant 1\}$, f 为可测函数. 若 $\mu(\{x \in X : f_n(x) \nrightarrow f(x)\}) = 0$, 则称 f_n 几乎处处收敛到 f, 记为 $f_n \xrightarrow{\text{a.e.}} f$.

若 f 处处有限, 用 ε-N 语言, 使 $f_n(x)$ 收敛到 $f(x)$ 的集合可表为

$$\begin{aligned}&\{x \in X : \forall\varepsilon > 0, \exists N, \text{ 当 } n \geqslant N \text{ 时}, |f_n(x) - f(x)| < \varepsilon\}\\ =&\cap_{\varepsilon>0}\cup_{N=1}^{\infty}\cap_{n=N}^{\infty}\{x \in X : |f_n(x) - f(x)| < \varepsilon\}\\ =&\cap_{\varepsilon_k>0}\cup_{N=1}^{\infty}\cap_{n=N}^{\infty}\{x \in X : |f_n(x) - f(x)| < \varepsilon_k\},\end{aligned}$$

其中 $\{\varepsilon_k, k \geqslant 1\}$ 是任意一列单调下降到 0 的常数. 因此

$$\begin{aligned}&\{x \in X : f_n \nrightarrow f\}\\ =&\cup_{\varepsilon_k>0}\cap_{N=1}^{\infty}\cup_{n=N}^{\infty}\{x \in X : |f_n(x) - f(x)| \geqslant \varepsilon_k\}.\end{aligned}$$

注意 $\cap_{N=1}^{\infty}\cup_{n=N}^{\infty}\{x\in X:|f_n(x)-f(x)|\geqslant\varepsilon_k\}$ 随 k 上升而上升, 于是

$$\mu(\{x\in X:f_n(x)\nrightarrow f(x)\})=\lim_{k\to\infty}\mu(\cap_{N=1}^{\infty}\cup_{n=N}^{\infty}\{x\in X:|f_n(x)-f(x)|\geqslant\varepsilon_k\}),$$

其左边为零当且仅当右边每一项为零. 这样就得到如下命题.

命题2.7.2 若 f_n 几乎处处有限, f_n 几乎处处收敛到 f 的充要条件是

$$\mu(\cap_{N=1}^{\infty}\cup_{n=N}^{\infty}\{x\in X:|f_n(x)-f(x)|\geqslant\varepsilon\})=0,\quad\forall\varepsilon>0.\tag{7.1}$$

若我们事先并不知道极限函数 f, 只是为了判别 f_n 是否几乎处处收敛到一几乎处处有限的可测函数, 就可以利用数列收敛的 Cauchy 准则而得到其收敛集合为

$$\begin{aligned}&\{x\in X:\forall\varepsilon>0,\exists N,\text{ 当 }m,n\geqslant N\text{ 时},|f_m(x)-f_n(x)|<\varepsilon\}\\=&\cap_{\varepsilon>0}\cup_{N=1}^{\infty}\cap_{m,n=N}^{\infty}\{x\in X:|f_m(x)-f_n(x)|<\varepsilon\}\\=&\cap_{\varepsilon_k>0}\cup_{N=1}^{\infty}\cap_{m,n=N}^{\infty}\{x\in X:|f_m(x)-f_n(x)|<\varepsilon_k\}.\end{aligned}$$

由此出发, 类似上一命题类似可以证明如下结论.

命题2.7.3 若 f_n 几乎处处有限, f_n 几乎处处收敛到一几乎处处有限的可测函数的充要条件是

$$\mu(\cap_{N=1}^{\infty}\cup_{m,n=N}^{\infty}\{x\in X:|f_m(x)-f_n(x)|\geqslant\varepsilon\})=0,\quad\forall\varepsilon>0.$$

我们再给出一个充分条件. 补充 $f_0=0$ 后, 自然可写

$$f_n=\sum_{k=1}^{n}(f_k-f_{k-1}).$$

于是 f_n 收敛相当于右边的级数收敛, 而这又只要它绝对收敛. 因此

$$\{x\in X:\ f_n\text{ 收敛}\}\supset\left\{x\in X:\sum_{n=1}^{\infty}|f_n(x)-f_{n-1}(x)|<\infty\right\}.$$

也就是说

$$\{x\in X:\ f_n\text{ 不收敛}\}\subset\left\{x\in X:\sum_{n=1}^{\infty}|f_n(x)-f_{n-1}(x)|=\infty\right\}.$$

现设 $\{\varepsilon_n,n>1\}$ 使 $\sum_{n=1}^{\infty}\varepsilon_n<\infty$, 则

$$\cup_{n=1}^{\infty}\cap_{k=n}^{\infty}\{x\in X:|f_k(x)-f_{k-1}(x)|<\varepsilon_k\}\subset\left\{x\in X:\sum_{n=1}^{\infty}|f_n(x)-f_{n-1}(x)|<\infty\right\}.$$

因而

$$\left\{x \in X : \sum_{n=1}^{\infty} |f_n(x) - f_{n-1}(x)| = \infty\right\} \subset \cap_{n=1}^{\infty} \cup_{k=n}^{\infty} \{x \in X : |f_k(x) - f_{k-1}(x)| \geqslant \varepsilon_k\}.$$

所以

$$\begin{aligned} &\mu\left(\left\{x \in X : \sum_{n=1}^{\infty} |f_n(x) - f_{n-1}(x)| = \infty\right\}\right) \\ \leqslant &\mu(\cap_{n=1}^{\infty} \cup_{k=n}^{\infty} \{x \in X : |f_k(x) - f_{k-1}(x)| \geqslant \varepsilon_k\}) \\ = &\lim_{n\to\infty} \mu(\cup_{k=n}^{\infty}\{x \in X : |f_k(x) - f_{k-1}(x)| \geqslant \varepsilon_k\}) \\ \leqslant &\lim_{n\to\infty} \sum_{k=n}^{\infty} \mu(\{x \in X : |f_k(x) - f_{k-1}(x)| \geqslant \varepsilon_k\}), \end{aligned}$$

其最后一项为零的充要条件是

$$\sum_{n=1}^{\infty} \mu(\{x \in X : |f_n(x) - f_{n-1}(x)| \geqslant \varepsilon_n\}) < \infty.$$

这样, 得到如下结论.

命题2.7.4 若正数列 $\{\varepsilon_n, n \geqslant 1\}$ 使 $\sum_n \varepsilon_n < \infty$, 而 f_n 又满足

$$\sum_{n=1}^{\infty} \mu(\{x \in X : |f_n(x) - f_{n-1}(x)| \geqslant \varepsilon_n\}) < \infty,$$

则 f_n 几乎处处收敛到一几乎处处有限的可测函数.

什么样的序列满足此命题的条件呢?

若 f_n 为依测度 Cauchy 列, 即

$$\lim_{m,n\to\infty} \mu(\{|f_m(x) - f_n(x)| \geqslant \varepsilon\}) = 0, \quad \forall \varepsilon > 0,$$

取 n_1 使 $m, n \geqslant n_1$ 时

$$\mu(|f_m - f_n| \geqslant 2^{-1}) < 2^{-1}.$$

一般地, 对 $j \geqslant 2$, 设已取好 n_{j-1}, 则取 $n_j > n_{j-1}$ 使 $m, n \geqslant n_j$ 时有

$$\mu(|f_m - f_n| \geqslant 2^{-j}) < 2^{-j}.$$

这样

$$\mu(|f_{n_{j+1}} - f_{n_j}| \geqslant 2^{-j}) < 2^{-j}.$$

于是

$$\sum_{j=1}^{\infty}\mu(|f_{n_{j+1}}-f_{n_j}|\geqslant 2^{-j})<\infty,$$

也就是说对 $\varepsilon_j=2^{-j}$, f_{n_j} 满足命题 2.7.4 的条件. 因此有如下推论.

推论2.7.5 若 f_n 为依测度 Cauchy 列, 则在其中可抽出一子列几乎处处收敛到一几乎处处有限的可测函数.

我们回过头来再看 (7.1). 设 μ 为有限测度. 由于 $\cup_{k\geqslant n}\{|f_k-f|>\varepsilon\}$ 随 n 的上升而下降, 故 (7.1) 相当于

$$\lim_{n\to\infty}\mu(\cup_{k\geqslant n}\{|f_k-f|>\varepsilon\})=0. \tag{7.2}$$

将此条件减弱, 得到定义如下.

定义2.7.6 设 $\{f_n,n\geqslant 1\}$, f 为可测函数. 若 $\forall\varepsilon>0$,

$$\lim_{n\to\infty}\mu(\{|f_n(x)-f(x)|\geqslant\varepsilon\})=0, \tag{7.3}$$

则称 f_n 依测度收敛到 f, 记为 $f_n\xrightarrow{\mu}f$.

我们要注意两点.

第一, (7.1) 只是在 μ 为有限测度时等价于 (7.2). 所以与 (7.1) 相比, (7.3) 只是在 μ 为有限时弱一些. 所以这时我们有下面的命题.

命题2.7.7 若 $\mu(X)<\infty$, $f_n\xrightarrow{\text{a.e.}}f$, f 几乎处处有限, 则 $f_n\xrightarrow{\mu}f$.

第二, 即便是有限测度的情况, 如果 f 不是几乎处处有限, 上面的命题也不成立. 因为依测度收敛的定义本身蕴含了 f 几乎处处有限.

另外, 我们有如下的定理.

定理2.7.8 f_n 依测度收敛的充要条件是 $\{f_n\}$ 为依测度 Cauchy 列.

证明 必要性由不等式

$$\mu(|f_n-f_m|>\varepsilon)\leqslant\mu(|f_n-f|>\varepsilon/2)+\mu(|f_m-f|>\varepsilon/2)$$

看出. 现在证充分性. 先用推论 2.7.5, 在 $\{f_n,n\geqslant 1\}$ 中取子列 $\{f_{n_j},j\geqslant 1\}$ 几乎处处收敛. 设极限函数是 f. 在不等式

$$\mu(|f_n-f|>\varepsilon)\leqslant\mu(|f_n-f_{n_j}|>\varepsilon/2)+\mu(|f_{n_j}-f|>\varepsilon/2)$$

中让 n,n_j 都趋于无穷大即得结论. Q.E.D.

由此定理及推论 2.7.5 又有如下推论.

推论2.7.9 依测度收敛的序列中必可抽出子列几乎处处收敛.

除了前面两种收敛之外, 还有如下定义.

定义2.7.10 $(X, \mathscr{F}, \mu)$ 为一测度空间, f_n, $n \geqslant 1$, f 为定义在其上的可测函数, 称 f_n 几乎一致收敛到函数 f, 如果对 $\forall \varepsilon > 0, \exists A \in \mathscr{F}$ 使得

$$\mu(A) < \varepsilon, \quad \sup_{x \in A^c} |f_n(x) - f(x)| \to 0.$$

记为 $f_n \xrightarrow{\text{a.un.}} f$. 其中 a.un. 是 almost uniformly 的缩写.

至于几乎处处收敛和几乎一致收敛的关系, 有下面的定理.

定理2.7.11 $(X, \mathscr{F}, \mu)$ 为一测度空间, f_n, $n \geqslant 1$, f 为定义在其上的可测函数. 若 $f_n \xrightarrow{\text{a.un.}} f$, 那么 $f_n \xrightarrow{\text{a.e.}} f$.

证明 由定义, 若 $f_n \xrightarrow{\text{a.un.}} f$, 即 $\forall\ \varepsilon > 0$, $\eta > 0$, $\exists A \in \mathscr{F}$, $\exists N \geqslant 1$ 使得 $\mu(A) < \varepsilon$ 且当 $n \geqslant N$ 时,

$$\sup_{x \in A^c} |f_n(x) - f(x)| < \eta.$$

因而有

$$\cup_{n=N}^{\infty}\{x : |f_n(x) - f(x)| \geqslant \eta\} \subset A.$$

因此

$$\limsup_{N \to \infty} \mu(\cup_{n=N}^{\infty}\{x : |f_n(x) - f(x)| \geqslant \eta\}) \leqslant \mu(A) < \varepsilon.$$

由 ε 的任意性, 有

$$\lim_{N \to \infty} \mu(\cup_{n=N}^{\infty}\{x : |f_n(x) - f(x)| \geqslant \eta\}) = 0,$$

从而 $f_n \xrightarrow{\text{a.e.}} f$. Q.E.D.

反之, 有如下定理.

定理2.7.12 (Egoroff 定理) $(X, \mathscr{F}, \mu)$ 为一有限测度空间, $f_n, n \geqslant 1$, f 为定义在其上的可测函数. 若 $f_n \xrightarrow{\text{a.e.}} f$, 则 $f_n \xrightarrow{\text{a.un.}} f$.

证明 由 $f_n \xrightarrow{\text{a.e.}} f$, 知 $\forall \varepsilon > 0$,

$$\mu\left(\cap_{N=1}^{\infty} \cap_{n=N}^{\infty} \{x : |f_n(x) - f(x)| > \varepsilon\}\right) = 0.$$

因此 $\forall k \geqslant 1$, $\exists N_k$, 使得

$$\mu(\cup_{n=N_k}^{\infty}\{x : |f_n(x) - f(x)| > 2^{-k}\}) \leqslant \varepsilon 2^{-k}.$$

令

$$A = \cup_{k=1}^{\infty} \cup_{n=N_k}^{\infty} \{x : |f_n(x) - f(x)| > 2^{-k}\}.$$

那么,

$$\mu(A) \leqslant \sum_{k=1}^{\infty} \mu(\cup_{n=N_k}^{\infty}\{x : |f_n(x) - f(x)| > 2^{-k}\}) \leqslant \sum_{k=1}^{\infty} \varepsilon 2^{-k} = \varepsilon,$$

且 $f_n \to f$ 在 A^c 上一致成立. Q.E.D.

注 若 $\mu(X) = \infty$, 则 Egoroff 定理不成立. 例如, 令 $X = [0, \infty)$, μ 为 Lebesgue 测度, $f_n(x) := 1_{[n,\infty)}(x)$. 则

$$f_n \xrightarrow{\text{a.e.}} 0,$$

但对 $\forall \varepsilon > 0$, $\nexists A_\varepsilon$ 使得

$$\mu(A_\varepsilon^c) < \varepsilon, \quad f_n(x) \to 0 \ \text{在}\ A_\varepsilon\ \text{上}. \qquad \text{Q.E.D.}$$

习 题 2

1. 设 $\Omega = \{[0,1]$ 中的有理数$\}$, $\mathscr{A}$ 为由下列形式的集合 A 的有限不交并构成的代数:

$$\{r : r \in (a,b)\}, \quad \{r : r \in (a,b]\}, \quad \{r : r \in [a,b)\}, \quad \{r : r \in [a,b]\}.$$

定义 $P(A) = b - a$. 证明: P 在 $\mathscr{A}$ 上有限可加, 但非可列可加.

2. P_1, P_2 是定义在 $(\Omega, \mathscr{F})$ 上的两个概率测度, 且 $\mathscr{F} = \sigma(\mathscr{C})$ 且 $\mathscr{C}$ 为 π 类, 若 $P_1(A) = P_2(A)$ 对任意 $A \in \mathscr{C}$ 成立, 则 $P_1 = P_2$.

3. 设 $(X, \mathscr{F}, \mu)$ 为有限测度空间, $\mathscr{A}$ 为代数且 $\sigma(\mathscr{A}) = \mathscr{F}$. 证明: $\forall E \in \mathscr{F}$, $\forall \varepsilon > 0$, $\exists A \in \mathscr{A}$, 使得

$$\mu(A \triangle E) < \varepsilon.$$

4. 设 μ 是 $(\mathbb{R}, \mathscr{B}^1)$ 上的测度, $\mu([0,1]) = 1$, 且对任意 $E \in \mathscr{B}^1$, $x \in \mathbb{R}$ 均有 $\mu(E + x) = \mu(E)$. 证明: μ 为 Lebesgue 测度.

5. 设 ξ, η 是定义在同一概率空间 $(\Omega, \mathscr{F}, P)$ 上的两个随机变量, 有相同的分布函数, 证明对任意 $B \in \mathscr{B}(\mathbb{R})$, $P(\xi \in B) = P(\eta \in B)$.

6. 设 P 为 $(\mathbb{R}^n, \mathscr{B}(\mathbb{R}^n))$ 上的概率测度. 证明: 对任意 Borel 集 B,

$$\begin{aligned} P(B) &= \inf\{P(O); B \subset O, O\ \text{为开集}\} \\ &= \sup\{P(A); A \subset B, A\ \text{为闭集}\}. \end{aligned}$$

7. 设 μ 为 $(\mathbb{R}, \mathscr{B}(\mathbb{R}))$ 上的概率测度. 证明: 对任意 Borel 集 B, $\varepsilon > 0$, 存在有限个区间的并 A 使得

$$\mu(A \triangle B) < \varepsilon.$$

8. 证明定理 2.5.2.

9. $(\Omega, \mathscr{F}, P)$ 为一概率空间, 令

$$\mathscr{N} := \{N \subset \Omega; \exists B \in \mathscr{F}, \text{s.t. } N \subset B, P(B) = 0\}$$

及

$$\mathscr{F}^* := \{B \cup N; B \in \mathscr{F}, N \in \mathscr{N}\}.$$

证明: (1) $\mathscr{F}^*$ 是一个 σ-代数.

(2) 若对 $B_1 \cup N_1 = B_2 \cup N_2$, $B_i \in \mathscr{F}$, $N \in \mathscr{N}$, $i = 1, 2$, 则 $P(B_1) = P(B_2)$.

(3) 试将 P 延拓到 $\mathscr{F}^*$ 上.

(4) 若对 $B \subset \Omega$, $A_i \in \mathscr{F}$, $i = 1, 2$, $A_1 \subset B \subset A_2$, 且 $P(A_2 - A_1) = 0$, 则 $B \in \mathscr{F}^*$.

10. ξ_n 是定义在概率空间 $(\Omega, \mathscr{F}, P)$ 上的单调随机变量列, 且 ξ_n 依概率收敛到 ξ, 则有 ξ_n 几乎处处收敛到 ξ.

11. 举例说明:

(a) 如果 μ 不是有限测度, 则几乎处处收敛不意味着依测度收敛.

(b) 即便是有限测度, 几乎处处收敛意味着依测度收敛也不是无条件的 (这个条件就是极限函数是几乎处处有限的).

12. ξ_n 是定义在概率空间 $(\Omega, \mathscr{F}, P)$ 上的随机变量列, ξ_n 依概率收敛到 ξ, 但 ξ_n 不一定几乎处处收敛到 X.

13. $(\Omega, \mathscr{F}, P)$ 为一概率空间, $A_n \in \mathscr{F}$. 证明:

$$\lim_{n\to\infty} 1_{A_n} = 0 \text{ a.s.} \Longleftrightarrow P(\limsup_n A_n) = 0.$$

14. $(\Omega, \mathscr{F}, P)$ 为一概率空间, $\Omega_0 \subset \Omega$, 令 $\mathscr{F}_0 := \mathscr{F} \cap \Omega_0$, 则 $\mathscr{F}_0$ 为 Ω_0 上的 σ-代数. 对任意 $A \in \mathscr{F}_0$, 令

$$\mu(A) := \inf\{P(B); A = B \cap \Omega_0, B \in \mathscr{F}\}.$$

则 μ 为 $(\Omega_0, \mathscr{F}_0)$ 上的一个有限测度.

15. 设 $(X, \mathscr{F}, \mu)$ 为 σ 有限测度空间, $C \notin \mathscr{F}$. 证明: μ 可扩充为

$$\sigma(\mathscr{F} \cup \{C\})$$

上的测度.

16. 设 $(X, \mathscr{F}, \mu)$ 是概率空间. 定义 $d : \mathscr{F} \times \mathscr{F} \mapsto [0, 1]$ 如下:

$$d(A, B) := \mu(A \Delta B).$$

若 $d(A,B)=0$, 则说 A 与 B 等价. 所有的这些等价类全体仍记为 $\mathscr{F}$.

(a) 证明: d 是 $\mathscr{F}$ 上的距离且有

$$d(E_1\cup F_1,E_2\cup F_2)\leqslant d(E_1,E_2)+d(F_1,F_2),$$

$$d(E_1\cap F_1,E_2\cap F_2)\leqslant d(E_1,E_2)+d(F_1,F_2).$$

(b) 设 $\mathscr{A}$ 是生成 $\mathscr{F}$ 的代数, 证明: $\mathscr{A}$ 在 $(\mathscr{F},d)$ 中稠密.

(c) 证明: 若存在 $\mathscr{F}$ 的可数子类 $\mathscr{F}_0$ 使得

$$\mu(A)=\inf\{\mu(E):A\subset E,\ E\in\mathscr{F}_0\},\quad \forall A\in\mathscr{F},$$

或

$$\mu(A)=\sup\{\mu(E):A\supset E,\ E\in\mathscr{F}_0\},\quad \forall A\in\mathscr{F},$$

则 $(\mathscr{F},d)$ 为可分度量空间. 此时称 μ 是可分的.

(d) 证明: $\mathbb{R}$ 上任一 Lebesgue-Stieltjes 测度是可分的.

17. 设 $(X,\mathscr{F},\mu)$ 为测度空间. 证明如下初级阶段的 Fatou 引理及其一系列推论:

(a)

$$\mu(\liminf A_n)\leqslant\liminf\mu(A_n).$$

(b) 若 μ 为有限测度, 则

$$\mu(\limsup A_n)\geqslant\limsup\mu(A_n).$$

(c) 若 μ 为有限测度, $\lim A_n$ 存在, 则

$$\mu(\lim A_n)=\lim\mu(A_n).$$

(d) 设 μ 为有限测度. 令 $A^*:=\limsup A_n$, $A_*:=\liminf A_n$. 证明:

$$\lim\mu(A_n\setminus A_*)=\lim\mu(A^*\setminus A_n)=0.$$

(e) 设 $A:=\lim A_n$ 存在且 μ 为有限测度. 证明:

$$\lim\mu(A_n\Delta A)=0.$$

(f) 若 μ 为有限测度, 证明:

$$\mu(A\Delta\liminf A_n)=\mu(A\Delta\limsup A_n)=0\Longrightarrow\lim\mu(A\Delta A_n)=0.$$

18. 设 $(X,\mathscr{F})$ 为可测空间, $\{P_n\}$ 为其上一列概率测度, P 为 $\mathscr{F}$ 上的集函数, 且有

$$\lim P_n(A) = P(A), \quad \forall A \in \mathscr{F}.$$

证明 Vitali-Hahn-Saks 定理:

(a) P 为概率测度;

(b) 对任意 $\{A_k\} \subset \mathscr{F}$, $A_k \downarrow \varnothing$, 有

$$\sup_n P_n(A_k) \downarrow 0, \quad k \to \infty.$$

19. 构造一个可测空间 $(X,\mathscr{F})$ 及其上的一列测度 $\{\mu_n\}$, 使得对任意 $A \in \mathscr{F}$, $\mu_n(A)$ 均单调下降, 但 $\mu(A) := \lim \mu_n(A)$ 不是测度.

20. 设 $(\Omega,\mathscr{F},P)$ 为一概率空间, ξ_n, ξ 是定义在其上的随机变量, 且 $\xi_n \xrightarrow{P} \xi$. 证明: (1) 若 f 为一连续函数, 那么 $f(\xi_n) \xrightarrow{P} f(\xi)$.

(2) 若 f 为不连续函数, 则 (1) 不一定成立.

21. 设 ξ, η 是定义在概率空间 $(\Omega,\mathscr{F},P)$ 上的随机变量, 证明:

$$\sup_{A \in \mathscr{F}^1} |P(\xi \in A) - P(\eta \in A)| \leqslant P(\xi \neq \eta).$$

22. 记 $\mathscr{F}$ 为 $[0,1]$ 上的 Lebesgue 可测集全体, $f : [0,1] \to (0,1)$ 为一关于 $\mathscr{F}$ 可测的函数, $g : [0,1] \to \mathbb{R}^1$. 试举例说明 $g \circ f$ 不一定是 $\mathscr{F}$ 可测函数.

23. 设 $(X,\mathscr{F},\mu)$ 为有限测度空间, f_n, f 是其上的可测函数.

(a) 设 $f_n \xrightarrow{\text{a.e.}} f$. 证明: $\forall C > 0$,

$$\mu(|f| > C) \leqslant \liminf_{n\to\infty} \mu(|f_n| > C).$$

(b) 设 $f_n \xrightarrow{\mu} f$. 证明: $\forall C > 0$,

$$\mu(|f| > C) \leqslant \limsup_{n\to\infty} \mu(|f_n| > C).$$

第3章　积　　分

一般测度空间上积分的定义和 $\mathbb{R}$ 上的 Lebesgue 积分是完全一样的, 因此熟悉大学实变函数课程的人再来学习这一理论易如反掌; 不熟悉实变函数而熟悉数学分析学习这一理论的也不算难.

我们固定一个有限测度空间 $(X, \mathscr{F}, \mu)$. 从简单情形开始.

3.1　简单可测函数的积分

定义3.1.1　*设 f 是简单可测函数:*

$$f = \sum_{i=1}^{n} a_i 1_{E_i},$$

其中诸 $E_i \in \mathscr{F}$ 不交. f 的积分定义为

$$\int f d\mu = \sum_{i=1}^{n} a_i \mu(E_i).$$

这个定义是合理的, 也就是说, 若 f 还有另一种表达式, 那么计算出来的值不变. 事实上, 设另有

$$f = \sum_{j=1}^{m} b_j 1_{F_j},$$

这里诸 $F_j \in \mathscr{F}$ 也是不交的. 拿掉其中为零的数后, 可以进一步假定诸 a_i, b_j 均不为零, 这样势必有

$$\sum_{i=1}^{n} E_i = \sum_{j=1}^{m} F_j.$$

于是

$$E_i = \sum_{j=1}^{m} (E_i \cap F_j), \quad \forall\, i = 1, \cdots, n.$$

因此, 由测度的可加性有

$$\sum_{i=1}^{n} a_i \mu(E_i) = \sum_{i=1}^{n} \sum_{j=1}^{m} a_i \mu(E_i \cap E_j).$$

但除非 $E_i \cap F_j = \varnothing$, 否则必有 $a_i = b_j$, 因此由测度的可加性,

$$\sum_{j=1}^{m}\sum_{i=1}^{n} b_j \mu(E_i \cap E_j) = \sum_{j=1}^{m} b_j \mu(F_j).$$

故按不同的表达式定义出来的积分值是相同的. 而在定义中所要求的不交假设也可以去掉.

命题3.1.2 设 f 是简单可测函数:

$$f = \sum_{i=1}^{n} a_i 1_{E_i},$$

则

$$\int f d\mu = \sum_{i=1}^{n} a_i \mu(E_i).$$

证明 利用第 1 章的 (5.3) 式,

$$f = \sum_{I \subset \{1,2,\cdots,n\}} \left(\sum_{i\in I} a_i\right) 1_{F_I}.$$

于是, 注意到 $\cup_{i\in I} F_I = E_i$, 就有

$$\int f d\mu = \sum_{I}\left(\sum_{i\in I} a_i\right)\mu(F_I) = \sum_{i=1}^{n} a_i \left(\sum_{i\in I}\mu(F_I)\right) = \sum_{i=1}^{n} a_i \mu(E_i). \qquad \text{Q.E.D.}$$

进一步, 对 $E \in \mathscr{F}$, 定义:

$$\int_E f d\mu := \int f 1_E d\mu.$$

这个定义是有意义的, 因为当 f 是简单函数时, $f1_E$ 也是.

简单可测函数的积分有如下性质.

命题3.1.3 (1) 非负性: $f \geqslant 0 \Longrightarrow \int f d\mu \geqslant 0$;

(2) 线性性: $\int (af + bg) d\mu = a\int f d\mu + b\int g d\mu$;

(3) 单调性: $f \geqslant g$ a.e. $\Longrightarrow \int f d\mu \geqslant \int g d\mu$;

(4) $\left|\int f d\mu\right| \leqslant \int |f|\, d\mu$;

(5) $f=g$ a.e. $\Longrightarrow \int f d\mu=\int g d\mu$;

(6) **对任意可测函数** f, $\mu(E)=0 \Longrightarrow \int_E f d\mu=0$;

(7) Chebyshev **不等式**: $\mu(|f|>c) \leqslant \dfrac{1}{c}\int |f| d\mu, \forall c>0$.

证明 (6) 由 (5) 推出, (4) 和 (5) 由 (3) 推出, (3) 由 (1) 和 (2) 推出, (2) 直接由定义推出. (1) 也很简单: 若 f 表示为

$$f=\sum_{i=1}^{n} a_i 1_{E_i},$$

其中诸 E_i 不交, 则 f 非负时每个 a_i 必非负, 再直接由定义即得. Q.E.D.

3.2 有界可测函数的积分

设 f 是有界可测函数. 由命题 1.5.8 的证明, 有简单函数列 $f_n(n \geqslant 1)$ 一致收敛到 f. 于是有

$$\left|\int f_n\, d\mu-\int f_m\, d\mu\right| \leqslant \int |f_n-f_m| d\mu \leqslant (\sup_{x\in X}|f_n(x)-f_m(x)|)\mu(X),$$

从而 $\int f_n d\mu$ 是 Cauchy 列, 因而极限存在. 由此获得定义如下.

定义3.2.1 有界可测函数 f 的积分定义为

$$\int f d\mu := \lim_n \int f_n d\mu,$$

其中 $\{f_n\}$ 是任意一致收敛到 f 的简单可测函数列.

我们仍然必须说明此定义的合理性. 设 $\{f_n\}$, $\{g_n\}$ 是两列非负简单可测函数, 均一致收敛到 f. 令

$$h_{2n+1}=f_n, \quad h_{2n}=g_n,$$

则 $\{h_n\}$ 也是一致收敛到 f 的非负简单可测函数列, 因而 $\lim_n \int h_n d\mu$ 存在, 故 $\lim_n \int f_n d\mu$ 与 $\lim_n \int g_n d\mu$ 一定相等.

用极限过渡, 容易证明下面的命题.

命题3.2.2 命题 3.1.3 的结论对有界可测函数照样成立.

3.3 非负可测函数的积分

对未必有界的非负可测函数 f, 令

$$T_nf(x) := \begin{cases} f(x), & f(x) \leqslant n, \\ n, & f(x) > n. \end{cases}$$

则 $T_nf \uparrow f$, 从而 $\int T_nf\ d\mu \uparrow$. 我们定义如下.

定义3.3.1

$$\int f d\mu := \lim_n \int T_n f d\mu.$$

用极限过渡, 容易证明下面的命题.

命题3.3.2 命题 3.2.2 的结论对非负可测函数照样成立 (其中线性性质假设 $a \geqslant 0$, $b \geqslant 0$).

3.4 可测函数的积分

对一般的可测函数 f, 有下面的定义.

定义3.4.1 若 $\int f^+\ d\mu$ 与 $\int f^-\ d\mu$ 中不全为 ∞, 则称其积分存在且其值为

$$\int f\ d\mu := \int f^+\ d\mu - \int f^-\ d\mu;$$

若两个积分均有限, 则称 f 可积.

当有必要明确积分的范围时, 就用 $\int_X f\ d\mu$ 代替 $\int f\ d\mu$.

现在我们稍事停留, 比较一下函数的可积性与级数的收敛性这两个概念. 容易看出, 函数 f 可积的充要条件是

$$\lim_{M,N\to\infty} \int_{N \leqslant |f| \leqslant M} |f| d\mu = 0.$$

而级数 $\sum_{k=1}^{\infty} a_k$ 绝对收敛的条件是

$$\lim_{M,N\to\infty} \sum_{k=N}^{M} |a_k| = 0.$$

所以若把 $\int_{|f|\geqslant N} |f| d\mu$ 对等于$\sum_{k=N}^{\infty} |a_k|$ 而视为积分 $\int f d\mu$ 的尾项时, 则可积的定

义就等价于级数绝对收敛的 Cauchy 准则. 这同时启示我们, 以后可以在任何时候将 $\int_{|f|\geqslant N}|f|d\mu$ 视为积分的尾项, 来对比级数中的结果.

我们还有如下命题.

命题3.4.2 命题 3.2.2 的结论对可测函数照样成立.

另外, 对任一可测集 $A\in\mathscr{F}$, 定义 f 在 A 上的积分为

$$\int_A fd\mu:=\int f1_A d\mu.$$

当 $(\Omega,\mathscr{F},P)$ 为概率空间时, 也常常用 $E[\cdot]$ 代表积分, 即若 ξ 为随机变量, 则

$$E[\xi]:=\int\xi dP.$$

3.5 σ 有限测度空间上的积分

现设 $(X,\mathscr{F},\mu)$ 为 σ 有限测度空间, 即存在 $\{X_n\in\mathscr{F},n\geqslant 1\}$ 使 $X_n\uparrow X$ 且 $\mu(X_n)<\infty$. 我们要在此空间上定义积分.

首先, 对非负有界的可测函数定义. 设 $0\leqslant f\leqslant M$. 定义

$$\int_X fd\mu:=\lim_{n\to\infty}\int_{X_n}fd\mu.$$

像前面一样, 我们必须说明此定义的合理性. 设另有一列 $\{Y_n\in\mathscr{F},n\geqslant 1\}$ 使 $Y_n\uparrow X$ 且 $\mu(Y_n)<\infty$. 固定任一自然数 k, 由于 $X_n\cap Y_k\uparrow Y_k(n\uparrow\infty)$, 所以 $\mu(X_n\cap Y_k)\uparrow\mu(Y_k)$. 于是

$$\begin{aligned}&\int_{Y_k}fd\mu-\int_{X_n}fd\mu\\ \leqslant&\int_{Y_k}fd\mu-\int_{X_n\cap Y_k}fd\mu\\ \leqslant&\int_{Y_k}f(1-1_{X_n\cap Y_k})d\mu\\ \leqslant& M(\mu(Y_k)-\mu(Y_k\cap X_n))\to 0,\quad n\to\infty.\end{aligned}$$

因而

$$\int_{Y_k}f\,d\mu\leqslant\lim_n\int_{X_n}f\,d\mu,$$

这意味着

$$\lim_n\int_{Y_n}f\,d\mu\leqslant\lim_n\int_{X_n}f\,d\mu.$$

同理

$$\lim_n \int_{X_n} f\ d\mu \leqslant \lim_n \int_{Y_n} f\ d\mu.$$

于是

$$\lim_n \int_{Y_n} f\ d\mu = \lim_n \int_{X_n} f\ d\mu.$$

所以定义是合理的.

其次, 对非负可测函数 f, 跟有限测度的情形一样, 定义

$$\int f d\mu := \lim_n \int T_n f d\mu.$$

最后, 对一般的可测函数 f, 若 $\int f^+ d\mu$ 与 $\int f^- d\mu$ 中不全为 ∞, 则 $\int f d\mu$ 存在且定义

$$\int f d\mu := \int f^+ d\mu - \int f^- d\mu;$$

而若两个积分均有限, 则 f 可积. 可积函数全体将记为 $L^1(\mu)$, 如果不会产生混淆则简记为 L^1, 如果会产生混淆则繁记为 $L^1(X, \mathscr{F}, \mu)$.

对任意 $A \in \mathscr{F}$, 定义 A 上的积分为

$$\int_A f d\mu := \int f 1_A d\mu.$$

至此, 定义积分的任务已全部完成. 通过若干次中间步骤过渡, 可以证明如下命题.

命题3.5.1　命题 3.2.2 的结论照样成立.

除此而外, 还有下面的命题.

命题3.5.2　(1) f 可积 $\iff$ $|f|$ 可积;

(2) f 可积 $\Longrightarrow \mu(|f| = \infty) = 0$.

其中第一个论断直接由可积的定义

$$\int f^+ d\mu < \infty, \quad \int f^- d\mu < \infty$$

及 $|f| = f^+ + f^-$ 可得. 第二个论断可如下证明: 由 Chebyshev 不等式, 对任意自然数 n 有

$$\mu(|f| \geqslant n) \leqslant n^{-1} \int |f| d\mu,$$

因此

$$\mu(|f| = \infty) = \lim_n \mu(|f| \geqslant n) = 0.$$

3.6 凸函数与积分

本节我们证明两个凸函数与积分的结果.

定义3.6.1 设 $I \subset \mathbb{R}$ 为闭区间, $\varphi : I \mapsto \mathbb{R}$ 连续. 若

$$\forall x, y \in I,\ 0 < \lambda < 1 \Longrightarrow \varphi(\lambda x + (1-\lambda)y) \leqslant \lambda\varphi(x) + (1-\lambda)\varphi(y),$$

则 φ 称为凸函数.

凸函数的直观图景是: 将任意两点 x, y 的函数值用直线连接, 那么函数在这两点之间的图像位于这条直线的下方. 所以"凸"的含义是"往下凸".

利用归纳法不难证明, 若 φ 为凸函数, 则 $\forall n, \forall x_i \in I, \lambda_i \in (0,1), i = 1, 2, \cdots, n$, $\sum_{i=1}^n \lambda_i = 1$, 有

$$\varphi\left(\sum_{i=1}^n \lambda_i x_i\right) \leqslant \sum_{i=1}^n \lambda_i \varphi(x_i).$$

由定义立即知道, 对固定的 x, 差商

$$\frac{\varphi(y) - \varphi(x)}{y - x}$$

是 y 的单调上升函数, 因此 φ 在任意一点 x 的左、右导数都存在 (在端点只有一种导数), 都是 x 的单调上升函数且对 $x < y$,

$$\varphi'_-(x) \leqslant \varphi'_+(x) \leqslant \frac{\varphi(y) - \varphi(x)}{y - x} \leqslant \varphi'_-(y) \leqslant \varphi'_+(y), \tag{6.1}$$

反之, 有下面的判别法.

命题3.6.2 若 $\forall x \in I, \varphi'_+(x) := \lim_{\varepsilon \downarrow 0} \dfrac{\varphi(x+\varepsilon) - \varphi(x)}{\varepsilon}$ 存在且单调上升, 则 φ 为凸函数.

注 结合 (6.1) 与命题 3.6.2, 我们知道对连续函数 φ 来说, φ'_+ 处处存在且单调上升是 φ 为凸函数的充要条件, 且带动了 φ'_- 也处处存在且单调上升.

为证明命题 3.6.2, 需要一些准备.

引理3.6.3 若 $\varphi'_+(x) \geqslant 0, \forall x \in I$, 则 φ 单调上升.

证明 先证明若 $\varphi'_+(x) > 0, \forall x$, 则 φ 单调上升.

事实上, 设存在 $x_1 < x_2$ 使得 $\varphi(x_1) > \varphi(x_2)$. 令 x_3 是 φ 在 $[x_1, x_2]$ 上的极大值点, 则 $x_3 < x_2$. 于是显然有 $\varphi'_+(x_3) \leqslant 0$, 矛盾.

一般地, 对 $\delta > 0$, 令

$$\psi(x) := \varphi(x) + \delta x.$$

则 $\psi'_+ > 0$, 因此 ψ 单升. 令 $\delta \to 0$ 得证. Q.E.D.

命题 3.6.2 的证明 设 $x_1, x_2 \in I$. 令 $\psi(x) := \varphi(x) + ax + b$, 其中 a, b 为满足 $\psi(x_1) = \psi(x_2) = 0$ 的常数. 则只需证

$$\psi(x) \leqslant 0, \quad \forall x \in [x_1, x_2].$$

设存在 $x_0 \in (x_1, x_2)$ 使得 $\psi(x_0) = \max_{x_1<x<x_2} \psi(x) > 0$. 此时一定存在 $x_3 \in [x_1, x_0)$ 使得 $\psi(x_3) = 0$ 且

$$\psi(x) > 0, \quad \forall x \in (x_3, x_0].$$

于是 $\psi'_+(x_3) \geqslant 0$. 由于 φ'_+ 单调上升, 故在 $[x_3, x_2)$ 上 $\psi'_+ \geqslant 0$, 因此由引理 3.6.3, ψ 单调上升. 这与 $\psi(x_2) = 0$ 矛盾. Q.E.D.

现在证明 Jensen 不等式.

命题3.6.4 设 $\mu(X) = 1$, φ 为 $\mathbb{R}$ 上凸函数, f 为可测函数, 且 $f, \varphi(f)$ 均可积. 则

$$\varphi\left(\int f d\mu\right) \leqslant \int \varphi(f) d\mu.$$

证明 容易想到的是, 对简单函数, 由凸函数的性质直接得到. 一般地, 自然是用简单函数逼近. 这样的证明是可行的: 前一步没有问题, 但后一步则涉及积分号下取极限这一复杂问题, 需要用到后面有关积分和极限交换的结果. 因此我们宁愿不用这一证明, 转而求助于本章 (6.1):

$$\varphi(u) - \varphi(v) \geqslant \varphi'_+(v)(u - v).$$

因此, 取 $u = f(x)$, $v = \int f d\mu$ 得

$$\varphi(f(x)) - \varphi\left(\int f d\mu\right) \geqslant \varphi'_+\left(\int f d\mu\right)\left(f - \int f d\mu\right).$$

两边求积分即可. Q.E.D.

回忆关于级数收敛的下列结果: 若 $a_n \geqslant 0$ 且

$$\sum_{n=1}^{\infty} a_n < \infty,$$

则存在 b_n 满足

$$\lim_n \frac{b_n}{a_n} = \infty$$

且

$$\sum_n b_n < \infty.$$

对于积分也有类似结果.

命题3.6.5 设 f 为可积函数, 则存在单调上升的凸函数 $h: \mathbb{R}_+ \to \mathbb{R}_+$, $\lim_{x\to\infty} \dfrac{h(x)}{x} = \infty$, 使 $h(|f|)$ 可积.

证明 因为

$$\lim_{n\to\infty} \int |f| 1_{\{|f|\geqslant n\}} d\mu = 0,$$

所以存在 $n_k \uparrow \infty$ 使 $n_0 = 0$,

$$\int |f| 1_{\{|f|\geqslant n_k\}} d\mu \leqslant 2^{-k}, \quad \forall k \in \mathbb{N}_+,$$

且 $\dfrac{n_{k+1}}{n_{k+1}-n_k} < 2$, 即 $n_{k+1} > 2n_k$. 于是 $k + \dfrac{n_{k+1}}{n_{k+1}-n_k}$ 关于 k 单调上升.

令 $h(x)$ 在每个 $[n_k, n_{k+1}]$ 上为线性的函数且

$$h(n_k) = kn_k.$$

则对 $x \in [n_k, n_{k+1})$ 有

$$h'_+(x) = k + \frac{n_{k+1}}{n_{k+1}-n_k}.$$

故 h'_+ 单调上升且易证

$$(k-1)x \leqslant h(x) \leqslant kx, \quad x \in [n_{k-1}, n_k],$$

$$\left(\frac{h(x)}{x}\right)' > 0, \quad x \in (n_{k-1}, n_k).$$

因此 h 满足命题的条件且

$$\begin{aligned}
&\int h(|f|) d\mu \\
\leqslant& \sum_{k=1}^{\infty} \int_{\{n_{k-1}\leqslant |f| < n_k\}} h(|f|) d\mu \\
\leqslant& \sum_{k=1}^{\infty} \int_{\{n_{k-1}\leqslant |f| < n_k\}} k|f| d\mu \\
\leqslant& \sum_{k=1}^{\infty} \int_{\{n_{k-1}\leqslant |f|\}} k|f| d\mu \\
\leqslant& \int |f| d\mu + \sum_{k=1}^{\infty} (k+1) 2^{-k} < \infty.
\end{aligned}$$

Q.E.D.

从这个意义上讲, 永远不存在一个“最大”的可积函数.

3.7 完备化测度空间上的积分

设 $(X,\mathscr{F},\mu)$ 为测度空间, $(X,\tilde{\mathscr{F}},\tilde{\mu})$ 为其完备化. 我们已经知道, $\mathscr{F}$ 中的元素与 $\tilde{\mathscr{F}}$ 中的元素并没有太大的差别 —— 零测集的子集而已. 我们现在说明对积分也是如此. 为此先证明下面的命题.

命题3.7.1 设 $\tilde{f}\in\tilde{\mathscr{F}}$, 则 $\exists f\in\mathscr{F}$ 使 $f=\tilde{f}$, $\tilde{\mu}$-a.e.

证明 记

$$\mathscr{L}:=\{\tilde{f}\in\tilde{\mathscr{F}}:\exists f\in\mathscr{F}\ \text{使}f=\tilde{f},\tilde{\mu}\text{-a.e.}\}.$$

则 $1_E\in\mathscr{L},\forall E\in\tilde{\mathscr{F}}$, 且 $\mathscr{L}$ 是线性空间, 对单调极限封闭, 因此由定理 1.6.11 知 $\mathscr{L}$ 等于 $\tilde{\mathscr{F}}$ 可测函数全体. Q.E.D.

保持这个定理的记号, 用同样的方法可以证明下面的定理.

定理3.7.2 *$\tilde{f}$ 关于 $\tilde{\mu}$ 的可积 (积分存在)$\Longleftrightarrow f$ 关于 μ 的可积 (积分存在).*

习 题 3

1. 设 $(X,\mathscr{F},\mu)$ 为有限测度空间, f 为其上的可测函数且积分存在. 证明:

(a)

$$\mu(A)=0\Longrightarrow\int_A fd\mu=0.$$

(b)

$$\int_A fd\mu=0,\quad\forall A\in\mathscr{F}\Longrightarrow f=0\text{ a.e.}.$$

(c)

$$\begin{aligned}\int fd\mu&=\inf\left\{\int gd\mu:g\geqslant f,\ g\text{为准简单函数}\right\}\\&=\sup\left\{\int gd\mu:g\leqslant f,\ g\text{为准简单函数}\right\}.\end{aligned}$$

这里准简单函数是指形如 $g=\sum_{n=1}^{\infty}a_n1_{A_n}$ 的函数, 其中 $a_n\in\mathbb{R}$, $A_n\in\mathscr{F}$, $\forall n$, 且诸 A_n 两两不交.

(d) 证明: 若 f_n 依测度收敛于 f, 而对每一 n, $f_{n,m}$ 依测度收敛于 f_n, 则存在子列 f_{n_k,m_k} 依测度收敛于 f.

(e) 在上一问题中, 若把"依测度"统统换为"几乎处处", 是否仍然成立?

2. 在上题中, 若去掉测度有限的条件, 各结论是否仍然成立?

3. 设 $(X,\mathscr{F},\mu)$ 为 σ 有限测度空间, $\mu\neq 0$, $\mathscr{C}$ 为生成 $\mathscr{F}$ 的 π 类, 且 $X\in\mathscr{C}$. 证明: 对任意 $c\neq 1$, 都不存在 $A\in\mathscr{F}$ 使得

$$\mu(A\cap B)=c\mu(B),\quad\forall B\in\mathscr{C}.$$

4. 在有限测度空间上, 对任意 $f, g \in \mathscr{F}$ 定义

$$d(f,g) = \int \frac{|f-g|}{1+|f-g|} d\mu.$$

证明:

(a) $d(f,g) = 0 \Longleftrightarrow f = g$ a.e..

(b) $d(f,g) = d(g,f)$.

(c) $d(f,h) \leqslant d(f,g) + d(g,h)$.

(d) $f_n \xrightarrow{\mu} f \Longleftrightarrow d(f_n, f) \to 0$.

(e) 若可测函数列 (f_n) 满足 $\lim_{m,n\to\infty} d(f_n, f_m) = 0$, 则存在可测函数 f 使得

$$\lim_{n\to\infty} d(f_n, f) = 0.$$

5. 设 f 是 σ 有限测度空间 $(X, \mathscr{F}, \mu)$ 上的可测函数. 证明: 若对任意可积函数 g, fg 也是可积函数, 那么一定存在常数 c 使得 $\mu(\{x : |f(x)| > c\}) = 0$.

6. 设 φ 是定义在凸区域 $D \subset \mathbb{R}^n$ 上的连续函数. 若 $\forall u, v \in D$, $t \mapsto \varphi(tu + (1-t)v)$ 是 $[0,1]$ 上的凸函数, 则称 φ 为凸函数.

(a) 证明: 若 $\varphi \in C^2(D)$ 且其 Hessian 矩阵

$$H(u) := (\partial_{ij}^2 \varphi(u))_{ij}$$

为非负定矩阵, 则 φ 为凸函数.

(b) 叙述并证明此时的 Jensen 不等式.

7. 设 ξ 为随机变量, 且存在 $0 < a < b$ 使得 $\xi \in [a,b]$. 证明:

$$E[\xi]E\left[\frac{1}{\xi}\right] \leqslant \frac{(a+b)^2}{4ab}.$$

8. 设 $f \geqslant 0$ 且关于 μ 可积. 证明:

$$\int f d\mu = \lim_{r\downarrow 1} \sum_{n=-\infty}^{\infty} r^n \mu(x : r^n \leqslant f(x) < r^{n+1}).$$

9. 设 f 是 $(\mathbb{R}, \mathscr{B})$ 上的可测函数, 以 T 为周期, 且在任意有界集上可积. 证明:

$$\int_{[0,T]} f(x)dx = \int_{[a,a+T]} f(x)dx, \quad \forall a \in \mathbb{R}.$$

第 4 章 积分号下取极限

本章来看如何在积分号下取极限. 我们不久就会看到, 相对于 Riemann 积分, 进行现在这种运算的环境要宽松得多.

4.1 有限测度空间情形

本节我们固定有限测度空间 $(X, \mathscr{F}, \mu)$. 首先有如下定理.

定理 4.1.1 (有界收敛定理) *若 $f_n \xrightarrow{\mu} f$ 或 $f_n \xrightarrow{\text{a.e.}} f$, 且存在 $M > 0$ 使 $|f_n| \vee |f| \leqslant M$, 则*

$$\lim_n \int f_n d\mu = \int f d\mu.$$

证明 由于是有限测度空间, 所以几乎处处收敛蕴含依测度收敛, 因而只需对依测度收敛证明.

设 $f_n \xrightarrow{\mu} f$, $\forall \varepsilon > 0$,

$$\begin{aligned}\int |f - f_n| d\mu &= \int_{|f-f_n|>\varepsilon} |f - f_n| d\mu + \int_{|f-f_n|\leqslant\varepsilon} |f - f_n| d\mu \\ &\leqslant 2M\mu(|f - f_n| > \varepsilon) + \varepsilon\mu(X).\end{aligned}$$

先令 $n \to \infty$, 再令 $\varepsilon \to 0$, 便得结论. Q.E.D.

下面是 Lebesgue-Beppo-Levi 的单调收敛定理.

定理 4.1.2 (单调收敛定理) *设 $\{f_n\}$ 是上升的非负可测函数列. 令 $\lim_n f_n = f$a.e.. 则 f 的积分存在且*

$$\lim_n \int f_n d\mu = \int f d\mu.$$

证明 因为 $\int f_n d\mu \leqslant \int f d\mu$, 故若 $\int f_n d\mu \uparrow \infty$, 则必有 $\int f d\mu = \infty$.

现假设存在 $C > 0$ 使 $\int f_n d\mu \leqslant C$. 因为 $\forall M > 0$, 有

$$T_M(f_n) \to T_M(f) \quad \text{a.e.},$$

故由定理 4.1.1 有

$$\lim_n \int T_M(f_n) d\mu = \int T_M(f) d\mu.$$

两边取 $M\to\infty$ 并在左边交换和 n 的极限次序 (为什么可以?) 便得到定理. Q.E.D.

它的一个直接结论是下面的推论.

推论 4.1.3 设 $f_n\geqslant 0, \forall n$. 则

$$\int\sum_{n=1}^{\infty}f_n d\mu=\sum_{n=1}^{\infty}\int f_n d\mu.$$

另一个推论如下.

推论 4.1.4 设 $\{f_n\}$ 是单调的可测函数列, f_1 可积. 令 $\lim_n f_n=f$ a.e.. 则 f 的积分存在且

$$\lim_n\int f_n d\mu=\int f d\mu.$$

证明 只需证明单调上升的情形, 单调下降时考虑 $\{-f_n\}$ 即可.

f_1 可积保证了 f_n-f_1 的积分存在, 且

$$\int(f_n-f_1)d\mu=\int f_n d\mu-\int f_1 d\mu.$$

令 $n\to\infty$, 由定理 4.1.2 即有

$$\int(f-f_1)d\mu=\lim_{n\to\infty}\int(f_n-f_1)d\mu=\lim_{n\to\infty}\int f_n d\mu-\int f_1 d\mu. \qquad \text{Q.E.D.}$$

推论 4.1.5 (Fatou 引理, 版本一) (1) 设 g 可积, $f_n\geqslant g$, μ-a.e., $\forall n$. 则

$$\int\liminf_n f_n d\mu\leqslant\liminf_n\int f_n d\mu.$$

(2) 设 g 可积, $f_n\leqslant g$, μ-a.e., $\forall n$. 则 $\int\limsup_n f_n d\mu\geqslant\limsup_n\int f_n d\mu.$

证明 (1) 令 $g_1=g$, $g_n=\inf_{k\geqslant n}f_k$, $n\geqslant 2$, 则由推论 4.1.4,

$$\begin{aligned}\int\liminf_n f_n d\mu&=\int\lim_n g_n d\mu\\&=\lim_n\int g_n d\mu\\&\leqslant\lim_n\inf_{k\geqslant n}\int f_k d\mu\\&=\liminf_n\int f_n d\mu.\end{aligned}$$

(2) 对 $-f_n$ 应用 (1). Q.E.D.

该推论中可积函数 g 的存在性是必需的. 如下所示.

例 4.1.6 $X=[0,1]$, μ 为 Lebesgue 测度,

$$f_n(x)=\begin{cases}-n^2, & 0\leqslant x\leqslant n^{-1},\\ 0, & n^{-1}<x\leqslant 1.\end{cases}$$

则 $\liminf_n f_n=0$ 而 $\liminf_n \int f_n d\mu=-\infty$.

特别地, 有如下结论.

推论 4.1.7 设 f_n 是可测函数, 则

$$\int \liminf_n |f_n| d\mu \leqslant \liminf_n \int |f_n| d\mu.$$

Fatou 引理的描述与记忆可用一个成语：入不敷出, 即下极限放在积分号里头不如拿到积分号外面大.

另一个推论如下.

推论 4.1.8 (Lebesgue 基本定理) 设 $\{f_n\}$ 满足 $\sum_n \int |f_n| d\mu<\infty$, 则 $f:=\sum_n f_n$ 收敛, f 可积且

$$\int \left|f-\sum_{k=1}^n f_k\right| d\mu\to 0,\quad n\to\infty.$$

特别地,

$$\int f d\mu=\sum_{n=1}^{\infty}\int f_n d\mu.$$

证明 令

$$g_n:=\sum_{k=1}^n |f_k|,\quad g:=\sum_{k=1}^{\infty}|f_k|.$$

则 $g_n\uparrow g$. 用推论 4.1.3 得到

$$\int \sum_{k=1}^{\infty}|f_k| d\mu=\sum_{k=1}^{\infty}\int |f_k| d\mu<\infty.$$

因而由命题 3.5.2 之 2),

$$\sum_{k=1}^{\infty}|f_k|<\infty \text{ a.e..}$$

于是 $\sum_{k=1}^{\infty} f_k$ 几乎处处收敛且可积, 满足

$$\begin{aligned}\int\left|\sum_{k=1}^{\infty} f_k-\sum_{k=1}^{n} f_k\right| d\mu &= \int\left|\sum_{k=n+1}^{\infty} f_k\right| d\mu \\ &\leqslant \int \sum_{k=n+1}^{\infty} |f_k| d\mu \\ &= \sum_{k=n+1}^{\infty} \int |f_k| d\mu \to 0, \quad n\to\infty.\end{aligned}$$

Q.E.D.

在继续陈述进一步的结果之前, 我们用现有结果研究一下函数的不定积分. 设 f 是积分存在的函数, 它的不定积分是指集函数

$$\nu(E) := \int_E f d\mu = \int f 1_E d\mu, \quad \forall E \in \mathscr{F}.$$

我们有如下结论.

定理 4.1.9 ν 是可列可加集函数, 即对任意不交的可测集 $\{E_n, n\geqslant 1\}\subset\mathscr{F}$, 有

$$\nu\left(\cup_n E_n\right) = \sum_n \nu(E_n). \tag{1.1}$$

此集函数关于 μ 是绝对连续的, 即

$$\mu(A) = 0 \Longrightarrow \nu(A) = 0. \tag{1.2}$$

而当 f 可积时, 此条件等价于

$$\forall \varepsilon > 0, \exists \delta > 0 \text{ 使 } \mu(E) < \delta \text{ 时 } |\nu|(E) < \varepsilon, \tag{1.3}$$

其中 $|\nu|(E) := \int_E |f| d\mu$.

证明 先设 f 是非负可测函数. 推论 4.1.3 用于 $f_n := f 1_{E_n}$ 即得 (1.1).

若 $\mu(A) = 0$, 则

$$\int_A (f\wedge n) d\mu = 0, \quad \forall n \geqslant 1.$$

因此由定义

$$\int_A f d\mu = \lim_{n\to\infty} \int_A (f\wedge n) d\mu = 0.$$

一般情况分别考虑正、负部即可.

显然, 任何时候 (1.3) 都蕴含 (1.2). 现在证明 f 可积时反向的蕴含也成立. 若 (1.3) 不成立, 则存在 $\varepsilon > 0$ 使对任意自然数 n 皆存在 $E_n \in \mathscr{F}$ 满足 $\mu(E_n) < 2^{-n}$ 而

$$\int_{E_n} |f| d\mu > \varepsilon.$$

令

$$E'_n := E_n \cap \{f > 0\}, \quad E''_n := E_n \cap \{f \leqslant 0\}.$$

则 $\{E'_n\}$ 与 $\{E''_n\}$ 两者中至少有其一, 不妨设 $\{E'_n\}$ 中有无穷多个 n 使得

$$\int_{E'_n} f d\mu > \varepsilon/2.$$

必要时重新编号, 不妨假设这无穷多个就是 $\{E'_n\}$. 令

$$E := \cap_{n=1}^{\infty} \cup_{k=n}^{\infty} E'_k.$$

则

$$\mu(E) \leqslant \lim_{n\to\infty} \sum_{k=n}^{\infty} \mu(E'_k) = 0.$$

而由单调收敛定理, 有

$$\int_E f d\mu = \int f 1_{\cap_{n=1}^{\infty} \cup_{k=n}^{\infty} E'_k} d\mu = \lim_n \int f 1_{\cup_{k=n}^{\infty} E'_k} d\mu \geqslant \varepsilon/2 > 0.$$

因此 (1.2) 也不成立.　Q.E.D.

这里保证 (1.2) 和 (1.3) 等价的条件 “f 可积” 不能去掉. 例如, 如果 $f \equiv \infty$, 则当然 (1.3) 不满足而 (1.2) 仍然满足.

因此对可积函数而言, 积分区域的测度足够小时, 积分也会足够小. 如果有一族可积函数, 那么在下面的考量中, 变小的一致性问题就浮现出来了.

我们回到极限与积分符号的交换问题. 现在的问题是单调性或有界性假设太强, 使其适用范围大受限制, 因而我们要想办法去掉这个假设.

一般说来, 对可积的 $\{f_n\}$ 与 f, 总有

$$\begin{aligned}
&\left|\int f_n d\mu - \int f d\mu\right| \\
\leqslant &\int |f_n - f| d\mu \\
= &\int_{|f_n - f| > \varepsilon} |f_n - f| d\mu + \int_{|f_n - f| \leqslant \varepsilon} |f_n - f| d\mu \\
\leqslant &\int_{|f_n - f| > \varepsilon} |f_n| d\mu + \int_{|f_n - f| > \varepsilon} |f| d\mu + \varepsilon\mu(X),
\end{aligned} \tag{1.4}$$

其中第三项显然可以无条件地任意小 —— 只要 ε 足够小就行；第二项由定理 4.1.9 在 n 足够大时也可以任意小，如果我们假设 f_n 依测度收敛到 f；要命的是第一项，我们现有的任何条件都不能保证它任意小 —— 因为尽管积分集合的测度可随 n 的增大而任意变小，但被积函数也在随着 n 变化．因此，为保证它任意小，必须假定 f_n 的不定积分随着积分集合的变小会一致地变小．这样就导出了下面的定义．

定义 4.1.10 设 I 是任意指标集，$\{f_i, i \in I\}$ 是一族可积函数．若 $\forall \varepsilon > 0$，$\exists \delta > 0$，使只要 $\mu(E) < \delta$，便有

$$\sup_{i \in I} \int_E |f_i| d\mu < \varepsilon,$$

则称 $\{f_i, i \in I\}$ 的积分一致绝对连续．

我们现在可以证明下面的定理．

定理 4.1.11 若 f 可积，$\{f_n\}$ 的积分一致绝对连续且 f_n 依测度收敛到 f，则

$$\lim_n \int |f_n - f| d\mu = 0.$$

特别地，

$$\lim_n \int f_n d\mu = \int f d\mu.$$

证明 显然 $\{f - f_n, n \geqslant 1\}$ 的积分也一致绝对连续．由于 $\forall \varepsilon > 0$，

$$\lim_{n \to \infty} \mu(|f - f_n| > \varepsilon) = 0,$$

因此，$\forall \varepsilon$，δ，存在 N，当 $n > N$ 时就有

$$\begin{aligned}\int |f_n - f| d\mu &= \int_{|f - f_n| > \varepsilon} |f - f_n| d\mu + \int_{|f - f_n| \leqslant \varepsilon} |f - f_n| d\mu \\ &\leqslant \delta + \varepsilon \mu(X).\end{aligned}$$

故

$$\limsup_n \int |f_n - f| d\mu \leqslant \delta + \varepsilon \mu(X).$$

由于 δ，ε 是任意的，故必有

$$\lim_n \int |f_n - f| d\mu = 0. \qquad \text{Q.E.D.}$$

推论 4.1.12 (控制收敛定理) 若 f_n 几乎处处或依测度收敛到 f 且存在可积的 F 使 $|f_n| \leqslant F$，$\forall n$，则

$$\lim_n \int |f_n - f| d\mu = 0.$$

事实上, 由于 $\forall E \in \mathscr{F}$,

$$\int_E |f_n| d\mu \leqslant \int_E |F| d\mu,$$

故 $\{f_n\}$ 一致绝对连续. 故由定理 4.1.11 直接得到本推论.

一致绝对连续性虽然是个好概念, 但却不太好直接验证. 要验证它, 一般要借助一致可积性的概念.

定义 4.1.13 设 T 是一指标集, $\{f_t, t \in T\}$ 是一族可积随机变量. 若

$$\lim_{c\to\infty} \sup_{t\in T} \int_{|f_t|>c} |f_t| d\mu = 0,$$

则称 $\{f_t, t \in T\}$ 一致可积.

我们曾经注意到, 单个函数 f 可积等价于

$$\lim_{c\to\infty} \int_{|f|\geqslant c} |f| d\mu = 0.$$

因此这个条件实际上是可以作为可积的定义的. 一致可积性

$$\lim_{c\to\infty} \sup_{t\in T} \int_{|f_t|\geqslant c} |f_t| d\mu = 0$$

就表示上面那个收敛对于 $t \in T$ 是一致的, 所以当然叫做一致可积啦.

"一致可积" 其实是一个相当自然的概念. 我们曾经说过, 如果我们将积分与级数对等, 那么可积就与绝对收敛对等. 因此完全符合逻辑地, 一致可积也与一致绝对收敛对等. 现在我们再回忆一下, 为使函数级数的求和号下取极限的运算合法, 条件不是别的, 就是一致绝对收敛.

判断一族可测函数一致可积有下面简单的充分必要条件, 其必要性的证明与单个函数的情形相同, 而充分性的证明是简单的.

命题 4.1.14 $\{f_t, t \in T\}$ 一致可积的充要条件是: 存在单升的凸 Borel 函数 $h : \mathbb{R}_+ \to \mathbb{R}_+$ 满足 $\lim\limits_{x\to\infty} \dfrac{h(x)}{x} = \infty$ 的, 使 $\sup\limits_{t\in T} \int h(|f_t|) d\mu < \infty$. 在充分性条件中, 函数的凸性和单升性可以不要.

证明留给读者作为练习.

一致可积与一致绝对连续的关系如下.

命题 4.1.15 $\{f_t, t \in T\}$ 一致可积的充要条件是: $\{|f_t|\}$ 的积分一致有界且一致绝对连续.

证明 必要性. 设 $\{f_t, t \in T\}$ 一致可积, 则 $\forall c > 0$,

$$\int_E |f_t| d\mu = \int_{E\cap\{|f_t|>c\}} |f_t| d\mu + \int_{E\cap\{|f_t|\leqslant c\}} |f_t| d\mu$$
$$\leqslant \int_{\{|f_t|>c\}} |f_t| d\mu + c\mu(E).$$

所以

$$\limsup_{\mu(E)\to 0} \sup_t \int_E |f_t| d\mu \leqslant \sup_t \int_{\{|f_t|>c\}} |f_t| d\mu.$$

令 $c \to \infty$, 得

$$\lim_{\mu(E)\to 0} \sup_t \int_E |f_t| d\mu = 0,$$

即 $\{|f_t|\}$ 的积分一致绝对连续. 积分的一致有界性由命题 4.1.14 直接得到.

充分性. $\forall \varepsilon > 0$, 取 $\delta > 0$ 使

$$\mu(E) < \delta \Longrightarrow \sup_t \int_E |f_t| d\mu < \varepsilon.$$

再取 $C > 0$ 使

$$\sup_t \mu(|f_t| > C) \leqslant C^{-1} \sup_t \int |f_t| d\mu < \delta.$$

则

$$\sup_t \int_{|f_t|>C} |f_t| d\mu < \varepsilon.$$

所以一致可积. Q.E.D.

由此条件, 为证明一族函数一致绝对连续, 只需证明它们一致可积.

在一致可积假设下, 有 Fatou 引理的另一种形式.

命题 4.1.16 (Fatou 引理, 版本二) 设 $\{f_n\}$ 是一列一致可积的随机变量. 我们有

$$\int \liminf_n f_n d\mu \leqslant \liminf_n \int f_n d\mu \leqslant \limsup_n \int f_n d\mu \leqslant \int \limsup_n f_n d\mu.$$

证明 设 $c > 0$ 为常数, 则

$$\int f_n d\mu = \int_{f_n<-c} f_n d\mu + \int_{f_n\geqslant -c} f_n d\mu.$$

$\forall \varepsilon > 0$, 由一致可积性, 存在 $c > 0$ 使得

$$\int_{f_n<-c} |f_n| d\mu < \varepsilon.$$

由版本一的 Fatou 引理,

$$\begin{aligned}\liminf_n \int_{\{f_n\geqslant -c\}} f_n d\mu &= \liminf_n \int f_n 1_{\{f_n\geqslant -c\}} d\mu \\ &\geqslant \int \liminf_n f_n 1_{\{f_n\geqslant -c\}} d\mu \\ &\geqslant \int \liminf_n f_n d\mu.\end{aligned}$$

因此

$$\liminf_n \int f_n d\mu \geqslant \int \liminf_n f_n d\mu - \varepsilon.$$

由 ε 的任意性即得

$$\liminf_n \int f_n d\mu \geqslant \int \liminf_n f_n d\mu.$$

同理可证

$$\limsup_n \int f_n d\mu \leqslant \int \limsup_n f_n d\mu.$$ Q.E.D.

4.2　σ 有限测度空间情形

我们来逐条检查 4.1 节的结果中哪些在 σ 有限测度空间情形照样成立, 而哪些则不再成立.

有界收敛定理不再成立. 请举例说明.

但单调收敛定理依然成立. 这个乍看有点不好理解: 单调收敛定理的证明依赖有界收敛定理, 而有界收敛定理是不成立的, 为什么单调收敛定理依然成立呢?

事实上, 设 $0\leqslant f_n\uparrow f$, $X_m\uparrow X$ 使得 $\mu(X_m)<\infty$, $\forall m$. 则由有限测度时的单调收敛定理, 有

$$\lim_{n\to\infty}\int_{X_m} f_n d\mu = \int_{X_m} f d\mu, \quad \forall m\geqslant 1.$$

两边取 $m\to\infty$ 并在左边交换极限次序, 即得

$$\lim_{n\to\infty}\int_X f_n d\mu = \int_X f d\mu.$$

由于 Fatou 引理的证明只依赖于单调收敛定理, 故 Fatou 引理也依然成立.

定理 4.1.11 不再成立. 实际上, 即使假定更强的一致可积条件也不行. 例如, 取 $X=\mathbb{R}_+$, $\mu=$ Lebesgue 测度,

$$f_n(x)=\begin{cases}1, & x\in[n-1,n),\\ 0, & \text{其他}.\end{cases}$$

则 f_n 是一致可积的, f_n 处处收敛到 0, 然而 f_n 的积分恒等于 1.

该定理要换为如下的 Vitali 定理.

定理 4.2.1 (Vitali 定理) 设 $(X,\mathscr{F},\mu)$ 是 σ 有限测度空间, $\{f_n\}$ 是可积函数列, f 是可测函数, $f_n \to f$, μ a.e.. 则 f 可积且

$$\lim_n \int |f_n - f| d\mu = 0$$

的充要条件为:

(i) $\forall \varepsilon > 0$, $\exists A_\varepsilon \in \mathscr{F}$, 使得 $\mu(A_\varepsilon) < \infty$ 且

$$\int_{A_\varepsilon^c} |f_n| d\mu < \varepsilon, \quad \forall n;$$

(ii)

$$\lim_{\mu(E)\to 0} \sup_n \int_E |f_n| d\mu = 0.$$

证明 仔细考察该定理的条件, 就会发现其条件 (i) 基本上是把无限测度的情形转化成了有限测度, 而 (ii) 可以保证在有限测度空间上使用一致绝对连续条件. 证明的细节如下.

必要性. 由 f 可积, 对任意 $\varepsilon > 0$, $\exists X_\varepsilon$ 使得 $\mu(X_\varepsilon) < \infty$ 且

$$\int_{X_\varepsilon^c} |f| d\mu < \varepsilon.$$

由 $\lim_n \int |f_n - f| d\mu = 0$, $\exists N$ 使得当 $n > N$ 时,

$$\int |f_n - f| d\mu < \varepsilon.$$

对 $1 \leqslant n \leqslant N$, 由 f_n 可积, $\exists Y_\varepsilon$ 使得 $\mu(Y_\varepsilon) < \infty$ 且

$$\sup_{1\leqslant n\leqslant N} \int_{Y_\varepsilon^c} |f_n| d\mu < \varepsilon.$$

令 $A_\varepsilon = X_\varepsilon \cup Y_\varepsilon$, 则 $\mu(A_\varepsilon) < \infty$ 且

$$\begin{aligned}\sup_n \int_{A_\varepsilon^c} |f_n| d\mu &\leqslant \sup_{1\leqslant n\leqslant N} \int_{A_\varepsilon^c} |f_n| d\mu + \sup_{n>N} \int_{A_\varepsilon^c} |f_n| d\mu \\ &\leqslant \sup_{1\leqslant n\leqslant N} \int_{A_\varepsilon^c} |f_n| d\mu + \sup_{n>N} \int_{A_\varepsilon^c} |f_n - f| d\mu + \int_{A_\varepsilon^c} |f| d\mu \\ &< 3\varepsilon.\end{aligned}$$

(i) 得证.

由 f, f_n 可积, 有

$$\lim_{\mu(E)\to 0}\int_E |f|d\mu = 0, \quad \lim_{\mu(E)\to 0}\sup_{1\leqslant n\leqslant N}\int_E |f_n|d\mu = 0, \quad \forall N.$$

因此

$$\begin{aligned}
&\lim_{\mu(E)\to 0}\sup_{n}\int_E |f_n|d\mu \\
\leqslant &\lim_{\mu(E)\to 0}\sup_{n>N}\int_E |f_n|d\mu + \lim_{\mu(E)\to 0}\sup_{1\leqslant n\leqslant N}\int_E |f_n|d\mu \\
\leqslant &\sup_{n>N}\int |f_n - f|d\mu + \lim_{\mu(E)\to 0}\int_E |f|d\mu + \lim_{\mu(E)\to 0}\sup_{1\leqslant n\leqslant N}\int_E |f_n|d\mu \\
\leqslant &\sup_{n>N}\int |f_n - f|d\mu.
\end{aligned}$$

再令 $N\to\infty$ 即得 (ii).

往证充分性. $\forall\varepsilon > 0$ 有

$$\begin{aligned}
\int |f_n - f_m|d\mu &\leqslant \int_{A_\varepsilon} |f_n - f_m|d\mu + \int_{A_\varepsilon^c} |f_n - f_m|d\mu \\
&\leqslant \int_{A_\varepsilon} |f_n - f_m|d\mu + 2\varepsilon.
\end{aligned}$$

由于 $f_n\to f$, μ a.e., 在 A_ε 上用定理 4.1.11(的证明), 有

$$\lim_{m,n\to\infty}\int_{A_\varepsilon} |f_n - f_m|d\mu = 0.$$

因而

$$\limsup_{m,n\to\infty}\int |f_n - f_m|d\mu \leqslant \varepsilon.$$

于是由 ε 的任意性,

$$\lim_{m,n\to\infty}\int |f_n - f_m|d\mu = 0.$$

从而

$$\sup_n \int |f_n|d\mu < \infty.$$

由 Fatou 引理,

$$\int |f|d\mu \leqslant \liminf \int |f_n|d\mu < \infty.$$

因此 f 可积. 于是对任意 $\varepsilon > 0$, $\exists B_\varepsilon$ 使得

$$\mu(B_\varepsilon) < \infty, \quad \int_{B_\varepsilon^c} |f|d\mu < \varepsilon.$$

取 $C_\varepsilon := A_\varepsilon \cup B_\varepsilon$, 有

$$\begin{aligned}\int |f-f_n|d\mu &= \int_{C_\varepsilon} |f-f_n|d\mu + \int_{C_\varepsilon^c} |f-f_n|d\mu \\ &\leqslant \int_{C_\varepsilon} |f-f_n|d\mu + 2\varepsilon.\end{aligned}$$

在 C_ε 上用定理 4.1.11 得

$$\limsup_{n\to\infty} \int |f-f_n|d\mu \leqslant 2\varepsilon.$$

由 ε 的任意性便得

$$\lim_{n\to\infty} \int |f-f_n|d\mu = 0.$$ Q.E.D.

控制收敛定理依然成立. 但要注意的是其原来的证明不成立, 需要通过 Fatou 引理证明.

4.3 应用到带参数的积分

设 I 是 $\mathbb{R}$ 的一个开区间, $\forall t \in I$, $f(t,\cdot)$ 是可积函数. 令

$$u(t) := \int f(t,x)d\mu(x).$$

我们来考察 u 的连续性与可微性问题.

定理 4.3.1 (连续性) 设 $t_0 \in I$ 且

(1) 对任意数列 $t_n \to t_0$, $t_n \in I$, $f(t_n,x) \to f(t_0,x)$ μ a.e.;

(2) 存在 g 可积及 $\varepsilon > 0$, 使 $|t-t_0| < \varepsilon$ 时, 有

$$|f(t,x)| \leqslant g(x), \quad \mu \text{ a.e.}.$$

则 u 在 t_0 点连续.

证明很简单: u 在 t_0 连续 $\iff \forall t_n \to t_0$, $u(t_n) \to u(t_0)$. 然后用控制收敛定理.

定理 4.3.2 (可微性) 设 $t_0 \in I$ 并假定:

(1) 存在零测集 K_1, 使 $\forall x \notin K_1$, $\dfrac{\partial f}{\partial t}(t,x)$ 对任意 t 存在, 且作为 t 的函数在 t_0 连续;

(2) 存在 g 可积及零测集 K_2, 使

$$\left|\frac{\partial f}{\partial t}(t,x)\right| \leqslant g(x), \quad \forall (t,x) \in I \times K_2^c.$$

则 u 在 t_0 处可微且

$$u'(t_0) = \int_X \frac{\partial f}{\partial t}(t, x) d\mu(x).$$

证明　只需证明对任意 $\varepsilon_n \to 0$ 有

$$\lim_n \frac{u(t_0 + \varepsilon_n) - u(t_0)}{\varepsilon_n} = a,$$

其中

$$a := \int_X \frac{\partial f}{\partial t}(t_0, x) d\mu(x),$$

有

$$\frac{u(t_0 + \varepsilon_n) - u(t_0)}{\varepsilon_n} = \int f_n(x) d\mu(x),$$

其中

$$f_n(x) := \frac{f(t_0 + \varepsilon_n, x) - f(t_0, x)}{\varepsilon_n}.$$

令 $K = K_1 \cup K_2$, 则 K 仍是零测集. 对 $x \notin K$, 由中值定理, 有

$$f_n(x) = \frac{\partial f}{\partial t}(t_0 + \theta_n(x), x),$$

这里 $|\theta_n(x)| < \varepsilon_n$. 于是由 (1),

$$\lim_n f_n(x) = \frac{\partial f}{\partial t}(t_0, x), \quad \forall x \notin K.$$

又由 2),

$$|f_n(x)| \leqslant g(x), \quad \forall x \in K,$$

所以由控制收敛定理即得结论.　Q.E.D.

4.4　变量代换公式

现在设 $(X, \mathscr{F}, \mu)$ 是 σ 有限测度空间, 即有 $X_n \in \mathscr{F}, n \geqslant 1$ 使 $\cup_{n\geqslant 1} X_n = X$ 且 $\mu(X_n) < \infty$, $\forall n$; $(Y, \mathscr{G})$ 是可测空间; $\varphi : X \mapsto Y$, $\varphi \in \mathscr{F}/\mathscr{G}$. 在 $\mathscr{G}$ 上定义集函数 $\mu\varphi^{-1}$ 如下:

$$\mu\varphi^{-1}(E) := \mu(\varphi^{-1}(E)), \quad E \in \mathscr{G}.$$

容易验证 $\mu\varphi^{-1}$ 是可列可加的. 但 $\mu\varphi^{-1}$ 未必是 σ 有限的. 所以我们需要人为地假定它是 σ 有限的. 这一假定基本上都能满足, 特别是当 μ 是有限测度时它总是满足的. 于是, 关于 μ 与 $\mu\varphi^{-1}$ 的积分都是可以定义的.

本节的主要结果是下面的定理.

定理 4.4.1 对 $(Y,\mathscr{G})$ 上的任意可测函数 f 有

$$\int_X f(\varphi)d\mu = \int_Y fd\mu\varphi^{-1}.$$

上式的意义是: 一边存在时, 另一边也存在且两边相等.

证明 首先, 不失一般性可以假定 μ 是有限的, 否则可以限制在每个 X_n 上考虑.

其次, 由积分的定义, 只需对非负的 f 证明.

再次, 还是由积分的定义和单调收敛定理, 只需对非负的简单函数 f 证明.

最后, 由积分的线性性, 只要对示性函数证明 —— 而这是显然的. Q.E.D.

下面我们来看看这一结果在概率论中的应用. 我们知道, 在初等概率论里, 一个随机变量的数学期望是通过对分布函数的积分定义的. 具体地说, 设 ξ 是定义在概率空间 $(\Omega,\mathscr{F},P)$ 上的随机变量, F 是其分布函数, 则

$$E[\xi] := \int_{-\infty}^{\infty} xdF(x).$$

这里右边的积分理解为 Riemann-Stieltjes 积分. 容易证明, 若以 μ 记 F 产生的测度, 则

$$\int_{-\infty}^{\infty} xdF(x) = \int_{-\infty}^{\infty} xd\mu.$$

另一方面, 由于

$$F(x) = P(\xi < x),$$

所以

$$\mu = P\xi^{-1}.$$

于是由定理 4.4.1,

$$\int_{-\infty}^{\infty} xd\mu = \int_\Omega \xi dP.$$

综合起来得到

$$E[\xi] = \int_\Omega \xi dP.$$

事实上, 在高等概率论里, 数学期望正是以此来定义的.

关于数学期望我们还知道下面的公式: 若 φ 为 Borel 可测, 且 $\varphi(\xi)$ 的期望存在, 则

$$E[\varphi(\xi)] = \int \varphi(x)dF(x).$$

这一公式在初等概率论里也并没有严格证明, 因为那时不可能严格地证明. 但现在, 它就是上面公式的直接推论.

回忆一下数学分析里面变量代换公式的证明, 你们一定依稀记得那里需要很严格的条件, 证明也很烦琐. 一定也有人奇怪, 为什么在这里, 对更一般的积分, 就这么简单地证明了呢? 关于这个问题, 我们的看法是, 这是一个天马行空的公式, 主要是用来进行定性分析的. 一旦需要定量分析, 则还是需要坐标的, 需要对区域和函数做必要的限制, 需要计算 Jacobi 行列式的. 总而言之, 对于具体的计算, 除非特别明显的情形, 还是要回到 Riemann 积分的. 但这一事实丝毫不意味着抽象积分的无用而是恰恰相反, 就正如尽管旅行者终究是要回到地面, 但并不代表飞机的无用, 而只能证明飞机的必要一样 —— 假如你想走得足够远的话.

4.5 特征函数

在初等概率论里面我们接触过 (一维) 特征函数. 现在我们换一个稍微不同的角度审视它.

定义 4.5.1　设 $(\Omega, \mathscr{F}, P)$ 为概率空间, $\xi = (\xi_1, \cdots, \xi_n)$ 为其上的 n 维随机向量. ξ 的特征函数定义为

$$\varphi_\xi(y) := E[\mathrm{e}^{\mathrm{i}y\cdot\xi}] = E[\cos(y\cdot\xi)] + \mathrm{i}E[\sin(y\cdot\xi)], \quad y \in \mathbb{R}^n;$$

设 μ 为 $(\mathbb{R}^n, \mathscr{B}^n)$ 上的概率测度. μ 的特征函数定义为

$$\varphi_\mu(y) = \int \mathrm{e}^{\mathrm{i}x\cdot y} d\mu = \int \cos(x\cdot y) d\mu + \mathrm{i}\int \sin(x\cdot y) d\mu.$$

其中 $x\cdot y := x_1 y_1 + \cdots + x_n y_n$.

由 4.4 节的变量代换公式, 一个随机变量的特征函数与其分布的特征函数是相等的, 因此常常将两者不加区别.

我们有如下定理.

定理 4.5.2　设 φ 为 (某随机变量或某分布的) 特征函数. 则

(1) $|\varphi(y)| \leqslant |\varphi(0)| = 1$;

(2) φ 在 $\mathbb{R}^n$ 上一致连续;

(3) $\varphi(y) = \overline{\varphi(-y)}$.

证明　设随机变量为 ξ. (1) 与 (3) 是明显的. (2) 是因为

$$|\varphi(y+h) - \varphi(y)| = |E[\mathrm{e}^{\mathrm{i}y\xi}(\mathrm{e}^{\mathrm{i}h\xi} - 1)]| \leqslant E[|\mathrm{e}^{\mathrm{i}h\xi} - 1|],$$

而由控制收敛定理, 当 $h \to 0$ 时, 最后一项趋于零.　Q.E.D.

初等概率论里面已经证明, 分布和其特征函数是相互唯一确定的. 通常这个结果是作为反演公式的推论而证明的. 但是我们知道, 反演公式本身的证明相当复杂, 尤其是多维的时候. 下面给出一个不依赖这个公式的简单证明.

定理 4.5.3 设 μ, ν 为 $(\mathbb{R}^n, \mathscr{B}^n)$ 上的概率测度. 若它们有相同的特征函数, 即

$$\int e^{iyx}\mu(dx) = \int e^{iyx}\nu(dx), \quad \forall y \in \mathbb{R}^n,$$

则 $\mu = \nu$.

证明 由测度扩张的唯一性, 只需证在任何一个形如

$$[a,b) := [a_1,b_1) \times \cdots \times [a_n,b_n), \quad -\infty < a_i < b_i < +\infty$$

的集合上两者相等.

取自然数 m 足够大, 使得 $[a,b) \subset [-m+1, m-1]^n$. 于是当 $\varepsilon < 1$ 时, $[a-\varepsilon, b-\varepsilon] \subset [-m,m]^n$. 作 $[-m,m]^n$ 上的连续函数 f_ε 使得

$$f_\varepsilon(x) = \begin{cases} 1, & x \in [a, b-\varepsilon], \\ \in [0,1], & a-\varepsilon \leqslant x < a \text{ 或 } b-\varepsilon < x < b, \\ 0, & \text{其他}. \end{cases}$$

由 Weierstrass 定理, f_ε 可由三角函数一致逼近.

现 $\forall \varepsilon \in (0,1)$. 取上面的 m 足够大, 使得

$$\mu(([-m,m]^n)^c) + \nu(([-m,m]^n)^c) < \varepsilon.$$

再取三角函数

$$g_\varepsilon = \sum_k a_{k_1,\cdots,k_n} \prod_{i=1}^n \exp\left(\sqrt{-1}\pi \frac{k_i x_i}{m}\right)$$

使得

$$\sup_{x\in[-m,m]^n} |f_\varepsilon - g_\varepsilon| < \varepsilon.$$

将 g_ε 周期地扩充到 $\mathbb{R}^n$ 上, 则有

$$\sup_{x\in\mathbb{R}^n} |g_\varepsilon(x)| \leqslant 2.$$

于是

$$\begin{aligned} &\left|\int f_\varepsilon(x)d\mu - \int f_\varepsilon(x)d\nu\right| \\ =&\left|\int_{[-m,m]^n} f_\varepsilon(x)d\mu - \int_{[-m,m]^n} f_\varepsilon(x)d\nu\right| \end{aligned}$$

$$
\begin{aligned}
&=\left|\int_{[-m,m]^n} g_\varepsilon(x)d\mu-\int_{[-m,m]^n} g_\varepsilon(x)d\nu\right|+2\varepsilon \\
&\leqslant\left|\int g_\varepsilon(x)d\mu-\int g_\varepsilon(x)d\nu\right|+4\varepsilon \\
&=4\varepsilon.
\end{aligned}
$$

令 $\varepsilon\to 0$ 得

$$\mu([a,b))=\nu([a,b)). \qquad \text{Q.E.D.}$$

习 题 4

1. 若 ξ 为定义在概率空间 $(\Omega,\mathscr{F},P)$ 上的一个可积随机变量, $E_n\in\mathscr{F}$, 如果 $P(E_n)\to 0$, 那么

$$\int_{E_n}\xi dP\to 0.$$

2. ξ 为一随机变量, 分布函数为 F_ξ. 则对于任意 Borel 可测函数 g, $g(\xi)$ 也为随机变量且若其期望存在, 则

$$E[g(\xi)]=\int_{\mathbb{R}} g(x)dF_\xi(x).$$

3. $(\Omega,\mathscr{F},P)$ 为一概率空间, ξ 为定义在其上的一个可积随机变量. 对 $A,B\in\mathscr{F}$, 定义

$$d(A,B):=P(A\triangle B).$$

若 A_n, $A\in\mathscr{F}$ 满足 $d(A_n,A)\to 0$. 那么

$$\int_{A_n}\xi dP\to\int_A\xi dP.$$

4. 设 h 为 $[a,b]$ 上非降的连续可微函数, f 为 $[h(a),h(b)]$ 上的 Lebesgue 可积函数. 证明: $(f\circ h)h'$ 为 $[a,b]$ 上的 Lebesgue 可积函数且

$$\int_{h(a)}^{h(b)} f(x)dx=\int_a^b f(h(x))h'(x)dx.$$

5. ξ,η 是定义在概率空间 $(\Omega,\mathscr{F},P)$ 上的两个随机变量, 若对任意有界连续函数 f, 都有 $E[f(\xi)]=E[f(\eta)]$, 那么 ξ 和 η 同分布.

6. 设 $\mathscr{H}$ 为一致可积函数族, 定义

$$\mathscr{G} := \overline{\left\{\sum_{i=1}^{n}\alpha_i f_i, f_i \in \mathscr{H}, n \geqslant 1, \alpha_i \in (-1,1), \sum_{i=1}^{n}|\alpha_i| = 1\right\}}.$$

证明 $\mathscr{G}$ 一致可积. 这里对任意函数族 $\mathscr{A}$,

$$\bar{\mathscr{A}} := \left\{f : \exists\{f_n\} \subset \mathscr{A}, \text{ 使得 } \int|f - f_n| \to 0\right\}.$$

7. 证明命题 4.1.14.

8. ξ_n, ξ 为 $(\Omega, \mathscr{F}, P)$ 上的可积随机变量列, 则 $E|\xi_n - \xi| \to 0$ 且 ξ 也可积的充要条件是: $\xi_n \xrightarrow{P} \xi$ 且 $\{\xi_n\}$ 一致可积.

9. ξ_n, ξ 为 $(\Omega, \mathscr{F}, P)$ 上的非负可积随机变量. 则 $E|\xi_n - \xi| \to 0$ 当且仅当

$$\xi_n \xrightarrow{P} \xi \quad \text{且} \quad E\xi_n \to E\xi.$$

10. 证明如下的 Pratt 引理: 设 $\xi_n, \eta_n, \zeta_n, \xi, \eta, \zeta$ 均为可积随机变量. 若

$$\xi_n \xrightarrow{P} \xi, \quad \eta_n \xrightarrow{P} \eta, \quad \zeta_n \xrightarrow{P} \zeta,$$

$$\xi_n \leqslant \eta_n \leqslant \zeta_n,$$

$$E\xi_n \to E\xi, \quad E\zeta_n \to E\zeta,$$

则

(a) $E\eta_n \to E\eta$;

(b) $\xi_n \leqslant 0 \leqslant \zeta_n \Longrightarrow E|\eta_n - \eta| \to 0$.

11. 在概率空间 $(\Omega, \mathscr{F}, P)$ 上, ξ_n, ξ 为可积随机变量且 $\xi_n \xrightarrow{\text{a.e.}} \xi$, $E\xi_n \to E\xi$. 试说明对任意 $\varepsilon > 0$, $\exists A \in \mathscr{F}$, $\exists N \in \mathbb{N}$, s.t. 对 $n \geqslant N$,

$$\left|\int_{\Omega\setminus A}\xi_n dP\right| \leqslant \varepsilon, \quad |\xi_n| \leqslant |\xi| + 1.$$

12. ξ, η 是概率空间 $(\Omega, \mathscr{F}, P)$ 上的两个非负可积随机变量, 且 $\xi\eta \geqslant 1$. 那么 $E\xi E\eta \geqslant 1$.

13. ξ_n, ξ 为 $(\Omega, \mathscr{F}, P)$ 上的随机变量列, $\xi_n \xrightarrow{P} \xi$. $\varphi : [0, +\infty) \to [0, +\infty)$ 为一凸函数, $\varphi(0) = 0$, $\varphi(2x) \leqslant C\varphi(x)$. 若

$$E[\varphi(|\xi_n|)] < +\infty, \quad E[\varphi(|\xi|)] < +\infty,$$

且 $E[\varphi(|\xi_n|)] \to E[\varphi(|\xi|)]$. 试证明:

(a) $\{\varphi(|\xi_n|)\}_{n\geqslant 1}$ 一致可积.

(b) $E[\varphi(|\xi_n-\xi|)]\to 0$.

14. 设 f 为可积函数. T 是指标集, 而对任意 $t\in T$, $\mathscr{A}_t=\{A_j^t, j=1,2,\cdots\}$ 为 X 的一个分割, 且 $\mu(A_j^t)<\infty$

$$f_t(x)=\frac{1}{\mu(A_i^t)}\int_{A_i^t} f(x)d\mu(x),\quad \forall x\in A_i^t.$$

规定 $\dfrac{0}{0}=0$. 证明: $\{f_t\}$ 一致可积.

15. 设 $f(x)$ 为 $[0,1]$ 上的绝对连续函数. 令

$$f_n(x)=2^n[f(2^{-n}([2^nx]+1))-f(2^{-n}[2^nx])].$$

证明:

$$\lim_n\int_0^1|f_n(x)-f'(x)|dx=0.$$

16. (a) 设 $\{a_{mn}\}$ 为关于 m,n 均单升的数列, 证明:

$$\lim_{n\to\infty}\lim_{m\to\infty}a_{mn}=\lim_{m\to\infty}\lim_{n\to\infty}a_{mn}.$$

(b) 给出定理 4.1.2 的完整证明.

17. 对每个定理, 逐一构造反例, 说明定理的条件遭到破坏时, 结论不再成立.

18. 证明: σ 为有限测度空间上的 Fatou 引理.

19. 设 μ 为 $(\mathbb{R}^n,\mathscr{B}^n)$ 上的概率测度. 证明: 当且仅当 μ 对称 (即 $\mu(B)=\mu(-B)$) 时, 其特征函数 φ_μ 为实值函数.

20. 设 $\varphi(x)$ 是 $\mathbb{R}^n$ 上的特征函数. 证明:

(a) $\overline{\varphi(x)}$, $|\varphi(x)|^2$, $\varphi(x)^n$ 及 $\mathrm{e}^{\mathrm{i}bx}\varphi(ax)$ 均为特征函数, 其中 $a,b\in\mathbb{R}^n$;

(b)

$$1-|\varphi(2x)|^2\leqslant 4(1-|\varphi(x)|^2).$$

21. 设 μ,ν 为 $(\mathbb{R}^n,\mathscr{B}^n)$ 上的两概率测度. 证明:

(a) 若 μ,ν 在一切形如 $\{x: xy\leqslant c\}$, $y\in\mathbb{R}^n$, $c\in\mathbb{R}^1$ 的半空间上相等, 则它们全等; 若换成开的半空间, 结论照样成立;

(b) 若 μ,ν 在一切原点位于其边界的开球上相等, 则它们全等; 将开球换为闭球, 结论照样成立.

第5章　乘积空间

5.1　集合的乘积

不管是否意识到了，你实际上已经多次碰到乘积空间：数学分析里的 $\mathbb{R}^n$ 是 n 个 $\mathbb{R}^1$ 的乘积；线性代数里的 n 维线性空间是 n 个一维线性空间的乘积；还有乘积拓扑空间；等等. 我们先从纯粹集合论的观点固定以后要用的一些基本概念.

定义 5.1.1　设 E_1, E_2 为两集合，定义其乘积为集合

$$E_1 \times E_2 := \{(x_1, x_2) : x_1 \in E_1, x_2 \in E_2\};$$

类似地，设 $E_1, \cdots, E_n$ 为 n 个集合，定义其乘积为集合

$$\prod_{i=1}^{n} E_i := \{(x_1, \cdots, x_n) : x_1 \in E_1, \cdots, x_n \in E_n\}.$$

在上面的定义中，严格地讲，乘积是与次序有关的，例如 $E_1 \times E_2$ 和 $E_2 \times E_1$ 是不一样的 —— 除非 $E_1 = E_2$. 但是，它们之间显然按自然方式即 (x_1, x_2) 对应于 (x_2, x_1) 的方式是一一对应的，因此我们以后就认为它们相等. 同样地，在例如 $(E_1 \times E_2) \times E_3$ 与 $E_1 \times E_2 \times E_3$ 之间也存在自然的一一对应，因此也认为它们相等. 在这种观点之下，$E_1 \times E_2$ 及 $E_2 \times E_1$ 均可视为 $\{1, 2\}$ 到 $E_1 \cup E_2$ 的满足下列条件的定义在 $\{1, 2\}$ 上的映射 x:

$$x(i) \in E_i, \quad i = 1, 2.$$

而 $(E_1 \times E_2) \times E_3$ 与 $E_1 \times E_2 \times E_3$ 均可视为定义在 $\{1, 2, 3\}$ 上的映射，且满足

$$x(i) \in E_i, \quad i = 1, 2, 3.$$

按此思路，我们就可以给出任意多个集合的乘积的定义.

定义 5.1.2　设 I 是任意指标集，而对每一 $i \in I$, E_i 是一集合，则定义其乘积为

$$\begin{aligned}\prod_{i \in I} E_i :&= \{(x_i, i \in I) : x_i \in E_i, \ \forall i \in I\} \\ &= \{x : I \mapsto \cup_{i \in I} E_i, \ x(i) \in E_i, \ \forall i \in I\}.\end{aligned}$$

当诸 E_i 就是全空间 X_i 时, 所得到的乘积集合便很自然称为乘积空间. 我们现在从最简单的二维乘积空间开始介绍将要用到的一些概念. 注意这里的维数纯粹是指作成乘积空间时的因子空间的数目, 与分析中说的维数没有任何关系 —— 比如说, 当我们要将 $\mathbb{R}^3$ 看成 $\mathbb{R}^1\times\mathbb{R}^2$ 时, 它就是二维的.

由于一般有限维乘积空间与二维乘积空间相比, 除了记号复杂一些外, 并没有什么本质的不同, 更由于多维可由二维逐步推进而得, 故将着重研究二维情形, 多维的结果从叙述到证明都是自明的.

这样, 设有两空间 X,Y. 以后把 $X\times Y$ 的形如

$$A\times B,\quad A\subset X,\quad B\subset Y$$

的子集称为以 A, B 为边的矩形.

下面是关于矩形的一些简单事实.

定理 5.1.3 (1) 当且仅当一条边是空集时, 矩形是空集;

(2) 设 $E_1=A_1\times B_1, E_2=A_2\times B_2$, 则当且仅当 $A_1\subset A_2, B_1\subset B_2$ 时, $E_1\subset E_2$;

(3) 设 $E_1=A_1\times B_1, E_2=A_2\times B_2$, 则当且仅当 $A_1=A_2, B_1=B_2$ 时, $E_1=E_2$.

证明 (1) 设 $A\times B\neq\varnothing$, 则存在 $(x,y)\in A\times B$. 所以 $x\in A$, $y\in B$, 因而 A, B 均不为空集. 反之, 设 A, B 均不为空集, 则 $\exists x\in A$, $y\in B$, 所以 $(x,y)\in A\times B$, 即 $A\times B$ 不为空集.

(2) “当”部分显然; “仅当”部分证明如下: 设 $E_1\subset E_2$, 则 $\forall x\in A_1$, $y\in B_1$, $(x,y)\in E_1\subset E_2$, 因而 $x\in A_2$, $y\in B_2$.

(3) 直接由 (2) 得到. Q.E.D.

5.2 乘积可测结构

设给定了两个可测空间 $(X,\mathscr{F})$ 与 $(Y,\mathscr{G})$, 我们的目的是要在乘积空间 $X\times Y$ 上构造一个与因子空间上已有的可测结构自然相连的 σ-代数.

定义 5.2.1 形如 $A\times B$ 的集合称为可测矩形, 其中 $A\in\mathscr{F}$, $B\in\mathscr{G}$.

可测矩形全体不再是 σ-代数, 因此我们需要考虑它们产生的 σ-代数.

定义 5.2.2 定义

$$\mathscr{F}\times\mathscr{G}:=\sigma(\text{全体可测矩形}).$$

称 $(X\times Y,\mathscr{F}\times\mathscr{G})$ 为乘积可测空间, $\mathscr{F}\times\mathscr{G}$ 为乘积 σ-代数.

显然, 可测矩形全体成一 π 类, 故由单调类定理, 它产生的 λ 类也是 $\mathscr{F}\times\mathscr{G}$.

下面我们要涉及一个重要概念, 这就是截口.

定义 5.2.3 设 $E\subset X\times Y$, 对任意 $x\in X$, 定义

$$E_x:=\{y\in Y:(x,y)\in E\};$$

对任意 $y\in Y$, 定义

$$E^y:=\{x\in X:(x,y)\in E\}$$

分别称为 E 在 x 处及 y 处的截口.

容易直接验证, 截口满足如下关系:

$$(E\setminus F)_x=E_x\setminus F_x, \tag{2.1}$$

$$(\cup_{i\in I}E_i)_x=\cup_{i\in I}(E_i)_x,\quad (\cap_{i\in I}E_i)_x=\cap_{i\in I}(E_i)_x. \tag{2.2}$$

显然, 矩形的截口总是它的某条边, 因此可测矩形的截口是因子空间的可测集. 这一结论可推广到一般的可测集.

定理 5.2.4 设 $E\in\mathscr{F}\times\mathscr{G}$, 则 $\forall x\in X, y\in Y$, 有 $E_x\in\mathscr{G}$, $E^y\in\mathscr{F}$.

证明 令

$$\mathscr{A}:=\{E\in\mathscr{F}\times\mathscr{G}:E_x\in\mathscr{G},E^y\in\mathscr{F}\}.$$

则 $\mathscr{A}$ 包含了所有可测矩形这一 π 类, 再由 (2.1) 与 (2.2) 知 $\mathscr{A}$ 是 λ 类, 因此由定理 1.6.10, $\mathscr{A}=\mathscr{F}\times\mathscr{G}$. Q.E.D.

对于 $X\times Y$ 上的函数 f, 可类似地定义其截口为

$$f_x(\cdot):=f(x,\cdot),\quad f^y(\cdot):=f(\cdot,y).$$

我们有如下定理.

定理 5.2.5 设 $f\in\mathscr{F}\times\mathscr{G}$, 则 $\forall x\in X, y\in Y$, 有 $f_x\in\mathscr{G}$, $f^y\in\mathscr{F}$.

证明 对任意 Borel 集 B, 由定理 5.2.4,

$$f_x^{-1}(B)=(f^{-1}(B))_x\in\mathscr{G}.$$

所以 $f_x\in\mathscr{G}$. 同理 $f^y\in\mathscr{F}$. Q.E.D.

5.3 乘积测度

现设 $(X,\mathscr{F},\mu)$ 与 $(Y,\mathscr{G},\nu)$ 均为有限测度空间. 我们来证明如下定理.

定理 5.3.1　在 $(X\times Y,\mathscr{F}\times\mathscr{G})$ 上存在唯一一个有限测度, 记为 $\mu\times\nu$, 使 $\forall A\in\mathscr{F}$, $B\in\mathscr{G}$ 有

$$\mu\times\nu(A\times B)=\mu(A)\times\nu(B).$$

测度 $\mu\times\nu$ 称为 μ 与 ν 的乘积测度.

证明　先证明唯一性. 设 l 与 l' 均是 $\mathscr{F}\times\mathscr{G}$ 上的有限测度且在可测矩形上都相等. 令

$$\mathscr{L}:=\{E\in\mathscr{F}\times\mathscr{G}:l(E)=l'(E)\}.$$

易证 $\mathscr{L}$ 为 λ 类. 于是 $\mathscr{L}=\mathscr{F}\times\mathscr{G}$.

再证存在性. 为此要证明下面的引理.

引理 5.3.2　$\forall E\in\mathscr{F}\times\mathscr{G}$, 有 $\nu(E_x)\in\mathscr{F}$, $\mu(E^y)\in\mathscr{G}$ 且

$$\int_X\nu(E_x)\mu(dx)=\int_Y\mu(E^y)\nu(dy).$$

证明　事实上, 令

$$\mathscr{L}:=\left\{E\in\mathscr{F}\times\mathscr{G}:\nu(E_x)\in\mathscr{F},\mu(E^y)\in\mathscr{G},\int_X\nu(E_x)\mu(dx)=\int_Y\mu(E^y)\nu(dy)\right\}.$$

则 $\mathscr{L}$ 包含了可测矩形全体且为 λ 类, 因此 $\mathscr{L}=\mathscr{F}\times\mathscr{G}$.　Q.E.D.

现在回到定理的证明. $\forall E\in\mathscr{F}\times\mathscr{G}$, 令

$$\mu\times\nu(E):=\int_X\nu(E_x)\mu(dx)=\int_Y\mu(E^y)\nu(dy).$$

要证明 $\mu\times\nu$ 是有限测度, 为此只要证可列可加性即可, 因为其他几条性质都是显然的.

设诸 $E_i\in\mathscr{F}\times\mathscr{G}$ $(i=1,2,\cdots)$ 不交, 有

$$\begin{aligned}\mu\times\nu(\cup_{i=1}^{\infty}E_i)&=\int_X\nu\left((\cup_{i=1}^{\infty}E_i)_x\right)\mu(dx)\\&=\int_X\sum_{i=1}^{\infty}\nu((E_i)_x)\mu(dx)\ (\text{测度的可列可加性})\\&=\sum_{i=1}^{\infty}\int_X\nu((E_i)_x)\mu(dx)\ (\text{Lebesgue 定理})\\&=\sum_{i=1}^{\infty}\mu\times\nu(E_i).\end{aligned}$$

可列可加性得证.　Q.E.D.

5.4 Fubini 定理

所谓 Fubini 定理即重积分化为累次积分的定理. 在数学分析中我们曾经首次碰到过、无穷次使用过关于 Riemann 积分的这样的定理. 现在要在我们刚刚建立的积分理论框架中证明这个定理.

为了时刻提醒 $(X \times Y, \mathscr{F} \times \mathscr{G}, \mu \times \nu)$ 是乘积测度空间, 对 $X \times Y$ 上的函数 $f \in \mathscr{F} \times \mathscr{G}$, 用重积分符号

$$\iint_{X \times Y} f d(\mu \times \nu)$$

表示其积分.

定理 5.4.1 设 $f(x,y)$ 是 $X \times Y$ 上的 $\mathscr{F} \times \mathscr{G}$- 非负可测函数, $\forall x \in X$, $y \in Y$, 令

$$g(x) := \int_Y f(x,y)\nu(dy), \quad h(y) := \int_X f(x,y)\mu(dx).$$

则 $g \in \mathscr{F}$, $h \in \mathscr{G}$ 且

$$\iint_{X \times Y} f d(\mu \times \nu) = \int_X g(x)\mu(dx) = \int_Y h(y)\nu(dy).$$

证明 以 $\mathscr{L}$ 表示使上式成立的有界 $\mathscr{F} \times \mathscr{G}$- 可测函数全体, 则 $\mathscr{L}$ 包含了所有可测矩形的示性函数, 且 $\mathscr{L}$ 满足定理 1.6.11 的全部条件, 因此 $\mathscr{L}$ 就是有界 $\mathscr{F} \times \mathscr{G}$ 可测函数全体.

对任意非负 $\mathscr{F} \times \mathscr{G}$- 可测函数, 可取有界 $\mathscr{F} \times \mathscr{G}$- 可测函数列单调上升地逼近, 于是由单调收敛定理知等式成立. Q.E.D.

这个定理及下面的两个推论都叫 Fubini 定理.

推论 5.4.2 $X \times Y$ 中的可测集 E 为 $\mu \times \nu$ 零测集的充分必要条件是对 μ-几乎所有的 x (或 ν-几乎所有的 y), 其 x 截口 E_x 为 ν(或 μ)-零测集 (或其 y 截口 E^y 为 μ-零测集).

证明 在定理 5.4.1 中取 $f = 1_E$, 得

$$\mu \times \nu(E) = \int_Y \mu(E^y) d\nu = \int_X \nu(E_x) d\mu.$$

由此立得结论. Q.E.D.

对未必非负的情形, 有如下结论.

推论 5.4.3 设 f 的积分存在, 则仍有

$$\iint_{X \times Y} f d(\mu \times \nu) = \int_X g(x)\mu(dx) = \int_Y h(y)\nu(dy).$$

证明　直接由

$$\iint_{X\times Y} fd(\mu\times\nu)=\iint_{X\times Y} f^+d(\mu\times\nu)-\iint_{X\times Y} f^-d(\mu\times\nu)$$

及定理 5.4.1 推出.　　Q.E.D.

习　题　5

1. 证明: 可测的矩形是可测矩形.

2. 证明: $(\mathbb{R}^n,\mathscr{B}^n)=(\mathbb{R}^1,\mathscr{B}^1)^n$.

3. 设 $(X,\mathscr{F})$ 为可测空间, 证明: $f=(f_1,\cdots,f_n):X\mapsto(\mathbb{R}^n,\mathscr{B}^n)$ 可测当且仅当每个 $f_i:X\mapsto(\mathbb{R},\mathscr{B})$ 可测, $i=1,\cdots,n$.

4. 设 ξ 为随机变量, F 是其分布函数. 证明:

(a) 设 $p>0$, 则

$$E[|\xi|^p]=p\int_0^\infty x^{p-1}P(|\xi|>x)dx.$$

一般地, 设 φ 为 $(\mathbb{R}^1,\mathscr{B}^1)$ 上的非负可测函数, $\Phi(x)=\displaystyle\int_0^x\varphi(t)dt$, 则

$$E[\Phi(|\xi|)]=\int_0^\infty\varphi(t)P(|\xi|>t)dt.$$

(b) 设 $p\geqslant 1$, 则

$$E[|\xi|^p]<\infty\Longrightarrow\sum_{n=1}^\infty 2^{n(p-1)}P(|\xi|>2^n)<\infty.$$

(c)

$$E[\xi^+]<\infty\Longleftrightarrow\exists a>0\ \text{使得}\ \int_a^\infty\ln\frac{1}{F(x)}dx<\infty.$$

(d) 若 ξ 非负, 则对 $r>1$,

$$\int_0^\infty\frac{E(\xi\wedge x^r)}{x^r}dx=\frac{r}{r-1}E\xi^{1/r}.$$

(e) 证明: 若存在 $\alpha>1$ 使

$$\lim_{n\to\infty}\frac{P(|\xi|>\alpha n)}{P(|\xi|>n)}=0,$$

则 $E[|\xi|^p]<\infty,\ \forall p\geqslant 1$.

5. 设 $(X,\mathscr{F},\mu)$ 与 $(Y,\mathscr{G},\nu)$ 均为完备的 σ 有限测度空间, $f\in\widetilde{(\mathscr{F}\times\mathscr{G})}^{\mu\times\nu}$ 为 $\widetilde{\mu\times\nu}$- 积分存在, 证明: 对 μ-几乎所有的 $x\in X$, ν-几乎所有的 $y\in Y$, 有 $f_x\in\mathscr{G}$, $f^y\in\mathscr{F}$; $\int_Y f_x d\nu$, $\int_X f^y d\mu$ 存在且

$$\iint_{X\times Y} fd(\widetilde{\mu\times\nu})=\int_Y \nu(dy)\int_X f(x,y)\mu(dx)=\int_X \mu(dx)\int_Y f(x,y)\nu(dy).$$

6. 设 ξ,η 是可积随机变量. 证明:

$$E[\xi]-E[\eta]=\int_{-\infty}^{\infty}(P(\eta<x\leqslant\xi)-P(\xi<x\leqslant\eta))dx.$$

7. 设 ξ_1,ξ_2 是可交换随机变量, 即 (ξ_1,ξ_2) 与 (ξ_2,ξ_1) 同分布. 证明: 若 f,g 为非负非降 Borel 函数, 则

$$E[f(\xi_1)g(\xi_1)]\geqslant E[f(\xi_2)g(\xi_2)].$$

8. 证明: 在 μ 及 ν 为 σ 有限时, Fubini 定理仍然成立.

9. $(X,\mathscr{F},\mu)$ 和 $(Y,\mathscr{G},\nu)$ 为 σ 有限测度空间, $A\in\mathscr{F}\times\mathscr{G}$. 证明下列等价:

(a) $\mu\times\nu(A)=0$.

(b) 对 μ-a.a. $x\in X$, $\nu(A_x)=0$.

(c) 对 ν-a.a. $y\in Y$, $\mu(A_y)=0$.

10. 证明: $\int_{\mathbb{R}}\mathrm{e}^{-\frac{x^2}{2}}dx=\sqrt{2\pi}$.

11. $(X,\mathscr{F},\mu)$ 和 $(Y,\mathscr{G},\nu)$ 为测度空间, $f:X\to\mathbb{R}$, $g:Y\to\mathbb{R}$ 为可测函数, 且

$$f(x)=g(y),\qquad \mu\times\nu\text{-a.e.}\qquad (x,y)\in X\times Y.$$

那么存在常数 c 使得 $f(x)=c,\mu$-a.e., $g(y)=c,\nu$-a.e..

12. P, Q 为两个概率测度, f_n, f 关于 $P\times Q$ 可测, 且对 Q-a.e. y, $f_n(\cdot,y)\xrightarrow{P} f(\cdot,y)$. 那么

$$f_n\xrightarrow{P\times Q} f.$$

13. 设 $(X,\mathscr{F})$ 和 $(Y,\mathscr{G})$ 为可测空间, $f:X\to Y$ 为一可测映射. 证明:

(a) $F:X\ni x\to(x,f(x))$ 为 $X\times Y$ 的可测映射.

(b) 若 $(Z,\mathscr{H})$ 也为一可测空间, $G:X\times Y\to Z$ 可测, 那么 $X\ni x\to G(x,f(x))$ 是 $X\to Z$ 的可测映射.

14. $(X,\mathscr{F},\mu)$ 和 $(Y,\mathscr{G},\nu)$ 为 σ 有限测度空间, $f: X\times Y\to\mathbb{R}$ 为可测函数, 证明对任意 $1\leqslant p<q<\infty$,

$$\int_Y\left(\int_X|f(x,y)|^p\mu(dx)\right)^{q/p}\nu(dy)\leqslant\left[\int_X\left(\int_Y|f(x,y)|^q\nu(dy)\right)^{p/q}\mu(dx)\right]^{q/p}.$$

15. 设 $(X,\mathscr{F})$ 及 $(Y,\mathscr{G})$ 是可测空间, $\mathscr{F}_0\subset\mathscr{F}$, $\mathscr{G}_0\subset\mathscr{G}$ 且 $\sigma(\mathscr{F}_0)=\mathscr{F}$, $\sigma(\mathscr{G}_0)=\mathscr{G}$. 令

$$\mathscr{A}:=\{A\times B: A\in\mathscr{F}_0, B\in\mathscr{G}_0\}.$$

证明:

(a) $\mathscr{F}\times\mathscr{G}=\sigma(\mathscr{A})$.

(b) 若 $\mathscr{F}_0$ 与 $\mathscr{G}_0$ 均是 π 类, 则 $\mathscr{A}$ 也是.

(c) 若 $\mathscr{F}_0$ 与 $\mathscr{G}_0$ 均是 π 类, 则

$$\mathscr{F}\times\mathscr{G}=\lambda(\mathscr{A}).$$

16. 证明: 在 μ 及 ν 为 σ 有限时, 定理 5.3.1 的结论仍然成立.

第 6 章　无限维乘积空间

第 5 章的结果给我们提供了构造任意有限个具有给定分布的独立随机变量的工具. 但若要构造一列具有给定分布的独立随机变量序列, 或构造具有给定有限维分布函数的随机过程, 它就不够用了. 这时需要无限维乘积空间.

将只考虑概率空间, 这就相当要求全空间的测度为 1. 这样要求的原因有二: 一是我们的目的直接是概率论, 因此只需要考虑概率空间; 二是也巧, 从本质上说, 不是概率空间还真无法定义无穷乘积 —— 这从下面的构造过程可清楚地看出.

6.1　可列乘积空间上的乘积测度

设 $(X_i, \mathscr{F}_i, P_i)(i=1,2,\cdots)$ 是一列概率空间.

定义 6.1.1　*设 $E \subset \prod\limits_{i=1}^{\infty} X_i$ 且存在 $n \geqslant 1$, $A \in \prod\limits_{i=1}^{n} \mathscr{F}_i$ 使 $E = A \times \prod\limits_{i=n+1}^{\infty} X_i$, 则 E 称为 (以 A 为底的) 可测柱集. 由可测柱集全体产生的 σ-代数称为 $\prod\limits_{i=1}^{\infty} X_i$ 上的乘积 σ-代数, 记为 $\prod\limits_{i=1}^{\infty} \mathscr{F}_i$.*

令

$$\mathscr{A}_n := \left\{ A \times \prod_{i=n+1}^{\infty} X_i; A \in \prod_{i=1}^{n} \mathscr{F}_i \right\}, \quad \mathscr{A} := \cup_{n=1}^{\infty} \mathscr{A}_n.$$

容易验证, 对任意 n, $\mathscr{A}_n$ 是 σ-代数且 $\{\mathscr{A}_n, n \geqslant 1\}$ 是递增的. 因此 $\mathscr{A}$ 是一个代数. 在 $\mathscr{A}$ 上定义集函数 P 如下: 对 $E = A \times \prod\limits_{i=n+1}^{\infty} X_i$, $A \in \prod\limits_{i=1}^{n} \mathscr{F}_i$, 令

$$P(E) := \left(\prod_{i=1}^{n} P_i \right)(A). \tag{1.1}$$

这个定义是无歧义的. 若 $E = A \times \prod\limits_{i=n+1}^{\infty} X_i = B \times \prod\limits_{i=m+1}^{\infty} X_i$, 则 $n = m$ 时必有 $A = B$; $n > m$ 时必有 $A = B \times \prod\limits_{i=m+1}^{n} X_i$. 无论如何都有 $\left(\prod\limits_{i=1}^{n} P_i\right)(A) = \left(\prod\limits_{i=1}^{m} P_i\right)(B)$.

我们来证明下面的定理.

定理 6.1.2　*P 是 $\mathscr{A}$ 上的测度.*

证明 (1) 证明 P 在 $\mathscr{A}$ 上有限可加. 设 E_1, $E_2 \in \mathscr{A}$, $E_1 \cap E_2 = \varnothing$. 不妨设 $n > m$, 且

$$E_1 = A \times \prod_{i=n+1}^{\infty} X_i,\ \ E_2 = B \times \prod_{i=m+1}^{\infty} X_i,\ \ A \in \prod_{i=1}^{n} \mathscr{F}_i,\ B \in \prod_{i=1}^{m} \mathscr{F}_i.$$

那么

$$A \cap \left(B \times \prod_{i=m+1}^{n} X_i \right) = \varnothing.$$

于是

$$\begin{aligned} P(E_1 \cup E_2) &= P\left(\left(A \cup \left(B \times \prod_{i=m+1}^{n} X_i \right) \right) \times \prod_{i=n+1}^{\infty} X_i \right) \\ &= \left(\prod_{i=1}^{n} P_i \right) \left(A \cup \left(B \times \prod_{i=m+1}^{n} X_i \right) \right) \\ &= \left(\prod_{i=1}^{n} P_i \right)(A) + \left(\prod_{i=1}^{n} P_i \right) \left(B \times \prod_{i=m+1}^{n} X_i \right) \\ &= P(E_1) + P(E_2). \end{aligned}$$

(2) 为证可列可加性, 只需证 P 在 $\varnothing$ 处是上连续的. 设 $E_n \in \mathscr{A}$, $E_n \downarrow \varnothing$, 要证明 $P(E_n) \downarrow 0$.

令

$$Q_n := \prod_{i=1}^{n} P_i.$$

必要时重复若干项, 可不妨假定 $E_n = A_n \times \left(\prod\limits_{i=n+1}^{\infty} X_i \right)$, 其中 $A_n \in \prod\limits_{i=1}^{n} \mathscr{F}_i$.

设有 $\varepsilon > 0$ 使得对任意 $n \geqslant 1$, $P(E_n) \geqslant \varepsilon$. 对 $x_1 \in X_1$, $n \geqslant 2$, 令

$$A_n(x_1) := \left\{ (x_2, x_3, \cdots, x_n) \in \prod_{i=2}^{n} X_i : (x_1, x_2, \cdots, x_n) \in A_n \right\}.$$

由于对任意 $n \geqslant 2$, $E_n \subset E_1$, 即 $A_n \subset A_1 \times X_2 \times \cdots \times X_n$, 所以 $x_1 \notin A_1$ 时 $A_n(x_1) = \varnothing$, $n \geqslant 2$. 于是由 Fubini 定理有

$$\begin{aligned} \varepsilon \leqslant P(E_n) = Q_n(A_n) &= \int_{x_1} \left(\prod_{i=2}^{n} P_i \right) (A_n(x_1)) P_1(dx_1) \\ &= \int_{A_1} \left(\prod_{i=2}^{n} P_i \right) (A_n(x_1)) P_1(dx_1). \end{aligned}$$

令

$$G_n := \left\{x_1 \in A_1 : \left(\prod_{i=2}^{n} P_i\right) A_n(x_1) \geqslant \varepsilon/2\right\}.$$

则

$$\varepsilon \leqslant P_1(G_n) + \frac{\varepsilon}{2}.$$

故

$$P_1(G_n) \geqslant \varepsilon/2.$$

由于 $A_{n+1}(x_1) \subset A_n(x_1) \times X_{n+1}$, 所以

$$\left(\prod_{i=2}^{n+1} P_i\right)(A_{n+1}(x_1)) \leqslant \left(\prod_{i=2}^{n+1} P_i\right)(A_n(x_1) \times X_{n+1}) = \left(\prod_{i=2}^{n} P_i\right)(A_n(x_1)),$$

从而 G_n 是单调下降的. 于是

$$P_1\left(\cap_{n=2}^{\infty} G_n\right) = \lim_{n\to\infty} P_1(G_n) \geqslant \varepsilon/2 > 0.$$

故 $\cap_{n=2}^{\infty} G_n \neq \varnothing$. 因而存在 $x_1^0 \in A_1$ 使 $x_1^0 \in \cap_{n=2}^{\infty} G_n$, 即

$$\left(\prod_{i=2}^{n} P_i\right)(A_n(x_1^0)) \geqslant \varepsilon/2, \quad \forall n \geqslant 2.$$

现在, 对 $n \geqslant 2$, 令 $E_n(x_1^0) := A_n(x_1^0) \times \prod\limits_{i=n+1}^{\infty} X_i$ 并以 $\left(\varepsilon/2, \prod\limits_{n=2}^{\infty} X_n, \prod\limits_{n=2}^{\infty} \mathscr{F}_n, \prod\limits_{n=2}^{\infty} P_n, E_n(x_1^0)\right)$ 代替 $\left(\varepsilon, \prod\limits_{n=1}^{\infty} X_n, \prod\limits_{n=1}^{\infty} \mathscr{F}_n, \prod\limits_{n=1}^{\infty} P_n, E_n\right)$ 而重复以上推理, 可知有 $x_2^0 \in A_2(x_1^0)$—— 因而 $(x_1^0, x_2^0) \in A_2$——使

$$\left(\prod_{i=3}^{n} P_i\right)(A_n(x_1^0, x_2^0)) > \varepsilon/4, \quad n \geqslant 3,$$

其中

$$A_n(x_1, x_2) := \left\{(x_3, \cdots, x_n) \in \prod_{i=3}^{n} X_i : (x_1, x_2, \cdots, x_n) \in A_n\right\}.$$

依次下去, 便可得到一列 $\{x_n^0, n \geqslant 1\}$ 使

$$(x_1^0, \cdots, x_n^0) \in A_n.$$

于是自然有

$$(x_1^0, x_2^0, \cdots) \in E_n, \quad \forall n \geqslant 1.$$

故

$$\cap_{n=1}^{\infty} E_n \neq \varnothing.$$

(3) 又由于

$$P\left(\prod_{n=1}^{\infty} X_n\right) = 1.$$

因此 P 是 $\left(\prod\limits_{n=1}^{\infty} X_n, \mathscr{A}\right)$ 上的概率测度. Q.E.D.

根据这一定理, 由测度扩张定理得到, P 可扩充为 $\prod\limits_{i=1}^{\infty} \mathscr{F}_i$ 上的测度. 这个测度称为可列无限维乘积测度.

在无穷维可测矩形上, 乘积测度确实是一个"乘起来"的测度.

命题 6.1.3 设 $E_n \subset X_n$, $E_n \in \mathscr{F}_n$, $n \geqslant 1$, 则

$$\left(\prod_{n=1}^{\infty} P_n\right)\left(\prod_{n=1}^{\infty} E_n\right) = \prod_{n=1}^{\infty} P_n(E_n).$$

证明 令

$$F_n = \left(\prod_{i=1}^{n} E_i\right) \times \prod_{i=n+1}^{\infty} X_i,$$

则 $F_n \downarrow \prod\limits_{n=1}^{\infty} E_n$. 但

$$\left(\prod_{n=1}^{\infty} P_n\right)(F_n) = \left(\prod_{i=1}^{n} P_i\right)\left(\prod_{i=1}^{n} E_i\right),$$

故

$$\left(\prod_{n=1}^{\infty} P_n\right)\left(\prod_{n=1}^{\infty} E_n\right) = \lim_{n\to\infty} \prod_{i=1}^{n} P_i(E_i) = \prod_{n=1}^{\infty} P_n(E_n). \qquad \text{Q.E.D.}$$

6.2 可列乘积空间上的非乘积测度

设 P 是 $(\mathbb{R}^{\infty}, \mathscr{B}^{\infty})$ 上的概率测度. 定义 $\mathbb{R}^{\infty}$ 到 $\mathbb{R}^n$ 的投影映射: $x = (x_1, x_2, \cdots) \in \mathbb{R}^{\infty}$,

$$\pi_n((x_1, x_2, \cdots)) = (x_1, x_2, \cdots, x_n).$$

则 $P_n := \pi_n^{-1}P$ 是 $\mathbb{R}^n$ 上的测度, 且满足下列相容性条件

$$P_n = P_m \pi_{mn}^{-1},$$

其中 $m > n$, π_{mn} 是从 $\mathbb{R}^m$ 到 $\mathbb{R}^n$ 的取前 n 个坐标的自然投影.

下面提出反问题: 若在每个 $\mathbb{R}^n$ 上都有概率测度 P_n 且它们满足上述相容性条件, 是否在 $\mathbb{R}^\infty$ 上存在概率测度 P 使 $P_n = P\pi_n^{-1}$?

这个问题及下节在不可列乘积空间上的同样问题涉及满足给定有限维分布的随机过程的存在性问题, 是由 —— 再一次是由 ——Kolmogorov 解决的.

在给出结果前, 首先给出测度的正则性.

引理 6.2.1 设 μ 为 $(\mathbb{R}^n, \mathscr{B}^n)$ 上的有限测度, 则对任意 $B \in \mathscr{B}$, 有

$$\begin{aligned}\mu(B) &= \inf\{\mu(O), O \supset B,\ O \text{ 是开集}\}\\ &= \sup\{\mu(K), K \subset B,\ K \text{ 是紧集}\}.\end{aligned}$$

这里第一个等式叫外正则性, 第二个等式叫内正则性.

证明 以 $\mathscr{A}$ 记满足以上性质的集合全体. 易见 $\mathscr{A}$ 为 σ-代数. 往证 $\mathscr{A}$ 含有一切开集. 设 B 是开集. 第一个等式当然成立, 下面证第二个等式.

令

$$K_n := \left\{x \in B : d(x, \partial B) \geqslant \frac{1}{n},\ \|x\| \leqslant n.\right\}.$$

则 K_n 是紧集且 $K_n \uparrow B$, 因此

$$\mu(B) = \lim_{n\to\infty} \mu(K_n). \qquad \text{Q.E.D.}$$

定理 6.2.2 设 $P_1, P_2, \cdots$ 分别是 $(\mathbb{R}^1, \mathscr{B}^1), (\mathbb{R}^2, \mathscr{B}^2), \cdots$ 上的概率测度并满足上述相容性条件, 则在 $(\mathbb{R}^\infty, \mathscr{B}^\infty)$ 上存在唯一一个概率测度 P 满足

$$P\pi_n^{-1} = P_n.$$

证明 对 $E \in \mathscr{A}$,

$$E = A \times \prod_{n+1}^{\infty} \mathbb{R}, \quad A \in \mathscr{B}^n,$$

则 $E = \pi_n^{-1}(A)$. 令

$$P(E) := P_n(A).$$

由相容性条件, P 是 $\mathscr{A}$ 上有确切定义的集函数, 且 P 是有限可加的, $P(\mathbb{R}^\infty) = P_n(\mathbb{R}^n) = 1$.

下面证明它也是可列可加的. 为此只需证明它在 $\varnothing$ 处是上连续的. 设 $B'_n \in \mathscr{A}$, $B'_n \downarrow \varnothing$. 必要时重复若干项, 可设存在 $B_n \in \mathscr{B}^n$ 使

$$B'_n = \pi_n^{-1}(B_n).$$

设 $\varepsilon > 0$ 使

$$P(B'_n) > \varepsilon, \quad \forall n.$$

由上面的引理, 可取紧集 $K_n \subset B_n$ 使

$$P_n(B_n - K_n) \leqslant \varepsilon 2^{-n}.$$

令

$$K'_n = \pi_n^{-1}(K_n),$$

则

$$B'_n - K'_n = \pi_n^{-1}(B_n - K_n).$$

所以

$$P(B'_n - K'_n) = P_n(B_n - K_n) \leqslant \varepsilon 2^{-n}.$$

令

$$D_n := \cap_{k=1}^n \pi_{nk}^{-1}(K_k) = \cap_{k=1}^n (K_k \times \mathbb{R}^{n-k}) \subset B_n$$

(规定 $K_n \times \mathbb{R}^0 = K_n$),

$$D'_n := \pi_n^{-1}(D_n) = \cap_{k=1}^n \pi_k^{-1}(K_k) \subset B'_n.$$

则

$$\cap_{n=1}^\infty B'_n \supset \cap_{n=1}^\infty D'_n = \cap_{k=1}^\infty \pi_k^{-1}(K_k).$$

往证 $\cap_{k=1}^\infty \pi_k^{-1}(K_k)$ 非空. 由于 $B'_n \downarrow$, 所以

$$B'_n - D'_n = \cup_{k=1}^n (B'_n - K'_k) \subset \cup_{k=1}^n (B'_k - K'_k).$$

从而

$$P(B'_n - D'_n) \leqslant \sum_{k=1}^n P(B'_k - K'_k) \leqslant \sum_{k=1}^n 2^{-k}\varepsilon < \varepsilon.$$

再由假定 $P(B'_n) > \varepsilon$ 得

$$P(D'_n) > 0.$$

因而对任意 n, $D'_n \neq \varnothing$. 故存在 $x^n = (x_1^n, x_2^n, \cdots) \in D'_n$. 因为 $\{x_1^n, n \geqslant 1\} \subset K_1$ 而 K_1 紧, 故可抽取子列 $\{n_j^1\}$ 及 $x_1^0 \in K_1$ 使

$$x_1^{n_j^1} \to x_1^0.$$

又 $\{(x_1^{n_j^1}, x_2^{n_j^1}), k \geqslant 1\} \subset K_2$, K_2 紧, 故可再从 $\{n_j^1\}$ 中取子列 $\{n_j^2\}$ 使

$$(x_1^{n_j^2}, x_2^{n_j^2}) \to (x_1^0, x_2^0) \in K_2.$$

依次下去, 对任意 i 有第 i 级子列 $\{n_j^i\}$ 使

$$(x_1^{n_j^i}, x_2^{n_j^i}, \cdots, x_i^{n_j^i}) \to (x_1^0, x_2^0, \cdots, x_i^0) \in K_i.$$

用对角线法, 最终可抽取子列 $\{m_j\}$ 使

$$(x_1^{m_j}, x_2^{m_j}, \cdots, x_i^{m_j}) \to (x_1^0, x_2^0, \cdots, x_i^0) \in K_i, \quad \forall i.$$

显然对任意 k, $(x_1^0, x_2^0, \cdots) \in \pi_k^{-1}(K_k)$. 因此

$$(x_1^0, x_2^0, \cdots) \in \cap_{k=1}^{\infty} \pi_k^{-1}(K_k).$$

即有

$$(x_1^0, x_2^0, \cdots) \in \cap_{n=1}^{\infty} B'_n,$$

这与 $B'_n \downarrow \varnothing$ 矛盾. Q.E.D.

比较本定理和定理 6.2.1, 可以看到这里作为乘积因子我们是取了特殊的可测空间 $(\mathbb{R}, \mathscr{B})$. 不过我们注意到只是用了 $(\mathbb{R}^n, \mathscr{B}^n)$ 上的概率测度是“内正则”这一性质, 而该性质对所有 Polish 空间上的概率测度均成立 (当然证明比现在难), 因此本定理可以推广到每个乘积因子是 Polish 空间 (带 Borel 代数) 的情形, 证明不需要做任何改变.

然而我们不能不要任何拓扑假设. 比如说如果空间不是完备的就不行. 这方面的反例可见 [10, p.165].

6.3 任意维乘积空间上的乘积测度

现在设 T 为一不可数无穷集合 —— 应用中最常见的是取 T 为 $\mathbb{R}$ 的某个区间, $t \in T$ 表示时间. 设对任意 $t \in T$, $(X_t, \mathscr{F}_t)$ 为可测空间.

首先, 类似于定义 6.1.1, 给出如下定义.

定义 6.3.1 *设 $E \subset \prod_{t\in T} X_t$ 且存在 T 的有限子集 S, $A \in \prod_{t\in S} \mathscr{F}_t$ 使 $E = A \times \prod_{t\in S^c} X_t$, 则 E 称为 (以 A 为底的) 可测柱集. 由可测柱集全体产生的 σ-代数称为 $\prod_{t\in T} X_t$ 上的乘积 σ-代数, 记为 $\prod_{t\in T} \mathscr{F}_t$.*

下面是一个关键的结果, 利用它我们可以看出, 无论是什么样的"无穷维"乘积, 在某种意义下都可以转化为"可列无穷维"乘积.

定理 6.3.2

$$\prod_{t\in T} \mathscr{F}_t = \cup_{S\subset T, S\ \text{可数}} \prod_{t\in S} \mathscr{F}_t.$$

证明 上式右边显然包含于左边; 又右边为 σ-代数, 且包含了所有可测柱集, 所以它包含了左边. Q.E.D.

现在设每一 $(X_t, \mathscr{F}_t)$ 上均有一概率测度 P_t, 在 $\prod_{t\in T} \mathscr{F}_t$ 上定义

$$\left(\prod_{t\in T} P_t\right)(E) := \prod_{t\in S} P_t(A), \quad \text{若} E = A \times \prod_{t\in S^c} X_t,\ A \in \prod_{t\in S} \mathscr{F}_t,\ \ S\ \text{可数}.$$

我们要说明该定义是无歧义的.

设同时有

$$E = A_1 \times \prod_{t\in S_1^c} X_t = A_2 \times \prod_{t\in S_2^c} X_t,$$

其中 S_1 与 S_2 均为可数集且 $A_1 \in \prod_{t\in S_1} \mathscr{F}_t$, $A_2 \in \prod_{t\in S_2} \mathscr{F}_t$. 令

$$S := S_1 \cap S_2,$$

$$A := E\ \text{在} \prod_{t\in S} X_t\ \text{上的投影} = A_1\ \text{在} \prod_{t\in S} X_t\ \text{上的投影} = A_2\ \text{在} \prod_{t\in S} X_t\ \text{上的投影}.$$

则

$$\prod_{t\in S_1} P_t(A_1) = \prod_{t\in S} P_t(A) \prod_{t\in S_1 - S} P_t(X_t) = \prod_{t\in S} P_t(A) \prod_{t\in S_2 - S} P_t(X_t) = \prod_{t\in S_2} P_t(A_2),$$

因此定义的确是无歧义的.

定理 6.3.3 *以上定义的 P 是概率测度.*

证明 概率测度所要求的性质, 除可列可加性以外, 都是显然的. 而可列可加性可如下证明: 设 $E_n \in \prod_{t\in T} \mathscr{F}_t$, 则存在 $S_n \subset T$, S_n 可数, 使 $E_n \in \prod_{t\in S_n} \mathscr{F}_t$. 因而对所有的 n, $E_n \in \prod_{t\in S} \mathscr{F}_t$, 其中 $S = \cup_{n=1}^{\infty} S_n$. 这样, 利用 P 在 $\prod_{t\in S} \mathscr{F}_t$ 上的可列可加性即得. Q.E.D.

6.4 任意维乘积空间上的非乘积测度

对任意 $t \in T$, 令

$$\mathbb{R}_t = \mathbb{R}^1, \quad \mathscr{B}_t = \mathscr{B}^1.$$

与上面的推理类似, 从定理 6.2.2 出发, 可以得到下面的定理.

定理 6.4.1 对任意有限子集 $\tau = \{t_1, \cdots, t_n\} \subset T$, 令

$$(\mathbb{R}^\tau, \mathscr{B}^\tau) = (\mathbb{R}_{t_1}, \mathscr{B}_{t_1}) \times \cdots \times (\mathbb{R}_{t_n}, \mathscr{B}_{t_n}).$$

设 P_τ 为 $\mathscr{B}^\tau$ 上的测度, 满足下列相容性条件:

$$\tau_1 \subset \tau_2 \Longrightarrow P_{\tau_1} = P_{\tau_2} \pi_{\tau_2, \tau_1}^{-1},$$

其中 π_{τ_2, τ_1} 是 $\mathbb{R}^{\tau_2}$ 到 $\mathbb{R}^{\tau_1}$ 的自然投影. 则在 $(\mathbb{R}^{\mathrm{T}}, \mathscr{B}^{\mathrm{T}})$ 上存在唯一一个概率测度 P^{T} 使

$$P_\tau = P \pi_\tau^{-1}.$$

6.5 在概率论上的应用

我们将把现有的知识应用到概率论上. 具体地说, 给定一个分布函数或一个分布函数列, 要构造一个概率空间及其上的一个随机变量或独立随机变量序列, 服从所给定的分布.

6.5.1 随机变量存在定理

定理 6.5.1 设 F 为分布函数, 则存在一概率空间 $(\Omega, \mathscr{F}, P)$ 及其上的随机变量 ξ, 使 ξ 的分布函数恰好为 F.

证明 取 $\Omega = \mathbb{R}$, $\mathscr{F} = \mathscr{B}$. 下面构造 P. 对 $A = [a, b)$, 令

$$P(A) = F(b) - F(a).$$

则 P 可扩充到 $\mathscr{B}$ 上成为一概率测度. 因此 $(\Omega, \mathscr{F}, P)$ 为概率空间. 再定义

$$\xi(x) = x.$$

则对任意 $x \in \mathbb{R}$, $P(\xi < a) = F(a)$, 即 ξ 的分布函数为 F. Q.E.D.

6.5.2 独立随机变量列的存在定理

定理 6.5.2 设 $\{F_n\}$ 为分布函数列, 则存在以概率空间 $(\Omega, \mathscr{F}, P)$ 及其上的独立随机变量列 $\{\xi_n\}$, 使对任意 n, ξ_n 的分布函数恰好为 F_n.

证明 按定理 6.5.1, 对每一 n, 均存在概率空间 $(\Omega_n, \mathscr{F}_n, P_n)$ 及其上的随机变量 η_n, 使 η_n 的分布函数恰好为 F_n.

容易验证下面的构造满足要求:

$$(\Omega, \mathscr{F}, P) = \prod_{n=1}^{\infty} (\Omega_n, \mathscr{F}_n, P_n),$$

$$\xi_n(\omega) = \eta_n(\omega_n), \quad \forall \omega = (\omega_1, \omega_2, \cdots, \omega_n, \cdots) \in \prod_{n=1}^{\infty} \Omega_n. \qquad \text{Q.E.D.}$$

习 题 6

1. 以 $C([0,1])$ 表示 $[0,1]$ 上的连续函数全体. 证明 $C([0,1])$ 不是 $(\mathbb{R}^{[0,1]}, \mathscr{B}^{[0,1]})$ 的可测集.

2. 设 $(\Omega_i, \mathscr{F}_i, P_i)$ $(i = 1, 2, \cdots)$ 是概率空间. 令

$$(\Omega, \mathscr{F}, P) = \prod_{i=1}^{\infty} (\Omega_i, \mathscr{F}_i, P_i).$$

证明: 若 $E = \prod\limits_{i=1}^{\infty} E_i$, $E_i \in \mathscr{F}_i$, 则除非 $P(E_i) \to 1$, 否则必有 $P(E) = 0$.

第7章　赋号测度

7.1　定义及基本性质

我们在构造 $\mathbb{R}$ 上的 Lebesgue-Stieltjes 测度的时候, 出发点是单调上升的函数 (见例 2.6.2). 然而由于一般的有限变差函数均可表示为两个增函数之差, 故同样的推理对有限变差函数依然有效, 只不过最后得出来的集函数不再是非负的. 这样一种集函数我们称为赋号测度, 即被赋予了正负号的测度. 提高到抽象水平, 即有下面的定义.

定义 7.1.1　设 $(X,\mathscr{F})$ 为可测空间, 则 $\mathscr{F}$ 上的取值于 $\bar{\mathbb{R}}$ 的可列可加集函数称为赋号测度.

赋号测度, 是英文 signed measure 的中译. 在中文文献中, 通常称为符号测度或广义测度. 我们这里按 normed space 译为赋范空间的路子, 译为赋号测度.

由于运算 $+\infty-(+\infty)$ 没有意义, 故在 $\pm\infty$ 中, μ 最多只能取到一个, 否则下面的等式将可能会出现无意义情况:

$$\mu(A\cup B)+\mu(A\cap B)=\mu(A)+\mu(B).$$

如无特别声明, 一般遵循下面的约定:

$$\mu(E)<\infty,\quad \forall E\in\mathscr{F}.$$

也许指出下面的事实不是没有必要的. 对任意两两不交的 $\{E_n\}\subset\mathscr{F}$, 级数

$$\sum_{n=1}^{\infty}\mu(E_n)$$

是收敛的. 如果 μ 是测度, 这个级数是正项级数, 收敛性当然没有问题. 在赋号测度的情形, 收敛性由其可列可加性保证.

命题 7.1.2　(1) 设 $E,F\in\mathscr{F}$, $F\subset E$. 若 $\mu(E)=-\infty$, 则 $\mu(F)=-\infty$.

(2) 设 $E_n,E\in\mathscr{F}$, $E_n\uparrow E$, 则

$$\lim_{n\to\infty}\mu(E_n)=\mu(E).$$

(3) 设 $E_n,E\in\mathscr{F}$, $E_n\downarrow E$, 且 $|\mu(E_1)|<\infty$, 则

$$\lim_{n\to\infty}\mu(E_n)=\mu(E).$$

证明　(1) 由

$$\mu(E) = \mu(F) + \mu(E \setminus F)$$

直接得到, 因为 $\mu(E \setminus F) < \infty$.

(2) 与 (3) 的证明类似于测度的情形.　　Q.E.D.

例 7.1.3　*在一般的 σ 有限测度空间 $(X, \mathscr{F}, \mu)$ 上, 设 f 的积分存在. 令*

$$\nu(A) := \int_A f d\mu, \quad \forall A \in \mathscr{F},$$

则 ν 是赋号测度.

7.2 Jordan-Hahn 分解

在 $\mathbb{R}$ 上, 利用有限变差函数可表为两个增函数之差, 容易证明由有限变差函数产生的赋号测度能表示为两个测度之差. 这一结果对一般的赋号测度也成立. 证明这个结果的基本想法是将该测度的 "正集" 与 "负集" 分开. 所谓 "正集""负集" 是指该集合里没有任何负的或正的成分, 即得如下定义.

定义 7.2.1　*设 $E \in \mathscr{F}$ 满足*

$$F \in \mathscr{F},\ F \subset E \Longrightarrow \mu(F) \geqslant 0 \quad (\mu(F) \leqslant 0),$$

则 E 称为 μ 的正 (负) 集.

引理 7.2.2　*设 $E \in \mathscr{F}$ 且 $\mu(E) > 0$, 则存在正集 $F \subset E$, 且 $\mu(F) \geqslant \mu(E)$.*

证明　第一步: 若存在 $G \subset E$ 使得 $\mu(G) < -1$, 则记 $A_{11} = G$. 否则 $A_{11} = \varnothing$. 若存在 $G \subset E \setminus A_{11}$ 使得 $\mu(G) < -1$, 则记 $A_{12} = G$. 否则 $A_{12} = \varnothing$. 继续下去, 则一定会有 n_1 使 $A_{1n_1} \neq \varnothing$ 而 $A_{1(n_1+1)} = \varnothing$. 记

$$A_1 := \sum_{k=1}^{n_1} A_{1k}.$$

第二步: 以 $-\frac{1}{2}$ 代替上面的 -1, $E \setminus A_1$ 做同样的事情, 得到 A_2;

一般地, 以 $-\frac{1}{n}$ 代替上面的 -1 做同样的事情, 得到 A_n.

令

$$F := E \Big\backslash \sum_{n=1}^{\infty} A_n.$$

则显然 F 满足要求.　　Q.E.D.

定理 7.2.3 设 $(X, \mathscr{F}, \mu)$ 为赋号测度空间, 则存在 $E_+ \in \mathscr{F}$, E_+ 为 μ 的正集且 E_+^c 为 μ 的负集. E_+ 在下述意义下唯一: 若 E_1, E_2 均满足上述要求, 则

$$\mu(E_1 \triangle E_2) = 0.$$

称 E_+ 为 μ 的正部, $E_- := E_+^c$ 为负部.

证明 唯一性. 设 E_1, E_2 均为正集. 由于 E_2 为正集, 所以

$$\mu(E_2 \setminus E_1) \geqslant 0;$$

由于 E_1^c 为负集, 所以

$$\mu(E_2 \setminus E_1) \leqslant 0.$$

因此 $\mu(E_2 \setminus E_1) = 0$. 同理 $\mu(E_1 \setminus E_2) = 0$.

存在性. 若 $\forall F \in \mathscr{F}$, $\mu(F) \leqslant 0$, 则取 $E_+ = \varnothing$.

下面设 $\sup_{F \in \mathscr{F}} \mu(F) = a > 0$. 取 $A_n \in \mathscr{F}$, 使

$$\mu(A_n) \uparrow a.$$

由引理 7.2.2, 可设 A_n 均为正集. 令

$$E_+ := \cup_{n=1}^{\infty} A_n.$$

由于 A_n 都是正集, 故 $\mu(E_+) = a$. 于是 $a < \infty$.

该集合满足要求. 否则或者存在 $E' \subset E_+$, $E' \in \mathscr{F}$ 使得 $\mu(E') < 0$; 或者存在 $E' \subset E_+^c$, $E' \in \mathscr{F}$ 使得 $\mu(E') > 0$. 在前者, 有

$$\mu(E_+ \setminus E') = \mu(E_+) - \mu(E') > \mu(E_+) = a;$$

在后者, 有

$$\mu(E_+ + E') = \mu(E_+) + \mu(E') > \mu(E_+) = a.$$

两者均不可能. Q.E.D.

例 7.2.4 若 f 可积,

$$\nu(A) := \int_A f d\mu.$$

则

$$E_+ = \{x : f(x) \geqslant 0\}.$$

继续定理 7.2.3 的记号, 令 $E_- := E_+^c$,

$$\mu^+(A) := \mu(A \cap E_+), \quad \mu^-(A) := -\mu(A \cap E_-).$$

则得到 μ 的所谓的 Jordan 分解

$$\mu = \mu^+ - \mu^-,$$

μ^+, μ^- 分别称为 μ 的上、下变差, $|\mu| := \mu^+ + \mu^-$ 称为 μ 的全变差. 显然 $|\mu|$ 为测度. 若 $|\mu|$ 为 σ 有限测度, 则称 μ 为 σ 有限赋号测度. 而

$$X = E_+ + E_-$$

称为 μ 的 Hahn 分解. 若 f 关于 $|\mu|$ 可积, 则定义

$$\int_X f d\mu = \int_X f d\mu^+ - \int_X f d\mu^-.$$

7.3 Radon-Nikodym 定理

定义 7.3.1 设 $(X, \mathscr{F}, \mu)$ 是 σ 有限测度空间, ν 是 $\mathscr{F}$ 上的赋号测度. 若 $\forall E \in \mathscr{F}$, 有

$$\mu(E) = 0 \Longrightarrow \nu(E) = 0,$$

则称 ν 关于 μ 绝对连续, 记为 $\nu \ll \mu$. 若同时有 $\nu \ll \mu$, $\mu \ll \nu$, 则称 μ 与 ν 等价, 记为 $\mu \sim \nu$.

$\nu \ll \mu$ 等价于 (表面上更强的)

$$\mu(E) = 0 \Longrightarrow |\nu|(E) = 0.$$

事实上, 若前者成立, 设 $X = E_+ + E_-$ 为 ν 的 Hahn 分解, 则由 $\mu(E) = \mu(E \cap E_+) + \mu(E \cap E_-)$ 知

$$\mu(E \cap E_+) = \mu(E \cap E_-) = 0.$$

因而

$$\nu(E \cap E_+) = \nu(E \cap E_-) = 0,$$

即

$$\nu^+(E) = \nu^-(E) = 0,$$

从而

$$|\nu|(E) = 0.$$

对于特殊的集函数, 即由可积函数的不定积分定义的集函数, 我们曾经使用过绝对连续这一术语. 对应于定理 4.1.9, 有如下命题.

命题 7.3.2 设 ν 为有限赋号测度, 则 $\nu \ll \mu$ 的充要条件是: $\forall \varepsilon > 0, \exists \delta > 0$, 使得

$$\mu(E) < \delta \Longrightarrow |\nu|(E) < \varepsilon.$$

证明 充分性显然. 往证必要性. 如果该条件非必要, 那么存在 $\varepsilon > 0$, 使得对任意 n, 存在 E_n 使

$$\mu(E_n) \leqslant 2^{-n}, \quad |\nu|(E_n) \geqslant \varepsilon.$$

令

$$E = \limsup_n E_n.$$

则由 Borel-Cantelli 引理,

$$\mu(E) = 0.$$

而由 Fatou 引理 (ν 的有限性用在此处)

$$|\nu|(E) \geqslant \limsup_n |\nu|(E_n) \geqslant \varepsilon.$$

这与 $\nu \ll \mu$ 矛盾. Q.E.D.

我们曾经证明, 积分存在的可测函数的不定积分是绝对连续的. 我们下面将证明, 本质上这种形式的赋号测度已囊括所有的关于 μ 绝对连续的赋号测度, 这就是如下定理.

定理 7.3.3 (Radon-Nikodym 定理, 基本版) 设 $(X, \mathscr{F}, \mu)$ 为 σ 有限测度空间, ν 为 $\mathscr{F}$ 上的 σ 有限赋号测度, $\nu \ll \mu$. 则存在一关于 μ σ 可积的函数 f, 使得

$$\nu(A) = \int_A f d\mu, \quad \forall A \in \mathscr{F}.$$

若 ν 有限, 则 $f \in L^1(\mu)$.

该函数 f 在几乎处处的意义下是唯一的, 记为 $f = \dfrac{d\nu}{d\mu}$.

这里的 σ 可积的意思是: 存在 $\{X_n\} \subset \mathscr{F}, X_n \uparrow X$, 使得

$$\int_{X_n} |f| d\mu < \infty, \quad \forall n \geqslant 1.$$

唯一性显然. 为证明存在性我们需要下面的预备结果.

引理 7.3.4　在定理 7.3.3 的条件下, 且设 $\nu \geqslant 0, \nu(X) > 0$. 则存在 $n \in \mathbb{N}$ 及 $B \in \mathscr{F}$ 使得 $\mu(B) > 0$ 且 B 是 $\nu - \frac{1}{n}\mu$ 的正集.

证明　设 $X = A_n^+ + A_n^-$ 是 $\nu - \frac{1}{n}\mu$ 的 Hahn 分解. 令

$$A_0^+ = \cup_{n=1}^{\infty} A_n^+, \quad A_0^- = \cap_{n=1}^{\infty} A_n^-.$$

则 $A_0^+ = X - A_0^-$. 由于对任意 n, $A_0^- \subset A_n^-$, 故有

$$\left(\nu - \frac{1}{n}\mu\right)(A_0^-) \leqslant 0,$$

即

$$\nu(A_0^-) \leqslant \frac{1}{n}\mu(A_0^-), \quad \forall n.$$

于是 $\nu(A_0^-) \leqslant 0$. 因而 $\nu(A_0^+) > 0$. 故存在 n 使得 $\nu(A_n^+) > 0$. 再由绝对连续性, $\mu(A_n^+) > 0$. 因此该 n 和 $B = A_n^+$ 满足要求.　Q.E.D.

定理中存在性的证明　由 Jordan 分解, $\nu = \nu_+ - \nu_-$, 因而只需要对 ν_+, ν_- 分别证明. 这样我们将假定 ν 是非负的; 再由于可以先在 μ 与 ν 均有限的区域上考虑, 然后把所得的函数拼起来, 故又可以假设它们均是有限测度. 令

$$\mathscr{L} := \left\{ f: \ f \geqslant 0, f \in L^1(\mu), \int_A f d\mu \leqslant \nu(A), \ \forall A \in \mathscr{F} \right\}.$$

则 $\mathscr{L}$ 非空 (它包含恒为零的函数). 此外, 设 $f, g \in \mathscr{L}$, 令 $h := f \vee g$, 则 $\forall A \in \mathscr{F}$,

$$\begin{aligned}\int_A h d\mu &= \int_{A \cap \{f<g\}} h d\mu + \int_{A \cap \{f \geqslant g\}} h d\mu \\ &= \int_{A \cap \{f<g\}} g d\mu + \int_{A \cap \{f \geqslant g\}} f d\mu \\ &\leqslant \nu(A \cap \{f < g\}) + \nu(A \cap \{f \geqslant g\}) = \nu(A).\end{aligned}$$

故 $h \in \mathscr{L}$.

令

$$a := \sup \left\{ \int_X f d\mu : f \in \mathscr{L} \right\}.$$

取 $f_n \in \mathscr{L}$ 使得

$$\lim_{n \to \infty} \int f_n d\mu = a.$$

必要时以 $f_1 \vee f_2 \vee \cdots \vee f_n$ 代替 f_n, 可假定 $\{f_n\}$ 单调上升. 令

$$f(x) := \lim_{n \to \infty} f_n(x).$$

则由单调收敛定理知

$$\int_X f d\mu = \lim_{n\to\infty}\int f_n d\mu = a.$$

往证

$$\nu(E) = \int_E f d\mu, \quad \forall E \in \mathscr{F}.$$

令

$$\lambda(E) := \nu(E) - \int_E f d\mu.$$

则 λ 为有限测度且 $\lambda \ll \mu$. 若 $\lambda \neq 0$, 则根据引理 7.3.4, 就存在 $\varepsilon > 0$ 及 $B \in \mathscr{F}$ 使得 $\mu(B) > 0$ 且对任意 $E \in \mathscr{F}$ 有

$$\varepsilon\mu(E \cap B) \leqslant \lambda(E \cap B).$$

于是, 令

$$h = f + \varepsilon 1_B.$$

则对任意 $E \in \mathscr{F}$

$$\begin{aligned}\int_E h d\mu &= \int_E f d\mu + \varepsilon\mu(E \cap B)\\ &\leqslant \int_{E\setminus B} f d\mu + \nu(E \cap B)\\ &\leqslant \nu(E).\end{aligned}$$

因此 $h \in \mathscr{L}$. 但

$$\int_X h d\mu = \int_X f d\mu + \varepsilon\mu(B) > a,$$

这与 a 的定义矛盾. 这矛盾说明 $\lambda = 0$. 所以

$$\nu(E) = \int_E f d\mu, \quad \forall E \in \mathscr{F}.$$

Q.E.D.

定理 7.3.5 (Radon-Nikodym 定理, 完整版) 设 $(X, \mathscr{F}, \mu)$ 为 σ 有限测度空间, ν 为 $\mathscr{F}$ 上的赋号测度, $\nu \ll \mu$. 则存在一关于 μ 积分存在的函数 f, 使得

$$\nu(A) = \int_A f d\mu, \quad \forall A \in \mathscr{F}.$$

该函数 f 在几乎处处的意义下是唯一的, 记为 $f = \dfrac{d\nu}{d\mu}$.

证明 因为 $\nu = \nu^+ - \nu^-$, 而 ν^- 是有限测度, 可直接用基本版的结论, 所以只需对 ν^+ 证明. 这样, 假定 $\nu \geqslant 0$. 同基本版一样, 仍然可假定 μ 是有限测度. 令

$$\mathscr{A} = \{A \in \mathscr{F} : \nu(A) < \infty\}.$$

则 $\mathscr{A}$ 为环. 再令

$$\alpha := \sup\{\nu(A) : A \in \mathscr{A}\}.$$

因为 $\mathscr{A}$ 是环, 所以存在两两不交的 $\{A_n, n \geqslant 1\} \subset \mathscr{A}$ 使得

$$\alpha = \sum_{n=1}^{\infty} \nu(A_n).$$

令 $A_0 := \sum_{n=1}^{\infty} A_n$. 在 $(A_0, A_0 \cap \mathscr{F})$ 上, ν 为 σ 有限测度, 因此可用基本版的结论, 得到存在 f_0 使得

$$\nu(A) = \int_A f_0 d\mu, \quad A \in A_0 \cap \mathscr{F}.$$

现设 $A \in A_0^c \cap \mathscr{F}$. 若 $\mu(A) = 0$, 则由绝对连续性 $\nu(A) = 0$; 若 $\mu(A) > 0$, 则由 A_0 的定义必有 $\nu(A) = \infty$. 这样总有

$$\nu(A) = \int_A \infty d\mu.$$

因此若令

$$f(x) := \begin{cases} f_0(x), & x \in A_0, \\ \infty, & x \in A_0^c, \end{cases}$$

则

$$\nu(A) = \int_A f d\mu, \quad \forall A \in \mathscr{F}.$$

Q.E.D.

注 在这里使用了记号 $f = \dfrac{d\nu}{d\mu}$, 但这是一整体记号, 在目前看来与任何形式的商都没有什么关系. 不过, 至少在离散情形, 它确实是一个商; 而在相当多的情形, 它是某类商的极限, 就像普通的微分一样. 但要讲清这点, 就要用到鞅的知识, 超出了本书的范围.

现在我们所能做的, 是可以说明形式上可以将它当成商运算.

命题 7.3.6 设 μ, ν 分别是 $(X, \mathscr{F})$ 上的 σ 有限的测度和赋号测度, $\nu \ll \mu$. 则对于任意非负可测函数 f, 有

$$\int f d\nu = \int f \frac{d\nu}{d\mu} d\mu.$$

这一命题的证明可用函数形式的单调类定理直接得到. 它的一个直接推论如下.

推论 7.3.7 设 μ, ν 是 $(X, \mathscr{F})$ 上的 σ 有限测度, λ 是其上的 σ 有限赋号测度. $\lambda \ll \nu \ll \mu$. 则

$$\frac{d\lambda}{d\mu} = \frac{d\lambda}{d\nu}\frac{d\nu}{d\mu}.$$

习　题　7

1. 证明:

$$|\mu|(A) = \sup\left\{\int_A \xi d\mu : \xi \in \mathscr{F}, |\xi| \leqslant 1\right\}, \quad \forall A \in \mathscr{F}.$$

2. 设 $\{\mu_n, n \geqslant 1\}$ 是同一可测空间 $(X, \mathscr{F})$ 上的一列有限测度. 证明在 $(X, \mathscr{F})$ 上存在一概率测度 μ 使得 $\mu_n \ll \mu, \forall n$.

3. 设 μ 是 $(X, \mathscr{F})$ 上的 σ 有限测度, 证明在 $(X, \mathscr{F})$ 上存在概率测度 P 使得 $\mu \sim P$.

4. $(\Omega, \mathscr{F})$ 为一可测空间, P, Q 为其上的两个概率测度, 定义

$$\|P - Q\| := \sup\left\{\left|\int_\Omega \xi(\omega)dP - \int_\Omega \xi(\omega)dQ\right|;\ \xi \in \mathscr{F},\ |\xi(\omega)| \leqslant 1, \omega \in \Omega\right\}.$$

证明: (1) $\|P - Q\| = 2\sup\{|P(A) - Q(A)|; A \in \mathscr{F}\}$.

(2) μ 是 $\mathscr{F}$ 上的 σ 有限测度, 且 $P \ll \mu$, $Q \ll \mu$, $f = dP/d\mu$, $g = dQ/d\mu$. 那么

$$\|P - Q\| = \int |f - g| d\mu.$$

5. $(X, \mathscr{F})$ 上的两个赋号测度 μ, ν 称为相互奇异的 (记为 $\mu \perp \nu$), 如果存在 $A \in \mathscr{F}$ 使得 $|\mu|(A) = 0$, $|\nu|(A^c) = 0$.

(a) 证明: 对任一测度 μ, μ^+ 与 μ^- 相互奇异.

(b) 设 μ 是 $(X, \mathscr{F})$ 上测度, $f_i (i = 1, 2)$ 是其上的可积函数. 令

$$\mu_i(A) := \int_A f_i d\mu, \quad A \in \mathscr{F}.$$

试用 f_i 表示 μ_i 间绝对连续和相互奇异的条件, 且在绝对连续的情况下写出 Radon-Nikodym 导数.

6. 设 $(X, \mathscr{F})$ 为可测空间, τ, μ, ν 是其上的三个有限测度且设 $\mu, \nu \ll \tau$. 令

$$f = \frac{d\mu}{d\tau}, \quad g = \frac{d\nu}{d\tau}.$$

定义 μ 和 ν 的 Hellinger 距离：

$$H_\alpha(\mu,\nu) := \int f^\alpha g^{1-\alpha} d\tau, \quad 0 \leqslant \alpha \leqslant 1.$$

证明: (a) H_α 不依赖于 τ;

(b)

$$0 \leqslant H_\alpha(\mu,\nu) \leqslant \max\{\mu(X), \nu(X)\};$$

(c) 对 $\alpha \in (0,1)$,

$$H_\alpha(\mu,\nu) = 0 \Longleftrightarrow \mu \perp \nu.$$

7. 设 $(X, \mathscr{F}, \mu)$ 为测度空间, $\{\mu_n\}$ 为一族 $\mathscr{F}$ 上的测度且 $d\mu_n \ll \mu$. 证明: 若存在 $\mathbb{R}$ 上的非负 Borel 函数 φ, 使得 $\lim_{x\to\infty} \varphi(x)x^{-1} = \infty$ 且

$$\sup_n \int \varphi\left(\frac{d\mu_n}{d\mu}\right) d\mu_n < \infty,$$

则 $\left\{\dfrac{d\mu_n}{d\mu}\right\}$ 一致可积.

8. 设 f 为 $\mathbb{R}_+$ 上的有限变差函数, $f(0) = 0$. 以 V 记 f 的全变差. 令 $f_1 := \dfrac{1}{2}(V+f)$, $f_2 := \dfrac{1}{2}(V-f)$. 设 f, f_1, f_2 对应的测度分别为 μ, μ_1, μ_2. 证明: $\mu = \mu_1 - \mu_2$ 恰为 μ 的 Jordan-Hahn 分解.

第8章 L^p 空间

我们固定一个 σ 有限测度空间 $(X, \mathscr{F}, \mu)$.

8.1 定义及基本不等式

定义 8.1.1 设 $1 \leqslant p < \infty$, 对可测函数 f 定义

$$\|f\|_p := \left(\int |f|^p d\mu\right)^{\frac{1}{p}},$$

称为 f 的 p 范数. L^p 空间定义为

$$L^p := \{f : \|f\|_p < \infty\}.$$

简言之, L^p 就是由所有 p 次可积函数组成的空间.

显然 $\|f\|_p = 0$ 的充要条件是 f 几乎处处等于零. 因此在 L^p 中, 把两个几乎处处相等的函数认为是相等的. 因此, 严格地说, L^p 的元素并不是可测函数, 而是由几乎处处相等的函数组成的等价类. 当然, 在实际运算时, 我们总是在每个这样的等价类中选取一个代表也就是一个 p 次可积的函数来进行.

我们需要如下的引理.

引理 8.1.2 设 $t_1, t_2 \geqslant 0$, $\alpha, \beta \geqslant 0$ 且 $\alpha + \beta = 1$, $p \geqslant 1$. 则

$$t_1^{\alpha} t_2^{\beta} \leqslant \alpha t_1 + \beta t_2; \tag{1.1}$$

$$(\alpha t_1 + \beta t_2)^p \leqslant \alpha t_1^p + \beta t_2^p. \tag{1.2}$$

证明 (1.1), (1.2) 分别是由于 $-\log(t)$, t^p 是凸函数之故. Q.E.D.

借助于此引理, 可以证明两个重要的不等式.

定理 8.1.3 (1) (Hölder 不等式) 设 $1 < p, q < \infty$ 满足 $p^{-1} + q^{-1} = 1$, $f \in L^p$, $g \in L^q$, 则 $fg \in L^1$ 且

$$\|fg\|_1 \leqslant \|f\|_p \|g\|_q;$$

$p = q = 2$ 时又称 Schwarz 不等式, 或 Cauchy-Schwarz 不等式.

(2) (Minkowski 不等式) 设 $f, g \in L^p$, 则 $f + g \in L^p$ 且

$$\|f + g\|_p \leqslant \|f\|_p + \|g\|_p.$$

证明　如果 f 与 g 中有一个几乎处处为 0, 则两个不等式都是显然的, 因此我们假定它们都不为 0.

由 (1.1) 有

$$\left|\frac{f(x)}{\|f\|_p}\frac{g(x)}{\|g\|_q}\right| \leqslant \frac{1}{p}|f(x)|^p\|f\|_p^{-p} + \frac{1}{q}|g(x)|^q\|g\|_q^{-q},$$

两边取积分即得

$$\|f\|_p^{-1}\|g\|_q^{-1}\|fg\|_1 \leqslant \frac{1}{p}+\frac{1}{q} = 1,$$

第一个结论得证.

由 (1.2) 有

$$\begin{aligned}
&|f(x)+g(x)|^p \\
=&\left|\frac{\|f\|_p}{\|f\|_p+\|g\|_p}(f(x)\|f\|_p^{-1}) + \frac{\|g\|_p}{\|f\|_p+\|g\|_p}(g(x)\|g\|_p^{-1})\right|^p (\|f\|_p+\|g\|_p)^p \\
\leqslant&(\|f\|_p+\|g\|_p)^p\left(\frac{\|f\|_p}{\|f\|_p+\|g\|_p}(f(x)\|f\|_p^{-1})^p + \frac{\|g\|_p}{\|f\|_p+\|g\|_p}(g(x)\|g\|_p^{-1})^p\right),
\end{aligned}$$

两边取积分即得

$$\|f+g\|_p^p \leqslant (\|f\|_p+\|g\|_p)^p,$$

从而证明了第二个结论.　　Q.E.D.

我们给出几个简单的应用.

若 $(X,\mathscr{F},\mu)$ 是有限测度空间, 则对 $p_1 \geqslant p_2 \geqslant 1$, 由 Hölder 不等式有

$$\begin{aligned}
&\int |f|^{p_2}d\mu = \int |f|^{p_2}1d\mu = \int |f|^{p_1\frac{p_2}{p_1}}1d\mu \\
&\leqslant \left(\int |f|^{p_1}d\mu\right)^{\frac{p_2}{p_1}}\left(\int 1d\mu\right)^{\frac{p_1-p_2}{p_1}} = (\mu(X))^{\frac{p_1-p_2}{p_1}}\left(\int |f|^{p_1}d\mu\right)^{\frac{p_2}{p_1}}.
\end{aligned}$$

因此得到如下命题.

命题 8.1.4　若 $(X,\mathscr{F},\mu)$ 是有限测度空间, $p_1 \leqslant p_2$, 则 $L^{p_2} \subset L^{p_1}$. 特别地, 当 $\mu(X)=1$ 时, $p \mapsto \|f\|_p$ 是单调上升的.

注意在 $\mu(X)=\infty$ 时此命题不成立, 例如, 对于 $\mathbb{R}$ 上的 Lebesgue 测度, $\frac{1}{|x|+1} \in L^2$ 但 $\notin L^1$. 不过, 不管是否 $\mu(X)=\infty$ 都有下面的结果.

定理 8.1.5　若 $p_1 > p_2 \geqslant 1$, $f \in L^{p_1}\cap L^{p_2}$, 则 $\forall p \in (p_2,p_1)$, $f \in L^p$.

证明　我们有

$$\int |f|^p d\mu = \int |f|^{p_1\frac{p-p_2}{p_1-p_2}}|f|^{p_2\frac{p_1-p}{p_1-p_2}}d\mu \leqslant \left(\int |f|^{p_1}d\mu\right)^{\frac{p-p_2}{p_1-p_2}}\left(\int |f|^{p_2}d\mu\right)^{\frac{p_1-p}{p_1-p_2}}.$$

Q.E.D.

上面证明中出现的这个不等式, 即

$$\|f\|_p \leqslant \|f\|_{p_1}^{\frac{p_1(p-p_2)}{p(p_1-p_2)}} \|f\|_{p_2}^{\frac{p_2(p_1-p)}{p(p_1-p_2)}}$$

称为 L^p 空间的插值不等式.

若 f, g 均二次可积, 那么由 Schwarz 不等式, fg 可积; Hölder 不等式意味着可以将其中一个的可积性提高, 另一个降低, 这样两个相互补偿仍能得到 fg 的可积性; 这种补偿的范围还可以继续扩大: 如果一个指数可积, 则另一个只要比可积稍微强一点, 即 $f\log f$ 可积就行了. 这就是下面的定理.

定理 8.1.6 设 f 非负可积且 μ 为概率测度, $E[f]=1$. 则

$$E[fg] \leqslant E[f\log f] + \log(E[e^g]).$$

证明 记这概率测度为 P. 不妨设 f 一致正且 f, g 均有界. 令

$$dQ := fdP.$$

因为 $-\log t$ 在 $t \geqslant 0$ 上是凸函数, 所以由 Jensen 不等式

$$-\log(E^P[e^g]) = -\log(E^Q[f^{-1}e^g]) \leqslant E^Q[\log f] - E^Q[g].$$

移项即得. Q.E.D.

上面的 Minkowski 不等式可以有以下更一般的积分形式.

定理 8.1.7 设 $(X, \mathscr{F}, \mu)$ 与 $(Y, \mathscr{G}, \nu)$ 都是 σ 有限测度空间, $f(x,y) \in \mathscr{F} \times \mathscr{G}$. 则 $\forall p \geqslant 1$,

$$\left(\int_X \left|\int_Y f(x,y)\nu(dy)\right|^p \mu(dx)\right)^{1/p} \leqslant \int_Y \left(\int_X |f(x,y)|^p \mu(dx)\right)^{1/p} \nu(dy). \tag{1.3}$$

证明 首先可假定 f 非负, 否则可以用 $|f|$ 代替 f. 其次, 设 $Y_n \uparrow Y$ 使 $\nu(Y_n) < \infty$, 若 (1.3) 在以 Y_n 取代 Y 时成立的话, 则在两端取极限, 左边用单调收敛定理, 知 (1.3) 成立, 因此我们再假定 $\nu(Y) < \infty$. 最后, 若 (1.3) 对非负有界的可测函数成立, 由于对一般非负的 f 可找一列几乎处处收敛于它的非负有界的 f_n, 则由单调收敛定理知对 f 也成立, 因此我们假定 f 是有界的.

对于非负有界可测函数 f, 存在简单函数列 f_n 单调上升一致收敛到 f, 且 f_n 具有如下形式:

$$f_n(x,y) = \sum_i f_i(x) 1_{B_i}(y),$$

其中 $f_i \in \mathscr{F}$, $B_i \in \mathscr{G}$, 而 $\sum_i$ 是有限和. 对这种简单函数, (1.3) 就是已知的 Minkowski 不等式. 事实上, 我们可假定 B_i 是互不相交的. 于是

$$\begin{aligned}
&\left(\int_X\left(\int_Y f_n(x,y)\nu(dy)\right)^p\mu(dx)\right)^{1/p}\\
=&\left(\int_X\left(\sum_i \nu(B_i)f_i(x)\right)^p\mu(dx)\right)^{1/p}\\
\leqslant&\sum_i \nu(B_i)\left(\int_X |f_i(x)|^p\mu(dx)\right)^{1/p}\\
=&\sum_i\int_{B_i}\left(\int_X |f_i(x)|^p\mu(dx)\right)^{1/p}\nu(dy)\\
=&\int_Y\left(\int_X\left|\sum_i f_i(x)1_{B_i}(y)\right|^p\mu(dx)\right)^{1/p}\nu(dy)\\
=&\int_Y\left(\int_X |f_n(x,y)|^p\mu(dx)\right)^{1/p}\nu(dy).
\end{aligned}$$

其中第五行是因为被积函数在 B_i 上取值为

$$\left(\int_X |f_i(x)|^p\mu(dx)\right)^{1/p}.$$

于是有

$$\begin{aligned}
\left(\int_X\left(\int_Y f_n(x,y)\nu(dy)\right)^p\mu(dx)\right)^{1/p}&\leqslant\int_Y\left(\int_X (f_n(x,y))^p\mu(dx)\right)^{1/p}\nu(dy)\\
&\leqslant\int_Y\left(\int_X (f(x,y))^p\mu(dx)\right)^{1/p}\nu(dy),
\end{aligned}$$

取 $n\to\infty$ 并用控制收敛定理便得到 (1.3). Q.E.D.

本定理可用一句话来记忆: 积分的范数小于等于范数的积分. 特别地, 取 $Y=\{1,2,\cdots\}$, $\mathscr{G}$ 为所有子集, ν 为记数测度, 则得到下面的推论.

推论 8.1.8

$$\int_X\left|\sum_{n=1}^{\infty} f_n(x)\right|^p d\mu\leqslant\left(\sum_{n=1}^{\infty}\left(\int_X |f_n(x)|^p d\mu\right)^{1/p}\right)^p.$$

顺便说一下, 设 μ 是概率测度即 $\mu(X)=1$, 在 Hölder 不等式中取 $g=1$ 便得

$$\left(\int |f|d\mu\right)^p\leqslant\int |f|^p d\mu.$$

我们再回到 L^p 空间. 我们要证明如下定理.

定理 8.1.9 $\forall p \in [1,\infty)$, $(L^p, \|\cdot\|_p)$ 为 Banach 空间.

证明 由 Minkowski 不等式, L^p 为线性空间且 $\|\cdot\|_p$ 为范数. 下面证明 L^p 是完备的.

设 $f_n \in L^p$, $\lim_{m,n\to\infty}\|f_n - f_m\|_p = 0$. 首先, 存在 n_1 使 $m,n \geqslant n_1$ 时

$$\|f_n - f_m\|_p < 2^{-1};$$

接着, 存在 $n_2 > n_1$ 使 $n,m \geqslant n_2$ 时

$$\|f_n - f_m\|_p < 2^{-2};$$

一般地, n_k 选好后, 可选 $n_{k+1} > n_k$ 使 $m,n > n_{k+1}$ 时

$$\|f_n - f_m\|_p < 2^{-(k+1)}.$$

这样就得到一列 $n_1, n_2, \cdots$. 显然有

$$\|f_{n_{k+1}} - f_{n_k}\|_p \leqslant 2^{-k}.$$

于是由推论 8.1.8 有

$$\int \left(|f_{n_1}| + \sum_{k=1}^{\infty} |f_{n_{k+1}} - f_{n_k}|\right)^p d\mu \leqslant \left(\|f_{n_1}\|_p + \sum_{k=1}^{\infty} \|f_{n_{k+1}} - f_{n_k}\|_p\right)^p < \infty.$$

因此

$$|f_{n_1}| + \sum_{k=1}^{\infty} |f_{n_{k+1}} - f_{n_k}| < \infty \text{ a.e.},$$

于是级数

$$f_{n_1} + \sum_{k=1}^{\infty} (f_{n_{k+1}} - f_{n_k})$$

几乎处处收敛. 记其极限函数为 f, 则 $\lim_{k\to\infty} f_{n_k} = f$ a.e., 且

$$\int |f|^p d\mu \leqslant \int \left(|f_{n_1}| + \sum_{k=1}^{\infty} |f_{n_{k+1}} - f_{n_k}|\right)^p d\mu < \infty,$$

因此 $f \in L^p$. 再由 Fatou 引理有

$$\lim_{n\to\infty} \int |f - f_n|^p d\mu = \lim_{n\to\infty} \int \lim_{k\to\infty} |f_{n_k} - f_n|^p d\mu \leqslant \lim_{n,n_k\to\infty} \int |f_{n_k} - f_n|^p d\mu = 0,$$

即 $\lim_{n\to\infty} \|f - f_n\|_p = 0$. Q.E.D.

8.2 L^∞ 空 间

当 $p=\infty$ 时不可以通过积分定义范数. 此时定义

$$\|f\|_\infty = \inf_{\mu(E)=0} \sup_{x\in E^c} |f(x)|.$$

按定义有, $\|f\|_\infty = 0$ 的充分必要条件是 $f=0$ a.e.. $\|f\|_\infty = c > 0$ 的充分必要条件是

$$\mu(\{x : |f(x)| > c\}) = 0$$

且 $\forall \varepsilon > 0$,

$$\mu(\{x : |f(x)| \geqslant c - \varepsilon\}) > 0.$$

例 8.2.1 设 $([0,1], \mathscr{B}([0,1]), dx)$ 上的函数 f 定义为

$$f(x) = \begin{cases} 1, & x \text{ 为有理数}, \\ 0, & x \text{ 为无理数}. \end{cases}$$

则

$$\|f\|_\infty = 0.$$

又若 f 定义为

$$f(x) = \begin{cases} (1+x)^{-1}, & x > 0, \\ 2, & x = 0. \end{cases}$$

则 $\|f\|_\infty = 1$. 若 $f(x) = x^{-1}$, 则 $\|f\|_\infty = \infty$.

再定义

$$L^\infty := \{f : \|f\|_\infty < \infty\}.$$

我们有如下定理.

定理 8.2.2 $\|\cdot\|_\infty$ 为 L^∞ 上的范数. L^∞ 在此范数下为 Banach 空间.

证明 证明第一个结论. 首先注意到在 $\|\cdot\|_\infty$ 的定义中, 下确界是可以达到的. 设

$$c = \inf_{\mu(E)=0} \sup_{x\in E^c} |f(x)|,$$

则 $\forall n$, 存在 E_n, 使 $\mu(E_n) = 0$ 且

$$c > \sup_{x\in E_n^c} |f(x)| - \frac{1}{n}.$$

于是, 令 $E=\cup_n E_n$, 则 $\mu(E)=0$ 且

$$c\geqslant \sup_{x\in E^c}|f(x)|,$$

故

$$c=\sup_{x\in E^c}|f(x)|.$$

这样, 设 $\|f\|_\infty=\sup_{x\in E^c}|f(x)|$, $\|g\|_\infty=\sup_{x\in F^c}|g(x)|$, $\mu(E)=\mu(F)=0$, 则

$$\sup_{x\in(E\cup F)^c}\{|f(x)+g(x)|\}\leqslant\|f\|_\infty+\|g\|_\infty,$$

因而

$$\|f+g\|_\infty\leqslant\|f\|_\infty+\|g\|_\infty.$$

现在证明 L^∞ 的完备性. 设 $f_n\in L^\infty$, $\lim_{m,n\to\infty}\|f_n-f_m\|_\infty=0$. 再设

$$\|f_n\|_\infty=\sup_{x\in E_n^c}|f_n(x)|,$$

$$\|f_n-f_m\|_\infty=\sup_{x\in E_{m,n}^c}|f_m(x)-f_n(x)|,$$

其中 $E_n, E_{m,n}$ 均是零测集. 令 $E=(\cup_n E_n)\cup(\cup_{m,n}E_{m,n})$, 则 $\mu(E)=0$, 因而

$$\|f_n\|_\infty=\sup_{x\in E^c}|f_n(x)|,\quad \forall n\geqslant 1,$$

$$\|f_n-f_m\|_\infty=\sup_{x\in E^c}|f_m(x)-f_n(x)|,\quad \forall m,n\geqslant 1.$$

定义

$$f(x)=\begin{cases}\lim\limits_{n\to\infty}f_n(x), & x\in E^c,\\ 0, & x\in E.\end{cases}$$

则 $f\in L^\infty$ 且 $\|f-f_n\|_\infty\to 0$. Q.E.D.

有了这个 ∞-范数以后, 立即注意到其实 Hölder 不等式在 $p=1$, $q=\infty$ 时依然成立, 即

$$\|fg\|_1\leqslant\|g\|_\infty\|f\|_1.$$

若 $f,g\in L^2$, 定义

$$(f,g):=\int fg\,d\mu, \tag{2.1}$$

容易验证 $(\cdot,\cdot)$ 是 L^2 中的内积, 且相应的范数就是 $\|\cdot\|_2$. 因此有如下定理.

定理 8.2.3　带有内积 (2.1) 的 L^2 是 Hilbert 空间.

最后我们证明下面的命题.

命题 8.2.4　若 $(X, \mathscr{F}, \mu)$ 是概率空间, 则 $\forall f \in L^\infty$, 有

$$\|f\|_p \uparrow \|f\|_\infty.$$

证明　由命题 8.1.4, $p \mapsto \|f\|_p$ 单调上升, $\|f\|_p \leqslant \|f\|_\infty$ 是显然的. 若 $\|f\|_\infty = 0$, 结论是平凡的. 现设 $\|f\|_\infty > 0$. 对 $\forall \varepsilon \in (0, \|f\|_\infty)$, 有

$$\mu(|f(x)| \geqslant \|f\|_\infty - \varepsilon) > 0,$$

故

$$\|f\|_p \geqslant (\|f\|_\infty - \varepsilon)(\mu(|f(x)| \geqslant \|f\|_\infty - \varepsilon))^{1/p}.$$

所以

$$\varliminf_{p\to\infty} \|f\|_p \geqslant \|f\|_\infty - \varepsilon.$$

由 ε 的任意性即得结论.　　Q.E.D.

8.3 L^p 的对偶

设 $p \geqslant 1$, 我们来找出 L^p 的对偶空间.

定理 8.3.1　设 $(X, \mathscr{F}, \mu)$ 为 σ 有限测度空间, $1 \leqslant p < \infty$, 则 $L^p(X, \mathscr{F}, \mu)$ 的对偶可等同于 $L^q(X, \mathscr{F}, \mu)$, 其中 q 是 p 的共轭指数, 即 $p^{-1} + q^{-1} = 1$.

证明　先设 $p > 1$. $\forall f \in L^q(\mu)$, 令

$$l_f(g) := \int_X fg\, d\mu.$$

则 l_f 是定义在 $L^p(\mu)$ 上的线性泛函且由 Hölder 不等式, 有

$$|l_f(g)| \leqslant \|f\|_q \|g\|_p. \tag{3.1}$$

因此 l_f 是 L^p 上的连续线性泛函, 即 $l_f \in (L^p)^*$. 下面要证明映射 $f \mapsto l_f$ 既是满射又是单射. 这又等价于: 它是保范的满射.

保范性是容易的. 不妨设 $f \neq 0$. 由 (3.1) 有

$$\|l_f\|_{(L^p(\mu))^*} \leqslant \|f\|_q.$$

然而若取

$$g := \mathrm{sgn}(f)|f|^{\frac{q}{p}} \|f\|_q^{-\frac{q}{p}}, \tag{3.2}$$

则有

$$\|g\|_p = 1$$

且

$$l_f(g) = \|f\|_q.$$

所以

$$\|l_f\|_{(L^p(\mu))^*} = \|f\|_q.$$

剩下我们还需要证明 $f \mapsto l_f$ 为满射, 即要证明:

任给 $l \in (L^p(\mu))^*$, 存在 $f \in L^q(\mu)$, 使得 $l = l_f$.

首先注意到, 可设 μ 为有限测度, 否则, 可利用 μ 的穷竭序列, 在每一个测度有限的子空间上考虑.

$\forall A \in \mathscr{F}$, 由于 $1_A \in L^p(\mu)$, 故可以令

$$\nu(A) := l(1_A).$$

由 l 的线性性和连续性易证 ν 是 $\mathscr{F}$ 上的有限赋号测度. 又当 $\mu(A) = 0$ 时, 1_A 作为 $L^p(\mu)$ 的元素为 0, 故 $\nu(A) = 0$. 因此 $\nu \ll \mu$. 于是存在 $f \in L^1(\mu)$ 使

$$\nu(A) = \int_A f \, d\mu.$$

由 l 的线性性、有界性及控制收敛定理, 对有界的 g 有

$$l(g) = \int fg d\mu.$$

我们来证明事实上有

$$f \in L^q(\mu).$$

令

$$f_n := f 1_{|f| \leqslant n}, \tag{3.3}$$

$$u_n := \|f_n\|_q^{-p^{-1}q} |f_n|^{p^{-1}q} \operatorname{sgn}(f).$$

则 $\|u_n\|_p = 1$. 于是 $l(u_n) \leqslant \|l\|_q$. 但另一方面, 由于 u_n 有界, 故

$$l(u_n) = \int u_n f \, d\mu = \int u_n f_n \, d\mu = \|f_n\|_q.$$

故由 Fatou 引理

$$\int |f|^q \, d\mu = \int \varliminf_{n\to\infty} |f_n|^q \, d\mu \leqslant \varliminf_{n\to\infty} \int |f_n|^q \, d\mu = |l(u_n)|^q \leqslant \|l\|^q < \infty,$$

故 $f \in L^q(\mu)$.

由定义, l_f 与 l 在示性函数上相等, 于是在简单函数上相等. 由于全体简单函数在 $L^p(\mu)$ 中稠密, 故 $l_f \equiv l$.

下面处理 $p=1$ 的情形. 关于保范性, 一直到 (3.2) 都可以重复上面的过程, 但仍然像 (3.2) 定义 g 是没有意义的. 为此, $\forall \varepsilon > 0$, 令

$$A := \{x : |f(x)| \geqslant \|f\|_\infty (1-\varepsilon)\}.$$

则 $\mu(A) > 0$. 令

$$g := \operatorname{sgn}(f)\frac{1_A}{\mu(A)}.$$

则 $\|g\|_1 = 1$ 且

$$l_f(g) \geqslant (1-\varepsilon)\|f\|_\infty.$$

由 ε 的任意性知

$$\|l_f\|_{(L^1)^*} \geqslant \|f\|_\infty.$$

这就证明了保范性. 至于满射的证明, 一直到 (3.3) 都是一样的. 代替 (3.3), 取

$$f_\varepsilon = 1_{\{|f| \geqslant \|l\| + \varepsilon\}}.$$

则得到

$$\begin{aligned}
\|l\|\mu(\{|f| \geqslant \|l\|+\varepsilon\}) &= \|l\|\|f_\varepsilon\|_1 \\
&\geqslant |l(f_\varepsilon)| \\
&\geqslant (\|l\|+\varepsilon)\mu(\{|f| \geqslant \|l\|+\varepsilon\}).
\end{aligned}$$

因此

$$\mu(\{|f| \geqslant \|l\|+\varepsilon\}) = 0.$$

因为 ε 是任意的, 所以

$$\|f\|_\infty \leqslant \|l\|.$$

下面又和 $p>1$ 的情况是一样的了. 这样就完成了全部证明. Q.E.D.

需要记住的是, 定理 8.3.1 没有谈及 $p=\infty$ 的情况, 其对偶也并不是 L^1. 而当 p, q 都有限时, p 和 q 的位置是对称的, 我们立即有如下推论.

推论 8.3.2 设 $p \in (1,\infty)$, 则 L^p 为自反空间, 即 $(L^p)^{**} = L^p$.

因此 $p \in (1,\infty)$ 时, L^p 就拥有自反空间的一切性质. 比如, 因为任意自反空间的有界闭集都是弱紧集, 所以有下面的推论.

推论 8.3.3 设 $p \in (1,\infty)$, 则 L^p 中的有界闭集是弱紧集.

但 L^1 的有界闭集却未必是弱紧的. L^1 中的弱紧集是一致可积族, 这就是著名的 Dunford-Pettis 准则, 例如见 [12].

习 题 8

1. 设 $(X,\mathscr{F},\mu)$ 为有限测度空间, $\mathscr{A}$ 为生成 $\mathscr{F}$ 的 π 类且包含全空间. 证明集类

$$\left\{\sum_{i=1}^{n}a_i1_{A_i},n\geqslant 1,a_i\in\mathbb{R},A_i\in\mathscr{A}\right\}$$

在 L^p 中稠密.

2. 设 $(\Omega,\mathscr{F},P)$ 为概率空间, $p\geqslant 1$. 证明 $L^p(P)$ 为可分的充要条件是: P 是可分的.

3. 设 $p,q\geqslant 1$, $p^{-1}+q^{-1}=1$, $\{f,f_n\}\subset L^p$, $\{g,g_n\}\subset L^q$, $\|f-f_n\|_p\to 0$, $\|g-g_n\|_q\to 0$. 证明: $\|f_ng_n-fg\|_1\to 0$.

4. ξ_n 为 $(\Omega,\mathscr{F},P)$ 上的随机变量列, $E|\xi_n|^p<\infty$, 其中 $1\leqslant p<\infty$, $\xi_n\xrightarrow{P}\xi$, 那么下面几个条件等价:

(1) $E[|\xi_n-\xi|^p]\to 0$;

(2) $\{|\xi_n|^p\}$ 一致可积;

(3) $E|\xi_n|^p\to E|\xi|^p$.

5. 设 $(X,\mathscr{F},\mu)$ 与 $(Y,\mathscr{G},\nu)$ 为概率空间, $\mathbb{F},\mathbb{G}$ 分别为 $L^p(\mu)$ 与 $L^p(\nu)$ 的稠密子集. 令

$$\mathbb{A}:=\left\{\sum_{i=1}^{n}c_if_ig_i:\ n=1,2,\cdots,\ c_i\in\mathbb{R},\ f_i\in\mathbb{F},\ g_i\in\mathbb{G}\right\}.$$

证明: $\mathbb{A}$ 在 $L^p(\mu\times\nu)$ 中稠密.

6. 设 $(X,\mathscr{F},\mu)$ 为测度空间且 $\mu(X)=\infty$. 设 $f>0$ 且 $f\in L^1$. 证明 $f^{-1}\notin L^1$.

7. 设 $(X,\mathscr{F},\mu)$ 为有限测度空间, $\{f_n\}\subset L^1$, f_n 几乎处处收敛于 f, 且存在 $g_n\in L^1$ 使得 $|f_n|\leqslant g_n$ a.e.. 证明: 若 g_n 在 L^1 中收敛, 则 $f\in L^1$ 且 $\|f-f_n\|_1\to 0$.

8. 设 $(X,\mathscr{F},\mu)$ 为 σ- 有限测度空间, $f\in L^1$ 且 $f\geqslant 0, p\geqslant 1$. 证明: 若 $\forall g\in L^p$, fg 可积, 则 $f\in L^q$, 这里 q 为 p 的共轭指数.

9. 设 $(X,\mathscr{F},P)$ 为概率空间, $f\in L^1$, $p\in(1,\infty)$. 证明: $f\in L^p$ 的充要条件是存在 $C>0$ 使得对 X 的任意有限分割 $X=\sum_{i=1}^n A_i$, $\mu(A_i)>0,\forall i$, 有

$$\sum_{i=1}^{n}\mu(A_i)^{1-p}\left|\int_{A_i}fd\mu\right|^p\leqslant C,$$

且这样的 C 中的最小者等于 $\|f\|_p^p$.

10. 设 $f\in L^1([0,1])$, $p\in(1,\infty)$. 令

$$F(x):=\int_0^x f(t)dt.$$

证明 $f \in L^p([0,1])$ 的充要条件是存在 $C > 0$ 使得对任意 $0 = x_0 < x_1 < \cdots < x_n = 1$ 有

$$\sum_{i=1}^{n} \frac{|F(x_k) - F(x_{k-1})|^p}{(x_k - x_{k-1})^{p-1}} \leqslant C,$$

且满足上式的最小的 C 就是 $\|f\|_p^p$.

第 9 章　条件与独立

在统计数据时, 我们时常会附加上一些条件.

比如, 在做人口普查时, 要计算中国人的平均寿命, 即期望寿命. 这是一种无条件的平均值. 然而, 如果要计算某一个特定的省份或直辖市的期望寿命, 那就是在一定的条件下求平均值. 当省市变化时, 这个数字一般也会变化. 把这个变化着的数据称作条件期望寿命是合乎情理的.

又比如, 做天气预报的降雨概率时, 在七天预报、三天预报以及一天预报中, 这个概率都是会不一样的. 这个概率的变化之原因在于预报员所获知的信息在不断地变化, 这些变化对降雨产生着或有利或不利的影响. 因此, 预报员在这些变化的基础上所作出的判断当然也会变化. 同样, 把这个变化着的数据称为条件概率也是合乎情理的.

在特殊情况下, 这个变化着的数据会是一个常数. 比如说, 如果各地区发展平衡了, 各省市的公民的健康状况都差不多, 那么这个时候取决于健康状况的各种指标, 当然也包括条件期望寿命, 就与省市无关, 因此可以说健康状况独立于省市. 又比如, 计算降雨概率时, 有些因素, 比如说空气中 PM2.5 的含量, 是无足轻重的, 因此我们可以认为降水与 PM2.5 独立.

本章就是把这些概念严格数学化. 下面中如无特别说明, 对两个随机变量 ξ, η, $\xi=\eta$ 表示两者几乎处处相等.

9.1　给定 σ-代数时的条件期望

设 $(\Omega,\mathscr{F},P)$ 是概率空间, ξ 是随机变量, 其期望存在. 我们知道, 在所有的常数中, 期望 $E[\xi]$ 是 (在直观意义下) 最接近于 ξ 的, 即 $E[\xi]$ 是我们所“期望的” ξ 的值.

现在设 $\mathscr{G}$ 为 $\mathscr{F}$ 的子 σ-代数. 在所有的关于 $\mathscr{G}$ 可测的随机变量中, 有没有“最接近于 ξ”的随机变量呢? 怎么理解“最接近”的含义呢? Kolmogorov 回答了这个问题. 这就是下面的定理及定义.

定理及定义 9.1.1　*设随机变量 ξ 的期望存在. 则存在唯一的期望存在的随机变量 $\eta\in\mathscr{G}$, 使得*

$$\int_A \xi dP=\int_A \eta dP,\quad \forall A\in\mathscr{G}. \tag{1.1}$$

此 η 称为 ξ 关于 $\mathscr{G}$ 的条件期望. 记为 $\eta = E[\xi|\mathscr{G}]$.

证明　定义集函数

$$\nu(A) := \int_A \xi dP, \quad A \in \mathscr{G}.$$

则 ν 为 $\mathscr{G}$ 上的赋号测度, 且关于限制在 $\mathscr{G}$ 上的 P 绝对连续. 因此由 Radon-Nikodym 定理便得到有唯一的期望存在的 $\eta \in \mathscr{G}$ 使 (1.1) 满足.　Q.E.D.

两种极端情况是: ① $\mathscr{G}$ 为平凡 σ-代数, 此时条件期望就是普通的期望; ② $\mathscr{G} = \mathscr{F}$, 此时 $\xi = \eta$.

一般情况介于这两者之间. 定义表明, 条件期望就是这样一个 $\mathscr{G}$-可测的随机变量, 它在每个 $A \in \mathscr{G}$ 上的平均值和 ξ 在其上的平均值相等. 从这个意义上讲, 它是所有 $\mathscr{G}$-可测随机变量中最贴近于 ξ 的, 因而这样定义条件期望是正确的.

条件期望有如下的基本性质.

命题 9.1.2　(1) $\xi \in \mathscr{G} \Longrightarrow E[\xi|\mathscr{G}] = \xi$.

(2) 设 a, b 为常数. 若 f, g 及 $af + bg$ 的期望均存在, 则

$$E[(af + bg)|\mathscr{G}] = aE[f|\mathscr{G}] + bE[g|\mathscr{G}].$$

(3) 设 $\mathscr{G}_1 \subset \mathscr{G}_2 \subset \mathscr{F}$, 则 $E[E[f|\mathscr{G}_1]|\mathscr{G}_2] = E[E[f|\mathscr{G}_2]|\mathscr{G}_1] = E[f|\mathscr{G}_1]$. 特别地, $\forall \mathscr{G} \subset \mathscr{F}$, $E[E[f|\mathscr{G}]] = E[f]$.

(4) $f \geqslant 0 \Longrightarrow E[f|\mathscr{G}] \geqslant 0$.

(5) $f \geqslant g \Longrightarrow E[f|\mathscr{G}] \geqslant E[g|\mathscr{G}]$.

(6) $|E[f|\mathscr{G}]| \leqslant E[|f||\mathscr{G}]$.

(7) $\forall h \in \mathscr{G}$, 若 f 与 hf 的期望皆存在, 则 $E[hf|\mathscr{G}] = hE[f|\mathscr{G}]$.

证明　(1) 由定义直接得到.

(2) 显然 $aE[f|\mathscr{G}] + bE[g|\mathscr{G}] \in \mathscr{G}$ 且 $\forall A \in \mathscr{G}$,

$$\begin{aligned}
&\int_A (aE[f|\mathscr{G}] + bE[g|\mathscr{G}])dP \\
&= a\int_A E[f|\mathscr{G}]dP + b\int_A E[g|\mathscr{G}]dP \\
&= a\int_A fdP + b\int_A gdP \\
&= \int_A (af + bg)dP.
\end{aligned}$$

(3) 因为 $E[f|\mathscr{G}_1] \in \mathscr{G}_1 \subset \mathscr{G}_2$, 所以由 1, $E[E[f|\mathscr{G}_1]|\mathscr{G}_2] = E[f|\mathscr{G}_1]$.

又 $\forall A \in \mathscr{G}_1 \subset \mathscr{G}_2$,

$$\int_A E[f|\mathscr{G}_2]dP = \int_A fdP = \int_A E[f|\mathscr{G}_1]dP,$$

所以 $E[E[f|\mathscr{G}_2]|\mathscr{G}_1] = E[f|\mathscr{G}_1]$.

(4) 因为 $f \geqslant 0$, 所以 $\forall A \in \mathscr{G}$,

$$\int_A E[f|\mathscr{G}]dP = \int_A fdP \geqslant 0.$$

又 $E[f|\mathscr{G}] \in \mathscr{G}$, 所以 $E[f|\mathscr{G}] \geqslant 0$.

(5) 由线性性及 (4) 可得.

(6) 因为

$$-|f| \leqslant f \leqslant |f|,$$

所以由 (5), 得

$$-E[|f||\mathscr{G}] \leqslant E[f|\mathscr{G}] \leqslant E[|f||\mathscr{G}],$$

即

$$|E[f|\mathscr{G}]| \leqslant E[|f||\mathscr{G}].$$

(7) 由线性性, 只需对 $h^{\pm}$, $f^{\pm}$ 分别证明, 因此不妨设 $h, g \geqslant 0$. 若

$$h = \sum_{i=1}^{n} a_i 1_{A_i}, \quad A_i \in \mathscr{G},$$

则 $\forall A \in \mathscr{G}$ 有

$$\begin{aligned}\int_A hfdP &= \sum_{i=1}^{n} a_i \int_A 1_{A_i} fdP \\ &= \sum_{i=1}^{n} a_i \int_{AA_i} fdP \\ &= \sum_{i=1}^{n} a_i \int_{AA_i} E[f|\mathscr{G}]dP \\ &= \sum_{i=1}^{n} \int_A a_i 1_{A_i} E[f|\mathscr{G}]dP \\ &= \int_A \left(\sum_{i=1}^{n} a_i 1_{A_i}\right) E[f|\mathscr{G}]dP.\end{aligned}$$

因为 $(\sum_{i=1}^{n} a_i 1_{A_i})E[f|\mathscr{G}]$ 为 $\mathscr{G}$ 可测, 所以结论成立.

一般地, 可找 $\{h_n\}$ 使 $h_n \uparrow h$ 且每个 h_n 具有以上形式. 于是 $\forall A \in \mathscr{G}$, 由单调收敛定理有

$$\begin{aligned}\int_A hE[f|\mathscr{G}]dP &= \lim_{n\to\infty}\int_A h_nE[f|\mathscr{G}]dP \\ &= \lim_{n\to\infty}\int_A h_n f dP \\ &= \int_A hfdP.\end{aligned}$$

Q.E.D.

条件期望的定义等价于表面上更强的一种形式.

命题 9.1.3　$\eta \in \mathscr{G}$ 等于 $E[\xi|\mathscr{G}]$ 的充要条件是: 对任意有界的 $\theta \in \mathscr{G}$, 有

$$E[\xi\theta] = E[\eta\theta].$$

证明　充分性显然. 又若 $\eta = E[\xi|\mathscr{G}]$, 则由定义当 $\theta = 1_A$, $A \in \mathscr{G}$ 时该式是成立的. 一般情况由单调类定理推出. Q.E.D.

关于极限和条件期望交换的问题, 有类似于期望的结果.

定理 9.1.4　设 ξ_0 为可积随机变量, $\{\xi_n, n \geqslant 1\}$ 为随机变量序列.

(1) (单调收敛定理) 若 $\xi_0 \leqslant \xi_n \uparrow \xi$, 或 $\xi_0 \geqslant \xi_n \downarrow \xi$, 则

$$\lim_{n\to\infty} E[\xi_n|\mathscr{G}] = E[\xi|\mathscr{G}].$$

(2) (Fatou 引理) 若 $\xi_n \geqslant \xi_0$, 则

$$E[\liminf_{n\to\infty} \xi_n|\mathscr{G}] \leqslant \liminf_{n\to\infty} E[\xi_n|\mathscr{G}];$$

若 $\xi_n \leqslant \xi_0$, 则

$$E[\limsup_{n\to\infty} \xi_n|\mathscr{G}] \geqslant \limsup_{n\to\infty} E[\xi_n|\mathscr{G}].$$

(3) (控制收敛定理) 若 $|\xi_n| \leqslant \xi$, $\xi_n \to \xi$ a.s., 则

$$E[\lim_{n\to\infty} \xi_n|\mathscr{G}] = \lim_{n\to\infty} E[\xi_n|\mathscr{G}].$$

注意, 由一致可积性所保证的收敛定理不再成立, 见习题 9 第 7 题.

证明　(1) 因为 ξ_n 单升, 所以 $E[\xi_n|\mathscr{G}]$ 单升. 设 θ 为其极限, 则 $\theta \in \mathscr{G}$. 又

$E[\xi_n|\mathscr{G}] \geqslant E[\xi_0|\mathscr{G}]$, 所以由单调收敛定理, 对任意 $A \in \mathscr{G}$ 有

$$\begin{aligned}\int_A \theta dP &= \lim_{n\to\infty}\int_A E[\xi_n|\mathscr{G}]dP \\ &= \lim_{n\to\infty}\int_A \xi_n dP \\ &= \int_A \xi dP.\end{aligned}$$

所以

$$\theta = E[\xi|\mathscr{G}].$$

同理可证另一结论.

(2) 记 $\eta_n = \inf_{k\geqslant n}\xi_k$. 则 $\xi_0 \leqslant \eta_n \uparrow \liminf_{n\to\infty}\xi_n$, $E[\eta_n|\mathscr{G}] \leqslant E[\xi_n|\mathscr{G}]$, 因此由 (1) 中的单调收敛定理有

$$\begin{aligned}E[\liminf_{n\to\infty}\xi_n|\mathscr{G}] &= \lim_{n\to\infty} E[\eta_n|\mathscr{G}] \\ &\leqslant \liminf_{n\to\infty} E[\xi_n|\mathscr{G}].\end{aligned}$$

同理可证另一结论.

(3) 用刚刚证明的 Fatou 引理有

$$\begin{aligned}E[\xi|\mathscr{G}] &= E[\lim_n \xi_n|\mathscr{G}] \leqslant \liminf_{n\to\infty} E[\xi_n|\mathscr{G}] \\ &\leqslant \limsup_{n\to\infty} E[\xi_n|\mathscr{G}] \leqslant E[\lim_n \xi_n|\mathscr{G}] \\ &= E[\xi|\mathscr{G}].\end{aligned}$$

Q.E.D.

同期望一样, 条件期望也有 Hölder, Minkowski 和 Jensen 不等式. 其证明也是类似的, 读者可自己模仿一下. 我们在此只给出 Jensen 不等式的证明, 读者可以比较一下期望时的证明, 看会出现什么新情况, 又是怎么克服的.

命题 9.1.5 (1) 若 φ 是凸函数且 ξ 及 $\varphi(\xi)$ 均可积, 则

$$\varphi(E[\xi|\mathscr{G}]) \leqslant E[\varphi(\xi)|\mathscr{G}].$$

特别地, 若 $\xi \in L^p(\mathscr{F})$, $1 \leqslant p \leqslant \infty$, 则

$$\|E[\xi|\mathscr{G}]\|_p \leqslant \|\xi\|_p.$$

(2) 若 $\xi \in L^p$, $\eta \in L^q$, $1 < p, q < \infty$, $p^{-1} + q^{-1} = 1$, 则

$$E[|\xi\eta||\mathscr{G}] \leqslant (E[|\xi|^p|\mathscr{G}])^{1/p}(E[|\eta|^q|\mathscr{G}])^{1/q}.$$

(3) 若 ξ, $\eta \in L^p$, 则

$$(E[|\xi+\eta|^p|\mathscr{G}])^{1/p} \leqslant (E[|\xi|^p|\mathscr{G}])^{1/p} + (E[|\eta|^p|\mathscr{G}])^{1/p}.$$

证明　正如前面所说, 我们只证明 (1).

和积分时一样, 同样利用凸函数的性质:

$$\varphi(x) - \varphi(y) \geqslant \varphi'_+(y)(x-y).$$

因此

$$\varphi(\xi) - \varphi(E[\xi|\mathscr{G}]) \geqslant \varphi'_+(E[\xi|\mathscr{G}])(\xi - E[\xi|\mathscr{G}]).$$

现在出现的新情况是右端未必可积, 故上式不能直接用来取条件期望. 为此, 令 $A_n := \{|E[\xi|\mathscr{G}]| \leqslant n\}$,

$$\xi_n := \xi 1_{A_n}.$$

在上面的不等式中以 ξ_n 代替 ξ 并两边求关于 $\mathscr{G}$ 的条件期望, 得

$$E[\varphi(\xi_n)|\mathscr{G}] - \varphi(E[\xi_n|\mathscr{G}]) \geqslant 0.$$

因为

$$E[\xi_n|\mathscr{G}] = 1_{A_n} E[\xi|\mathscr{G}],$$

$$\begin{aligned} E[\varphi(\xi_n)|\mathscr{G}] &= E[(\varphi(\xi)1_{A_n} + \varphi(0)1_{A_n^c})|\mathscr{G}] \\ &= E[\varphi(\xi)|\mathscr{G}]1_{A_n} + \varphi(0)1_{A_n^c}, \end{aligned}$$

取 $n \to \infty$, 用控制收敛定理即可.　Q.E.D.

推论 9.1.6　*记 $T\xi = E[\xi|\mathscr{G}]$. 则 T 为 $L^p(\mathscr{F})$ 上的幂等算子 (即 $T^2 = T$), 其值域为 $L^p(\mathscr{G})$. 若 $p = 2$, 则它是从 $L^2(\mathscr{F})$ 到 $L^2(\mathscr{G})$ 的投影算子.*

证明　第一个结论是命题 9.1.2 之 (1) 的直接推论. 现证第二个. 由于 T 是幂等的, 故只需证它在 $L^2(\mathscr{F})$ 中是共轭的. 设 $\xi, \eta \in L^2(\mathscr{F})$, 则

$$\begin{aligned} \int \xi \cdot T\eta dP &= \int T(\xi \cdot T\eta) dP \\ &= \int T\xi \cdot T\eta dP \\ &= \int T(T\xi \cdot \eta) dP \\ &= \int T\xi \cdot \eta dP. \end{aligned}$$

这就验证了共轭性.　Q.E.D.

因此 T 具有投影算子的一切性质. 特别地, 有如下推论.

推论 9.1.7 设 $\xi \in L^2(\mathscr{F})$, 则

$$\|\xi - E[\xi|\mathscr{G}]\|_2 = \inf\{\|\xi - \eta\|_2 : \ \eta \in L^2(\mathscr{G})\}.$$

9.2 给定随机变量时的条件期望

设 η 为随机变量, $\mathscr{G} = \sigma(\eta)$. 这时我们将 $E[\xi|\mathscr{G}]$ 记为 $E[\xi|\eta]$, 并称之为给定 η 时的条件期望.

由于 $E[\xi|\mathscr{G}]$ 关于 $\mathscr{G}$ 可测, 因而存在 Borel 函数 φ 使得

$$\varphi(\eta) = E[\xi|\eta].$$

因此自然定义

$$E[\xi|\eta = x] = \varphi(x).$$

φ 在通常的意义下自然不是唯一的. 例如, 在 η 的值域之外, 它可以任意取值, 只要保证 φ 是 Borel 可测就行. 但是, 在下面的意义下, 它是唯一的.

定理 9.2.1 对任意 $B \in \mathscr{B}$, 令

$$\mu(B) := P(\eta^{-1}(B)), \quad \nu(B) := \int_{\eta^{-1}(B)} \xi dP.$$

则 $\nu \ll \mu$ 且

$$\varphi = \frac{d\nu}{d\mu}, \quad \mu\text{-a.e.}.$$

证明 $\nu \ll \mu$ 是显然的. 又对于任意有界 Borel 函数 ψ, 有

$$\begin{aligned}\int_{\mathbb{R}} \psi(x)\varphi(x)d\mu &= E[\psi(\eta)\varphi(\eta)] \\ &= E[\psi(\eta)E[\xi|\eta]] \\ &= E[E[\psi(\eta)\xi|\eta]] \\ &= E[\psi(\eta)\xi] \\ &= \int_{\mathbb{R}} \psi(x)\nu(dx).\end{aligned}$$

这就证明了结论. 在上面所铺开的式子中, 最后一步成立的理由如下: 设 ψ 是简单函数:

$$\psi(x) = \sum_{i=1}^{n} a_i 1_{B_i}(x).$$

则

$$\begin{aligned} E[\psi(\eta)\xi] &= \sum_{i=1}^{n} a_i E[1_{B_i}(\eta)\xi] \\ &= \sum_{i=1}^{n} a_i \int_{\eta^{-1}(B_i)} \xi dP \\ &= \sum_{i=1}^{n} a_i \nu(B_i) = \int \psi d\nu. \end{aligned}$$

一般情况可通过简单函数逼近得到. Q.E.D.

我们还有如下定理.

定理 9.2.2 设 $\xi \in L^1(\mathscr{F})$, η 的分布函数为 F, h 为有界 Borel 函数. 则

$$E[h(\eta)\xi] = \int_{-\infty}^{\infty} h(x)E[\xi|\eta = x]dF(x).$$

证明 记 $\varphi(\eta) := E[\xi|\eta]$, 有

$$\begin{aligned} E[h(\eta)\xi] &= E[E[h(\eta)\xi|\eta]] \\ &= E[h(\eta)\varphi(\eta)] \\ &= \int_{-\infty}^{\infty} h(x)\varphi(x)dF(x) \\ &= \int_{-\infty}^{\infty} h(x)E[\xi|\eta = x]dF(x). \end{aligned}$$

Q.E.D.

9.3 有限 σ-代数时条件期望的计算

虽然我们已给出了条件期望的定义, 也知道了它的一些性质, 但要实际算出一个条件期望来却远远不是一件简单的事情. 尽管如此, 我们还是希望能在最简单的情况下给出条件期望的算法.

这个最简单的情况就是 $\mathscr{G}$ 是由有限个元素组成的分割生成的, 即存在 A_i, $i = 1, \cdots, n$, 使得

$$\sum_{i=1}^{n} A_i = \Omega,$$

且

$$\mathscr{G} = \sigma\{A_i, i = 1, 2, \cdots, n\}.$$

这时 $\mathscr{G}$ 的结构特别简单, 即

$$\mathscr{G}=\left\{\varnothing,\ \sum_{i=1}^{m}A_{n_i}: m=0,1,\cdots,n;1\leqslant n_1<n_2<\cdots<n_m\leqslant n\right\}.$$

我们有如下定理.

定理 9.3.1 设 $P(A_i)>0, \forall i\in\{1,\cdots,n\}$. 设 $\xi\in L^1(\mathscr{F})$, 则

$$E[\xi|\mathscr{G}]=\sum_{i=1}^{n}\alpha_i 1_{A_i},\quad 其中\quad \alpha_i:=\frac{1}{P(A_i)}E[\xi 1_{A_i}].$$

证明 显然 $\sum_{i=1}^{n}\alpha_i 1_{A_i}\in\mathscr{G}$. 于是只要证明 $\forall A\in\mathscr{G}$,

$$\int_A\sum_{i=1}^{n}\alpha_i 1_{A_i}dP=\int_A\xi dP.$$

为此又只要对 $A=A_i(i=1,2,\cdots,n)$ 证明它. 但 $A=A_i$ 时, 上式两边的值显然都是 $\int_{A_i}\xi dP$. Q.E.D.

在定理的结论中对 $E[\xi|\mathscr{G}]$ 取期望, 得到

$$E[\xi]=\sum_{i=1}^{n}\frac{1}{P(A_i)}E[\xi 1_{A_i}]P(A_i).$$

这样我们就回到了已经在初等概率论中熟悉了的公式. 特别当 $\xi=1_A, A\in\mathscr{F}$ 时, 回到了全概率公式

$$P(A)=\sum_{i=1}^{n}P(A|A_i)P(A_i).$$

为加深对这一公式的理解, 我们来看一个简单的例子. 设一个学校共有 n 个学生 (用 ω 表示之), 分为 m 个系 (自然 $n>m$). 将这些系 (数学, 机械, $\cdots$) 记为 $A_1,A_2,\cdots,A_m$. 设 A_i 的人数为 n_i (于是 $\sum_{i=1}^{m}n_i=n$). 设 ξ 为一与学生有关的数据 (成绩, 身高, $\cdots$), P 为概率:

$$P(\omega)=\frac{1}{n},\quad\forall\omega.$$

定义

$$\eta(\omega)=i,\quad\omega\in A_i.$$

则

$$
\begin{aligned}
& E[\xi|\eta=i] \\
=& \frac{1}{P(A_i)}E[\xi 1_{A_i}] \\
=& \frac{n}{n_i}\sum_{\omega\in A_j}\xi(\omega)\frac{1}{n} \\
=& \sum_{\omega\in A_i}\xi(\omega)\frac{1}{n_i} = A_i \text{ 系学生的平均水平}.
\end{aligned}
$$

所以

$$
\begin{aligned}
& \text{全体学生的平均水平} \\
=& E[\xi] \\
=& \sum_{i=1}^{m}E[\xi|\eta=i]P(\eta=i) \\
=& \sum_{i=1}^{m} A_i \text{ 系学生的平均水平} \times \frac{n_i}{n}.
\end{aligned}
$$

因此, 学校在计算全校学生的平均水平时, 并不需要傻算, 而只需将每系的平均水平再加权平均就行了.

9.4 收敛定理

我们已经知道了关于 $E[\xi_n|\mathscr{G}]$ 当 $n\to\infty$ 时极限和条件期望交换的一些结果. 现在考虑另一类型的结果, 即固定随机变量而 σ-代数在变化时的结果.

本节设 $(\Omega,\mathscr{F},P)$ 是概率空间, $\xi\in L^p$, $p\geqslant 1$. $\mathscr{F}_n$ 是单升的 σ-代数列, $\mathscr{F}:=\vee_{n=1}^{\infty}\mathscr{F}_n$.

先证明如下的 Doob 不等式.

定理 9.4.1　$\forall c>0$,

$$P(\sup_n|E[\xi|\mathscr{F}_n]|>c)\leqslant\frac{1}{c}E[|\xi|].$$

证明　不妨设 $\xi\geqslant 0$(否则考虑 $|\xi|$). 记 $\xi_n=E[\xi|\mathscr{F}_n]$. 令

$$A_n:=\{\omega:\xi_1\leqslant c,\cdots,\xi_{n-1}\leqslant c,\xi_n>c\},$$

$$A=\{\sup_n|E[\xi|\mathscr{F}_n]|>c\}.$$

则

$$A = \sum_{n=1}^{\infty} A_n.$$

因为 $A_n \in \mathscr{F}_n$, 所以

$$\begin{aligned} P(A) &= \sum_{n=1}^{\infty} P(A_n) \\ &\leqslant \sum_{n=1}^{\infty} \frac{1}{c} \int_{A_n} E[\xi|\mathscr{F}_n]dP \\ &= \sum_{n=1}^{\infty} \frac{1}{c} \int_{A_n} \xi dP \\ &= \frac{1}{c} \int_A \xi dP \\ &\leqslant \frac{1}{c} \int \xi dP. \end{aligned}$$

Q.E.D.

定理 9.4.2 $\lim_{n\to\infty} E[\xi|\mathscr{F}_n] = \xi$ a.s., $E[\xi|\mathscr{F}_n] \xrightarrow{L^p} \xi$.

证明 沿用上个证明中的记号. 令

$$\xi_n := E[\xi|\mathscr{F}_n], \quad \eta := \limsup_{n\to\infty} |\xi_n - \xi|.$$

往证 $\eta = 0$ a.s..

由于 $\mathscr{F}_n \uparrow \mathscr{F}$, 所以 $\forall \varepsilon > 0$, $\exists N$ 及 $\theta \in \mathscr{F}_N$ 使得

$$\|\theta - \xi\|_1 \leqslant \varepsilon^2.$$

由于对 $n \geqslant N$ 有 $E[\theta|\mathscr{F}_n] = \theta$, 所以

$$\begin{aligned} \eta &\leqslant \limsup_{n\to\infty} |\xi_n - E[\theta|\mathscr{F}_n]| + \limsup_{n\to\infty} |E[\theta|\mathscr{F}_n] - \theta| + |\theta - \xi| \\ &\leqslant \limsup_{n\to\infty} |\xi_n - E[\theta|\mathscr{F}_n]| + |\theta - \xi|. \end{aligned}$$

由定理 9.4.1

$$\begin{aligned} &P(\limsup_{n\to\infty} |\xi_n - E[\theta|\mathscr{F}_n]| > \varepsilon) \\ \leqslant\, &P(\sup_n |\xi_n - E[\theta|\mathscr{F}_n]| > \varepsilon) \\ \leqslant\, &\frac{1}{\varepsilon} \|\xi - \theta\|_1 < \varepsilon. \end{aligned}$$

而由 Chebyshev 不等式

$$P(|\theta-\xi|>\varepsilon)\leqslant\frac{1}{\varepsilon}\|\xi-\theta\|_1<\varepsilon.$$

因此

$$P(\eta>2\varepsilon)\leqslant P(\limsup_{n\to\infty}|\xi_n-E[\theta|\mathscr{F}_n]|>\varepsilon)+P(|\theta-\xi|>\varepsilon)\leqslant 2\varepsilon.$$

由 ε 的任意性即得 $\eta=0$ a.s..

由于 $\xi\in L^p$, 所以存在 $\mathbb{R}_+$ 上的非负增凸函数 φ 使得 $\lim_{x\to\infty}x^{-1}\varphi(x)=\infty$ 且 $E[\varphi(|\xi|^p)]<\infty$. 由 Jensen 不等式 (注意 $x\mapsto\varphi(|x|^p)$ 是 $\mathbb{R}$ 上的凸函数)

$$\begin{aligned}E[\varphi(|\xi_n|^p)]&=E[\varphi(|E[\xi|\mathscr{F}_n]|^p)]\\&\leqslant E[E[\varphi(|\xi|^p)|\mathscr{F}_n]]\\&=E[\varphi(|\xi|^p)]<\infty,\quad\forall n\geqslant 1.\end{aligned}$$

因此 $\{|\xi_n|^p\}$ 一致可积. 故收敛也是 L^p 的. Q.E.D.

推论 9.4.3 *设 $\{\mathscr{G}_n\}$ 是 $\mathscr{F}$ 的单升的子 σ-代数列, $\mathscr{G}=\vee_{n=1}^{\infty}\mathscr{G}_n$, $\xi\in L^p(\mathscr{F})$. 则*

$$\lim_{n\to\infty}E[\xi|\mathscr{G}_n]=E[\xi|\mathscr{G}]\ \text{a.s.},\quad E[\xi|\mathscr{G}_n]\xrightarrow{L^p}E[\xi|\mathscr{G}].$$

证明 在上一定理中, 用 $(\Omega,\mathscr{G},P)$ 代替 $(\Omega,\mathscr{F},P)$, 用 $E[\xi|\mathscr{G}]$ 代替 ξ. Q.E.D.

9.5 条件概率

设 $A\in\mathscr{F}$, 给定 $\mathscr{G}$ 时 A 发生的条件概率定义为

$$P(A|\mathscr{G}):=E[1_A|\mathscr{G}].$$

既然条件期望涉及"期望"二字, 我们自然会想到它会不会是关于某种"条件概率"的积分呢? 也就是说, 是否存在一个二元函数 $P(\omega,A),\omega\in\Omega,A\in\mathscr{F}$, 使得 $\forall\omega$, $A\to P(\omega,A)$ 为概率测度, 而 $\forall A\in\mathscr{F}$, $\omega\to P(\omega,A)\in\mathscr{G}$, 且对任意 $\xi\in L^1(\mathscr{F})$, 有

$$E[\xi|\mathscr{G}](\omega)=\int\xi(\omega')P(\omega,d\omega')?$$

这个问题比想象中的复杂. 上述的 $P(A|\mathscr{G})$ 自然是一个候选对象. 但这里必须非常小心. 例如, 若 $A,B\in\mathscr{F}$ 且不交, 虽然有

$$P(A\cup B|\mathscr{G})=P(A|\mathscr{G})+P(B|\mathscr{G})\ \text{a.s.},$$

但其中的例外集一般是依赖于 A, B 的. 所以只有当 $\mathscr{F}$ 的元素为有限时, 我们才可以立即断言可找出公共的例外集 (一旦 $\mathscr{F}$ 有无穷多个元素, 则必有不可数无穷多个元素). 但有限个元素的情况太特殊了, 所以我们一般不能轻易下结论说 $P(\omega, A)$ 一定存在. 实际上, 一般说来它是不存在的. 为要使它存在, 必须给空间加上一些拓扑性质. 我们以后会再回到这个问题.

对随机变量 ξ, 定义

$$p(\omega, B) = E[1_B(\xi)|\mathscr{G}].$$

这个量称为给定 $\mathscr{G}$ 时 ξ 的条件分布. 这时也存在同样的问题: 是否有 P 的一个版本, 使得对几乎所有的 ω, 它是 $\mathscr{B}$ 上的测度?

对于给定的随机变量 η, 以 μ 记 η 的分布, 上面这两个问题的提法分别是:

(1) 是否存在系统 $\{p(x, E), x \in \mathbb{R}, E \in \mathscr{F}\}$, 使得存在 $B \in \mathscr{B}$, $\mu(B) = 0$, 使对任意 $E \in \mathscr{F}$,

$$p(x, E) = P(E|\eta = x), \quad \forall x \notin B,$$

且

$$p\left(x, \sum_{n=1}^{\infty} E_n\right) = \sum_{n=1}^{\infty} p(x, E_n), \quad \forall \{E_n,\ E_n \text{ 不交},\ n \geqslant 1\} \subset \mathscr{F}, \quad x \notin B?$$

(2) 是否存在系统 $\{p(x, A), x \in \mathbb{R}, A \in \mathscr{B}\}$, 使得存在 $B \in \mathscr{B}$, $\mu(B) = 0$, 使对任意 $A \in \mathscr{B}$,

$$p(x, A) = P(\xi^{-1}(A)|\eta = x), \quad \forall x \notin B,$$

$$p\left(x, \sum_{n=1}^{\infty} A_n\right) = \sum_{n=1}^{\infty} p(x, A_n), \quad \forall \{A_n, n \geqslant 1\} \subset \mathscr{B}, \quad x \notin B?$$

这些问题要留待晚一点才能回答.

9.6 独 立 性

从数学上, 应该怎么理解独立性?

假设有 A 和 B 两个国家. 以前 B 被 A 控制, 在联合国大会上投票时每每唯 A 马首是瞻, A 投什么票 B 就跟着投什么票, 这当然不叫独立; 后来国家独立了, 要出一口恶气, 事事与 A 对着干, 凡是 A 反对的 B 就要拥护, 凡是 A 拥护的 B 就要反对. 但事实上这也不叫独立, 而只能叫对立; 真正的独立, 是不管 A 投什么票, 都不影响 B 的选择.

用古典概型容易算出, 在第一种情况下, 假设 A 投赞成票的概率是 p, 那么 A 与 B 都投赞成票的概率也是 p; 在第二种情况下, 假设 A 投赞成票的概率是 p, 那么 A 与 B 都投赞成票的概率是 0; 在第三种情况下, 假设 A 投赞成票的概率是 p, B 投赞成票的概率是 q, 那么 A 与 B 都投赞成票的概率是 pq.

这就引导出下面独立性的定义.

定义 9.6.1　(1) 设 $A, B \in \mathscr{F}$ 为两事件. 若

$$P(AB) = P(A)P(B),$$

则称 A, B 独立.

(2) 设 $\mathscr{A}_i \subset \mathscr{F}$ $(i = 1, 2)$ 为两事件类. 若

$$A_i \in \mathscr{A}_i,\ i = 1, 2 \Longrightarrow P(A_1A_2) = P(A_1)P(A_2),$$

则称 $\{\mathscr{A}_1, \mathscr{A}_2\}$ 独立.

这个定义是可以理解的. 仍以上面的例子来看: 两个事件独立是指 A 国与 B 国在某单次投票时独立, 而 A 国与 B 国独立则是指它们在所有的投票中都独立.

显然当 $\mathscr{A}_1 = \{A\}$, $\mathscr{A}_2 = \{B\}$ 时, $\mathscr{A}_1$ 与 $\mathscr{A}_2$ 的独立性就是 A 和 B 的独立性. 但我们在初等概率论里就知道了, A 和 B 的独立性还直接意味着 A^c 与 B, A 与 B^c 及 A^c 与 B^c 的独立性. 这个事实有下面的推广.

引理 9.6.2　若 $\mathscr{A}_1$ 与 $\mathscr{A}_2$ 都是 π 类, 则

$$\mathscr{A}_1,\ \mathscr{A}_2 \text{ 独立} \Longrightarrow \sigma(\mathscr{A}_1),\ \sigma(\mathscr{A}_2) \text{ 独立}.$$

证明　任意固定 $A_2 \in \mathscr{A}_2$. 令

$$\mathscr{F}_1 := \{A : P(AA_2) = P(A)P(A_2)\}.$$

则 $\mathscr{A}_1 \subset \mathscr{F}_1$. 又易证 $\mathscr{F}_1$ 为 λ 类. 所以 $\mathscr{F}_1 \supset \sigma(\mathscr{A}_1)$.

现在任意固定 $A_1 \in \sigma(\mathscr{A}_1)$. 令

$$\mathscr{F}_2 := \{A : P(A_1A) = P(A_1)P(A)\}.$$

则由刚刚证明的结论, 可知 $\mathscr{A}_2 \subset \mathscr{F}_2$. 同样地, $\mathscr{F}_2$ 为 λ 类. 因此 $\mathscr{F}_2 \supset \sigma(\mathscr{A}_2)$. Q.E.D.

两个事件和事件类之间的独立性可以推广到任意多个.

定义 9.6.3　(1) 设 A_i $(i = 1, 2, \cdots, n)$ 为事件. 若对任意 $I \subset \{1, 2, \cdots, n\}$, 有

$$P\left(\cap_{i\in I} A_i\right) = \prod_{i\in I} P(A_i),$$

则称 $\{A_i, i = 1, \cdots, n\}$ 独立.

(2) 设 T 为有限指标集, 且 $\forall t \in T$, $\mathscr{A}_t \subset \mathscr{F}$. 若

$$A_t \in \mathscr{A}_t \Longrightarrow P\left(\cap_{t \in T} A_t\right) = \prod_{t \in T} P(A_t),$$

则称 $\{\mathscr{A}_t, t \in T\}$ 独立.

(3) 设 T 是任意指标集, 且 $\forall t \in T$, $\mathscr{A}_t \subset \mathscr{F}$. 若对 T 的任意有限子集 $T_0 \subset T$, $\{\mathscr{A}_t, t \in T_0\}$ 独立, 则称 $\{\mathscr{A}_t, t \in T\}$ 独立.

若考虑的子类全为 σ-代数, 则独立性等价于以下表面上看起来更强的性质.

命题 9.6.4 若 $\forall t \in T$, $\mathscr{F}_t$ 为 σ-代数, 则 $\{\mathscr{F}_t, t \in T\}$ 独立的充要条件是: 对任意有限子集 $T_0 \subset T$ 及任意有界随机函数 $\xi_t \in \mathscr{F}_t, t \in T_0$,

$$E\left[\prod_{t \in T_0} \xi_t\right] = \prod_{t \in T_0} E[\xi_t].$$

证明 以两个为例, 多个是一样的. 充分性是显然的, 所以只需证明必要性.

任意固定 $B \in \mathscr{F}_2$. 令

$$\mathscr{H}_1 := \{f : f \text{ 有界}, E[f 1_B] = E[f]E[1_B]\}.$$

则 $\mathscr{H}_1 \supset \{1_C, C \in \mathscr{F}_1\}$ 且 $\mathscr{H}_1$ 为 $\mathscr{L}$ 类, 故由定理 1.6.11, $\mathscr{H}_1$ 包含了一切 $\mathscr{F}_1$ 可测的有界函数. 再对任意固定的 $f \in \mathscr{F}_1$, 令

$$\mathscr{H}_2 := \{g : g \text{ 有界}, E[fg] = E[f]E[g]\}.$$

则由刚刚证明的, $\mathscr{H}_2 \supset \{1_C, C \in \mathscr{F}_2\}$ 且 $\mathscr{H}_2$ 为 $\mathscr{L}$ 类, 故由定理 1.6.11, $\mathscr{H}_2$ 包含了一切 $\mathscr{F}_2$ 可测的有界函数. Q.E.D.

同样的方法可以证明, 这里的有界函数类可换为可积函数类及非负函数类.

利用归纳法不难将引理 9.6.2 推广到任意指标集的情形, 即有如下结论.

引理 9.6.5 若 $\forall t \in T$, $\mathscr{A}_t$ 是 π 类, 则

$$\{\mathscr{A}_t, t \in T \text{ 独立}\} \Longrightarrow \{\sigma(\mathscr{A}_t), t \in T \text{ 独立}\}.$$

随机变量间的独立性定义为其产生的 σ-代数的独立性.

定义 9.6.6 设 $\{\xi_t, t \in T\}$ 为随机变量族. 若 $\{\sigma(\xi_t), t \in T\}$ 独立, 则称 $\{\xi_t, t \in T\}$ 独立.

而说一个随机变量 ξ 独立于一个 σ-代数 $\mathscr{G}$, 则是指 $\sigma(\xi)$ 与 $\mathscr{G}$ 独立.

命题 9.6.7 若 ξ 可积且与 $\mathscr{G}$ 独立, 则

$$E[\xi | \mathscr{G}] = E[\xi].$$

证明　对任意 $A \in \mathscr{G}$, 由独立性有

$$E[\xi 1_A] = E[\xi]P(A) = \int_A E[\xi]dP.$$

因此由条件期望的定义即得.　　Q.E.D.

命题 9.6.8　ξ 与 $\mathscr{G}$ 独立的充要条件是: 对任意有界 Borel 函数 φ,

$$E[\varphi(\xi)|\mathscr{G}] = E[\varphi(\xi)].$$

证明　由定义, 当 ξ 与 $\mathscr{G}$ 独立时, 对任意有界 Borel 函数 φ, $\varphi(\xi)$ 也与 $\mathscr{G}$ 独立, 并且当然是可积的. 因此

$$E[\varphi(\xi)|\mathscr{G}] = E[\varphi(\xi)].$$

反之, 若此式成立, 取 $\varphi = 1_B$, 其中 B 是任意 Borel 集, 则有

$$P(\xi^{-1}(B)A) = P(\xi^{-1}(B))P(A).$$

因此 ξ 与 $\mathscr{G}$ 独立.　　Q.E.D.

9.7　条件独立性

把独立性定义中的概率换为关于某 σ-代数的条件概率, 就得到条件独立性, 即如下定义.

定义 9.7.1　设 $\mathscr{G}$ 为 $\mathscr{F}$ 的子 σ-代数.

(1) 设 T 为有限指标集, 且 $\forall t \in T$, $\mathscr{A}_t \subset \mathscr{F}$. 若

$$\forall A_t \in \mathscr{A}_t,\ t \in T \Longrightarrow P\left(\cap_{t\in T} A_t|\mathscr{G}\right) = \prod_{t\in T} P(A_t|\mathscr{G}),$$

则称 $\{\mathscr{A}_t, t \in T\}$ 关于 $\mathscr{G}$ 条件独立.

(2) 设 T 是任意指标集, 且 $\forall t \in T$, $\mathscr{A}_t \subset \mathscr{F}$. 若对 T 的任意有限子集 T_0, $\{\mathscr{A}_t, t \in T_0\}$ 关于 $\mathscr{G}$ 独立, 则称 $\{\mathscr{A}_t, t \in T\}$ 关于 $\mathscr{G}$ 独立.

独立性也可以看成一种极端的条件独立性, 即关于平凡 σ-代数的条件独立性.

我们有对等于命题 9.6.4 的结果, 证明也是类似的, 请自行完成.

命题 9.7.2　若 $\forall t \in T$, $\mathscr{F}_t$ 为 σ-代数, 则 $\{\mathscr{F}_t, t \in T\}$ 关于 $\mathscr{G}$ 独立的充要条件是: 对任意有限子集 $T_0 \subset T$ 及任意有界函数 $f_t \in \mathscr{F}_t, t \in T_0$,

$$E\left[\prod_{t\in T_0} f_t|\mathscr{G}\right] = \prod_{t\in T_0} E[f_t|\mathscr{G}].$$

而对等于命题 9.6.7, 有如下命题.

命题 9.7.3 若 ξ 可积且与 $\mathscr{G}_1$ 关于 $\mathscr{G}_2$ 条件独立, 则

$$E[\xi|\mathscr{G}_1 \vee \mathscr{G}_2] = E[\xi|\mathscr{G}_2].$$

证明 因为 $E[\xi|\mathscr{G}_2] \in \mathscr{G}_1 \vee \mathscr{G}_2$, 所以只要证明对任意 $A \in \mathscr{G}_1 \vee \mathscr{G}_2$, 有

$$\int_A E[\xi|\mathscr{G}_2]dP = \int_A \xi dP.$$

令 $\mathscr{G}$ 表示使这个等式成立的 $\mathscr{F}$-可测集全体. 显然 $\mathscr{G}$ 为 λ 类.

$\forall A_i \in \mathscr{G}_i,\ i = 1, 2$, 有

$$\begin{aligned}
&\int_{A_1A_2} E[\xi|\mathscr{G}_2]dP \\
=&\int_{A_2} E[\xi|\mathscr{G}_2]1_{A_1}dP \\
=&\int_{A_2} E[E[\xi|\mathscr{G}_2]1_{A_1}|\mathscr{G}_2]dP \\
=&\int_{A_2} E[\xi|\mathscr{G}_2]E[1_{A_1}|\mathscr{G}_2]dP \\
=&\int_{A_2} E[\xi 1_{A_1}|\mathscr{G}_2]dP \\
=&\int_{A_2} \xi 1_{A_1}dP.
\end{aligned}$$

所以 $\{A_1A_2 : A_i \in \mathscr{G}_i, i = 1, 2\} \subset \mathscr{G}$. 但因为这个集类是生成 $\mathscr{G}_1 \vee \mathscr{G}_2$ 的 π 类, 故由 λ-π 定理, $\mathscr{G} \supset \mathscr{G}_1 \vee \mathscr{G}_2$. Q.E.D.

习 题 9

1. 设 ξ, η 是独立同分布的随机变量. 证明:

(a) 对任意对称 Borel 函数 $F(x, y)$ 及任意使得 $G(\xi)$ 可积的 Borel 函数 G,

$$E[G(\xi)|F(\xi, \eta)] = E[G(\eta)|F(\xi, \eta)].$$

(b) 设 ξ 可积, 则

$$E[\xi|\xi + \eta] = \frac{\xi + \eta}{2}.$$

(c) 设 $\xi_1, \cdots, \xi_n$ 独立同分布, ξ_1 可积, 则

$$E[\xi_1|\xi_1 + \cdots + \xi_n] = \frac{\xi_1 + \cdots + \xi_n}{n}.$$

2. 设 $p \geqslant 1$, $\{\xi_n, n=1,2,\cdots\}$, $\xi \subset L^p(\mathscr{F})$, 且 $\xi_n \xrightarrow{L^p} \xi$. $\mathscr{G} \subset \mathscr{F}$ 是一个子 σ-代数. 证明:

$$E[\xi_n|\mathscr{G}] \xrightarrow{L^p} E[\xi|\mathscr{G}].$$

3. 设 ξ 是随机变量, 证明: 对任意有界可测的 Borel 函数 f, 有

$$E[f(\xi)|\xi = x] = f(x).$$

4. (a) ξ, η 为两个定义在同一概率空间上的随机变量, 证明 ξ 与 η 相互独立的充要条件是: 对任意连续函数 $f, g \geqslant 0$, 都有

$$E[f(\xi)g(\eta)] = E[f(\xi)]E[g(\eta)].$$

(b) ξ_n, η_n $(n \geqslant 1)$ 均为在同一概率空间上的随机变量. 对每一个 $n \geqslant 1$, ξ_n 与 η_n 相互独立, 且 ξ_n, η_n 分别点点收敛到 ξ, η. 则 ξ 与 η 也相互独立.

5. (a) 若 ξ, η 为两个独立同分布的随机变量, 且分布函数 F 连续, 那么

$$P(\xi \leqslant \eta) = 1/2.$$

(b) 若 ξ, η 为两个随机变量, 分布函数分别为 F, G, 且 F, G 没有公共的不连续点, 那么

$$E[F(\xi)] + E[G(\eta)] = 1.$$

6. 设 ξ, η 是两可积随机变量. 证明:

(a) 若

$$E[\xi|\eta] \geqslant \eta, \quad E[\eta|\xi] \geqslant \xi,$$

则

$$E[\xi|\eta] = \eta, \quad E[\eta|\xi] = \xi.$$

(b) 若

$$E[\xi|\eta] = \eta, \quad E[\eta|\xi] = \xi,$$

则 $\xi = \eta$.

(c) 若

$$E[\xi|\eta] \geqslant \eta, \quad E[\eta|\xi] \geqslant \xi,$$

则 $\eta = \xi$.

7. 设 ξ, η 是可积随机变量.

(a) 设 $\mathscr{G}$ 为 $\mathscr{F}$ 的子 σ-代数. 证明:

$$E[\xi \vee \eta|\mathscr{G}] \geqslant E[\xi|\mathscr{G}] \vee E[\eta|\mathscr{G}], \quad E[\xi \wedge \eta|\mathscr{G}] \leqslant E[\xi|\mathscr{G}] \wedge E[\eta|\mathscr{G}].$$

(b) 若 $\xi,\eta\in L^2$, ξ,η 同分布, 且

$$E[\xi|\eta]=\eta,$$

则 $\xi=\eta$.

(c) 若 ξ,η 同分布, $E[\xi|\eta]=\eta$, 则 $\forall a<b$,

$$E[(\xi\wedge b)\vee a|\eta]=(\eta\wedge b)\vee a.$$

(d) 若 ξ,η 同分布, 且

$$E[\xi|\eta]=\eta,$$

则 $\xi=\eta$.

8. 设 ξ_1,ξ_2,η 是随机变量. 证明: (ξ_1,η) 与 (ξ_2,η) 同分布的充分必要条件是: 对任意 Borel 集 A 有

$$P(\xi_1\in A|\eta)=P(\xi_2\in A|\eta).$$

9. 设 ξ 服从 $[a,b]$ 上的均匀分布. 计算

$$E[\xi||\xi|],\quad E[\xi|\mathrm{sign}(\xi)].$$

10. 举例说明独立不意味着条件独立, 条件独立也不意味着独立.

11. $\{\xi_n\}$ 为一列独立同分布的随机变量列, 分布函数为 $F(x)$, 且 $F(x)<1$, $\forall x\in\mathbb{R}$. 证明:

$$\sup_{1\leqslant k\leqslant n}\xi_k\uparrow\infty\quad\text{a.e.}.$$

12. ξ 是概率空间 $(\Omega,\mathscr{F},P)$ 上取正值的随机变量, $E\xi=1$. 令 $\mu(A):=E[\xi 1_A]$, $A\in\mathscr{F}$.

(a) 证明: 对 $\eta\geqslant 0$, $E^{\mu}[\eta]:=\displaystyle\int_\Omega\eta d\mu=E[\xi\eta]$.

(b) $\xi_1,\cdots,\xi_n$ 为任意随机变量, $\eta\geqslant 0$, 证明:

$$E^{\mu}[\eta|\xi_1,\cdots,\xi_n]=\frac{E[\eta\xi|\xi_1,\cdots,\xi_n]}{E[\xi|\xi_1,\cdots,\xi_n]}.$$

13. 随机变量 $\xi\in L^1(\Omega,\mathscr{F},P)$, $\{\mathscr{G}_n\subset\mathscr{F},n\geqslant 1\}$ 是一列单调上升的 σ-代数列. 令 $\xi_n:=E[\xi|\mathscr{G}_n]$. 证明: 对 $c\in\mathbb{R}$,

$$cP\left(\min_{1\leqslant k\leqslant n}\xi_k<c\right)\geqslant E[\xi_1]-E[\xi_n 1_{(\min_{k\leqslant n}\xi_k>c)}].$$

14. 设 ξ 的分布是对称的 (即 $-\xi$ 与 ξ 同分布).

(a) 试以其分布函数表示 $P(\xi \leqslant x||\xi|)$, $x \in \mathbb{R}$.

(b) 证明: 若 φ 为 Borel 函数且 $\varphi(\xi)$ 可积, 则

$$E[\varphi(\xi)||\xi|] = \frac{1}{2}[\varphi(|\xi|) + \varphi(-|\xi|)].$$

15. 设 ξ 为随机变量, φ 为 Borel 函数, 使得 $\varphi(\xi)$ 可积. 设 n 为正整数. 令

$$\xi_n = \sum_{k=-\infty}^{\infty} 2^{-n} k 1_{\{\xi \in [k2^{-n},(k+1)2^{-n})\}}.$$

求 $E[\varphi(\xi)|\xi_n]$.

16. 设 T 是任意指标集, 且 $\forall t \in T$, $\mathscr{C}_t$ 是相互独立的 π 类. 再设 I 为任意指标集且 $\{T_i, i \in I\}$ 为 T 的互不相交子集. 令

$$\mathscr{A}_i := \sigma(\mathscr{C}_t, t \in T_i).$$

证明 $\{\mathscr{A}_i, i \in I\}$ 独立.

17. 证明: 随机变量族 $\{\xi_t, t \in T\}$ 独立的充要条件是, 对任意有限个 $\{t_i \in T, i = 1, \cdots, n\}$ 及任意 $x_i \in \mathbb{R}$,

$$P\left(\cap_{i=1}^n \{\xi_{t_i} < x_i\}\right) = \prod_{i=1}^n P(\{\xi_{t_i} < x_i\}).$$

18. 设 $\{\xi_n\}_{n \geqslant 1}$ 是随机变量列. 证明: 它们独立的充要条件是, 对任意 $n \geqslant 1$, $\sigma(\xi_n)$ 与 $\sigma(\xi_1, \cdots, \xi_{n-1})$ 独立.

19. 设 ξ, η 为随机变量, $\mathscr{G}$ 为子 σ-代数, $\eta \in \mathscr{G}$. 证明: 对 $\mathbb{R}^2$ 上的任意 Borel 有界可测函数 f, 有

$$E[f(\xi, \eta)|\mathscr{G}] = E[f(\xi, y)|\mathscr{G}]|_{y=\eta}.$$

特别地, 若 ξ 与 $\mathscr{G}$ 独立, 则

$$E[f(\xi, \eta)|\mathscr{G}] = E[f(\xi, y)]|_{y=\eta}.$$

20. 设 ξ, η 为随机变量. 分别以 μ, ν, τ 记 $\xi, \eta, (\xi, \eta)$ 的概率分布. 证明: ξ, η 独立的充要条件是

$$\tau = \mu \times \nu.$$

对任意有限个随机变量, 这个命题是什么?

21. 设 $\Omega := [0,1]$, $\mathscr{F} := \mathscr{B}([0,1])$, $P :=$Lebesgue 测度. 令

$$\xi(\omega) := \omega(1 - \omega).$$

证明:

$$E[\eta|\xi](\omega)=\frac{\eta(\omega)+\eta(1-\omega)}{2},\quad \omega\in[0,1].$$

22. $(\Omega,\mathscr{F},P)$ 同上. 令

$$\xi(\omega):=2\omega^2,$$

$$\eta(\omega):=\begin{cases}2, & \omega\in\left[0,\dfrac{1}{2}\right),\\ \omega, & \omega\in\left[\dfrac{1}{2},1\right].\end{cases}$$

求 $E[\xi|\eta]$.

23. 证明: ξ 与 $\mathscr{G}_1$ 关于 $\mathscr{G}_2$ 条件独立的充要条件是: 对任意有界 Borel 函数 F,

$$E[F(\xi)|\mathscr{G}_1\vee\mathscr{G}_2]=E[F(\xi)|\mathscr{G}_2].$$

24. 设 $\mathscr{F}_i$ $(i=1,2,3)$ 均为 $\mathscr{F}$ 的子 σ-代数, 且 $\mathscr{F}_1\vee\mathscr{F}_2$ 与 $\mathscr{F}_3$ 独立. 证明:

(a) $\mathscr{F}_1$ 与 $\mathscr{F}_3$ 关于 $\mathscr{F}_2$ 条件独立.

(b) 对任意可积的 $\xi\in\mathscr{F}_1$,

$$E[\xi|\mathscr{F}_2\vee\mathscr{F}_3]=E[\xi|\mathscr{F}_2].$$

(c) 设 ξ_i $(i=1,2,3)$ 为独立随机变量. 证明: $\sigma(\xi_1,\xi_2)$ 与 $\sigma(\xi_3)$ 关于 $\xi_1+\xi_2$ 条件独立.

25. 设 ξ,η 为随机变量, $\mathscr{G}_i$ $(i=1,2)$ 为子 σ-代数. 证明: 若 ξ 与 $\mathscr{G}_1$ 关于 $\mathscr{G}_2$ 条件独立, $\eta\in\mathscr{G}_1$, 则对 $\mathbb{R}^2$ 上的有界任意 Borel 可测 f, 有

$$E[f(\xi,\eta)|\mathscr{G}_1\vee\mathscr{G}_2]=E[f(\xi,y)|\mathscr{G}_2]|_{y=\eta}.$$

26. 令 $\Omega:=[0,1]\times[0,1]$, $\mathscr{F}$ 是 Ω 的 Borel 集全体, P 是 Ω 上的 Lebesgue 测度. 令

$$\xi_n(x):=n1_{[0,\frac{1}{n})}(x),$$

$$\eta_n(y):=1_{(k2^{-m},(k+1)2^{-m})}(y),\quad n=2^m+k,\quad 0\leqslant k\leqslant 2^m-1,$$

$$\theta_n(x,y):=\xi_n(x)\eta_n(y),$$

$$\mathscr{B}:=\sigma(\eta_n,n\geqslant 1).$$

证明: $\{\theta_n\}$ 一致可积, 但却有

$$E[\limsup_n\theta_n|\mathscr{B}]=0<1=\limsup_n E[\theta_n|\mathscr{B}].$$

27. 设 ξ_n 是随机变量, $0\leqslant\xi_n\uparrow\eta$, η 可积. 证明: 对任意子 σ-代数 $\mathscr{G}$ 有

$$E[\eta|\mathscr{G}]\leqslant\sup_n E[\xi_n|\mathscr{G}].$$

第 10 章　Polish 空间上的测度

从前几章的内容我们可以看到, 尽管一般说来可测空间不涉及空间的拓扑性质, 但有些重要的内容实际上是与拓扑性质紧密相关的. 例如, 在构造 Lebesgue-Stieltjes 测度时, 在构造乘积空间上的非乘积测度时, 我们都要用到拓扑性质. 事实上, 更多的例子表明, 无论是在理论上, 还是在应用上, 都有必要研究拓扑空间上的测度. 本章就做这件事. 这里只考虑最基本也是最重要的情形, 即 Polish 空间的情形.

10.1　基本术语、记号及事实

本章中恒设 X 为 Polish 空间, 即完备可分的度量空间, 其度量用 $\rho(x,y)$ 表示. $\mathscr{B}$ 是其上的 Borel σ-代数, 即开集所生成的 σ-代数. $(X,\mathscr{B})$ 作为可测空间, 其上的测度当然具有一般测度空间上测度的一切性质. 然而由于它所附带的拓扑结构, 使得其研究内容更加丰富.

对 $r>0, x\in X$, 以 $B_r(x)$ 表示以 x 为球心, r 为半径的开球, 即

$$B_r(x) := \{y : \rho(x,y) < r\}.$$

由于空间 X 是可分的, 所以任一开集均可表为可数多个这些开球的并集, 因此 Borel σ-代数也可以由这些开球生成, 进而也可以由它们的闭包即相应的闭球生成.

对任意 $A\subset X$, 定义 x 到 A 的距离为

$$\rho(x,A) := \inf\{\rho(x,y) : y\in A\}.$$

$C(X)$ 表示 X 上的连续函数全体, $C_+(X)$ 表示其中的非负函数全体, $C_b(X)$ 表示其中的有界函数全体, $\mathscr{K}$ 表示 X 的所有紧集, $\mathscr{C}$ 表示所有闭集, $\mathscr{O}$ 表示所有开集.

引理 10.1.1　*设 $F\in\mathscr{C}$, 则存在 $\{f_n\}\subset C_b(X)\cap C_+(X)$, 使 $f_n(x)\downarrow 1_F(x)$, $\forall x\in X$.*

证明　有无穷多种选择. 下面就是一例. 令

$$h(x) = \rho(x,F).$$

则

$$\begin{aligned}|h(x)-h(y)| &= |\inf\{\rho(x,z):z\in F\}-\inf\{\rho(y,z):z\in F\}|\\ &\leqslant \sup_{z\in F}|\rho(x,z)-\rho(y,z)|\\ &\leqslant \rho(x,y).\end{aligned}$$

因此 h 是连续函数. 因为 F 是闭集, 所以

$$h(x)=0 \Longleftrightarrow x\in F.$$

再令

$$f_n(x):=\exp\{-nh(x)\}$$

即可. Q.E.D.

这个引理有一个直接的推论.

推论 10.1.2 设 μ_1 与 μ_2 是 $(X,\mathscr{B})$ 上的两个有限测度. 若对任意非负有界连续函数 f 有

$$\int f(x)d\mu_1=\int f(x)d\mu_2,$$

则 $\mu_1=\mu_2$.

证明 由 λ-π 定理, 只要证明它们在闭集上相等. 设 $F\in\mathscr{C}$. 取 $\{f_n\}\subset C_b(X)$ 使得 $1\geqslant f_n(x)\downarrow 1_F(x)$, $\forall x\in X$. 于是由单调收敛定理有

$$\mu_1(F)=\int 1_F d\mu_1=\lim_{n\to\infty}\int f_n(x)d\mu_1=\lim_{n\to\infty}\int f_n(x)d\mu_2=\int 1_F d\mu_2=\mu_2(F).$$

Q.E.D.

在 $C_b(X)$ 上定义范数:

$$\|f\|_C:=\sup_{x\in X}|f(x)|,$$

则 $C_b(X)$ 为 Banach 空间. 以 $C_b^*(X)$ 记其对偶空间, 即 $C_b(X)$ 上的所有连续线性泛函构成的空间. $C_b^*(X)$ 的范数为

$$\|l\|_{C^*}:=\sup_{\|f\|_C\leqslant 1}|l(f)|.$$

设 $l:C_b(X)\mapsto\mathbb{R}$ 是线性映射. 若

$$f\in C_b(X), f\geqslant 0\Longrightarrow l(f)\geqslant 0,$$

则称 l 为正线性泛函. 显然, l 有如下性质:

$$f,g\in C_b(X),\ f\geqslant g\Longrightarrow l(f)\geqslant l(g).$$

由此可以推出, 正线性泛函必为连续泛函.

引理 10.1.3 *若 l 为 $C_b(X)$ 上的正线性泛函, 则 $l \in C_b^*(X)$.*

证明 因为

$$-\|f\|_C \leqslant f \leqslant \|f\|_C,$$

所以

$$-\|f\|_C l(1_X) \leqslant l(f) \leqslant \|f\|_C l(1_X).$$

于是

$$\|l\|_{C^*} = l(1_X). \qquad \text{Q.E.D.}$$

X 还有很多好的拓扑性质, 比如 X 是完全正规空间, 也就是说对任何闭集 $A \subset X$ 都有 X 上的连续函数 f 使 $A = f^{-1}(0)$, 因为只要取 $f(x) = \rho(x, A)$ 即可 (实际上任何度量空间都是完全正规空间). 于是我们知道 X 拥有完全正规空间所拥有的一切性质, 比如说任何闭集上的有界连续函数都可扩充为全空间上的连续函数, 并且保持上确界不变, 等等. 当然, 在度量空间的情形, 有些定理的证明, "直接干" 比从一般性的结果导出往往更省事因而也更令人愉快. 比如, 特别深刻且证明特别困难的 Urysohn 引理的证明这时就特别简单.

命题 10.1.4 (Urysohn 引理) *设 A, B 是 X 的两个不相交闭集, 则对任意 $a < b$, 都有 X 上的连续函数 $f \in [a, b]$ 使得 $A = f^{-1}(a)$, $B = f^{-1}(b)$.*

证明 不失一般性, 可设 $a = 0, b = 1$. 这时只要取

$$f(x) := \frac{d(x, A)}{d(x, A) + d(x, B)}$$

即可. Q.E.D.

10.2 Radon-Riesz 定理

本节设 X 为紧的. 以 $\mathbb{M}(X)$ 表示 $(X, \mathscr{B})$ 上有界测度全体, $\mathbb{P}(X)$ 表示其中的概率测度全体.

因为 X 紧, 所以 $C(X) = C_b(X)$. 以 $C_+(X)$ 表示其中取值在 $\mathbb{R}_+$ 的函数全体. 以 $C^*(X)$ 表示 $C(X)$ 的对偶空间, $C_+^*(X)$ 表示其中的正线性泛函全体, $\forall \mu \in \mathbb{M}(X)$, 令

$$l(f) := \int f d\mu, \quad f \in C(X).$$

则显然 $l \in C_+^*(X)$. Radon-Riesz 定理是说, 所有的正泛函均长这个样子. 为证明它我们需要两个基本事实.

引理 10.2.1 (Dini 定理) *设 $f_n \in C(X)$, $f_n(x) \downarrow 0$, 则 $f_n \downarrow\downarrow 0$.*

证明 $\forall\varepsilon>0$, 令

$$O_n:=\{x:f_n(x)<\varepsilon\}.$$

则 O_n 为开集且 $O_n\uparrow X$. 于是用 X 的紧性知存在 n_ε 使得 $O_{n_\varepsilon}=X$. 但 O_n 是单升的, 故对 $n\geqslant n_\varepsilon$ 均有 $O_n=X$. Q.E.D.

引理 10.2.2 设 $\{O_i,i=1,\cdots,n\}$ 是紧集 F 一个开覆盖, 则存在 F 的另一开覆盖 $\{U_j,j=1,\cdots,m\}$ 使得对任意 j, 存在 $i(j)$ 使得

$$\bar{U}_j\subset O_{i(j)}.$$

$\{U_j\}$ 称为从属于 $\{O_i\}$ 的覆盖.

证明见 [7, p.58].

进一步的分析还需要如下引理.

引理 10.2.3 (Stone-Weierstrass 定理) 设 $\mathscr{D}\subset C(X)$ 为代数 (即对加和乘封闭), 且包含常数及能分离 X 中的点 (即 $\forall x,y\in X,x\neq y,\exists f\in\mathscr{D}$ 使得 $f(x)\neq f(y)$), 则 $\mathscr{D}$ 在 $C(X)$ 中稠密.

证明见 [4]. 我们将用到它的一个推论, 即如下推论.

推论 10.2.4 $C(X)$ 是可分的.

证明 设 $\{x_n,n\geqslant 1\}$ 为 X 的稠密子集. 取 $\mathscr{D}$ 为所有以 $\{\rho(x_n,\cdot),n\geqslant 1\}$ 为变量, 以有理数为系数的多项式, 则 $\mathscr{D}$ 满足引理的条件, 因此在 $C(X)$ 中稠密. Q.E.D.

现在可以叙述 Radon-Riesz 定理了.

定理 10.2.5 (Radon-Riesz 定理) 设 $l\in C_+^*(X)$, 则存在唯一一个 $\mu\in\mathbb{M}(X)$ 使得

$$l(f)=\int fd\mu,\quad\forall f\in C(X),\tag{2.1}$$

并且

$$\|l\|_{C^*}=\mu(X).\tag{2.2}$$

唯一性可由推论 10.1.2 直接得到, 所以关键是存在性. 证明是构造性的, 下面就正式进入这个构造过程.

对 $K\in\mathscr{K}$, 令

$$\mu(K):=\inf\{l(f):f\in C_{+1}(X),f\geqslant 1_K\},$$

其中 $C_{+1}(X):=\{f\in C_+(X):f\leqslant 1\}$.

引理 10.2.6　*$\forall K \in \mathscr{K}$, 存在 $\{f_n, n \geqslant 1\} \subset C_{+1}(X)$, 使 $f_n \downarrow\downarrow 1_K$, 且对任意这样的序列, $l(f_n) \downarrow \mu(K)$.*

证明　由引理 10.1.1, 存在 $\{f_n\} \subset C_{+1}(X)$ 使得 $f_n \downarrow 1_K$. 再由 Dini 定理知 $f_n \downarrow\downarrow 1_K$. 现在设 $\{f_n, n \geqslant 1\}$ 是任意这样的序列. 对任意 $f \in C_{+1}(X)$, $f \geqslant 1_K$, 有

$$f_n \vee f \downarrow\downarrow f.$$

因此由 l 的线性性、正性和连续性知 $l(f_n) \downarrow$ 且

$$\begin{aligned}\mu(K) &\leqslant \lim_{n\to\infty} l(f_n)\\ &\leqslant \lim_{n\to\infty} l(f_n \vee f)\\ &= l(f).\end{aligned}$$

因此

$$\mu(K) \leqslant \lim_{n\to\infty} l(f_n) \leqslant \inf\{l(f) : f \in C_{+1}(X), f \geqslant 1_K\} \leqslant \mu(K).$$

所以不等号全是等号.　　Q.E.D.

这样的序列以后称为 $\mu(K)$ 的定义列.

引理 10.2.7　*μ 在 $\mathscr{K}$ 上强有限可加且次可列可加, 即*

(1) $E, F \in \mathscr{K} \Longrightarrow \mu(E \cup F) + \mu(E \cap F) = \mu(E) + \mu(F)$.

(2) $E, E_n \in \mathscr{K}$, $E \subset \cup_{n=1}^{\infty} E_n \Longrightarrow \mu(E) \leqslant \sum_{n=1}^{\infty} \mu(E_n)$.

证明　(1) 设 $\{f_n\}$, $\{g_n\}$ 分别为 $\mu(E)$ 和 $\mu(F)$ 的定义列. 则 $\{f_n \vee g_n\}$ 和 $\{f_n \wedge g_n\}$ 分别为 $\mu(E \cup F)$ 和 $\mu(E \cap F)$ 的定义列. 因此

$$\begin{aligned}&\mu(E \cup F) + \mu(E \cap F)\\ &= \lim_{n\to\infty} l(f_n \vee g_n) + \lim_{n\to\infty} l(f_n \wedge g_n)\\ &= \lim_{n\to\infty} l(f_n \vee g_n + f_n \wedge g_n)\\ &= \lim_{n\to\infty} l(f_n + g_n)\\ &= \lim_{n\to\infty} l(f_n) + \lim_{n\to\infty} l(g_n)\\ &= \mu(E) + \mu(F).\end{aligned}$$

(2) 若 $\sum_{i=1}^{\infty} \mu(E_i) = \infty$, 则不等式当然成立. 因此下面设 $\sum_{i=1}^{\infty} \mu(E_i) < \infty$. 任给 $\varepsilon > 0$, 设 $\{f_{i,n}\}$ 为 $\mu(E_i)$ 的定义列且

$$l(f_{i,n}) \leqslant \mu(E_i) + 2^{-(n+i)}\varepsilon.$$

则

$$\vee_{i=1}^{\infty} f_{i,n} \downarrow, \quad \vee_{i=1}^{\infty} f_{i,n} \geqslant 1_E.$$

又

$$\vee_{i=1}^{m} f_{i,n} \uparrow\uparrow \vee_{i=1}^{\infty} f_{i,n}, \quad m \uparrow \infty.$$

所以 $\vee_{i=1}^{\infty} f_{i,n} \in C_{+1}(X)$ 且

$$\begin{aligned}
\mu(E) &\leqslant \lim_{n\to\infty} l(\vee_{i=1}^{\infty} f_{i,n}) \\
&= \lim_{n\to\infty}\lim_{m\to\infty} l(\vee_{i=1}^{m} f_{i,n}) \\
&\leqslant \lim_{n\to\infty}\lim_{m\to\infty} \sum_{i=1}^{m} l(f_{i,n}) \\
&\leqslant \lim_{n\to\infty} \sum_{i=1}^{\infty} l(f_{i,n}) \\
&\leqslant \lim_{n\to\infty} \sum_{i=1}^{\infty} (\mu(E_i) + 2^{-(n+i)}\varepsilon) \\
&= \sum_{i=1}^{\infty} \mu(E_i) + \varepsilon.
\end{aligned}$$

由 ε 的任意性知

$$\mu(E) \leqslant \sum_{i=1}^{\infty} \mu(E_i).$$

Q.E.D.

对 $O \in \mathscr{O}$, 定义

$$\mu(O) := \sup\{\mu(K) : K \subset O, K \in \mathscr{K}\}.$$

很明显, 对任意 $f \in C_{+1}(X)$, $f \geqslant 1_O$, 有 $f \geqslant 1_K$, 其中 K 是 O 中的任意紧集. 因此

$$\mu(O) \leqslant l(f).$$

引理 10.2.8 *μ 在 $\mathscr{O}$ 上有限可加且次可列可加, 即*

(1) $E, F \in \mathscr{O}$, $E \cap F = \varnothing \Longrightarrow \mu(E \cup F) = \mu(E) + \mu(F)$.

(2) $E, E_n \in \mathscr{O}$, $E \subset \cup_{n=1}^{\infty} E_n \Longrightarrow \mu(E) \leqslant \sum_{n=1}^{\infty} \mu(E_n)$.

证明　(1) 设 $E, F \in \mathscr{O}, E \cap F = \varnothing$. $\forall K \subset E \cup F$, 则 $K_1 := K \cap E = K \cap F^c \in \mathscr{K}$, $K_2 := K \cap F = K \cap E^c \in \mathscr{K}$. 因此

$$\mu(K) = \mu(K_1) + \mu(K_2) \leqslant \mu(E) + \mu(F).$$

所以

$$\mu(E \cup F) \leqslant \mu(E) + \mu(F).$$

反之, 若 $K_i \in \mathscr{K}$, $K_1 \subset E$, $K_2 \subset F$, 则 $K_1 \cup K_2 \in \mathscr{K}$ 且 $K_1 \cup K_2 \subset E \cup F$, $K_1 \cap K_2 = \varnothing$. 故由引理 10.2.7,

$$\mu(K_1) + \mu(K_2) = \mu(K_1 \cup K_2) \leqslant \mu(K) \leqslant \mu(E \cup F).$$

所以

$$\mu(E) + \mu(F) \leqslant \mu(E \cup F).$$

(2) 设 $K \subset E$, $K \in \mathscr{K}$. 因为 $\{E_n\}$ 为 K 的开覆盖, 所以存在其有限子覆盖, 记为 $\{E_i, i = 1, \cdots, m\}$. 由引理 10.2.2, 存在 K 的从属于该覆盖的开覆盖 $\{O_j, j = 1, \cdots, l\}$. 对每一 i, 令

$$K_i = \cup_{j:\bar{O}_j \subset E_i} \bar{O}_j, \quad i = 1, \cdots, m.$$

则 $K_i \in \mathscr{K}$, $K_i \subset E_i$ 且 $\cup_{i=1}^m K_i \supset K$. 因此由引理 10.2.7,

$$\mu(K) \leqslant \sum_{i=1}^m \mu(K_i) \leqslant \sum_{i=1}^m \mu(E_i) \leqslant \sum_{i=1}^\infty \mu(E_i).$$

所以

$$\mu(E) \leqslant \sum_{i=1}^\infty \mu(E_i).$$

Q.E.D.

上面证明的难点并不在于有无穷个 E_i. 无穷个 E_i 时的困难程度与有限个或者说两个时本质上是一样的. 比如若 $E \subset E_1 \cup E_2$, 那么

$$\mu(E) \leqslant \mu(E_1) + \mu(E_2)$$

的证明并不比上面无穷个时的证明更简单. 注意了, 下面“简单的证明”

$$\begin{aligned}\mu(E) &\leqslant \mu(E_1 \cup E_2) \\ &= \mu(E_1 + (E_2 \setminus E_1)) \\ &\leqslant \mu(E_1) + \mu(E_2 \setminus E_1)\end{aligned}$$

$$\leqslant \mu(E_1) + \mu(E_2)$$

是行不通的, 因为 $E_2 \setminus E_1$ 不是开集, 故 $\mu(E_2 \setminus E_1)$ 是没有定义的.

对任意 $E \subset X$, 定义

$$\mu^*(E) := \inf\{\mu(O) : O \in \mathscr{O}, O \supset E\}.$$

引理 10.2.9 *μ^* 在 $\mathscr{K} \cup \mathscr{O}$ 上与 μ 相等, 且 μ^* 在 2^X 上为次可列可加.*

证明 μ^* 在 $\mathscr{O}$ 上与 μ 相等是显然的. 往证它们在 $\mathscr{K}$ 上相等. 设 $K \in \mathscr{K}$. 显然 $\mu(K) \leqslant \mu^*(K)$.

设 f_n 是 $\mu(K)$ 的定义列, 则 $g_n := f_n + \dfrac{1}{n}$ 也是. 令

$$O_n := \{x : g_n(x) > 1\}.$$

则 O_n 为开集且 $O_n \supset K$. 因此

$$\mu(K) = \lim_{n\to\infty} l(g_n) \geqslant \lim_{n\to\infty} \mu(O_n) \geqslant \mu^*(K).$$

次可列可加性几乎是显然的. 事实上, 设 $E \subset \cup_{i=1}^{\infty} E_i$. $\forall \varepsilon > 0$, 对每一 i, 取 $O_i \in \mathscr{O}$ 使得

$$E_i \subset O_i, \quad \mu(O_i) < \mu^*(E_i) + 2^{-i}\varepsilon.$$

则 $\cup_{i=1}^{\infty} O_i \supset E$ 且

$$\mu^*(E) \leqslant \mu\left(\cup_{i=1}^{\infty} O_i\right) \leqslant \sum_{i=1}^{\infty} \mu(O_i)$$
$$\leqslant \sum_{i=1}^{\infty} \mu^*(E_i) + \varepsilon.$$

由 ε 的任意性即得. Q.E.D.

在 X 的子集上定义度量:

$$d(A, B) := \mu^*(A \triangle B).$$

引理 10.2.10 *d 有如下性质:*

(1) $d(A, B) = d(B, A)$.

(2) $d(A \cup B, C \cup D) \leqslant d(A, C) + d(B, D)$.

(3) $d(A \cap B, C \cap D) \leqslant d(A, C) + d(B, D)$.

(4) $d(A,B) \leqslant d(A,C) + d(B,C)$.

(5) $|\mu^*(E) - \mu^*(F)| \leqslant d(E,F)$.

证明　(1) 显然.

(2) 利用关系式

$$(A \cup B)\triangle(C \cup D) \subset (A\triangle C) \cup (B\triangle D).$$

(3) 利用关系式

$$(A \cap B)\triangle(C \cap D) \subset (A\triangle C) \cup (B\triangle D).$$

(4) 利用 μ^* 的次可加性及

$$A\triangle B \subset (A\triangle C) \cup (B\triangle C).$$

(5) 因为

$$E \cap F \subset E = (E \cap F) \cup (E \setminus F),$$

$$E \cap F \subset F = (E \cap F) \cup (F \setminus E),$$

所以由次可加性有

$$\mu^*(E \cap F) \leqslant \mu^*(E) \leqslant \mu^*(E \cap F) + \mu^*(E \setminus F),$$

$$\mu^*(E \cap F) \leqslant \mu^*(F) \leqslant \mu^*(E \cap F) + \mu^*(F \setminus E).$$

于是

$$\begin{aligned}|\mu^*(E) - \mu^*(F)| &\leqslant \max\{\mu^*(F \setminus E), \mu^*(E \setminus F)\} \\ &\leqslant \mu^*(E\triangle F) = d(E,F).\end{aligned}$$

Q.E.D.

令

$$\mathscr{G} := \{E \subset X : \exists \{K_n\} \subset \mathscr{K}, \text{使得 } d(E, K_n) \to 0\}.$$

此时, 称 $\{K_n\}$ 为 $\mu^*(E)$ 的定义列. 由引理 10.2.10 立即有

$$\mu^*(E) = \lim_{n\to\infty} \mu(K_n).$$

引理 10.2.11　$\mathscr{O} \subset \mathscr{G}$.

证明 设 $O \in \mathscr{O}$. 注意对任意紧集 $E, F \subset O$, $E \cap F = \varnothing$, 有

$$\mu(E) + \mu(F) = \mu(E \cup F) \leqslant \mu(O).$$

固定 E 而对 $F \subset O \setminus E$ 取上确界得

$$\mu(E) + \mu(O \setminus E) \leqslant \mu(O).$$

这样, 设 E_n 是 $\mu(O)$ 的定义列, 则有

$$d(O, E_n) = \mu(O \setminus E_n) \leqslant \mu(O) - \mu(E_n) \to 0, \ n \to \infty.$$

所以 $O \in \mathscr{G}$. Q.E.D.

现在, 既然 $\mathscr{O} \subset \mathscr{G}$, 那么就有如下推论.

推论 10.2.12 $\mathscr{G} = \{E \subset X : \exists \{E_n\} \subset \mathscr{O} \cup \mathscr{K}$, 使得 $d(E_n, E) \to 0\}$.

引理 10.2.13 *$\mathscr{G}$ 为代数且 μ^* 在 $\mathscr{G}$ 上有限可加.*

证明 设 $E_1, E_2 \in \mathscr{G}$, $\{K_n^i\}$ 分别为 $\mu^*(E_i)$ 的定义列. 则由

$$d(A \cup B, C \cup D) \leqslant d(A, C) + d(B, D)$$

知 $E_1 \cup E_2 \in \mathscr{G}$ 且 $\{K_n^1 \cup K_n^2\}$ 为其定义列. 同理可证 $E_1 \cap E_2 \in \mathscr{G}$ 且 $\{K_n^1 \cap K_n^2\}$ 为其定义列.

再设 $E \in \mathscr{G}$, $\{K_n\}$ 为其定义列. 则

$$d(E^c, K_n^c) = d(E, K_n) \to 0.$$

由于 K_n^c 是开集, 故由上一引理 $K_n^c \in \mathscr{G}$, 因而 $E^c \in \mathscr{G}$.

又根据引理 10.2.7, 有

$$\begin{aligned}
\mu^*(E_1 \cup E_2) + \mu^*(E_1 \cap E_2) &= \lim_{n\to\infty} \mu(K_n^1 \cup K_n^2) + \lim_{n\to\infty} \mu(K_n^1 \cap K_n^2) \\
&= \lim_{n\to\infty} (\mu(K_n^1 \cup K_n^2) + \mu(K_n^1 \cap K_n^2)) \\
&= \lim_{n\to\infty} (\mu(K_n^1) + \mu(K_n^2)) \\
&= \mu^*(E_1) + \mu^*(E_2).
\end{aligned}$$

Q.E.D.

引理 10.2.14 *$\mathscr{G}$ 是 σ-代数且 μ^* 在 $\mathscr{G}$ 上可列可加.*

证明 设 $\{E_n, n \geqslant 1\} \subset \mathscr{G}$, $E_n E_m = \varnothing$ $(m \neq n)$. 令 $E = \sum_{n=1}^{\infty} E_n$. 首先注意由 μ^* 的单调性和在 $\mathscr{G}$ 上的有限可加性有

$$\mu^*(E) \geqslant \lim_{n\to\infty} \mu^*\left(\sum_{i=1}^{n} E_i\right) = \lim_{n\to\infty} \sum_{i=1}^{n} \mu^*(E_i) = \sum_{n=1}^{\infty} \mu^*(E_i).$$

这一性质加上在 2^X 上的次可列可加性自然意味着

$$\mu^*(E) = \sum_{n=1}^{\infty} \mu^*(E_i).$$

往证 $E \in \mathscr{G}$. $\forall \varepsilon > 0$, 取 m 使得

$$\sum_{n=m+1}^{\infty} \mu^*(E_n) < \varepsilon.$$

再对任意 $n \leqslant m$ 取紧集 K_n 使得

$$d(E_n, K_n) < 2^{-n}\varepsilon.$$

令 $K = \cup_{n=1}^m K_n$. 则 K 为紧集且

$$\begin{aligned} d(E,K) &\leqslant d\left(E, \cup_{n=1}^m E_n\right) + d\left(K, \cup_{n=1}^m E_n\right) \\ &\leqslant \varepsilon + \sum_{n=1}^{m} 2^{-n}\varepsilon < 2\varepsilon. \end{aligned}$$

所以 $E \in \mathscr{G}$. Q.E.D.

定理 10.2.5 的证明. 因为 $\mathscr{G}$ 是 σ-代数且包含了全部的紧集, 故它包含了 $\mathscr{B}$. 将上面构造的 μ^* 限制在 $\mathscr{B}$ 上, 则它是 $\mathscr{B}$ 上的测度. 这个测度仍然记为 μ. 下面证明

$$l(f) = \int f d\mu, \quad \forall f \in C(X).$$

取 $f \equiv 1$, 由定义知此时等式成立. 于是由线性性知对任意常数 c, 上式对 $f \equiv c$ 成立. 注意 $f \in C(X)$ 是有界的, 所以为证上式对 f 成立, 只要证它对严格正的 $f \in C(X)$ 成立, 因为否则可考虑 $f + 1 + \|f\|_C$.

为此又只需证对严格正的 f,

$$l(f) \leqslant \int f d\mu, \quad \forall f \in C(X). \tag{2.3}$$

因为此后以 $\|f\| + 1 - f$ 代替 f 则得到反向的不等式.

下面证 (2.3). 设 $\varepsilon > 0$ 给定. 考虑 $(0, \min_{x\in X} f(x) \wedge 1)$ 上的函数

$$g_j(a) = \mu(f \leqslant a + j\varepsilon), \quad j = 1, 2, \cdots.$$

因 g_j 单升, 所以只有可数个 a 使得 g_j 在 a 处间断. 这样就可取 $a \in (0, \min_{x\in X} f(x) \wedge 1)$ 使得对所有的 j, $\mu(f = a + j\varepsilon) = 0$. 令

$$A_j = \{x : a + j\varepsilon \leqslant f(x) \leqslant a + (j+1)\varepsilon\}, \quad j = 0, \cdots, k.$$

其中 $k=[\varepsilon^{-1}\|f\|_C]$, 则 A_j 为紧集. 由于 $\mu(f=a+j\varepsilon)=0, \forall j=1,\cdots,k$, 有

$$\mu(X)=\sum_{j=1}^{k}\mu(A_j).$$

在 $\mu(A_j)$ 的定义列中取一个 h_j 使得

$$l(h_j)<\mu(A_j)+(\|f\|_C+1)^{-1}2^{-j}\varepsilon.$$

令 $h=\sum_{j=1}^{k}(a+(j+1)\varepsilon)h_j\in C(X)$. 则 $f\leqslant h$. 因此

$$\begin{aligned}l(f)\leqslant l(h)&=\sum_{j=1}^{k}(a+(j+1)\varepsilon)l(h_j)\\&<\sum_{j=1}^{k}(a+(j+1)\varepsilon)\mu(A_j)+\varepsilon\\&=\int\sum_{j=1}^{k}(a+(j+1)\varepsilon)1_{A_j}d\mu+\varepsilon\\&\leqslant\int fd\mu+(\mu(X)+1)\varepsilon.\end{aligned}$$

由 ε 的任意性即得 (2.3). 因此 (2.1) 成立. 此时显然有

$$|l(f)|\leqslant\mu(X)\|f\|_C.$$

所以 $\|l\|_{C^*}\leqslant\mu(X)$. 又显然 $l(1)=\mu(X)$. 所以 $\|l\|_{C^*}=\mu(X)$. Q.E.D.

推论 10.2.15 设 $\{\mu_n,n\geqslant1\}\subset\mathbb{M}(X)$, $\sup_n\mu_n(X)<\infty$. 则存在子列 $\{n_k,k\geqslant1\}$ 及 $\mu\in\mathbb{M}(X)$ 使得

$$\lim_{k\to\infty}\int fd\mu_{n_k}=\int fd\mu,\quad\forall f\in C(X).$$

特别地, 有 $\mu(X)=\lim_{k\to\infty}\mu_{n_k}(X)$.

证明 令

$$l_n(f):=\int fd\mu_n.$$

则 $\{l_n,n\geqslant1\}$ 为 $C^*(X)$ 中的有界集. 因为 $C(X)$ 可分, 所以 $\{l_n,n\geqslant1\}$ 是序列弱 $*$ 紧的. 因而有子列 $\{n_k,k\geqslant1\}$ 及 $l\in C^*(X)$ 使得

$$l_{n_k}(f)\to l(f),\quad\forall f\in C(X).$$

显然诸 $l_n \in C_+^*(X)$, 因而 $l \in C_+^*(X)$. 这样就存在 $\mu \in \mathbb{M}(X)$ 使得

$$l(f) = \int f d\mu, \quad \forall f \in C(X),$$

而上面的式子也就可以写为

$$\int f d\mu_{n_k} \to \int f d\mu, \quad \forall f \in C(X). \qquad \text{Q.E.D.}$$

通过更深入的分析可以证明: 任意 $l \in C^*(X)$ 可以唯一地分解为 $l = l_1 - l_2$, 其中 $l_i \in C_+^*(X)$. 因此存在 $(X, \mathscr{B})$ 上的赋号测度 μ 使得

$$l(f) = \int f d\mu, \quad \forall f \in C(X),$$

且

$$\|l\|_{C^*} = \|l_1\|_{C^*} + \|l_2\|_{C^*} = |\mu|(X).$$

这方面的详细讨论可见 [7].

10.3　Ulam 定理与及其应用

10.2 节的结论使我们知道, 紧空间 X 上的有限测度和 $C^*(X)$ 中的元素是一一对应的, 这就给我们施展手脚提供了很大的空间. 也就是说, 我们既可以利用可分空间 $C(X)$ 的泛函分析性质来研究测度的性质 —— 比如我们就用到了 $C^*(X)$ 中有界集的弱 * 紧性 —— 又可以利用测度的性质来研究 $C(X)$ 的泛函性质. 本节不再假定 X 是紧的, 因此这个便利条件不再具有, 并由此产生了很多问题. 比如, 什么时候 $\mathbb{M}(X)$ 中的有界集在某种意义下有收敛的子列也就是说有某种紧性? X 紧时我们在上节提供了完整的答案, 我们是不需要任何附加条件的, 但 X 非紧时就很迷茫了. 但这个问题又是如此重要, 是现代随机过程理论的奠基石之一, 因此我们不得不回答.

下面这个命题是寻求答案的关键一步. 它的意思是说, 尽管 X 不是紧的, 但 $(X, \mathscr{B})$ 上的任何单一测度均可近似地看成定义在紧空间上的 —— 我们称为胎紧的.

定理 10.3.1 (Ulam 定理)　设 μ 是 $(X, \mathscr{B})$ 上的有限测度, 则 μ 是胎紧的, 即 $\forall \varepsilon > 0, \exists$ 紧集 K, 使得 $\mu(K^c) < \varepsilon$.

证明　不妨设 $\mu(X) = 1$. 设 $\{x_1, x_2, \cdots\}$ 为 X 的稠密子集, 令

$$A_{nk} := \left\{ x : \rho(x, x_k) \leqslant \frac{1}{n} \right\}.$$

则

$$\cup_{k=1}^{\infty} A_{nk} = X, \quad \forall n \geqslant 1.$$

设 $\varepsilon > 0$. 对每一 n, 选 k_n 使

$$\mu\left(\cup_{i=1}^{k_n} A_{ni}\right) > \mu(X) - \varepsilon 2^{-n}.$$

令

$$K := \cap_{n=1}^{\infty} \cup_{i=1}^{k_n} A_{ni}.$$

则 K 是全有界闭集, 因而由 X 的完备性, K 是紧集. 且有

$$\mu(K^c) \leqslant \sum_n \varepsilon 2^{-n} = \varepsilon.$$

Q.E.D.

注 这里完备性不能去掉, 见 [1].

这个定理的一个直接推论 μ 是正则的.

定理 10.3.2 设 μ 是 $(X, \mathscr{B})$ 上的有限测度, 则 μ 是正则的, 即对任意 $A \in \mathscr{B}$,

$$\mu(A) = \sup\{\mu(K),\ K \subset A \text{ 且 } K \text{ 为紧集}\} \tag{3.1}$$

$$= \inf\{\mu(O),\ O \supset A \text{ 且 } O \text{ 为开集}\}. \tag{3.2}$$

这里 (3.1) 叫内正则性, (3.2) 叫外正则性.

证明 $\forall \varepsilon > 0$, 取 Ulam 定理中的紧集 K. 设 A 是闭集, 则 $K \cap A$ 是紧集且

$$\mu(A) - \mu(K \cap A) \leqslant \mu(K^c) < \varepsilon.$$

而如果令

$$O_n := \left\{x : \rho(x, A) < \frac{1}{n}\right\}.$$

则 O_n 是开集且 $O_n \downarrow A$, 所以 $\mu(O_n) \downarrow \mu(A)$. 所以闭集满足 (3.1) 与 (3.2).

于是, 令 $\mathscr{E}$ 表示 $\mathscr{S}$ 中满足 (3.1) 与 (3.2) 的集合全体, 则 $\mathscr{E}$ 包含了所有闭集. 这样, 由 λ-π 定理, 只要证明了 $\mathscr{E}$ 为 λ 类, 就有 $\mathscr{E} = \mathscr{S}$.

下面证明 $\mathscr{E}$ 为 λ 类.

(1) 因为 X 是闭集, 所以 $X \in \mathscr{E}$.

(2) 设 $E, F \in \mathscr{E}$, $E \supset F$. $\forall \varepsilon > 0$, 取开集 O_1, O_2, 紧集 K_1, K_2 使得

$$K_1 \subset E \subset O_1, \quad \mu(O_1) - \varepsilon < \mu(E) < \mu(K_1) + \varepsilon;$$

$$K_2 \subset F \subset O_2, \quad \mu(O_2) - \varepsilon < \mu(F) < \mu(K_2) + \varepsilon.$$

于是 $K_1 \setminus O_2$ 为紧集, $O_1 \setminus K_2$ 为开集,

$$K_1 \setminus O_2 \subset E - F \subset O_1 - K_2,$$

且

$$\mu(K_1 \setminus O_2) \geqslant \mu(K_1) - \mu(O_2) > \mu(E) - \mu(F) - 2\varepsilon = \mu(E - F) - 2\varepsilon,$$

$$\mu(O_1 \setminus K_2) \leqslant \mu(O_1) - \mu(K_2) < \mu(E) - \mu(F) + 2\varepsilon = \mu(E - F) + 2\varepsilon.$$

因此 $E - F \in \mathscr{E}$.

(3) 设 $\{E_n, n \geqslant 1\} \subset \mathscr{E}$, $E_n \uparrow E$. $\forall \varepsilon > 0$, 取 K_n 紧, O_n 开, $O_n \uparrow$.

$$K_n \subset E_n \subset O_n,$$

$$\mu(O_n) - \varepsilon < \mu(E_n) < \mu(K_n) + \varepsilon$$

(想想为什么需要且可以做到 $O_n \uparrow$?). 取 N 使得

$$\mu(E) < \mu(E_N) + \varepsilon.$$

再令

$$K = K_N, \quad O = \cup_{n=1}^{\infty} O_n.$$

则 K 紧, O 开, $K \subset E \subset O$ 且

$$\begin{aligned}\mu(O) &\leqslant \lim_{n\to\infty} \mu(O_n) \leqslant \lim \mu(E_n) + \varepsilon \\ &= \mu(E) + \varepsilon \leqslant \mu(E_N) + 2\varepsilon < \mu(K) + 3\varepsilon.\end{aligned}$$

因此 $E \in \mathscr{E}$. Q.E.D.

为什么要研究测度的正则性呢? 下面的问题恐怕是驱动力之一.

设 $\mathscr{A}_0$ 是代数, $\mathscr{A}_1$ 是一紧集族, μ 是定义在 $\mathscr{A}_0 \cup \mathscr{A}_1$ 所产生的代数 $\mathscr{A}$ 上的非负有限可加的有限集函数. 由测度扩张定理, μ 可扩张到 $\sigma(\mathscr{A}_0)$ 上去的充要条件是它在 $\mathscr{A}_0$ 上是可列可加的. 而这个可列可加性可以通过下面的结果得到.

命题 10.3.3 在上述记号下, 若对任意 $A \in \mathscr{A}_0$,

$$\mu(A) = \sup\{\mu(K),\ K \subset A \text{ 且 } K \in \mathscr{A}_1\}.$$

则 μ 在 $\mathscr{A}_0$ 上是可列可加的.

证明 下面的证明的思想和构造 Lebesgue-Stieltjes 测度的思想是一样的, 即用紧集的有限覆盖性质.

令

$$\mathscr{A}_2 := \{A : A^c \in \mathscr{A}_1\}.$$

则 $\mathscr{A}_2$ 为一开集族且 $\mathscr{A}_2 \subset \mathscr{A}$, 因而 μ 在 $\mathscr{A}_2$ 上有定义. 由于 $\mathscr{A}_0$ 是代数, 所以由假设有

$$\mu(A)=\inf\{\mu(O),\ O \supset A \text{ 且} O \in \mathscr{A}_2\}, \quad \forall A \in \mathscr{A}_0.$$

设 $A, A_n \in \mathscr{A}_0$ 且

$$A = \sum_{n=1}^{\infty} A_n.$$

则对任意 N,

$$\sum_{n=1}^{N} A_n \subset A,$$

故

$$\sum_{n=1}^{N} \mu(A_n) \leqslant \mu(A).$$

所以

$$\sum_{n=1}^{\infty} \mu(A_n) \leqslant \mu(A).$$

下面证明反向不等式. 任意固定的 $\varepsilon > 0$. 对任意 n, 找 $O_n \in \mathscr{A}_2$ 使 $O_n \supset A_n$ 且

$$\mu(O_n) \leqslant \mu(A_n) + \varepsilon 2^{-n}.$$

再找 $\mathscr{A}_1$ 中的紧集 $K \subset A$ 使

$$\mu(A) \leqslant \mu(K) + \varepsilon.$$

由于

$$K \subset \cup_{n=1}^{\infty} O_n,$$

由有限覆盖定理, 存在 N 使得

$$K \subset \cup_{n=1}^{N} O_n.$$

因此

$$\mu(K) \leqslant \sum_{n=1}^{N} \mu(O_n),$$

从而

$$\mu(A) \leqslant \sum_{n=1}^{\infty} \mu(O_n) + \varepsilon$$

$$\leqslant \sum_{n=1}^{\infty} \mu(A_n) + 2\varepsilon.$$

令 $\varepsilon \downarrow 0$ 就得到要证的不等式. Q.E.D.

以上是正则性的一个应用, 内外正则性都用到了. 下面则是外正则性的一个应用.

回忆 $\mathscr{F}$ 上测度 μ 的可分性的定义: 在 $\mathscr{F}$ 上定义度量

$$d(A,B) := d_\mu(A,B) := \mu(A\triangle B).$$

若 $(\mathscr{F}, d)$ 为可分度量空间, 则称 μ 是可分的.

命题 10.3.4 设 μ 是 $\mathscr{B}$ 上的有限测度, 则 μ 是可分的, 并且对所有的有限测度 μ, $(\mathscr{F}, d_\mu)$ 拥有一个共同的可数稠密子集.

证明 设 $\{x_i, i \geqslant 1\}$ 是 X 的稠密子集. 取 $\mathscr{B}$ 的可数子类:

$$\mathscr{E} = \left\{\cup_{i=1}^n B_r(x_i) : n \geqslant 1, r\text{为有理数}\right\}.$$

设 $A \in \mathscr{B}$. $\forall \varepsilon > 0$, 取开集 O, 使得

$$A \subset O, \quad \mu(O - A) < \varepsilon.$$

令 $A_0 = O \cap \{x_i, i \geqslant 1\}$. 对 $x \in A_0$, 令

$$\mathbb{Q}_0(x) = \{r : r \text{ 为有理数且 } B_r(x) \subset O\}.$$

则

$$O = \cup_{x\in A_0} \cup_{r\in\mathbb{Q}_0(x)} B_r(x).$$

这样就存在 $O_n \in \mathscr{E}$ 使得 $O_n \uparrow O$. 于是存在 $O_0 \in \mathscr{E}$ 使得

$$O_0 \subset O, \quad \mu(O - O_0) < \varepsilon.$$

从而

$$\mu(A\triangle O_0) \leqslant \mu(O - A) + \mu(O - O_0) < 2\varepsilon.$$

这说明 $\mathscr{E}$ 是稠密子集. 由于 $\mathscr{E}$ 与 μ 无关, 所以也就证明了第二个结论. Q.E.D.

设 $(X, \mathscr{F})$ 为可测空间. 若存在 $\mathscr{F}$ 的可数子集 $\mathscr{F}_0$ 使得 $\mathscr{F}$ 上任意两个测度若在 $\mathscr{F}_0$ 上相等则恒等, 则称 $\mathscr{F}$ 是可数决定的. 这样我们就有如下推论.

推论 10.3.5 (1) 设 X 是 Polish 空间, 则其上的 Borel 代数 $\mathscr{B}$ 是可数决定的.

(2) 任给 $\mathscr{B}$ 上的有限测度 μ, $L^p(X, \mathscr{B}, \mu)$ 是可分的.

我们知道, 由 λ-π 定理, 两个测度只要在闭集上相等, 则恒等. 现在可以把条件进一步放宽.

推论 10.3.6 设 μ_1 与 μ_2 是 $(X, \mathscr{B})$ 上的两个测度. 若它们在紧集上相等, 或者在开集上相等, 则恒等.

证明 以在紧集上相等为例. 任取 $A \in \mathscr{B}$, 取紧集 $K_{i,n} \uparrow$, $K_{i,n} \subset A$ 使得

$$\mu_i(K_{i,n}) \uparrow \mu_i(A), \quad i = 1, 2.$$

令 $K_n = K_{1,n} \cup K_{2,n}$, 则

$$\mu_i(A) = \lim_n \mu_i(K_n).$$

但对任意 n, $\mu_1(K_n) = \mu_2(K_n)$, 所以 $\mu_1(A) = \mu_2(A)$. Q.E.D.

我们还知道可测函数可由简单函数逼近, 而可积函数也可以由简单函数在平均的意义下逼近. 在现在的情形下, 我们可以说得更多.

令

$$\mathscr{H}_0 := \left\{ \sum_{i=1}^n \alpha_i 1_{O_i} : n \geqslant 1,\ \alpha_i \in \mathbb{R},\ O_i\text{是开集} \right\},$$

$$\mathscr{H}_1 := \left\{ \sum_{i=1}^n \alpha_i 1_{K_i} : n \geqslant 1,\ \alpha_i \in \mathbb{R},\ K_i\text{是紧集} \right\},$$

$$\mathscr{H}_2 := X\ \text{上的有界连续函数全体}.$$

推论 10.3.7 设 f 可积. 则 $\forall \varepsilon > 0$, 存在 $f_i \in \mathscr{H}_i$, $i = 0, 1$, 使得

$$\int |f - f_i| d\mu < \varepsilon.$$

证明 由控制收敛定理, 存在简单函数 φ 使得

$$\int |f - \varphi| d\mu < \frac{\varepsilon}{2}.$$

设 $\varphi = \sum_{i=1}^n \alpha_i 1_{A_i}$, $A_i \in \mathscr{B}$. 令 $M = \max_i |\alpha_i|$. 由定理 10.3.2, 有紧集 $K_i \subset A_i$ 使得

$$\mu(A_i - K_i) < \frac{\varepsilon}{2nM}.$$

从而

$$\int \left| \sum_{i=1}^n \alpha_i 1_{A_i} - \sum_{i=1}^n \alpha_i 1_{K_i} \right| d\mu \leqslant \frac{\varepsilon}{2}.$$

于是

$$\int \left| f - \sum_{i=1}^n \alpha_i 1_{K_i} \right| d\mu < \varepsilon.$$

关于 $\mathscr{H}_1$ 的结论证毕. 关于 $\mathscr{H}_0$ 的结论可同样证明.

再对每个 K_i, 像引理 10.1.1 证明中那样构造 $f_{i,n}$:

$$f_{i,n}(x) := \mathrm{e}^{-n\rho(x,K_i)}.$$

则对每一 i, 都有 n_i 使得

$$\int |f_{i,n_i} - 1_{K_i}| d\mu < \frac{\varepsilon}{nM}.$$

显然 $\sum_{i=1}^n \alpha_i f_{i,n_i} \in \mathscr{H}_2$ 且

$$\int \left| \sum_{i=1}^n \alpha_i f_{i,n_i} - \sum_{i=1}^n \alpha_i 1_{K_i} \right| d\mu < \varepsilon.$$

因此

$$\int \left| f - \sum_{i=1}^n \alpha_i f_{i,n_i} \right| d\mu < 2\varepsilon,$$

这就完成了证明. Q.E.D.

10.4 正则条件概率与正则条件分布

在 9.5 节提出过条件期望能否表示为条件概率的积分的问题. 现在我们回到这一问题.

10.4.1 给定 σ-代数时的正则条件概率

定义 10.4.1 设 $(\Omega, \mathscr{F}, P)$ 是概率空间, $\mathscr{G}$ 是 $\mathscr{F}$ 的子 σ-代数. 称系统 $\{p(\omega, A), \omega \in \Omega, A \in \mathscr{F}\}$ 为给定 $\mathscr{G}$ 时的正则条件概率, 如果它满足以下条件:

(1) 对固定的 $\omega \in \Omega$, $p(\omega, \cdot)$ 是 $(\Omega, \mathscr{F})$ 上的概率;

(2) 对固定的 $A \in \mathscr{F}$, 函数 $\omega \mapsto p(\cdot, A)$ 为 $\mathscr{G}$-可测;

(3) 对任意正的随机变量 $\xi \in \mathscr{F}$,

$$E[\xi|\mathscr{G}](\omega) = \int \xi(\omega') p(\omega, d\omega').$$

设这个正则条件概率存在, 则对随机变量 $\eta \in \mathscr{F}$, 给定 $\mathscr{G}$ 时 η 的正则条件分布定义为

$$q(\omega, B) := p(\omega, \eta^{-1}(B)), \quad B \in \mathscr{B}(\mathbb{R}).$$

定理 10.4.2 若 Ω 是 Polish 空间, $\mathscr{F}$ 是其 Borel σ-代数, P 为其上概率测度, $\mathscr{G}$ 是 $\mathscr{F}$ 的子 σ-代数. 则存在给定 $\mathscr{G}$ 时的正则条件概率系统 $\{p(\omega, A)\}$, 且 $\{p(\omega, A)\}$ 在如下意义下是唯一的: 若另有 $\{p'(\omega, A)\}$ 满足同样的性质, 则存在 $B \in \mathscr{F}, P(B) = 0$, 使得 $p(\omega, A) = p'(\omega, A), \forall (\omega, A) \in B^c \times \mathscr{F}$.

证明 任取 Ω 的一可数基, 其生成的代数记为 $\mathscr{A}_0$. 则 $\mathscr{A}_0$ 也可数且 $\sigma(\mathscr{A}_0) = \mathscr{F}$. 由 P 的正则性, 对每个 $A \in \mathscr{A}_0$, 存在上升紧集列 $\{K_n(A)\}$ 使 $K_n(A) \uparrow, K_n(A) \subset A, \forall n \geqslant 1$, 且

$$P(K_n(A)) \uparrow P(A).$$

这样选出来的紧集全体记为 $\mathscr{A}_1$, 即

$$\mathscr{A}_1 := \{K_n(A),\ A \in \mathscr{A}_0, n \geqslant 1\}.$$

则 $\mathscr{A}_1$ 依然可数. 记它们与 $\mathscr{A}_0$ 生成的代数为 $\mathscr{A}$, 则 $\mathscr{A}$ 也可数. 对 $A \in \mathscr{A}$, 任取 $P(A|\mathscr{G})$ 的一个版本 $q(\omega, A)$. 对任意互不相交的 $A_1, \cdots, A_n \in \mathscr{A}$, 令

$$N(A_1, \cdots, A_n) = \left\{\omega : q\left(\omega, \sum_{i=1}^{n} A_i\right) \neq \sum_{i=1}^{n} q(\omega, A_i)\right\}.$$

则 $P(N(A_1, \cdots, A_n)) = 0$. 再令

$$N_1 = \cup_{n=1}^{\infty} \cup_{A_1, \cdots, A_n \in \mathscr{A}, A_i \text{互不相交}} N(A_1, \cdots, A_n) \cup \{\omega : q(\omega, \Omega) \neq 1\}.$$

则 $\mathrm{P}(N_1) = 0$, 且对任意 $\omega \notin N_1$, $q(\omega, \cdot)$ 为 $\mathscr{A}$ 上非负有限可加集函数且 $q(\omega, \Omega) = 1$.

若 $A \in \mathscr{A}_0$, 则存在 $K_n \uparrow$, $K_n \in \mathscr{A}_1$, $A \supset K_n$, 使

$$P(K_n) \uparrow P(A).$$

则

$$1_{K_n} \uparrow 1_A \quad \text{a.s.}.$$

由条件期望的单调收敛定理, 有

$$q(\omega, K_n) \uparrow q(\omega, A) \quad \text{a.s.}.$$

所以存在 P-零集 N_2 使上式对任意 $\omega \notin N_2$ 及任意 $A \in \mathscr{A}_0$ 成立. 这样, 由引理 10.3.3, 对 $\omega \notin N_1 \cup N_2$, $q(\omega, \cdot)$ 为 $\mathscr{A}_0$ 上的测度, 因而可扩张到 $\mathscr{F}$ 上.

任取 $\mathscr{F}$ 上一概率测度 Q(譬如就取 $Q = P$, 如果你愿意的话), 定义 $(\Omega, \mathscr{F})$ 上的函数

$$p(\omega, F) = \begin{cases} q(\omega, F), & \omega \notin N_1 \cup N_2, \\ Q(F), & \omega \in N_1 \cup N_2. \end{cases}$$

下面验证 p 满足定理中的所有要求. 令

$$\mathscr{H} := \left\{ f : f \in L^1, E[f|\mathscr{G}](\omega) = \int f(\omega')p(\omega, d\omega') \right\}.$$

则 $\mathscr{H}$ 是单调类, 且由刚刚证明的结论 $1_A \in \mathscr{H}$, $\forall A \in \mathscr{A}_0$. 因此由单调类定理 1.6.11, $\mathscr{H} = L^1$. 存在性得证.

往证唯一性. 设 $\{q(\omega, A)\}$ 满足同样的性质. 由命题 10.3.4, 可取 $\{A_i, i = 1, 2, \cdots\} \subset \mathscr{F}$ 使之成为所有 $(\mathscr{F}, d_{p(\omega,\cdot)})$ 与 $(\mathscr{F}, d_{q(\omega,\cdot)})$ 的稠密子集. 令

$$B := \cup_{i=1}^{\infty} \{\omega : p(\omega, A_i) \neq q(\omega, A_i)\}.$$

则 $P(B) = 0$, 且 $p(\omega, A) = q(\omega, A)$, $\forall (\omega, A) \in (B^c, \mathscr{F})$. Q.E.D.

推论 10.4.3　*在定理 10.4.2 的条件下, 设 $\mathscr{G}_0$ 是 $\mathscr{G}$ 的子 σ-代数且是可数决定的. 则存在 P-零集 $N \in \mathscr{G}$ 使得*

$$p(\omega, G) = 1_G(\omega), \quad \forall \omega \in N^c, \quad G \in \mathscr{G}_0.$$

证明　设 $\mathscr{G}_{00}$ 是 $\mathscr{G}_0$ 的可数决定集. 则 $\forall G \in \mathscr{G}_{00}$, $\exists N_G$, $P(N_G) = 0$, 使得

$$p(\omega, G) = 1_G(\omega), \quad \forall \omega \in N_G^c.$$

令

$$N = \cup_{G \in \mathscr{G}_{00}} N_G.$$

则

$$p(\omega, G) = 1_G(\omega), \quad \forall \omega \in N^c, \quad G \in \mathscr{G}_{00}.$$

而对于固定的 ω, 上式两边都是 $\mathscr{G}_0$ 上的测度. 因此

$$p(\omega, G) = 1_G(\omega), \quad \forall \omega \in N^c, \quad G \in \mathscr{G}_0.$$

Q.E.D.

话是说得漂亮, 只是"$\mathscr{G}_0$ 是可数决定的"这一条件很多情况下难以验证 (千万不要以为可数决定的子类一定是可数决定的). 不过对下面这种特殊情况是容易验证的: 若 $(Y, \mathscr{Y})$ 是可测空间, 且 $\mathscr{Y}$ 是可数决定的. 于是对 $\eta : \Omega \mapsto Y$, $\eta^{-1}(\mathscr{Y})$ 也是可数决定的. 因此, 若进一步 $\eta : \Omega \mapsto Y$ 为 $\mathscr{G}/\mathscr{Y}$ 可测, 则由上一推论, 对 P-几乎所有的 ω 及所有的 $B \in \mathscr{Y}$, 有

$$p(\omega, \eta^{-1}(B)) = 1_{\eta^{-1}(B)}(\omega).$$

更进一步, 若任给 $y \in Y$, $\{y\} \in \mathscr{Y}$, 则对 P-几乎所有的 ω 都有

$$p(\omega, \{\omega' : \eta(\omega') = \eta(\omega)\}) = 1.$$

10.4.2 给定可测映射时的正则条件概率

同理, 我们可以对给定随机变量时的条件概率证明类似的结果.

定理 10.4.4 若 Ω 是 Polish 空间, $\mathscr{F}$ 是其 Borel σ-代数, P 是其上概率测度. 再设 $(Y,\mathscr{Y})$ 为可测空间, $\eta:\Omega\mapsto Y$ 为 $\mathscr{F}/\mathscr{Y}$ 可测. 则存在一个二元函数 $p(y,A),y\in Y,A\in\mathscr{F}$, 使得 $\forall y$, $A\to p(y,A)$ 为 $(\Omega,\mathscr{F})$ 上的概率测度, 而 $\forall A\in\mathscr{F}$, $y\to p(y,A)\in\mathscr{Y}$, 且对任意 $\xi\in L^1(P)$ 有

$$E[\xi|\eta=y]=\int\xi(\omega)p(y,d\omega).$$

而且, 若 $\{p'(y,A)\}$ 是任意这样的系统, 则存在 ν-零集 $N\in\mathscr{Y}$ 使得对任意 $y\in N^c$ 有

$$p(y,A)=p'(y,A),\quad \forall A\in\mathscr{F}.$$

$p(\cdot,\cdot)$ 称为关于 η 的正则条件概率.

推论 10.4.5 设在定理 10.4.4 中 $\mathscr{Y}_0$ 是 $\mathscr{Y}$ 的可数决定的子 σ-代数, 且 $\{y\}\in\mathscr{Y}_0$, $\forall y\in Y$. 则存在 ν-零集 $N\in\mathscr{Y}$, 使得对任意 $y\in N^c$ 有

$$p(y,\eta^{-1}(B))=1_B(y),\quad \forall B\in\mathscr{Y}_0.$$

特别地, $\forall y\in N^c$,

$$p(y,\eta^{-1}(y))=1.$$

10.4.3 给定 σ-代数时的正则条件分布

前面我们看到, 在正则条件概率存在的情况下, 可以定义正则条件分布. 但实际上我们可以做得更细致一些, 即正则条件分布的定义和存在性可以不依赖于正则条件概率的存在性而独立地给出. 此时对概率空间没有要求, 但对随机变量的值空间有一定的要求. 这就是下面的定理及定义.

定理及定义 10.4.6 设 $(\Omega,\mathscr{F},P)$ 是概率空间, $(X,\mathscr{B})$ 是 Polish 空间, $\xi:\Omega\mapsto X$ 是 $\mathscr{F}/\mathscr{B}$ 可测. 设 $\mathscr{G}$ 是 $\mathscr{F}$ 的子 σ-代数. 则存在定义在 $\Omega\times\mathscr{B}$ 上的函数 $p(\omega,B)$ 使得

(1) $\forall\omega\in\Omega$, $B\mapsto p(\omega,B)$ 为 $\mathscr{B}$ 上的概率;

(2) $\forall B\in\mathscr{B}$, $\omega\mapsto p(\omega,B)$ 为 $\mathscr{G}$-可测函数;

(3) 对 $(X,\mathscr{B})$ 上的任意有界可测函数 f,

$$E[f(\xi)|\mathscr{G}]=\int_X f(x)p(\omega,dx).$$

并且, 若 p' 为满足同样性质的另一系统, 则存在 P-零集 $N\in\mathscr{G}$, 使得

$$p'(\omega,B)=p(\omega,B),\quad \forall(\omega,B)\in N^c\times\mathscr{B}.$$

p 称为给定 $\mathscr{G}$ 时 ξ 的正则条件分布.

这个定理的证明和定理 10.4.2 的证明一样, 在此略去了.

推论 10.4.7　一切同上. 设 $\mathscr{B}_0$ 是 $\mathscr{B}$ 的子 σ-代数且是可数决定的. 则存在 P-零集 $N \in \mathscr{G}$ 使得

$$p(\omega, G) = 1_B(\omega), \quad \forall (\omega, B) \in N^c \times \mathscr{B}_0.$$

10.4.4　给定可测映射时的正则条件分布

如果给定的是随机映射, 则有如下结论.

定理及定义 10.4.8　设 $(\Omega, \mathscr{F}, P)$ 是概率空间, $(X, \mathscr{B})$ 是 Polish 空间, $(Y, \mathscr{Y})$ 是可测空间. $\xi : \Omega \to X$ 为 $\mathscr{F}/\mathscr{B}$ 可测, $\eta : \Omega \to Y$ 为 $\mathscr{F}/\mathscr{Y}$-可测. 则存在定义在 $Y \times \mathscr{B}$ 上的函数 $p(y, B)$ 使得

(1) $\forall y \in Y$, $B \mapsto p(y, B)$ 为 $\mathscr{B}$ 上的概率测度;

(2) $\forall B \in \mathscr{B}$, $y \mapsto p(y, B)$ 为 $\mathscr{Y}$-可测函数;

(3) 对 $(X, \mathscr{B})$ 上的任意有界可测函数 f,

$$E[f(\xi)|\eta = y] = \int_X f(x) p(y, dx).$$

并且, 若 p' 为满足同样性质的另一系统, 则存在 ν-零集 $N \in \mathscr{Y}$, 其中 ν 为 η 的分布, 使得

$$p'(y, B) = p(y, B), \quad \forall (y, B) \in N^c \times \mathscr{B}.$$

p 称为给定 η 时 ξ 的正则条件分布.

推论 10.4.9　设在上一定理中存在 $g : X \mapsto Y$, $g \in \mathscr{B}/\mathscr{Y}$, 使得 $\eta = g(\xi)$. 又设 $\mathscr{Y}_0$ 是 $\mathscr{Y}$ 的可数决定的子 σ-代数, 且对 $\forall y \in Y$, $\{y\} \in \mathscr{Y}_0$. 则存在 ν-零集 $N \in \mathscr{Y}$, 其中 ν 是 η 的分布, 使得对任意 $y \in N^c$ 有

$$p(y, g^{-1}(E)) = 1_E(y), \quad \forall E \in \mathscr{Y}_0.$$

特别地, $\forall y \in N^c$,

$$p(y, g^{-1}(y)) = 1.$$

10.5　概率测度的弱收敛

10.5.1　定义及基本性质

在关于积分号下取极限的诸多结果中, 我们总是固定测度, 而让被积函数变化. 然而应用中往往还需要考虑固定被积函数, 而让测度变化的情况. 例如, 在初等概

率论中我们知道, 如果一列分布函数弱收敛到一个分布函数, 那么相应的特征函数就是处处收敛的, 反之也对.

现在, 代替 $\mathbb{R}$, 考虑一般的 Polish 空间上的概率测度的弱收敛问题. 我们沿用前面的记号并将 X 上的有界连续函数空间记为 $C_b(X)$.

定义 10.5.1 对 $A \subset X$, A 的内部记为 A^o, 闭包记为 $\bar{A}$, 边界记为 ∂A. 设 μ 是 $\mathscr{B}$ 上测度, 如果 $\mu(\partial A) = 0$, 则称 A 是 μ 的连续集.

定义 10.5.2 设 $P, P_1, P_2, \cdots$ 为 $(X, \mathscr{B})$ 上的概率测度. 若

$$\lim_{n\to\infty} \int f dP_n = \int f dP, \quad \forall f \in C_b(X),$$

则称 P_n 弱收敛于 P, 记为 $P_n \Rightarrow P$.

由推论 10.1.2, 弱收敛的极限是唯一的.

像普通数列的收敛一样, 有如下命题.

命题 10.5.3 若序列 $\{P_n\}$ 的任意子列均包含一个弱收敛到 P 的子子列, 则 $P_n \Rightarrow P$.

证明 设 $P_n \not\Rightarrow P$, 则存在 $f \in C_b(X)$, $\varepsilon > 0$ 及一子列 $n_k \to \infty$, 使得

$$\left| \int f dP_{n_k} - \int f dP \right| > \varepsilon, \quad \forall k.$$

故在 $\{P_{n_k}\}$ 中不可能抽出弱收敛到 P 的子列. Q.E.D.

下面是弱收敛概念的几种等价形式.

定理 10.5.4 下列说法等价:

(i) $P_n \Rightarrow P$.

(ii) $\limsup_n P_n(A) \leqslant P(A)$, $\forall$ 闭集 A.

(iii) $\liminf_n P_n(A) \geqslant P(A)$, $\forall$ 开集 A.

(iv) $\lim_n P_n(A) = P(A)$, $\forall$ P 的连续集 A.

证明 (ii)$\Leftrightarrow$(iii) 是显然的, 因为考虑余集即可.

(i)$\Rightarrow$(ii) 设 A 闭. 令

$$A_\varepsilon := \{x : \rho(x, A) < \varepsilon\},$$

$$f_\varepsilon(x) = g\left(\frac{1}{\varepsilon}\rho(x, A)\right), \quad \varepsilon > 0,$$

其中

$$\rho(x, A) = \inf\{\rho(x, y) : \ y \in A\},$$

$$g(t) = \begin{cases} 1, & t = 0, \\ 1 - t, & t \in (0, 1], \\ 0, & t \geqslant 1. \end{cases}$$

则 $f_\varepsilon \in C_b(X)$, $f_\varepsilon \leqslant 1_{A_\varepsilon}$, $\forall \varepsilon > 0$. 由于 A 闭, 所以 $\varepsilon \downarrow 0$ 时 $A_\varepsilon \downarrow A$. 于是

$$\limsup_n P_n(A) \leqslant \limsup_n \int f_\varepsilon dP_n = \int f_\varepsilon dP \leqslant P(A_\varepsilon) \downarrow P(A), \quad \varepsilon \downarrow 0.$$

(ii)+(iii)⇒(iv) 设 $P(\partial A) = 0$. 我们有

$$\limsup_n P_n(A) \leqslant \limsup_n P_n(\bar{A}) \leqslant P(\bar{A}) = P(A),$$

$$\liminf_n P_n(A) \geqslant \liminf_n P_n(A^o) \geqslant P(A^o) = P(A).$$

所以

$$\lim_n P_n(A) = P(A).$$

(iv)⇒(i) 设 f 为 X 上有界连续函数, $\sup_{x\in X} |f(x)| < M$. 令

$$D := \{t: \ P(f = t) \neq 0\}.$$

则 D 为可数集. 因此, 对任意 $\varepsilon > 0$, 存在 $[-M, M]$ 的分割:

$$-M = t_0 < t_1 < t_2 < \cdots < t_k = M,$$

使 $t_i \notin D$ 且 $\max_i |t_i - t_{i-1}| < \varepsilon$.

令

$$B_i := \{x : t_{i-1} \leqslant f(x) < t_i\} = f^{-1}([t_{i-1}, t_i)).$$

由于 f 连续, 故 $f^{-1}((t_i, t_{i+1}))$ 是开集, 于是

$$\partial B_i \subset f^{-1}(\{t_{i-1}\}) \cup f^{-1}(\{t_i\}).$$

所以

$$P(\partial B_i) = 0.$$

从而

$$\lim_n P_n(B_i) = P(B_i), \quad \forall i = 1, \cdots, k.$$

但

$$\begin{aligned} &\left|\int f dP_n - \int f dP\right| \\ \leqslant &\left|\int f dP_n - \sum_{i=1}^k t_i P_n(B_i)\right| + \left|\sum_{i=1}^k t_i P_n(B_i) - \sum_{i=1}^k t_i P(B_i)\right| \\ &+ \left|\int f dP - \sum_{i=1}^k t_i P(B_i)\right| \end{aligned}$$

$$\leqslant 2\varepsilon + \left|\sum_{i=1}^{k} t_i P_n(B_i) - \sum_{i=1}^{k} t_i P(B_i)\right|,$$

故

$$\limsup_n \left|\int f dP_n - \int f dP\right| \leqslant 2\varepsilon.$$

由 ε 的任意性便得

$$\lim_n \left|\int f dP_n - \int f dP\right| = 0. \qquad \text{Q.E.D.}$$

往下我们需要 X 上的上、下半连续函数的概念.

定义 10.5.5 实函数 f, 如果满足对 $x \in X$ 及任意序列 $x_n \to x$ 均有

$$f(x) \leqslant \liminf_n f(x_n) \tag{5.1}$$

或

$$f(x) \geqslant \limsup_n f(x_n), \tag{5.2}$$

则分别称为下、上半连续的.

注意, (5.1) 和 (5.2) 又分别等价于对任意 $a \in \mathbb{R}$, 集合

$$\{x : f(x) \leqslant a\}$$

或

$$\{x : f(x) \geqslant a\}$$

是闭集.

一个有界的上半连续函数可由闭集的示性函数的线性组合下降地逼近. 事实上, 不妨设 $0 \leqslant f \leqslant 1$, 令

$$f_n(x) := 2^{-n} \sum_{k=0}^{2^n-1} 1_{\{f(x) \geqslant k2^{-n}\}}, \tag{5.3}$$

则 $f_n(x) \downarrow f(x)$, $\forall x \in X$. 同样地, 有界的下半连续函数可由开集的示性函数的线性组合上升地逼近.

现在我们可以叙述更多的等价条件.

定理 10.5.6 下面任何一个条件都和定理 10.5.4 中的条件等价:

(v) 对任意有界一致连续函数 f,

$$\lim_n \int f dP_n = \int f dP.$$

(vi) 对任意有界上半连续函数 f,

$$\limsup_n \int f dP_n \leqslant \int f dP.$$

(vii) 对任意有界下半连续函数 f,

$$\liminf_n \int f dP_n \geqslant \int f dP.$$

证明　显然 (i)⇒(v), 而在 (i)⇒(ii) 所用的函数 f_n 均是一致连续的, 所以 (v)⇒(ii).

(vi) 自然蕴含 (ii), 而用 (5.3) 中的函数逼近很容易证明 (ii)⇒(vi). 同样的道理, (iii)⇔(vii).　Q.E.D.

注　在 $(X,\mathscr{B})$ 上的所有概率测度构成的空间中可定义一个与弱收敛等价的度量, 且在此度量下该空间为 Polish 空间. 见 [8, Ch.2]

现在转到 $X=\mathbb{R}$ 的特殊情形. 回忆一下, 对分布函数 F_n, F, 如果对 F 的所有连续点 x 有 $F_n(x)\to F(X)$, 则称 F_n 弱收敛于 F. 在此也记为 $F_n \Rightarrow F$.

而我们还知道, 分布函数和 $\mathscr{B}$ 上的概率测度是一一对应的.

假设 F_n 对应 P_n, F 对应 P, 那么这两种弱收敛有什么关系呢?

定理 10.5.7　$\{F_n \Rightarrow F\} \Longleftrightarrow \{P_n \Rightarrow P\}$.

证明　设 $P_n \Rightarrow P$. 若 x 为 F 的连续点, 则 $(-\infty,x)$ 为 P 的连续集. 因此

$$\lim_n F_n(x) = \lim_n P_n((-\infty,x)) = P((-\infty,x)) = F(x).$$

反之, 设 $F_n \Rightarrow F$. 为此, 只要证明对任意开集 A 有

$$\liminf_n P_n(A) \geqslant P(A).$$

将 A 表示为至多可数个两两不交的开区间的并集:

$$A = \sum_{k=1}^{\infty} I_k, \quad I_k = (a_k, b_k).$$

固定 $\varepsilon > 0$. 由于 F 的不连续点至多是可数个, 故对每一 k, 可取均是其连续点的 c_k, d_k 使 $I_k' = (c_k, d_k) \subset (a_k, b_k)$ 且

$$P(I_k) \leqslant P(I_k') + 2^{-k}\varepsilon.$$

于是

$$\lim_n P_n(I_k') = P(I_k') \geqslant P(I_k) - 2^{-k}\varepsilon.$$

这样由 Fatou 引理就有

$$
\begin{aligned}
\liminf_n P_n(A) &= \liminf_n \sum_k P_n(I_k) \\
&\geqslant \sum_k \liminf_n P_n(I_k) \\
&\geqslant \sum_k \liminf_n P_n(I_k') \\
&= \sum_k P(I_k') \\
&\geqslant \sum_k (P(I_k) - 2^{-k}\varepsilon) \\
&= P(A) - \varepsilon.
\end{aligned}
$$

由 ε 的任意性便得

$$\liminf_n P_n(A) \geqslant P(A).$$ Q.E.D.

10.5.2 Skorohod 表现定理

设 $(\Omega, \mathscr{F}, Q)$ 为概率空间, ξ_n, ξ 是其上随机变量, P_n, P 分别是其分布. 设 $\xi_n \to \xi$ a.s.. 如果 A 是开集, 那么

$$\liminf_n 1_A(\xi_n) \geqslant 1_A(\xi).$$

因此由 Fatou 引理

$$P(A) \leqslant \int \liminf_n 1_A(\xi_n) dQ \leqslant \liminf_n \int 1_A(\xi_n) dQ = \liminf_n P_n(A).$$

故 $P_n \Rightarrow P$. 所以几乎处处收敛蕴含了其分布的弱收敛.

反过来呢? 反过来是不一定的. 首先, 分布在同一空间上的随机变量完全可以定义在不同的概率空间上, 因此几乎处处收敛便无从谈起. 其次, 即便它们都定义在同一个概率空间上, 也非常可能不几乎处处收敛, 这只要看下面的简单例子就可以了. 设 X 为满足

$$Q(\xi = 1) = Q(\xi = -1) = \frac{1}{2}$$

的随机变量, 令

$$\xi_n = (-1)^n \xi.$$

则 $P_n \Rightarrow P$, 但 ξ_n 几乎处处不收敛.

如果有人争辩说, 在上述例子中, 可以找出子列几乎处处收敛到 ξ, 那么还可以构造出简单的例子使得无法抽出子列收敛 —— 你可以自己试试看怎么构造.

尽管如此, Skorohod 说了, 上述命题在某种意义下还是可以反过来的. Skorohod 的结果证明很复杂, 我们以下面的简单一点的结果为先导.

顺便说一下, 如果你想领略一下 Skorohod 的创造力有多强, 你最好自己试着证明一下下面这个哪怕是简单一些的结果, 看需要多少时间能证出来 —— 请注意你现在已经知道了这个结果是正确的, 人家 Skorohod 当年可是在摸着石头过河, 天知道能否摸过去; 而如果你实在证不出来, 看懂证明.

以 Ω 表示单位区间 $[0,1)$, $\mathscr{F}=\mathscr{B}\cap\Omega$, Q 表示 $\mathscr{F}$ 上的 Lebesgue 测度.

定理 10.5.8　*对 $(X,\mathscr{B})$ 上的任意概率测度 P, 存在定义在 $(\Omega,\mathscr{F},Q)$ 上, 取值于 $(X,\mathscr{B})$ 的随机变量以 P 为分布.*

注　在本定理及下一定理中, 完备性可以去掉, 见 [12].

证明　设 $X_0:=\{x_1,x_2,\cdots\}$ 为 X 的稠密子集, 令

$$B_{k,i}:=\{x:\rho(x,x_i)\leqslant 2^{-k}\}.$$

则对任意正整数 k, $X=\cup_i B_{k,i}$. 再令

$$D_{k,1}:=B_{k,1},$$

$$D_{k,n}:=B_{k,n}\setminus(B_{k,1}\cup\cdots\cup B_{k,n-1}),$$

$$S_{i_1,\cdots,i_k}:=D_{1,i_1}\cap\cdots\cap D_{k,i_k}.$$

则 $\{S_{i_1,\cdots,i_k}\}$ 满足如下条件:

(1) $(i_1,\cdots,i_n)\neq(j_1,\cdots,j_k)\Longrightarrow S_{i_1,\cdots,i_k}\cap S_{j_1,\cdots,j_k}=\varnothing$;

(2) $\forall j$, $S_{i_1,\cdots,i_k},\ j\subset S_{i_1,\cdots,i_k}$ 且

$$\cup_{j=1}^{\infty}S_{i_1,\cdots,i_k,j}=S_{i_1,\cdots,i_k};$$

(3) $d(S_{i_1,\cdots,i_k})\leqslant 2^{-k+1}$, 其中 $d(A):=\sup_{x,y\in A}\rho(x,y)$.

固定 k, 对 $\{S_{i_1,\cdots,i_k}\}$ 定义序关系如下: 若 $i_\beta<j_\beta$ 且对任意 $\alpha<\beta$ 有 $i_\alpha=j_\alpha$, 则

$$S_{i_1,\cdots,i_\beta}\prec S_{j_1,\cdots,j_\beta}.$$

定义 $[0,1)$ 中的区间族 $\{I_{i_1,\cdots,i_k}\}$ 如下:

(1) 每个 $I_{i_1,\cdots,i_k}$ 都是左闭右开的, $|I_{i_1,\cdots,i_k}|=P(S_{i_1,\cdots,i_k})$, 其中 $|A|$ 是 A 的长度;

(2) 若 $S_{i_1,\cdots,i_k}\prec S_{j_1,\cdots,j_k}$, 则 $I_{i_1,\cdots,i_k}$ 位于 $I_{j_1,\cdots,j_k}$ 的左边;

(3) $\{I_{i_1,\cdots,i_k}\}$ 是不留空隙地排列的, 即相邻两个区间的左、右端点重合.

显然, $\{I_{i_1,\cdots,i_k}\}$ 按上述要求是唯一确定的, 且 $\forall l > k$,

$$I_{i_1,\cdots,i_k,\cdots,i_l} \subset I_{i_1,\cdots,i_k}.$$

若 $S_{i_1,\cdots,i_k} \neq \varnothing$, 则选取并固定一个 $x_{i_1,\cdots,i_k} \in S_{i_1,\cdots,i_k}$. 定义

$$\xi^k(\omega) = x_{i_1,\cdots,i_k}, \quad \omega \in I_{i_1,\cdots,i_k}.$$

对 $l > k$, 若 $\omega \in I_{i_1,\cdots,i_k,\cdots,i_l}$, 则必有

$$I_{i_1,\cdots,i_k,\cdots,i_l} \subset I_{i_1,\cdots,i_k}.$$

因此

$$S_{i_1,\cdots,i_k,\cdots,i_l} \subset S_{i_1,\cdots,i_k}.$$

于是

$$\rho(\xi^k(\omega), \xi^l(\omega)) \leqslant 2^{-k+1}.$$

故由 X 的完备性知下列极限存在:

$$\xi(\omega) := \lim_{k\to\infty} \xi^k.$$

往证 ξ 的分布为 P. 由弱极限的唯一性, 这只需证 ξ^k 的分布 P_k 弱收敛到 P.

固定 k. 对每一 $x \in X$, 存在唯一的 $(i_1, \cdots, i_k)$ 使 $x \in S_{i_1,\cdots,i_k}$. 将此 $(i_1, \cdots, i_k)$ 记为 $(i_1(x), \cdots, i_k(x))$, 则有

$$\rho(x, x_{i_1(x),\cdots,i_k(x)}) \leqslant 2^{-k+1}, \quad \forall x \in X.$$

设 f 为 X 上的有界连续函数, 令

$$f_k(x) := \sum_{x_{i_1,\cdots,i_k}} f(x_{i_1,\cdots,i_k}) 1_{S_{i_1(x),\cdots,i_k(x)}}(x) = f(x_{i_1(x),\cdots,i_k(x)}).$$

则

$$\lim_k f_k(x) = f(x), \quad \forall x \in X.$$

因此由控制收敛定理

$$\begin{aligned}
\int f(x) P_k(dx) &= \int f(\xi^k(\omega)) Q(d\omega) \\
&= \sum_{i_1,\cdots,i_k} f(x_{i_1,\cdots,i_k}) Q(I_{i_1,\cdots,i_k}) \\
&= \sum_{i_1,\cdots,i_k} f(x_{i_1,\cdots,i_k}) P(S_{i_1,\cdots,i_k})
\end{aligned}$$

$$\begin{aligned}&= \int f_k(x)P(dx)\\ &\to \int f(x)P(dx).\end{aligned}$$
Q.E.D.

定理 10.5.9 (Skorohod 表现定理)　若 $P_n \Rightarrow P$, 则在 $(\Omega, \mathscr{F}, Q)$ 上存在随机变量 ξ_n 及 ξ, 它们分别以 P_n 及 P 为分布且 $\lim_n \xi_n = \xi$ a.s..

证明　原则上根据 P_n 和 P 按上面的做法构造 ξ_n 和 ξ. 之所以称为原则上是因为要做一点技术上的修改: 为了利用弱收敛性我们需要每一 $S_{r_1,\cdots,r_k}$ 为 P 的连续集. 这可以做到, 因为对任意 i, 函数

$$g_i(r) := P(\{y : \rho(y, x_i) < r\})$$

为单升的, 因此至多只有可列个间断点. 于是可取 $r_k \leqslant 2^{-k}$, $r_k \downarrow 0$, 使每一 r_k 为所有 $g_i\ (i = 1, 2, \cdots)$ 的连续点. 现在定义新球

$$B_{kr_k} := \{x : \rho(x, x_i) \leqslant r_k\}.$$

由此出发, 重复前面的构造, 得出 $\{S_{r_1,\cdots,r_k}\}$. 由于 $\partial(A \cap B) \subset (\partial A) \cap (\partial B)$, 故 $S_{r_1,\cdots,r_k}$ 为 P 的连续集.

继而再分别对应于 P_n 和 P, 构造出 $\{I_{n,r_1,\cdots,r_k}\}, \xi_n, \xi_n^k$ 和 $\{I_{r_1,\cdots,r_k}\}, \xi, \xi^k$. 自然 ξ_n 的分布为 P_n, ξ 的分布为 P.

由于 $S_{r_1,\cdots,r_k}$ 为 P 的连续集, 故

$$Q(I_{n,r_1,\cdots,r_k}) \to Q(I_{r_1,\cdots,r_k}), \quad \forall r_1, \cdots, r_k.$$

所以当 $\omega \in I^o_{r_1,\cdots,r_k}$, n 充分大时 $\omega \in I^o_{n,r_1,\cdots,r_k}$. 于是对这样的 n,

$$\xi_n^k(\omega) = \xi^k(\omega).$$

所以

$$\begin{aligned}&\rho(\xi_n(\omega), \xi(\omega))\\ \leqslant\ &\rho(\xi_n(\omega), \xi_n^k(\omega)) + \rho(\xi_n^k(\omega), \xi^k(\omega)) + \rho(\xi^k(\omega), \xi(\omega))\\ <\ &2^{-k+2}.\end{aligned}$$

所以至少当 ω 不是任何 $I_{i_1,\cdots,i_k}$ 的端点时, $\xi_n(\omega) \to \xi(\omega)$.　Q.E.D.

Skorohod 的这个定理有很多应用. 我们来看它的几个直接推论.

推论 10.5.10　若 ξ_n, ξ 是取值于 $(\xi, \mathscr{B})$ 的随机变量 (可以定义在不同的概率空间上), $\xi_n \Rightarrow \xi$, 则存在概率空间 $(\Omega, \mathscr{F}, P)$ 及定义在其上的, 分别与 ξ_n, ξ 同分布的随机变量 Y_n, Y 使得 $\lim_n Y_n = Y$ a.s..

再设 $(S_1,\mathscr{S}_1)$ 与 $(S_2,\mathscr{S}_2)$ 是两个完备可分度量空间, P_n,P 是 $(S_1,\mathscr{S}_1)$ 上的概率测度. 设 $f:S_1\mapsto S_2$ 为 $\mathscr{S}_1/\mathscr{S}_2$ 可测. 用 D_f 表示 f 的不连续点.

推论 10.5.11 若 $P_n\Rightarrow P$ 且 $P(D_f)=0$, 则 $P_nf^{-1}\Rightarrow Pf^{-1}$.

推论 10.5.12 设 $\xi_n\Rightarrow\xi$ 且 $P(\xi\in D_f)=0$, 则 $f(\xi_n)\Rightarrow f(\xi)$.

推论 10.5.13 设 $\xi_n\Rightarrow\xi$, 则

$$E[|\xi|]\leqslant\liminf_n E[|\xi_n|].$$

推论 10.5.14 设 $\xi_n\Rightarrow\xi$ 且 ξ_n 一致可积, 则 ξ 可积且

$$\lim_n E[\xi_n]=E[\xi].$$

10.5.3 Prohorov 定理

考虑 $(X,\mathscr{B})$ 上的概率测度. 我们下面一个问题是: 什么样的概率测度序列有弱收敛的子列? 或者说, 在弱收敛的意义下是相对紧的 (以下简称相对紧)?

回答这个问题的是 Prohorov. 为此先引进胎紧性的概念.

定义 10.5.15 可测空间 $(S,\mathscr{S})$ 上的一族概率测度 $\mathscr{M}$ 称为胎紧的, 若对任意 $\varepsilon>0$, 存在紧集 K, 使得

$$P(K)>1-\varepsilon,\quad \forall P\in\mathscr{M}.$$

所谓胎紧, 是英文 tight 一词的音意兼容的中译.

回忆一个集合如果能写成一列紧集的并集, 则称为 σ 紧. 这样由定义直接得到, 当且仅当一族概率测度被一个 σ 紧集所支撑时, 它是胎紧的.

因此, 如果 S 本身是 σ 紧的 (例如 $\mathbb{R}^n$ 就是如此), 则其上的任意概率测度都是胎紧的. 而 Ulam 定理说明, $(X,\mathscr{B})$ 上的任意单个概率测度都是胎紧的.

定义 10.5.16 一族概率测度 $\mathscr{M}$ 称为相对紧的, 如果其闭包按弱收敛拓扑是 $\mathbb{P}(X)$ 中的紧集.

定理 10.5.17 (Prohorov 定理) 一族概率测度 $\mathscr{M}$ 相对紧的充要条件是: 它是胎紧的.

证明 必要性. 设 $\mathscr{M}$ 相对紧. 沿用定理 10.3.1 的证明中的记号, 我们断言对任意 k,

$$\lim_{m\to\infty}\inf\{P(\cup_{i=1}^m A_{ki}),P\in\mathscr{M}\}=1.$$

若否, 则存在 $\varepsilon>0$, 使得 $\forall m$, $\exists P_m$ 满足

$$P_m(\cup_{i=1}^m A_{ki})<1-\varepsilon.$$

由于 $\{P_m, m\geqslant 1\}$ 相对紧, 所以存在弱极限点 $P\in\mathbb{P}(X)$. 设其子列 P_{m_n} 弱收敛于 P, 则 $\forall m$,

$$\begin{aligned}P\left(\cup_{i=1}^m A_{ki}\right) &\leqslant \liminf_{n\to\infty} P_{m_n}\left(\cup_{i=1}^m A_{ki}\right)\\ &\leqslant \liminf_{n\to\infty} P_{m_n}\left(\cup_{i=1}^{m_n} A_{ki}\right)\\ &\leqslant 1-\varepsilon.\end{aligned}$$

但由于 $\cup_{i=1}^m A_{ki}\uparrow X$, 这是不可能的.

下面的证明就和正则性定理的证明一样了: $\forall\varepsilon>0, \forall k$, 取 j_k 使得

$$\inf\left\{P\left(\cup_{i=1}^{j_k} A_{ki}\right), P\in\mathscr{M}\right\} > 1-2^{-k}\varepsilon.$$

令

$$K := \cap_{k\geqslant 1}\cup_{i=1}^{j_k} A_{ki}.$$

则 K 为紧集且

$$P(K)\geqslant 1-\varepsilon,\quad \forall P\in\mathscr{M}.$$

充分性. 设 $\mathscr{M}$ 胎紧. 则 $\forall n$, 存在紧集 $K_n\uparrow$ 使得

$$\inf\{P(K_n^c), P\in\mathscr{M}\}\leqslant 2^{-n}.$$

对 $n=1$, 对 $\{P|_{K_1}, P\in\mathscr{M}\}$ 用推论 10.2.15, 知存在子列 $\{P_{1,n}\}$ 及 $P\in\mathbb{M}(K_1)$ 使得

$$\int f dP_{1,n}\to\int f dP,\quad \forall f\in C(K_1).$$

然后对 $n=2$, 对 $\{P|_{K_2}, P\in\mathscr{M}\}$ 用推论 10.2.15, 知存在 $\{P_{1,n}\}$ 的子列 $\{P_{2,n}\}$ 及 $\nu\in\mathbb{M}(K_2)$, 使得

$$\int f dP_{2,n}\to\int f d\nu,\quad \forall f\in C(K_2).$$

显然 P 与 ν 在 K_1 上重合. 因此我们仍将 ν 记为 P.

这样一直循环下去, 对任意 m, 可构造序列 $\{P_{m,n}\}$ 使得 $\{P_{m+1,n}\}$ 为 $\{P_{m,n}\}$ 的子列且在 K_m 上

$$\lim_{n\to\infty}\int f dP_{m,n} = \int f dP,\quad \forall f\in C(K_m).$$

$\forall E\in\mathscr{B}$, 令

$$P(E) := \lim_{m\to\infty} P(E\cap K_m).$$

则易见 $P\in\mathbb{P}(X)$.

令 $P_n = P_{n,n}$. 往证 P_n 弱收敛于 P.

$\forall \varepsilon > 0$, 取 N 使得 $P(K_N^c) < \varepsilon$. 设 $f \in C_b(X)$. 不妨设 $\|f\|_C = 1$. 则

$$\begin{aligned}\left|\int fdP_n - \int fdP\right| &\leqslant \left|\int_{K_N} fdP_n - \int_{K_N} fdP\right| + \left|\int_{K_N^c} fdP_n - \int_{K_N^c} fdP\right| \\ &\leqslant \left|\int_{K_N} fdP_n - \int_{K_N} fdP\right| + 2\varepsilon.\end{aligned}$$

令 $n \to \infty$ 得

$$\limsup_{n\to\infty}\left|\int fdP_n - \int fdP\right| \leqslant 2\varepsilon.$$

由 ε 的任意性有

$$\lim_{n\to\infty}\left|\int fdP_n - \int fdP\right| = 0.$$

所以 P_n 弱收敛于 P. Q.E.D.

10.6 几个例子

作为本章, 本书的结束, 我们列出几个概率论中最常用的 Polish 空间.

1. 欧氏空间 $\mathbb{R}^n$

这是我们都熟悉的, 其度量为

$$d(x,y) = \|x-y\| = \left(\sum_{i=1}^n |x_i - y_i|^2\right)^{\frac{1}{2}}.$$

2. 空间 $\mathbb{R}^\infty$

这里

$$\mathbb{R}^\infty := \{x = (x_1, x_2, \cdots) : x_i \in \mathbb{R}\}.$$

其度量为

$$d(x,y) := \sum_{n=1}^\infty 2^{-n}\frac{|x_n - y_n|}{|x_n - y_n| + 1}.$$

3. 空间 C

设 $C[0,1]$ 是 $[0,1]$ 上的所有连续函数构成的空间, 对 $f \in C[0,1]$, 令

$$\|f\| := \sup_{t\in[0,1]} |f(t)|.$$

则 $C[0,1]$ 是可分 Banach 空间, 因而是 Polish 空间.

$[0,\infty)$ 上的所有连续函数 $C([0,\infty))$, 在度量

$$d(f,g) := \sum_{n=1}^{\infty} 2^{-n} \frac{\sup\limits_{t\in[0,n]} |f(t)-g(t)|}{\sup\limits_{t\in[0,n]} |f(t)-g(t)|+1}$$

下, 构成 Polish 空间.

4. 空间 D

$[0,1]$ 上的一个函数, 如果在每一点都是右连续的且左极限存在, 则称为右连左极. D 是 $[0,1]$ 上这样的函数全体, 在其上可定义一个度量, 即所谓 Skorohod 度量, 使其成为 Polish 空间. 注意这个度量不是上面所说的上确界, 因为在上确界度量下, 这个空间虽然仍是完备度量空间, 但却不是可分的. Skorohod 度量的定义有些复杂, 我们不在这里赘述了, 需要时或有兴趣了解的话, 可见 [1].

习 题 10

1. 设 ξ,η 是两个随机变量, 给定 $\eta=y$ 时 ξ 的正则条件概率 (分布) 为 $p(y,d\omega)(p(y,dx))$. 证明: 对任意 $\mathbb{R}^2$ 上的有界 Borel 函数 F 有

$$E[F(\xi,\eta)|\eta=y] = \int_\Omega F(\xi,y)p(y,d\omega)\left(\int_X F(x,y)p(y,dx)\right).$$

2. 设 $(\Omega,\mathscr{F},P)$ 为概率空间, $\mathscr{G}\subset\mathscr{F}$ 为子 σ-代数, ξ,η 为分别取值于可测空间 $(T,\mathscr{T})$ 及 $(S,\mathscr{S})$ 的随机映射且 $\eta\in\mathscr{G}$. 设给定 $\mathscr{G}$ 时 ξ 的正则条件分布为 $p(\omega,dt)$. 证明: 对任意有界函数 $F: T\times S\mapsto\mathbb{R}$, $F\in\mathscr{T}\times\mathscr{S}$, 有

$$E[F(\xi,\eta)|\mathscr{G}] = \int_T F(t,\eta)p(\omega,dt).$$

3. 设 $\xi_n\Rightarrow\xi$, $\eta_n\Rightarrow\eta$. 问是否一定有 $(\xi_n,\eta_n)\Rightarrow(\xi,\eta)$? 证明你的结论.

4. X 是一完备可分的度量空间, $(X,\mathscr{B}(X),\mu)$ 是一有限测度空间, $f: X\to\mathbb{R}$ 是一可测函数. 证明: 对任意 $\epsilon>0$, $\exists$ 紧集 $K_\epsilon\subset X$ s.t. $\mu(K_\epsilon^c)<\epsilon$, 且 f 在 K_ϵ 上连续.

5. 举例说明 $\xi_n\Rightarrow\xi$, 或者甚至 $\xi_n\xrightarrow{P}\xi$ 均不能保证 $\varphi(\xi_n)\Rightarrow\varphi(\xi)$, 其中 φ 为 Borel 函数.

6. 证明: $P_n\Longrightarrow P$ 当且仅当任意子列 $\{P_{n'}\}$ 都含有一个子列 $\{P_{n''}\}$ 使得 $P_{n''}\Longrightarrow P$.

7. 设 F_n, F 是分布函数, F 连续, $F_n\Longrightarrow F$. 证明:

$$\sup_{x\in\mathbb{R}}|F_n(x)-F(x)|\to 0.$$

举例说明 F 不连续时该论断不成立.

8. 设 ξ_n $(n\geqslant 1)$ 是随机变量. 证明: 若存在 $p>0$ 使得

$$\sup_n E|\xi_n|^p<\infty,$$

则 $\{P_n, n\geqslant 1\}$ 是胎紧的, 其中 P_n 为 ξ_n 的分布.

9. 设 $(X,\mathscr{F})$ 与 $(X',\mathscr{F}')$ 是两个 Polish 空间, P_n, P 是 $(X,\mathscr{F})$ 上的概率测度, $P_n\Longrightarrow P$, $h: X\mapsto X'$ 是可测映射. 令

$$A:=\{x\in X: h \text{ 在 } x \text{ 处不连续}\}.$$

证明: 若 $P(A)=0$, 则 $P_n\circ h^{-1}\Longrightarrow P\circ h^{-1}$.

10. 设 $(\Omega,\mathscr{F},P)$ 是概率空间. 设 $\xi_n(t,\omega)$ $(n\geqslant 0)$ 是定义在 $[0,1]\times\Omega$ 上的函数, 且 $\forall\omega$, $t\mapsto\xi_n(t,\omega)$ 连续; $\forall t$, $\omega\mapsto\xi_n(t,\omega)$ 可测.

(a) 以 C 表示 $[0,1]$ 上的连续函数全体. 证明: 在范数

$$\|f\|:=\max_{t\in[0,1]}|f(t)|$$

下, C 成为 Banach 空间.

(b) 以 $\mathscr{B}$ 表示 C 的 Borel 代数. 证明: $(t,\omega)\mapsto\xi_n(t,\omega)$ 为 $\mathscr{B}([0,1])\times\mathscr{F}$-可测.

(c) 证明: $\omega\mapsto\xi_n(\cdot,\omega)$ 为 $(\Omega,\mathscr{F})$ 到 $(C,\mathscr{B})$ 的可测映射.

(d) 以 P_n 记 $\xi_n(\cdot,\omega)$ 在 C 上的分布, Q_n 记 $\|\xi_n(\cdot,\omega)\|$ 的分布. 证明: 若 $P_n\Longrightarrow P_0$, 则 $Q_n\Longrightarrow Q_0$.

11. 设 $(X,\mathscr{B})$ 与 $(Y,\mathscr{E})$ 均是 Polish 可测空间, μ 是 $(X,\mathscr{B})$ 上的测度.

(a) 证明: 存在 Y 上的一列有界连续函数 $\{h_n, n\geqslant 1\}$, 使得对任意 $\{y, y_n, n\geqslant 1\}\subset Y$

$$\rho(y_n,y)\to 0\iff\forall m\geqslant 1,\ h_m(y_n)\to h_m(y),\quad n\to\infty.$$

(b) 设 $f,g:(X,\mathscr{B})\mapsto(Y,\mathscr{E})$ 为可测映射, 证明: 若对 $X\times Y$ 上的任意有界连续函数 F 有

$$\int F(f(x),x)d\mu=\int F(g(x),x)d\mu,$$

则对 Y 上的任意有界连续函数 G 与 X 上的可积函数 H, 有

$$\int G(f(x))H(x)d\mu=\int G(g(x))H(x)d\mu.$$

(c) 在上述条件下, 证明: 对 Y 上的任意有界连续 G, 有

$$\int|G(f(x))-G(g(x))|^2d\mu=0.$$

(d) 证明在上述条件下, $f = g$ a.e..

(e) 举例说明若只是对 Y 上任意有界连续函数 F, 有

$$\int F(f(x))d\mu = \int F(g(x))d\mu,$$

则未必有 $f = g$ a.e..

(f) 设 $f, f_n : (X, \mathscr{B}) \mapsto (Y, \mathscr{E})$ 为可测映射, 且 $(f_n(x), x)$ 弱收敛于 $(f(x), x)$. 证明 f_n 依概率收敛于 f.

12. 设 $\{\xi_n, \eta_n\}$ 是两个随机变量序列, ξ, η 是随机变量, 且满足:

(a) $\forall n \geqslant 1$, η_n 与 η 同分布;

(b)

$$(\xi_n, \eta_n) \Rightarrow (\xi, \eta).$$

证明: 对任意 Borel 函数 φ,

$$(\xi_n, \varphi(\eta_n)) \Rightarrow (\xi, \varphi(\eta)).$$

13. 设 $(X, \mathscr{F})$ 为 Polish 可测空间. 以 $\mathbb{P}(X)$ 表示其上的全体概率测度. 对 $\mu, \nu \in \mathbb{P}(X)$, 定义 μ 关于 ν 的相对熵为

$$R(\mu|\nu) := \begin{cases} \displaystyle\int_X \left(\log \frac{d\mu}{d\nu}\right) d\mu, & \mu \ll \nu, \\ +\infty, & \text{其他}. \end{cases}$$

(a) 证明这样定义的 $R(\mu|\nu)$ 的确存在.

(b) $R(\mu|\nu) \geqslant 0$, 且 $R(\mu|\nu) = 0$ 的充要条件是 $\mu = \nu$.

(c) 设 k 为 $(X, \mathscr{F})$ 上的有界可测函数. 证明:

$$-\log \int_X \mathrm{e}^{-k} d\nu = \inf_{\mu \in \mathbb{P}(X)} \left\{ R(\mu|\nu) + \int k d\mu \right\},$$

且此下确界在 μ_0 处达到, 这里

$$d\mu_0 := \mathrm{e}^{-k(x)} \left(\int \mathrm{e}^{-k(x)} d\nu \right)^{-1} d\nu.$$

14. 设 $(X, \mathscr{F}, \mu)$ 是 Polish 测度空间, $\{\gamma_n\}$ 是一列概率测度, γ 是概率测度, 且

(a) $\gamma_n \ll \mu$ 且 $\left\{ \dfrac{d\gamma_n}{d\mu} \right\}$ 为 μ-一致可积族;

(b) $\gamma_n \Rightarrow \gamma$.

证明: $\gamma \ll \mu$ 且对任意有界可测函数 f 有

$$\int f d\gamma_n \to \int f d\gamma.$$

参 考 文 献

[1] Billingsley P. Convergence of Probability Measures. New York: Wiley, 1968.

[2] Bogachev V I. Measure Theory, vols. I and II. Berlin, Heidelberg: Springer, 2007.

[3] Doob J L. Measure Theory. New York: Springer, 1994.

[4] Dudley R M. Real Analysis and Probability. Cambridge: Cambridge University Press, 2004.

[5] 柯尔莫戈洛夫, 佛明. 函数论与泛函分析初步. 段虞荣, 郑洪深, 郭思旭译. 北京: 高等教育出版社, 2006.

[6] Hu X, Liu J. On the calculation for a class of conditional expectations. Mathematica Applicata, 2012, 25(3): 548-552

[7] Malliavin P. Integration and Probability. With the collaboration of Hélène Airault, Leslie Kay and Gérard Letac. Edited and translated from the French by Kay. With a foreword by Mark Pinsky. Graduate Texts in Mathematics, 157. New York: Springer-Verlag, 1995

[8] Parthasarathy K P. Probability Measure on Metric Spaces. New York, London: Academic Press, 1967.

[9] Shafer G, Vovk V. The origins and legacy of Kolmogorov's Grundbegriffe. https://arxiv.org/abs/1802.06071.

[10] Shiryaev A N. Probabilty. 2nd ed. New York: Springer, 1989.

[11] 汪嘉冈. 现代概率论基础. 2 版. 上海: 复旦大学出版社, 2005.

[12] 严加安. 测度论讲义. 2 版. 北京: 科学出版社, 2006.

索　引

其他

习 题 答 案

习 题 1

1. (a) 方法一: 考虑集合 $(A\triangle B)\triangle C$ 的示性函数, 有

$$\begin{aligned}1_{(A\triangle B)\triangle C}=&\,\big|\,|1_A-1_B|-1_C\big|=\big(\,(1_A-1_B)^2-1_C\big)^2\\=&\,1_C-2\times 1_C(1_A-1_B)^2+(1_A-1_B)^2\\=&\,1_A+1_B+1_C-2\times(1_{AB}+1_{AC}+1_{BC})+4\times 1_{ABC}.\end{aligned}$$

因为最后一个表达式与集合 A,B,C 的顺序无关, 所以对称差的运算结果与 A,B,C 的顺序无关, 即

$$(A\triangle B)\triangle C=A\triangle(B\triangle C).$$

方法二: 利用集合运算.

$$\begin{aligned}(A\triangle B)\triangle C=&\,\big(\big[(A\cap B^c)\cup(A^c\cap B)\big]\cap C^c\big)\cup\big(\big[(A\cap B^c)\cup(A^c\cap B)\big]^c\cap C\big)\\=&\,(A\cap B^c\cap C^c)\cup(A\cap B\cap C)\cup(A^c\cap B\cap C^c)\cup(A^c\cap B^c\cap C)\\=&\,\big(A\cap\big[(B^c\cap C^c)\cup(B\cap C)\big]\big)\cup\big(A^c\cap\big[(B\cap C^c)\cup(B^c\cap C)\big]\big)\\=&\,\big(A\cap\big[(B\cup C)\cap(B^c\cup C^c)\big]^c\big)\cup\big(A^c\cap(B\triangle C)\big)\\=&\,\big(A\cap\big[(B^c\cap C)\cup(B\cap C^c)\big]^c\big)\cup\big(A^c\cap(B\triangle C)\big)\\=&\,\big(A\cap(B\triangle C)^c\big)\cup\big(A^c\cap(B\triangle C)\big)\\=&\,A\triangle(B\triangle C).\end{aligned}$$

$$\begin{aligned}A\cap(B\triangle C)=&\,A\cap\big[(B\cap C^c)\cup(B^c\cap C)\big]=(A\cap B\cap C^c)\cup(A\cap B^c\cap C)\\=&\,\big[(A\cap B)\cap(A^c\cup C^c)\big]\cup\big[(A^c\cup B^c)\cap(A\cap C)\big]\\=&\,(A\cap B)\triangle(A\cap C).\end{aligned}$$

(b) 因为

$$(A\cap B^c)\cup(A^c\cap B)=(B\cap A^c)\cup(B^c\cap A)=(B^c\cap A)\cup(B\cap A^c),$$

所以 $A\triangle B=B\triangle A=B^c\triangle A^c$. 于是第一个式子成立. 同时又有

$$\begin{aligned}&(A\triangle B)\cap(C\triangle A)\\=&\,\big[(A\cap B^c)\cup(A^c\cap B)\big]\cap\big[(C\cap A^c)\cup(C^c\cap A)\big]\end{aligned}$$

$$
\begin{aligned}
&= (A^c \cap B \cap C) \cup (A \cap B^c \cap C^c) \\
&= [A^c \cap (B \cup C) \cap (B^c \cup C) \cap (B \cup C^c)] \cup [A \cap (B \cup C)^c \cap (B^c \cup C) \cap (B \cup C^c)] \\
&= \big([A^c \cap (B \cup C)] \cup [A \cap (B \cup C)^c]\big) \cap [(B^c \cup C) \cap (B \cup C^c)] \\
&= \big(A \triangle (B \cup C)\big) \cap (B \triangle C)^c \\
&= \big(A \triangle (B \cup C)\big) \setminus (B \triangle C),
\end{aligned}
$$

于是第二个式子也成立.

(c) 根据已经证明的结合律, 有

$$(A\triangle B)\triangle(B\triangle C) = A\triangle(B\triangle B)\triangle C = (A \triangle \varnothing)\triangle C = A\triangle C.$$

(d) 取 $C = A\triangle B$, 则有

$$A\triangle C = A\triangle(A\triangle B) = \varnothing\triangle B = B.$$

(e) 若 $A\triangle B = C$, 则 $A = A\triangle(B\triangle B) = (A\triangle B)\triangle B = C\triangle B = B\triangle C$. 若 $A = B\triangle C$, 则 $A\triangle B = B\triangle C\triangle B = C\triangle(B\triangle B) = C$.

(f) 第一个包含关系:

$$
\begin{aligned}
(A \cup B)\triangle(C \cup D) &= [(A \cup B) \cap (C^c \cap D^c)] \cup [(A^c \cap B^c) \cap (C \cup D)] \\
&= (A \cap C^c \cap D^c) \cup (B \cap C^c \cap D^c) \cup (A^c \cap B^c \cap C) \cup (D \cap A^c \cap B^c) \\
&\subset (A \cap C^c) \cup (B \cap D^c) \cup (A^c \cap C) \cup (D \cap B^c) \\
&= (A\triangle C) \cup (B\triangle D).
\end{aligned}
$$

第二个包含关系:

$$
\begin{aligned}
(A \cap B)\triangle(C \cap D) &= [(A \cap B) \cap (C^c \cup D^c)] \cup [(A^c \cup B^c) \cap (C \cap D)] \\
&= (A \cap B \cap C^c) \cup (A \cap B \cap D^c) \cup (A^c \cap C \cap D) \cup (B^c \cap C \cap D) \\
&\subset (A \cap C^c) \cup (B \cap D^c) \cup (A^c \cap C) \cup (B^c \cap D) = (A\triangle C) \cup (B\triangle D).
\end{aligned}
$$

2. (i) 设讨论的全空间是 X, 取 $x \in X$. 由定义知

$$
\begin{aligned}
\liminf_n 1_{A_n}(x) = 1 &\Longleftrightarrow \exists N,\ 1_{A_n}(x) = 1,\ \forall n \geqslant N. \\
&\Longleftrightarrow \exists N,\ x \in A_n,\ \forall n \geqslant N \Longleftrightarrow x \in \cup_{n=1}^{\infty} \cap_{k=n}^{\infty} A_k,
\end{aligned}
$$

所以 $\liminf_n 1_{A_n}(x) = 1$ 当且仅当 $1_{\liminf_n A_n}(x) = 1$. 由于函数只取 0 和 1, 故两个函数相等.

(ii) 由 (i) 知 $1_{\liminf_n A_n^c} = \liminf_n 1_{A_n^c}$, 而

$$\liminf_n 1_{A_n^c} = \liminf_n (1 - 1_{A_n}) = 1 - \limsup_n 1_{A_n}$$

且

$$1_{\liminf\limits_n A_n^c} = 1_{(\limsup\limits_n A_n)^c} = 1 - 1_{\limsup\limits_n A_n}.$$

于是可得

$$1_{\limsup_n A_n} = \limsup_n 1_{A_n}.$$

(iii) 因为 $\liminf_n A_n \subset \limsup_n A_n$, 所以易知 $1_{\limsup_n A_n \setminus \liminf_n A_n} = 1_{\limsup_n A_n} - 1_{\liminf_n A_n}$.

(iv) 任取 $x \in X$, 若 $1_{\cup_{n=1}^\infty A_n}(x)=1$, 则存在 m 使得 $x \in A_m$. 此时必有 $\max_{n\geqslant 1} 1_{A_n}(x)= 1$, 于是 $1_{\cup_{n=1}^\infty A_n} \leqslant \max_{n\geqslant 1} 1_{A_n}$. 又因为任意 n 有 $1_{A_n} \leqslant 1_{\cup_{n=1}^\infty A_n}$, 故 $\max_{n\geqslant 1} 1_{A_n} \leqslant 1_{\cup_{n=1}^\infty A_n}$. 对 A_n^c 使用上面的结论, 同时用 1 减去两边即得第二个结果.

3. 设我们讨论的全空间为 X, 定义 X 到 0-1 二元列的映射

$$A : x \in X \mapsto A(x) = (a_1, a_2, \cdots, a_n, \cdots).$$

这里对任意 $n \geqslant 1$, 若 $x \in A_n$, 取 $a_n = 1$, 否则取 $a_n = 0$.

因为

$$\limsup(A_n \setminus A_{n+1}) = \limsup(A_n \cap A_{n+1}^c),$$
$$\limsup(A_{n+1} \setminus A_n) = \limsup(A_{n+1} \cap A_n^c),$$
$$\limsup A_n \setminus \liminf A_n = \limsup A_n \cap \limsup A_n^c,$$

所以

$$x \in \limsup(A_n \setminus A_{n+1}) \Longleftrightarrow A(x)\text{中有序对}\{1,0\}\text{无限次出现},$$
$$x \in \limsup(A_{n+1} \setminus A_n) \Longleftrightarrow A(x)\text{中有序对}\{0,1\}\text{无限次出现},$$
$$x \in \limsup A_n \setminus \liminf A_n \Longleftrightarrow A(x)\text{中0和1均无限次出现}.$$

而“$A(x)$ 中有序对 {1,0}无限次出现”“$A(x)$ 中有序对 {0,1}无限次出现”和“$A(x)$ 中 0 和 1 均无限次出现”三种情况等价, 所以三个集合相等.

4. 设

$$g(x) = \lim_{\epsilon\downarrow 0} \sup_{|x-y|<\epsilon, |x-z|<\epsilon} \{\ |f(z) - f(y)|\ \}, \quad \forall x \in \mathbb{R}.$$

因为 $\forall a > 0$, $\{x : g(x) < a\}$ 为开集, 所以 $g(x)$ 为 Borel 可测函数. 于是 $\{x : g(x) = 0\}$ 为 Borel 可测集, 而 $\{x : g(x) = 0\}$ 恰好为函数连续点全体.

5. 由 $\limsup_n A_n \subset \limsup_n(A_n \cup B_n)$ 及 $\limsup_n B_n \subset \limsup_n(A_n \cup B_n)$, 得 $\limsup_n A_n \cup \limsup_n B_n \subset \limsup_n(A_n \cup B_n)$. 同时 $\forall x \in \limsup_n(A_n \cup B_n)$, 有 $x \in A_n \cup B_n$ 对无限个 n 成立, 故必有 $x \in A_n$ 对无限个 n 成立或者 $x \in B_n$ 对无限个 n 成立. 也就是说 $x \in \limsup_n A_n \cup \limsup_n B_n$. 于是有 $\limsup_n(A_n \cup B_n) \subset \limsup_n A_n \cup \limsup_n B_n$, 故二者相等. 同理有第二个等式成立.

若 A_n 和 B_n 的极限都存在, 则 $A_n \cup B_n$ 和 $A_n \cap B_n$ 极限也都存在且分别等于 $A \cup B$ 和 $A \cap B$. 根据开始证明的等式有

$$A \cup B = \liminf A_n \cup \liminf B_n$$

$$\subset \liminf(A_n \cup B_n) \subset \limsup(A_n \cup B_n)$$
$$= \limsup_n A_n \cup \limsup_n B_n = A \cup B.$$

因为上下极限相等, 所以 $A_n \cup B_n \to A \cup B$ 极限存在. 同理有第二个序列极限存在.

6. (a) 使用本章第 5 题的结论得

$$(\limsup_n A_n) \cup (\limsup_n B_n) = \limsup_{n\to\infty}(A_n \cup B_n) = \cap_{k=1}^{\infty} \cup_{n=k}^{\infty} (A_n \cup B_n)$$
$$= \cap_{k=1}^{\infty} \cup_{n=2k-1}^{\infty} C_n = \limsup_n C_n.$$

最后一步是因为

$$\cap_{k=1}^{\infty} \cup_{n=2k-1}^{\infty} C_n \subset \cap_{k=1}^{\infty} \cup_{n=k}^{\infty} C_n = \limsup_n C_n,$$

同时

$$\cap_{k=1}^{\infty} \cup_{n=2k-1}^{\infty} C_n = \cap_{m\in N_+\setminus 2N_+}^{\infty} \cup_{n=m}^{\infty} C_n \supset \cap_{m=1}^{\infty} \cup_{n=m}^{\infty} C_n = \limsup_n C_n.$$

于是得到 $\limsup_n C_n = (\limsup_n A_n) \cup (\limsup_n B_n)$.

类似讨论知 $\liminf_n C_n = (\liminf_n A_n) \cap (\liminf_n B_n)$ 成立.

(b) 充分性. 由 (a) 的证明知

$$\limsup_n C_n = (\limsup_n A_n) \cup (\limsup_n B_n) = (\lim_n A_n) \cup (\lim_n B_n)$$
$$= (\lim_n A_n) \cap (\lim_n B_n) = (\liminf_n A_n) \cap (\liminf_n B_n) = \liminf_n C_n,$$

所以 $\lim_n C_n$ 存在.

必要性. 若 $\lim_n C_n$ 存在, 由 (a) 的结论知

$$(\limsup_n A_n) \cup (\limsup_n B_n) \subset (\liminf_n A_n) \cap (\liminf_n B_n).$$

得到

$$\limsup_n A_n \subset \liminf_n A_n \quad 和 \quad \limsup_n B_n \subset \liminf_n B_n.$$

所以有 $\lim_n A_n$ 与 $\lim_n B_n$ 均存在. 于是就有

$$(\lim_n A_n) \cup (\lim_n B_n) \subset (\lim_n A_n) \cap (\lim_n B_n),$$

进一步得到 $\lim_n A_n \subset \lim_n B_n$ 且 $\lim_n B_n \subset \lim_n A_n$. 二者极限相等.

7. 首先证明 $(x_1, y_0) \subset \liminf A_n \subset [x_1, y_0]$.

$\forall a \in (x_1, y_0)$, $\exists\, \epsilon > 0$ 使得 $a \in (x_1+\epsilon, y_0-\epsilon) \subset (x_1, y_0)$. 故存在某个正整数 N, 使得

$$x_n < x_1 + \epsilon, \quad y_0 - \epsilon < y_n, \quad \forall n \geqslant N.$$

也就是说

$$a \in (x_1+\epsilon, y_0-\epsilon) \subset (x_n, y_n)$$

只对有限个 n 不成立. 于是

$$a \in \cup_{k=1}^{\infty} \cap_{n=k}^{\infty} A_n = \liminf A_n.$$

往证第二个包含关系. $\forall a \notin [x_1, y_0]$, 因为另一边的情况可以类似讨论, 所以不妨认为 $a < x_1$. 由上极限的定义可知, 对任意 $N \geqslant 1$, 都存在 $n \geqslant N$ 使得 $a < a + \dfrac{x_1 - a}{2} < x_n$. 所以就有 $a \notin (x_n, y_n)$ 无限次发生. 因而

$$a \in \cap_{k=1}^{\infty} \cup_{n=k}^{\infty} A_n^c = \limsup A_n^c.$$

所以 $[x_1, y_0]^c \subset \limsup A_n^c$. 于是 $\liminf A_n \subset [x_1, y_0]$ 也成立. $[x_1, y_0]$ 为空集时讨论是一样的, 只是记号需要改变一下.

然后证明 $(x_0, y_0) \cup (x_1, y_1) \subset \limsup A_n \subset [x_0, y_1]$.

先看第一个包含关系. 不妨认为 $a \in (x_0, y_0)$, $\exists \epsilon > 0$ 使得 $a \in (x_0 + \epsilon, y_0 - \epsilon) \subset (x_0, y_0)$. 根据数列极限的定义, 此时存在某个正整数 N, 有

$$y_0 - \epsilon < y_n, \quad \forall n \geqslant N.$$

而且对于任意 $m \geqslant 1$, 都存在 $n \geqslant m$ 使得

$$x_n < x_0 + \epsilon.$$

于是可以找到 N 以后的一列整数 $\{n_k\}$ 使得

$$a \in (x_0 + \epsilon, y_0 - \epsilon) \subset (x_{n_k}, y_{n_k}), \quad \forall k \geqslant 1$$

成立. 也就是说

$$a \in \cap_{k=1}^{\infty} \cup_{n=k}^{\infty} A_n = \limsup A_n.$$

再看第二个包含关系. $\forall a \notin [x_0, y_1]$, 因为区间两边的情况一样, 所以设 $a < x_0$. 由下极限的定义知, 必然存在 N 使得

$$a < a + \frac{x_0 - a}{2} < x_n, \quad \forall n \geqslant N.$$

用集合的语言表示出来就是

$$[x_0, y_1]^c \subset \cup_{k=1}^{\infty} \cap_{n=k}^{\infty} A_n^c = \liminf_n A_n^c.$$

所以 $\limsup A_n \subset [x_0, y_1]$.

$\lim_n A_n$ 存在的充要条件是 $x = \lim_n x_n$ 存在, 满足 $x_n < x$ 的 n 只有有限个或者满足 $x_n \geqslant x$ 的 n 只有有限个, 同时 $y = \lim_n y_n$ 存在, 满足 $y_n \leqslant y$ 的 n 只有有限个或者满足 $y_n > y$ 的 n 只有有限个. 此时 $\lim_n A_n$ 是 x 到 y 的区间. 关于严格不等号成立的命题, 极限不能取端点值, 关于非严格不等号成立的命题, 极限能取端点值.

比如当"满足 $x_n < x$ 的 n 只有有限个"成立时, $\lim_n A_n$ 不包含端点 x. 当"满足 $x_n \geqslant x$ 的 n 只有有限个"成立时, $\lim_n A_n$ 包含端点 x. 对于上述命题的证明如下:

充分性. 当两个数列极限都存在时, 由开始证明的两个包含关系知

$$(x,y)\subset\liminf A_n\subset\limsup A_n\subset[x,y],$$

所以要考虑集合极限存在与否, 只需要考虑 x,y 端点是否包含在极限里. 而剩下的条件保证了端点值若无限次出现必然只有有限次不出现, 于是有 $\liminf A_n=\limsup A_n$, 集合极限存在.

必要性. 若集合极限存在, 则由开始的包含关系有

$$(x_0,y_0)\cup(x_1,y_1)\subset\limsup A_n=\liminf A_n\subset[x_1,y_0].$$

此时必有数列极限存在, 如果不是不妨假设 $x_0<x_1$.

(i) 若 (x_0,y_0) 不为空集, 那么取 $a\in(x_0,y_0\wedge x_1)\subset(x_0,y_0)$, 有 $a\notin[x_1,y_0]$. 矛盾.

(ii) 若 (x_0,y_0) 为空集, 必有 (x_1,y_1) 不为空集, 否则会推出 $\lim_n A_n=\varnothing$. 矛盾. 当 (x_1,y_1) 不为空集时, 取 $a\in(x_1\vee y_0,y_1)=(x_1\vee x_0,y_1)=(x_1,y_1)$, 有 $a\notin[x_1,y_0]$. 矛盾.

那么就又推出了

$$(x,y)\subset\liminf A_n\subset\limsup A_n\subset[x,y].$$

为了满足条件“集合极限存在”, 只有端点值满足“若无限次出现必然只有有限次不出现”才行, 而这正是命题条件所要求的那样.

8. 由本章习题第 2 题知

$$1_{\cup_{n=1}^{\infty}A_n}=\max_{n\geqslant1}1_{A_n},\quad 1_{\cap_{n=1}^{\infty}A_n}=\min_{n\geqslant1}1_{A_n}.$$

所以有 $1_{A\cup B}=1_A\vee1_B$, $1_{A\cap B}=1_A\wedge1_B$. 同样使用第 2 题的结论有

$$\liminf_n 1_{A_n}=1_{\liminf_n A_n}=1_A=1_{\limsup_n A_n}=\limsup_n 1_{A_n}.$$

于是 1_{A_n} 极限存在且等于 1_A.

9. 因为元素个数有限, 它们生成的代数和 σ-代数是一样的, 所以只考虑代数的情况. 同时不妨认为 $A\setminus B$, $B\setminus A$, $A\cap B$ 和 $(A\cup B)^c$ 四个部分都不是空集, 其他情况都是这种情况的特例. 由于 $A\setminus B$, $B\setminus A$, $A\cap B$ 和 $(A\cup B)^c$ 四个部分非空不交同时还是最小的, 故可以根据集合对这四个部分的包含情况来枚举所有可能的集合.

(i) 一个部分都不包含的时候只有 $\varnothing$ (1 种).

(ii) 只包含一个部分情况有 $A\setminus B$, $B\setminus A$, $A\cap B$ 和 $(A\cup B)^c$ (4 种).

(iii) 包含两个部分的情况有 A, B, A^c, B^c, $A\triangle B$, $(A\triangle B)^c$ (6 种).

(iv) 包含三个部分的情况有 $A\cup B$, $A^c\cup B$, $A\cup B^c$, $A^c\cup B^c$ (4 种).

(v) 四个部分全部包含的情况有 X (1 种).

所以 $\{A,B\}$ 生成的代数就是这 16 个子集组成的集族.

10. (i) 当 $\mathscr{A}$ 与 $\mathscr{B}$ 为单调类时. 任给单调序列 $\{A_k\}\subset\mathscr{A}\cap\mathscr{B}$, 因为同时有 $\{A_k\}\subset\mathscr{A}$ 和 $\{A_k\}\subset\mathscr{B}$, 所以有 $\lim_k A_k\in\mathscr{A}$ 和 $\lim_k A_k\in\mathscr{B}$. 于是 $\lim_k A_k\in\mathscr{A}\cap\mathscr{B}$. 即 $\mathscr{A}\cap\mathscr{B}$ 也是单调类.

(ii) 当 $\mathscr{A}$ 与 $\mathscr{B}$ 为代数时. 任给 $A \in \mathscr{A} \cap \mathscr{B}$, 因为同时有 $A^c \in \mathscr{A}$ 和 $A^c \in \mathscr{B}$, 所以 $A^c \in \mathscr{A} \cap \mathscr{B}$, 即 $\mathscr{A} \cap \mathscr{B}$ 对补封闭. 任给 $A,\ B \in \mathscr{A} \cap \mathscr{B}$, 因为同时有 $A \cup B \in \mathscr{A}$ 和 $A \cup B \in \mathscr{B}$, 所以 $A \cup B \in \mathscr{A} \cap \mathscr{B}$. 即 $\mathscr{A} \cap \mathscr{B}$ 对并封闭. 于是 $\mathscr{A} \cap \mathscr{B}$ 也是一个代数.

(iii) 当 $\mathscr{A}$ 与 $\mathscr{B}$ 为 σ-代数时. 任给序列 $\{A_k\} \subset \mathscr{A} \cap \mathscr{B}$, 因为同时有 $\cup_k^\infty A_k \in \mathscr{A}$ 和 $\cup_k^\infty A_k \in \mathscr{B}$, 所以 $\cup_k^\infty A_k \in \mathscr{A} \cap \mathscr{B}$. 也就是说 $\mathscr{A} \cap \mathscr{B}$ 对可列并封闭. 同时类似 (ii) 可知它对补也是封闭的. 于是 $\mathscr{A} \cap \mathscr{B}$ 也是一个 σ-代数.

11. 假设存在某个空间 $(X, \mathscr{F})$, σ-代数 $\mathscr{F}$ 中元素为可列个. 那么定义映射

$$A : x \in X \mapsto A(x) = \cap_{B \in \mathscr{F}, x \in B} B.$$

因为 $\mathscr{F}$ 中元素只有可列个, 所以 $\forall x \in X$, 有 $A(x) \in \mathscr{F}$. 于是 $A(x),\ x \in X$, 至多有可列个.

对于不同的 $x,\ y \in X$, 要么 $A(x) \cap A(y) = \varnothing$, 要么 $A(x) = A(y)$. 因为 $\forall z \in X$, 若 $z \in A(x) \cap A(y)$, 则有任意包含 x 的集合必包含 z 和任意包含 y 的集合必包含 z. 于是可以推得任意集合包含 x 当且仅当其包含 y. 如果不是, 不妨假设集合 B 只含 x, z, 那么 B^c 就是一个包含 y 但是不含 z 的集合, 这与 $z \in A(y) \subset B^c$ 矛盾. 所以有

$$A(x) = \cap_{B \in \mathscr{F}, x \in B} B = \cap_{B \in \mathscr{F}, y \in B} B = A(y).$$

又因为 $\forall B \in \mathscr{F}$, 有

$$B = \cup_{x \in B} A(x) \in \sigma(\{A(x) : x \in X\}),$$

所以有 $\mathscr{F} = \sigma(\{A(x) : x \in X\})$.

当 $\{A(x) : x \in X\}$ 的元素个数有限时, $\mathscr{F}$ 的基数为 $2^{\mathrm{card}(\{A(x):x\in X\})} < \infty$. 当 $\{A(x) : x \in X\}$ 元素个数可列时, 有 $\mathscr{F}$ 与二元数列等势, 元素个数为不可列个. 矛盾. 所以不可能存在这样的 $\mathscr{F}$.

12. 我们用一个例子来说明第一个结果.

假设我们讨论的全空间为 $[0,1]$. 考虑 $\mathscr{A}$ 为 $\left\{\varnothing,\ \left[0, \frac{1}{2}\right),\ \left[\frac{1}{2}, 1\right],\ [0,1]\right\}$, $\mathscr{B}$ 为 $\left\{\varnothing,\ \left[0, \frac{1}{3}\right),\ \left[\frac{1}{3}, 1\right],\ [0,1]\right\}$. 则显然 $\mathscr{A}$ 与 $\mathscr{B}$ 为 σ-代数, 但是 $\mathscr{A} \cup \mathscr{B}$ 却连 π 类也不是.

因为 $\{A \cap B : A \in \mathscr{A}, B \in \mathscr{B}\} \subset \mathscr{A} \vee \mathscr{B}$, 所以有

$$\sigma(\{A \cap B : A \in \mathscr{A}, B \in \mathscr{B}\}) \subset \mathscr{A} \vee \mathscr{B}.$$

同时易知 $\mathscr{A} \subset \{A \cap B : A \in \mathscr{A}, B \in \mathscr{B}\}$ 和 $\mathscr{B} \subset \{A \cap B : A \in \mathscr{A}, B \in \mathscr{B}\}$, 于是

$$\mathscr{A} \vee \mathscr{B} = \sigma(\mathscr{A} \cup \mathscr{B}) = \sigma(\{A \cap B : A \in \mathscr{A}, B \in \mathscr{B}\}).$$

13. 显然 $f^{-1}(\sigma(\mathscr{A})) \supset f^{-1}(\mathscr{A})$, 同时由本章习题第 19 题的结论知 $f^{-1}(\sigma(\mathscr{A}))$ 为 σ-代数, 所以 $f^{-1}(\sigma(\mathscr{A})) \supset \sigma(f^{-1}(\mathscr{A}))$. 下面说明 $f^{-1}(\sigma(\mathscr{A})) \subset \sigma(f^{-1}(\mathscr{A}))$. 首先定义

$$\mathscr{H} = \{B \in \sigma(\mathscr{A})\ :\ f^{-1}(B) \in \sigma(f^{-1}(\mathscr{A}))\ \}.$$

易知 $\mathscr{A} \subset \mathscr{H}$. 往证 $\mathscr{H}$ 为 σ-代数.

(i) 对补封闭. $\forall B \in \mathscr{H}$, 由 $f^{-1}(B) \in \sigma(f^{-1}(\mathscr{A}))$ 知, $f^{-1}(B^c) = (f^{-1}(B))^c \in \sigma(f^{-1}(\mathscr{A}))$, 所以 $B^c \in \mathscr{H}$.

(ii) 对可列并封闭. 任取 $\mathscr{H}$ 中序列 $\{B_k\}$, 已知任意 $f^{-1}(B_k) \in \sigma(f^{-1}(\mathscr{A}))$ 且 $\cup_{k=1}^{\infty} B_k \in \sigma(\mathscr{A})$, 所以 $f^{-1}(\cup_{k=1}^{\infty} B_k) = \cup_{k=1}^{\infty} f^{-1}(B_k) \in \sigma(f^{-1}(\mathscr{A}))$.

所以有 $\mathscr{H} = \sigma(\mathscr{A})$, 那么 $f^{-1}(\sigma(\mathscr{A})) = f^{-1}(\mathscr{H}) \subset \sigma(f^{-1}(\mathscr{A}))$.

14.

$$\mathscr{H} = \left\{A \in \sigma\left(\cup_{i\in I}\mathscr{F}_i\right) \;\middle|\; \exists \text{可数} I_0 \subset I, \text{有} A \in \sigma\left(\cup_{i\in I_0}\mathscr{F}_i\right)\right\}.$$

因为 $\forall i \in I, \forall A \in \mathscr{F}_i$, 有 $A \in \mathscr{H}$, 所以 $\cup_{i\in I}\mathscr{F}_i \subset \mathscr{H}$. 下面来证明 $\mathscr{H}$ 为一个 σ-代数.

(i) 对补封闭. 任取 $A \in \mathscr{H}$, 存在 I_0 可数使得 $A \in \sigma\left(\cup_{i\in I_0}\mathscr{F}_i\right)$, 因为 σ-代数对补运算封闭, 所以也有 $A^c \in \sigma\left(\cup_{i\in I_0}\mathscr{F}_i\right)$, 也就是 $A^c \in \mathscr{H}$.

(ii) 对可列并封闭. 任取 $\mathscr{H}$ 中的序列 $\{A_k\}$, 假设每个 A_k 对应的可数指标集为 I_k, 那么有 $\cup_{k=1}^{\infty} A_k \in \vee_{k=1}^{\infty}\sigma\left(\cup_{i\in I_k}\mathscr{F}_i\right) \subseteq \sigma\left(\cup_{i\in I'}\mathscr{F}_i\right)$. 其中 $I' = \cup_{k=1}^{\infty} I_k$ 也是可列集, 所以 $\cup_{k=1}^{\infty} A_k \in \mathscr{H}$.

那么由 $\cup_{i\in I}\mathscr{F}_i \subset \mathscr{H}$ 和 $\mathscr{H}$ 为一个 σ-代数可知 $\mathscr{H} = \sigma\left(\cup_{i\in I}\mathscr{F}_i\right)$.

15. $\cup_n \mathscr{F}_n$ 不一定是 σ-代数. 比如全空间是 $[0,1]$, 设 $\mathscr{F}_n = \sigma\left(\left\{\left[0, \frac{1}{k}\right] : 1 \leqslant k \leqslant n\right\}\right)$, $n \geqslant 1$. 那么 $\{0\} = \cap_{n=1}^{\infty}\left[0, \frac{1}{n}\right]$, $\left[0, \frac{1}{n}\right] \in \mathscr{F}_n$. 但是并不存在 $\mathscr{F}_n$ 使得 $\{0\} \in \mathscr{F}_n$, 所以 $\cup_n \mathscr{F}_n$ 不对可列并封闭, 自然就不是 σ-代数.

(值得注意的是, 如果 $\mathscr{F}_n$ 是严格增的, 那么 $\cup_n \mathscr{F}_n$ 一定不是 σ-代数.)

16. 首先证明左边包含右边. 因为 $\mathscr{C}$ 包含所有单点且 σ-代数对可列并封闭, 所以有

$$\sigma(\mathscr{C}) \supset \{A \subset X : A \text{ 可数}\}.$$

又因为 σ-代数对补也是封闭的, 所以

$$\sigma(\mathscr{C}) \supset \{A \subset X : A^c \text{ 可数}\}.$$

于是就有 $\sigma(\mathscr{C}) \supset \{A \subset X : A \text{ 可数}\} \cup \{A \subset X : A^c \text{ 可数}\}$.

再证明右边包含左边. 因为 $\mathscr{C} \subset \{A \subset X : A \text{ 可数}\}$, 所以只需要证明右边是一个 σ-代数.

(i) 对补封闭. 因为并运算两边集合关于取补是对称的, 所以显然其对补封闭.

(ii) 对可列并封闭. 任取 $\{A \subset X : A \text{ 可数}\} \cup \{A \subset X : A^c \text{ 可数}\}$ 的子列 $\{A_k\}$. 若对任意 $k \geqslant 1$, A_k 可数, 那么就有 $A = \cup_{k=1}^{\infty} A_k$ 可数. 若 $\exists m$ 使得 A_m^c 可数, 那么 $(\cup_{k=1}^{\infty} A_k)^c = \cap_k^{\infty} A_k^c \subset A_m^c$ 可数. 总之有 $\cup_{k=1}^{\infty} A_k \in \{A \subset X : A \text{ 可数}\} \cup \{A \subset X : A^c \text{ 可数}\}$.

所以 $\sigma(\mathscr{C}) \subset \{A \subset X : A \text{ 可数}\} \cup \{A \subset X : A^c \text{ 可数}\}$.

17. **定理 1.6.9 的证明** 一集类为 σ-代数的充要条件是它既是 π 类又是 λ 类.

因为 σ-代数对基本集合运算封闭, 对集合极限封闭, 所以必要性显然. 若集类 $\mathscr{A}$ 既是 π 类又是 λ 类, 因为其包含全集 X 且对真差封闭, 所以 $\mathscr{A}$ 对补运算封闭. $\forall A, B \in \mathscr{A}$, 根据 $\mathscr{A}$ 对交封闭有 $A \cup B = (A^c \cap B^c)^c \in \mathscr{A}$, 所以 $\mathscr{A}$ 对并运算封闭. 于是 $\forall \{A_k\} \subset \mathscr{A}$, 有 $\cup_{k=1}^{\infty} A_k = \lim_n \left(\cup_{k=1}^{n} A_k\right) \in \mathscr{A}$, 所以 $\mathscr{A}$ 对可列并封闭. 综上所述 $\mathscr{A}$ 为 σ-代数, 充分性证得.

定理 1.6.10 的证明 若 $\mathscr{C}$ 为 π 类, 则 $\lambda(\mathscr{C})=\sigma(\mathscr{C})$.

显然有 $\lambda(\mathscr{C})\subset\sigma(\mathscr{C})$. 下面证明相反的包含关系. 由定理 1.6.9 可知只需证明 $\lambda(\mathscr{C})$ 是一个 π 类即可. $\forall H\in\mathscr{C}$ 取定, 设

$$\mathscr{H}=\{B\in\lambda(\mathscr{C})\ :\ B\cap H\in\lambda(\mathscr{C})\}.$$

根据定义有 $\mathscr{C}\subset\mathscr{H}$. 下面证明 $\mathscr{H}$ 为一个 λ 类.

(i)$X\in\mathscr{H}$. 因为 $X\in\lambda(\mathscr{C})$ 且 $X\cap H\in\mathscr{C}\subset\lambda(\mathscr{C})$.

(ii) 对真差封闭. $\forall A,B\in\mathscr{H}$ 满足 $B\subset A$, 有 $(A-B)\in\lambda(\mathscr{C})$ 且 $(A-B)\cap H=A\cap H-B\cap H\in\lambda(\mathscr{C})$, 于是有 $(A-B)\in\mathscr{H}$.

(iii) 对上升极限封闭. 任意 $\{A_k\}\subset\mathscr{H}$, $A_k\uparrow$. 我们有 $\cup_{k=1}^{\infty}A_k\in\lambda(\mathscr{C})$ 和 $(\cup_{k=1}^{\infty}A_k)\cap H=\cup_{k=1}^{\infty}(A_k\cap H)\in\lambda(\mathscr{C})$.

于是根据之前说明的 $\mathscr{C}\subset\mathscr{H}$, 得出 $\lambda(\mathscr{C})\subset\mathscr{H}$. 也就是说 $\forall H\in\mathscr{C}$, $\forall B\in\lambda(\mathscr{C})$, 有 $B\cap H\in\lambda(\mathscr{C})$. 然后任意取定 $D\in\lambda(\mathscr{C})$, 设

$$\mathscr{D}=\{B\in\lambda(\mathscr{C})\ :\ B\cap D\in\lambda(\mathscr{C})\}.$$

根据定义有 $\mathscr{C}\subset\mathscr{D}$. 使用与上面类似的步骤可以证明 $\mathscr{D}$ 为一个 λ 类. 于是有 $\mathscr{D}=\lambda(\mathscr{C})$, 也就是说 $\forall A,B\in\lambda(\mathscr{C})$, 有 $A\cap B\in\lambda(\mathscr{C})$. 那么就证明了 $\lambda(\mathscr{C})$ 为 π 类.

18. 使用本章习题 20 题的结论可知

$$f\text{ 为 Borel 可测函数}\iff\forall a\in\mathbb{R},\ \{f<a\}\text{ 为 Borel 集}.$$

(a) 设 f 为单调函数, 则 $\forall a\in\mathbb{R}$, 必有 $\{f<a\}$ 为区间. 因为所有区间都是 Borel 可测集, 所以 $\{f<a\}\in\mathscr{B}(\mathbb{R})$. 于是 f 可测.

(b) 任意取定 $a\in\mathbb{R}$, 设 $E_a=\ \{f<a\}$. 因为 $\forall x\in E_a$, 有 $\limsup_{y\to x}f(y)\leqslant f(x)<a$, 所以 $\forall 0<\epsilon<a-f(x)$, $\exists\delta>0$ 使得

$$f(y)<f(x)+\epsilon<a,\quad \forall y\in(x-\delta,x+\delta).$$

任意 $x\in E_a$, 将 x 在 $0<\epsilon<\dfrac{a-f(x)}{2}$ 时对应的某个 δ 记为 δ_x, 对应的区间记为 G_x. 则有 $G_x=(x-\delta_x,x+\delta_x)$.

下面证明 $E_a=\cup_{x\in E_a}G_x$. 右边包含左边是显然的, 所以只需要证明左边包含右边. $\forall y\in\cup_{x\in E_a}G_x$, $\exists x\in E_a$, 有 $y\in G_x$. 由 G_x 定义知

$$f(y)<f(x)+\frac{a-f(x)}{2}<a,\quad \forall y\in(x-\delta_x,x+\delta_x),$$

所以 $y\in E_a$. 于是 $E_a=\cup_{x\in E_a}G_x$ 成立.

$E_a=\cup_{x\in E_a}G_x$ 为开集, 所以是 Borel 集.

19. 首先证明其对补运算封闭. 任意 $E\in\mathscr{G}$, 容易验证 f^{-1} 保持集合运算不变且 $Y\backslash E\in\mathscr{G}$, 故 $X\setminus f^{-1}(E)=f^{-1}(Y\setminus E)\in f^{-1}(\mathscr{G})$. 再证明 $f^{-1}(\mathscr{G})$ 对可列并也封闭. 任取集合序列 $\{E_k\}\subset\mathscr{G}$, 那么有 $\cup_{k=1}^{\infty}f^{-1}(E_k)=f^{-1}\left(\cup_{k=1}^{\infty}E_k\right)\in f^{-1}(\mathscr{G})$. 因为 $f^{-1}(\mathscr{G})$ 同时对补和可列并封闭, 所以其为 σ-代数.

20. 若 f 可测, 那么 $f^{-1}(\mathscr{B}(\overline{\mathbb{R}})) \subset \mathscr{F}$, 自然有 $f^{-1}(\mathscr{E}) \subset \mathscr{F}$. 若有 $f^{-1}(\mathscr{E}) \subset \mathscr{F}$, 根据本章习题第 13 题知, $f^{-1}(\mathscr{B}(\overline{\mathbb{R}})) = \sigma(f^{-1}(\mathscr{E})) \subset \mathscr{F}$.

21. 显然有 $\sigma(\mathscr{E}_1)$, $\sigma(\mathscr{E}_6) \subset \sigma(\mathscr{E}_8)$ 及 $\sigma(\mathscr{E}_2)$, $\sigma(\mathscr{E}_5)$, $\sigma(\mathscr{E}_7) \subset \sigma(\mathscr{E}_9)$.

因为 σ-代数对补封闭, 而

$$(-\infty, a)^c = [a, +\infty),$$

$$(-\infty, a]^c = (a, +\infty),$$

开集的补集为闭集,

所以 $\sigma(\mathscr{E}_1) = \sigma(\mathscr{E}_7)$, $\sigma(\mathscr{E}_2) = \sigma(\mathscr{E}_6)$, $\sigma(\mathscr{E}_8) = \sigma(\mathscr{E}_9)$.

因为 σ-代数对可列并封闭, 而

$$\text{开集} = \sum_{i=1}^{n}(a_i,\ b_i)\text{或者}\sum_{i=1}^{\infty}(a_i,\ b_i),$$

$$(a,b) = \cup_{n=1}^{\infty}\left(a, b - \frac{1}{n}\right],$$

$$(a,b) = \cup_{n=1}^{\infty}\left[a + \frac{1}{n}, b - \frac{1}{n}\right],$$

$$(a,b) = \cup_{n=1}^{\infty}\left[a + \frac{1}{n}, b\right),$$

所以 $\sigma(\mathscr{E}_8) \subset \sigma(\mathscr{E}_3)$, $\sigma(\mathscr{E}_3) \subset \sigma(\mathscr{E}_4)$, $\sigma(\mathscr{E}_3) \subset \sigma(\mathscr{E}_5)$, $\sigma(\mathscr{E}_3) \subset \mathscr{B}_1$.

因为 σ-代数对差封闭, 而

$$(a, b] = (-\infty, b] \setminus (-\infty, a],$$

$$[a, b) = [a, +\infty) \setminus [b, +\infty),$$

所以 $\sigma(\mathscr{E}_4) \subset \sigma(\mathscr{E}_2)$, $\mathscr{B}_1 \subset \sigma(\mathscr{E}_7)$.

于是 $\forall i = 1, \cdots, 9$, 有

$$\sigma(\mathscr{E}_i) = \mathscr{B}_1.$$

22. 定义

$$\mathscr{E} = \left\{\prod_{n=1}^{n}[a_i, b_i)\ :\ -\infty < a_i \leqslant b_i < +\infty,\ 1 \leqslant i \leqslant n\right\}.$$

称 $\sigma(\mathscr{E})$ 为 $\mathbb{R}^n$ 上的 Borel σ-代数.

23. 设 (X, d) 中可数稠密子集是 $\{x_k\}$, 令

$$\mathscr{O} = \{B(x; r)\ :\ x \in \{x_k\}, r \in \mathbb{Q}^+\},$$

$$\mathscr{C} = \{\bar{B}(x; r)\ :\ x \in \{x_k\}, r \in \mathbb{Q}^+\}.$$

其中 $B(x;r)$ 表示以 x 为中心, r 为半径的开球, $\bar{B}(x;r)$ 则表示闭球. 显然 $\mathscr{O}, \mathscr{C}$ 可数. 分别设 (a) – (c), $\mathscr{O}$ 和 $\mathscr{C}$ 生成的 σ-代数为 $\mathscr{B}_1 - \mathscr{B}_5$, 下面证明 $\mathscr{B}_1 - \mathscr{B}_5$ 和 $\mathscr{B}$ 相等.

由定义易知 $\mathscr{B}_5 \subset \mathscr{B}_3 \subset \mathscr{B}_1$, $\mathscr{B}_4 \subset \mathscr{B}_2 \subset \mathscr{B}$. 同时根据 σ-代数对补封闭有 $\mathscr{B}_1 = \mathscr{B}$. 因为 σ-代数对可列并封闭封闭, 所以有

$$O = \cup_{x\in O,\, B\in\mathscr{O},\, x\in B\subset O} B \in \mathscr{B}_4, \quad \text{任意 } O \text{ 为开集},$$

同时

$$B(x;r) = \cup_{n=[\frac{1}{r}]+1} \bar{B}\left(x; r - \frac{1}{n}\right), \quad \forall x \in X.$$

于是得到 $\mathscr{B} \subset \mathscr{B}_4 \subset \mathscr{B}_5$. 综上所述有 $\forall i = 1, \cdots, 5$, $\mathscr{B}_i = \mathscr{B}$.

24. 设

$$\mathscr{H} = \{AB + \bar{A}C : B, C \in \mathscr{F}\} \subset \sigma(\mathscr{F} \cup \{A\}).$$

由 $\mathscr{H}$ 的定义知 $\mathscr{F} \subset \mathscr{H}$ 且 $A \in \mathscr{H}$. 下面验证 $\mathscr{H}$ 为一个 σ-代数.

(i) 对补封闭. $\forall AB + \bar{A}C \in \mathscr{H}$, 因为

$$\begin{aligned}
\big((A\cap B)\cup(A^c\cap C)\big)^c &= (A^c \cup B^c)\cap(A\cup C^c)\\
&= \big((A^c\cup B^c)\cap A\big)\cup\big((A^c\cup B^c)\cap C^c\big)\\
&= (A\cap B^c)\cup(A^c\cap C^c)\cup(B^c\cap C^c),
\end{aligned}$$

同时又有

$$B^c\cap C^c = (B^c\cap C^c)\cap(A\cup A^c) = (A\cap B^c\cap C^c)\cup(A^c\cap B^c\cap C^c),$$

故

$$\begin{aligned}
&(A\cap B^c)\cup(A^c\cap C^c)\cup(B^c\cap C^c)\\
&= (A\cap B^c)\cup(A\cap B^c\cap C^c)\cup(A^c\cap C^c)\cup(A^c\cap B^c\cap C^c)\\
&= (A\cap B^c)\cup(A^c\cap C^c) \in \mathscr{H}.
\end{aligned}$$

(ii) 对可列并封闭. 任意 $\{AB_k + \bar{A}C_k\} \subset \mathscr{H}$, 其中 B_k, $C_k \in \mathscr{F}$, $\forall k \geqslant 1$. 有

$$\cup_{k=1}^{\infty}(AB_k + \bar{A}C_k) = A\cup_{k=1}^{\infty} B_k + \bar{A}\cup_{k=1}^{\infty} C_k \in \mathscr{H}.$$

所以 $\mathscr{H}$ 对可列并封闭. 于是 $\mathscr{H}$ 为一个 σ-代数. 再由 $\mathscr{F} \subset \mathscr{H}$ 且 $A \in \mathscr{H}$ 知

$$\sigma(\mathscr{F}\cup\{A\}) \subset \mathscr{H}.$$

所以 $\sigma(\mathscr{F}\cup\{A\}) = \{AB + \bar{A}C : B, C \in \mathscr{F}\}$ 成立.

25. 必要性: 若 E 是 $\mathscr{C}$ 中至多可数个集合之并, 那么对于任意包含 $\mathscr{C}$ 的某个集合 X_0 上的 σ-代数 $\mathscr{F}$, 必有 $E \in \mathscr{F}$. 于是由定理 1.4.6 知

$$\sigma_E(\mathscr{C}) = \sigma_{E\cap X_0}(\mathscr{C}) = E\cap X_0\cap\sigma(\mathscr{C}) = E\cap\sigma_{X_0}(\mathscr{C}) \subset \mathscr{F}.$$

所以存在最小的 σ-代数 $\sigma_E(\mathscr{C})$, 其对应的 X_0 为集合 E.

充分性: 反证, 假设 E 不能表示为 $\mathscr{C}$ 中至多可数个集合之并. 若最小的 σ-代数 $\mathscr{F}$ 存在且其对应的全集为 X_0. 那么必有 $X_0=E$, 否则 $X_0\notin\sigma_E(\mathscr{C})$, 这与 $\mathscr{F}$ 最小矛盾. 而 E 上包含 $\mathscr{C}$ 的最小的 σ-代数就是 $\sigma_E(\mathscr{C})$, 所以有 $\mathscr{F}=\sigma_E(\mathscr{C})$.

为了说明 $\sigma_E(\mathscr{C})$ 不是最小的, 只需要证明 $E\notin\sigma_X(\mathscr{C})$. 设

$$\mathscr{B}=\left\{B\in\sigma_X(\mathscr{C})\;\middle|\;\exists\,\{C_k\}\subset\mathscr{C},\ B\text{ 或 }B^c\subset\cup_{k=1}^{\infty}C_k\right\}.$$

显然 $\mathscr{C}\subset\mathscr{B}$. 下面验证 $\mathscr{B}$ 为一个 σ-代数.

(i) 对补封闭. 显然.

(ii) 对可列并封闭. 取 $B_k\in\mathscr{B}$, $k\geqslant 1$. 若任意 k 存在 $\{C_{n,k}\}_{n=1}^{\infty}\subset\mathscr{C}$, 有 $B_k\subset\cup_{n=1}^{\infty}C_{n,k}$, 那么 $\cup_{k=1}^{\infty}B_k\subset\cup_{k=1}^{\infty}\cup_{n=1}^{\infty}C_{n,k}$, 所以 $\cup_{k=1}^{\infty}B_k\in\mathscr{B}$. 否则存在 m 和 $\{C_n\}_{n=1}^{\infty}\subset\mathscr{C}$ 使得 $B_m^c\subset\cup_{n=1}^{\infty}C_n$, 于是 $(\cup_{k=1}^{\infty}B_k)^c=\cap_{k=1}^{\infty}B_k^c\subset B_m^c\subset\cup_{n=1}^{\infty}C_n$, 所以依旧有 $\cup_{k=1}^{\infty}B_k\in\mathscr{B}$.

那么得到

$$\sigma_X(\mathscr{C})\subset\sigma_X(\mathscr{B})=\mathscr{B}.$$

显然任意 $\{C_k\}\subset\mathscr{C}$ 有 $(\cup_{k=1}^{\infty}C_k)\cap E^c=\varnothing$. 同时因为 E 不能表示为可列个 $\mathscr{C}$ 中元素的并, 所以不存在 $\{C_k\}\subset\mathscr{C}$ 使得 $E\subset\cup_{k=1}^{\infty}C_k$. 于是有 $E\notin\sigma_X(\mathscr{C})$, 但这是与 $\sigma_E(\mathscr{C})$ 最小矛盾的.

26. 设柱集

$$\{x\in C[0,1]:|x(t_1)|\in A_1,|x(t_2)|\in A_2,\cdots,|x(t_n)|\in A_n\}$$

全体构成的集类是 $\mathscr{C}$. 其中 n 为任意正整数, $A_i\in\mathscr{B}([0,\infty))$ 且 $t_i\in[0,1]$, $i=1,\cdots,n$. 那么有

$$\sigma(\mathscr{C})=\sigma(|f_t|,t\in[0,1]).$$

定义

$$\mathscr{H}=\{B\in\sigma(\mathscr{C})\ :\ \forall x\in B\longrightarrow -x\in B\}.$$

由定义知 $\mathscr{C}\subset\mathscr{H}$. 下面证明 $\mathscr{H}$ 是一个 σ-代数.

(i) 对补封闭. $\forall B\in\mathscr{H}$, 必有 $B^c\in\mathscr{H}$. 如果不是的话, 则存在 $B_0\in\mathscr{H}$ 和 $x\in B_0^c$ 使得 $-x\notin B_0^c$, 也就是说 $-x\in B_0$. 而因为 $B_0\in\mathscr{H}$, 所以得到 $x=-(-x)\in B_0$. 矛盾.

(ii) 对可列并封闭. 任意序列 $\{B_k\}\subset\mathscr{H}$, $\forall x\in\cup_{k=1}^{\infty}B_k$, 因为存在 k 使得 $x\in B_k$, 所以有 $-x\in B_k\subset\cup_{k=1}^{\infty}B_k$, 也就是说 $\cup_{k=1}^{\infty}B_k\in\mathscr{H}$.

所以根据 $\mathscr{C}\subset\mathscr{H}$ 和 $\mathscr{H}$ 是一个 σ-代数知 $\sigma(\mathscr{C})\subset\mathscr{H}$, 那么设

$$B=\{x\in C[0,1]:x(1)\in(0,1)\}.$$

显然 $B\notin\mathscr{H}=\sigma(\mathscr{C})$, 但是 $B=f_1^{-1}((0,1))\in\sigma(f_t,t\in[0,1])$, 所以

$$\sigma(|f_t|,t\in[0,1])\neq\sigma(f_t,t\in[0,1]).$$

27. (a) 设 $\{x_k\}\subset X$ 为该度量空间的可数稠密子集, $\mathscr{B}$ 表示 Borel 代数. 令

$$\mathscr{C}=\{B(x;r)\ :\ x\in\{x_k\},r\in\mathbb{Q}^+\}.$$

其中 $B(x;r)$ 表示以 x 为中心, r 为半径的开球. 显然 $\mathscr{C}$ 可数. 因为 $\sigma(\mathscr{C})\subset\mathscr{B}$, 所以为了说明 $\sigma(\mathscr{C})=\mathscr{B}$, 只需要说明 $\forall O$ 为开集 $O\in\sigma(\mathscr{C})$. 任取开集 $O\in\mathscr{B}$, 有

$$O=\cup_{x\in O,\,B\in\mathscr{C},\,x\in B\subset O}B\in\sigma(\mathscr{C}),$$

所以也有 $\mathscr{B}\subset\sigma(\mathscr{C})$. 那么 $\mathscr{C}$ 就是生成 $\mathscr{B}$ 的可数子集.

(b) 考虑实数上的 Borel 集 $\mathscr{B}(\mathbb{R})$. 设 $\mathscr{C}$ 为实数的单点集全体, 由本章习题第 16 题结论知

$$\{A\subset\mathbb{R}:A\text{ 可数}\}\cup\{A\subset\mathbb{R}:A^c\text{ 可数}\}=\sigma(\mathscr{C})\subset\mathscr{B}(\mathbb{R}).$$

回顾 (a) 可知 $\mathscr{B}(\mathbb{R})$ 是可数生成的, 接下来说明 $\sigma(\mathscr{C})$ 并非可数生成的.

假设 $\sigma(\mathscr{C})$ 是可数生成的, 那么 $\exists\{A_k\}_{k=1}^{\infty}\subset\sigma(\mathscr{C})$ 使得 $\sigma(\{A_k\ :\ k\geqslant 1\})=\sigma(\mathscr{C})$. 对于任意 k 有 A_k 可数或者 A_k^c 可数, 不妨认为所有 A_k 均为可数的, 如果不是则用 A_k^c 代替 A_k. 定义单点集的集族

$$\mathscr{H}=\{\{x\}:x\in\mathbb{R},\ \exists k\geqslant 1,\ x\in A_k\},$$

易知 $\mathscr{H}$ 可数且有

$$\sigma(\mathscr{C})=\sigma(\{A_k:k\geqslant 1\})\subset\sigma(\mathscr{H})\subset\sigma(\mathscr{C}).$$

为了利用上式推出矛盾, 定义集族

$$\mathscr{A}=\left\{A\in\mathscr{B}(\mathbb{R})\ \middle|\ \text{若}A\text{可列, 则}A\subset\cup_{k=1}^{\infty}A_k,\text{否则}\,(\cup_{k=1}^{\infty}A_k)^c\subset A\right\}.$$

显然 $\mathscr{H}\subset\mathscr{A}$ 且 $\mathscr{A}$ 对补封闭.

现在任取 $\{A_k'\}\subset\mathscr{A}$, 若 A_k' 均可列, 则 $\cup_{k=1}^{\infty}A_k'\subset\cup_{k=1}^{\infty}A_k$, 它也是可列的, 这时 $\cup_{k=1}^{\infty}A_k'\in\mathscr{A}$. 若存在 m 使得 A_m' 不可列, 那么 $\cup_{k=1}^{\infty}A_k'$ 不可列且 $(\cup_{k=1}^{\infty}A_k)^c\subset A_m'\subset\cup_{k=1}^{\infty}A_k'$, 此时也有 $\cup_{k=1}^{\infty}A_k'\in\mathscr{A}$. 总之 $\mathscr{A}$ 也对可列并封闭, 所以其为 σ-代数. 于是由 $\mathscr{H}\subset\mathscr{A}$ 推得 $\sigma(\mathscr{H})\subset\mathscr{A}$.

任取 $y\in(\cup_{k=1}^{\infty}A_k)^c$, 由 $\mathscr{C}$ 定义知 $\{y\}\in\mathscr{C}$, 综合前几段的论述有

$$\{y\}\in\mathscr{C}\subset\sigma(\mathscr{C})=\sigma(\mathscr{H})\subset\mathscr{A}.$$

但这是与 $\mathscr{A}$ 定义矛盾的. 所以原假设不成立.

(c) 设 $\mathscr{F}=\sigma(\{B_k\ :\ k\geqslant 1\})$, $B_k\ (k\geqslant 1)$ 互不相交. 定义函数

$$f=\sum_{k=1}^{\infty}k1_{B_k}.$$

显然 $f\in\mathscr{F}$, 即 $\sigma(f)\subset\mathscr{F}$. 同时任意 $k\geqslant 1$, 有

$$B_k=f^{-1}(\{k\})\in f^{-1}(\mathscr{B}(\mathbb{R}))=\sigma(f),$$

所以

$$\mathscr{F}=\sigma(\{B_k\ :\ k\geqslant 1\})\subset\sigma(f).$$

于是 $\mathscr{F}=\sigma(f)$.

28. (a) 因为 $C[0,1]$ 在该范数下的收敛是连续函数的一致收敛, 所以极限函数必为连续函数, 于是 $C[0,1]$ 是完备赋范空间.

(b) 任意取定 $n \geqslant 1$, A_i 为开集且 $t_i \in [0,1]$, $i = 1, \cdots, n$.

$$H = \{f : f(t_1) \in A_1, \cdots, f(t_n) \in A_n\}.$$

因为 $\forall f_0 \in H$, $\exists \delta > 0$, 有 $(f_0(t_i) - \delta, f_0(t_i) + \delta) \subset A_i$, $\forall i = 1, \cdots, n$. 于是

$$\{f : \|f - f_0\| < \delta\} \subset H,$$

即 H 为 $\|\cdot\|$ 下的开集. 所以由柱集生成的 σ-代数包含于由开集生成的 σ-代数中. 同时对于 $\|\cdot\|$ 下的任意闭球有

$$\{f : \|f - f_0\| \leqslant \delta\} = \cap_{t \in [0,1] \cap \mathbb{Q}} \{f : f(t) \in [f_0(t) - \delta, f_0(t) + \delta]\},$$

也就是说范数 $\|\cdot\|$ 下的所有闭球都包含在柱集生成的 σ-代数中. 于是使用本章习题第 23 题的结论知, 所以由开集生成的 σ-代数包含于由柱集生成的 σ-代数中.

(c) 由 (b) 的结论知, $C[0,1]$ 上的 Borel 集和范数

$$\|f\| := \max_{t \in [0,1]} |f(t)|$$

生成的 Borel 集一样. 下面逐个验证它们为 $C[0,1]$ 上的 Borel 集, 同时将讨论的范围限定在 $C[0,1]$ 上.

(i) 有界变差函数空间为 Borel 集. 由有界变差函数的定义知

$$A_1 = \left\{ f \ : \ \exists M > 0, \sup_{0 \leqslant t_1 < t_2 < \cdots < t_n \leqslant 1} \sum_{i=2}^{n} |f(t_i) - f(t_{i-1})| < M \right\},$$

所以有

$$A_1 = \cup_{m=1}^{\infty} \cap_{n=1}^{\infty} \left\{ f \ : \ \sup_{0 \leqslant t_1 < t_2 < \cdots < t_n \leqslant 1} \sum_{i=2}^{n} |f(t_i) - f(t_{i-1})| < m \right\}.$$

因为当 $m = M$, $n = N$ 选定时, 集合

$$\left\{ f \ : \ \sup_{0 \leqslant t_1 < t_2 < \cdots < t_N \leqslant 1} \sum_{i=2}^{N} |f(t_i) - f(t_{i-1})| < M \right\}$$

为范数 $\|f\|$ 下的开集, 所以 $A_1 \in \mathscr{B}(C[0,1])$.

(ii) 绝对连续函数空间为 Borel 集. 由绝对连续函数的定义知

$$A_2 = \left\{ f \ : \ \forall \epsilon > 0, \ \exists \delta > 0, \sup_{\sum\limits_{i=1}^{m} |b_i - a_i| < \delta} |f(b_i) - f(a_i)| < \epsilon \right\},$$

所以有

$$A_2=\cap_{n=1}^{\infty}\cup_{k=1}^{\infty}\cap_{m=1}^{\infty}\left\{f\ :\ \sup_{\sum\limits_{i=1}^{m}|b_i-a_i|<\frac{1}{k}}|f(b_i)-f(a_i)|<\frac{1}{n}\right\}.$$

因为当 $n=N$, $k=K$, $m=M$ 选定时, 集合

$$\left\{f\ :\ \sup_{\sum\limits_{i=1}^{M}|b_i-a_i|<\frac{1}{K}}|f(b_i)-f(a_i)|<\frac{1}{N}\right\}$$

为范数 $\|f\|$ 下的开集, 所以 $A_2\in\mathscr{B}(C[0,1])$.

(iii) C^1 函数全体为 Borel 集. 因为函数一阶导数 f' 在 $[0,1]$ 上连续的充要条件是 f 在 $[0,1]$ 上一致可微, 即 $\forall\epsilon>0$, $\exists\delta>0$, 当 $0<|h|<\delta$ 时, 有

$$\left|\frac{f(x+h)-f(x)}{h}-f'(x)\right|<\epsilon$$

对一切 $x\in[0,1]$ 成立. 也就是说

$$A_3=\cap_{n=1}^{\infty}\cup_{m=1}^{\infty}\cap_{|h_i|\in\mathbb{Q}\cap(0,\frac{1}{m})}\cap_{x\in[0,1]}\left\{\left|\frac{f(x+h_1)-f(x)}{h_1}-\frac{f(x+h_2)-f(x)}{h_2}\right|\leqslant\frac{1}{n}\right\}.$$

($x\notin[0,1]$ 时, 默认 $f(x)$ 取值为最靠近 x 的端点值).

因为当 $n=N$, $m=M$, $h_i\in Q$, $x\in[0,1]$ 确定时, 集合

$$\left\{f\ :\ \left|\frac{f(x+h_1)-f(x)}{h_1}-\frac{f(x+h_2)-f(x)}{h_2}\right|\leqslant\frac{1}{N}\right\}$$

为范数 $\|f\|$ 下的闭集, 所以 $A_3\in\mathscr{B}(C[0,1])$.

29. 使用本章习题第 14 题的结论立马可以得到.

30. 定义 A_x 表示 $\{x+y:y\in A\}$, 紧集全体 $\mathscr{C}=\{C\in\mathscr{B}^n\ :\ C为紧集\}$, 半闭半开矩形全体

$$\mathscr{A}=\left\{\prod_{k=1}^{n}[a_k,b_k)\ :-\infty<a_i\leqslant b_i<+\infty,i=1,\cdots,n\right\}.$$

先证明 Borel 可测集的平移不变性. 设

$$\mathscr{H}=\{A\in\mathscr{B}^n\ :\ A_x\in\mathscr{B}^n\}.$$

由于 $\mathscr{A}_x=\mathscr{A}$, 所以显然 $\mathscr{A}\subset\mathscr{H}$. 下面证明 $\mathscr{H}$ 为一个 σ-代数.

(i) 对补封闭. $\forall A\in\mathscr{H}$, 因为 $(A^c)_x=(A_x)^c\in\mathscr{B}^n$, 所以 $A^c\in\mathscr{H}$.

(ii) 对可列并封闭. 任意序列 $\{A^k\}\subset\mathscr{H}$, 有 $\left(\cup_{k=1}^{\infty}A^k\right)_x=\cup_{k=1}^{\infty}(A^k)_x\in\mathscr{B}^n$, 所以 $\cup_{k=1}^{\infty}A^k\in\mathscr{H}$.

那么可得 $\mathscr{B}^n=\sigma(\mathscr{A})\subset\mathscr{H}$, 也就是说任意 $A\in\mathscr{B}^n$, 有 $A+x\in\mathscr{B}^n$.

然后再证明 Borel 可测集关于线性变换也是不变的. 因为 T 为 $n \times n$ 矩阵, 所以易知 $T: x \in \mathbb{R}^n \mapsto Tx \in \mathbb{R}^n$ 为连续映射. 那么就有 $T(\mathscr{C}) \subset \mathscr{C}$. 设

$$\mathscr{H}_1 = \{A \in \mathscr{B}^n \ : \ TA \in \mathscr{B}^n\},$$

由定义知 $\mathscr{C} \subset \mathscr{H}_1$.

根据本章习题第 10 和 19 题知 $\mathscr{H}_1 = T^{-1}(\mathscr{B}^n) \cap \mathscr{B}^n$ 为 σ-代数. 再结合本章习题第 23(a) 题的结论得到

$$\mathscr{B}^n = \sigma(\mathscr{C}) \subset \mathscr{H}_1.$$

也就是说任意 $A \in \mathscr{B}^n$, 有 $TA \in \mathscr{B}^n$. (注意: 当 T 不可逆时, 划线部分等号不一定成立!)

习 题 2

1. 有限可加性显然, 这里只验证不是可列可加的.

以 $\mathbb{Q}$ 表示有理数, $\{a_i\}$ 为 $[0,1] \cap \mathbb{Q}$ 的一个序列. 若 P 为可列可加的集函数, 则有

$$1 = P(\mathbb{Q} \cap [0,1]) = \sum_{i=0}^{+\infty} P(\{a_i\}) = 0.$$

矛盾.

2. 设

$$\mathscr{A} = \{A \in \mathscr{F} : P_1(A) = P_2(A)\}.$$

下面证明, $\mathscr{A}$ 等于 $\mathscr{F}$. 显然 $\mathscr{A}$ 包含 $\mathscr{C}$, 而 $\mathscr{F} = \sigma(\mathscr{C})$, 所以根据 λ-π 类定理, 只需要说明 $\mathscr{A}$ 为一个 λ 类就可以了.

(a)$X \in \mathscr{A}$. 因为 P_1, P_2 均为概率测度.

(b) 若 $A, B \in \mathscr{A}, B \subset A$, 则 $A - B \in \mathscr{A}$. 因为 $P_1(A-B) = P_1(A) - P_1(B) = P_2(A) - P_2(B) = P_2(A-B)$.

(c) 若 $A_n \in \mathscr{A} \uparrow A$, 则 $A \in \mathscr{A}$. 根据概率的下连续性, $P_1(A) = \lim_{n\to\infty} P_1(A_n) = \lim_{n\to\infty} P_2(A_n) = P_2(A)$.

所以可知, $\mathscr{F} = \sigma(\mathscr{C}) \subset \lambda(\mathscr{C}) = \mathscr{A}$, 即 $P_1 = P_2$.

3. 约定符号 $\mu|_{\mathscr{A}}$ 表示 μ 在 $\mathscr{A}$ 上的限制, $\mu^*|_{\mathscr{A}}$ 表示 $\mathscr{F}$ 在 $\mu|_{\mathscr{A}}$ 下的外测度. 由测度延拓的唯一性可知, $\mu^*|_{\mathscr{A}}$ 和 μ 在 $\mathscr{F}$ 上相等. 故 $\forall E \in \mathscr{F}$ 有

$$\mu(E) = \mu^*|_{\mathscr{A}}(E) = \inf\left\{\sum_{i=1}^{\infty} \mu|_{\mathscr{A}}(A_i) : A_i \in \mathscr{A}, E \subset \sum_{i=1}^{\infty} A_i\right\}.$$

对 $E \in \mathscr{F}$ 给定, $\forall \epsilon > 0$, 取 $A_i \in \mathscr{A}$ 不交, $E \subset \sum_{i=1}^{\infty} A_i$, 使得

$$\sum_{i=1}^{\infty} \mu|_{\mathscr{A}}(A_i) < \mu(E) + \frac{\epsilon}{2} = \mu^*|_{\mathscr{A}}(E) + \frac{\epsilon}{2}.$$

取 N 为某个正整数, 使得 $n \geqslant N$ 时, $\sum_{i=n+1}^{\infty} \mu|_{\mathscr{A}}(A_i) < \frac{\epsilon}{2}$. 令 $B_n = \sum_{i=1}^{n} A_i \ (n \geqslant N)$, 则有

$$\begin{aligned}
\mu(E \triangle B_n) &= \mu(E \setminus B_n) + \mu(B_n \setminus E) \\
&\leqslant \mu(B_\infty \setminus B_n) + \mu(B_\infty \setminus E) \\
&= \mu\left(\sum_{i=n+1}^{\infty} A_i\right) + \mu(B_\infty) - \mu(E) \\
&= \sum_{i=n+1}^{\infty} \mu(A_i) + \sum_{i=1}^{\infty} \mu(A_i) - \mu(E) \\
&= \sum_{i=n+1}^{\infty} \mu|_{\mathscr{A}}(A_i) + \sum_{i=1}^{\infty} \mu|_{\mathscr{A}}(A_i) - \mu^*|_{\mathscr{A}}(E) \\
&< \frac{\epsilon}{2} + \frac{\epsilon}{2} = \epsilon.
\end{aligned}$$

因为 $A_i \in \mathscr{A}$ 且 $\mathscr{A}$ 为代数, 所以 $B_n \in \mathscr{A}$ 满足条件.

4. 首先说明任何单点集的测度为 0.

将 $[0,1]$ 上所有的有理数记为 $\mathbb{Q}$. 由平移不变性知, 任何单点集测度相同, 所以可以得到

$$0 \leqslant \sum_{x \in \mathbb{Q}} \mu(\{x\}) \leqslant \mu([0,1]) = 1.$$

要使得不等式成立, 必须有单点集的测度为 0.

往证区间的测度为区间长度, 即

$$\mu([a,b]) = b - a, \quad \forall a, b \in \mathbb{R}, \quad a < b.$$

(a) 当 $b - a \in \mathbb{Q}$ 时.

由正则性和平移不变性知, $1 = \mu([0,1]) = n\mu\left(\left[0, \frac{1}{n}\right]\right), \forall n \in \mathbb{N}^+ \Rightarrow \mu\left(\left[0, \frac{1}{n}\right]\right) = \frac{1}{n}, \forall n \in \mathbb{N}^+$. 再次使用平移不变性有 $\mu([a,b]) = \frac{1}{n}, \forall a, b \in \mathbb{R}, b - a = \frac{1}{n}$.

类似的讨论可以得出, $\mu([a,b]) = b - a, \forall a, b \in \mathbb{R}, b - a \in \mathbb{Q}$.

(b) 当 $b - a \in \mathbb{R} \setminus \mathbb{Q}$ 时. 取实数集中单调下降的子列 $\{b_n\} \downarrow b$, 同时满足 $b_n - a \in \mathbb{Q}$. 由测度的上连续性知

$$\mu([a,b]) = \lim_{n \to \infty} \mu([a, b_n]) = \lim_{n \to \infty} b_n - a = b - a.$$

最后说明在 $(\mathbb{R}, \mathscr{B}^1)$ 上 μ 与 Lebesgue 测度相等.

因为 μ 在全体区间上和 Lebesgue 测度相等, 而 $\mathscr{B}^1 = \sigma(\mathscr{A})$, $\mathscr{A}$ 为区间全体, 它构成了一个 π 类, 所以使用单调类定理知, 在 $(\mathbb{R}, \mathscr{B}^1)$ 上 μ 与 Lebesgue 测度相等.

5. 考虑

$$\mathscr{A} = \{[a,b) : -\infty < a \leqslant b < +\infty, a, b \in \mathbb{R}\},$$

易知 $\mathscr{A}$ 为一个生成 $\mathscr{B}(\mathbb{R})$ 的 π 类. 而 $\forall B=[a,b)\in\mathscr{A}$, 根据分布函数的定义有

$$P(\xi\in B)=F_\xi(b)-F_\xi(a)=F_\eta(b)-F_\eta(a)=P(\eta\in B).$$

也就是说概率测度 $P\circ\xi^{-1},P\circ\eta^{-1}$ 在生成 $\mathscr{B}(\mathbb{R})$ 的 π 类上面相同. 使用第 2 题的结论知, $P\circ\xi^{-1},P\circ\eta^{-1}$ 在 $\mathscr{B}$ 上相同.

6. 这里只证明第一个, 第二个与第一个是等价的.

设 $\mathscr{A}$ 表示

$$\left\{\prod_{k=1}^n[a_k,b_k):-\infty<a_k\leqslant b_k<+\infty\right\}.$$

显然 $\mathscr{A}$ 为一个可以生成 $\mathscr{B}(\mathbb{R}^n)$ 的半代数, 由测度延拓的唯一性知

$$P(B)=\inf\left\{\sum_{i=1}^\infty P|_{\mathscr{A}}(A_i):B\subset\sum_{i=1}^\infty A_i,A_i\in\mathscr{A}\right\},\quad\forall B\in\mathscr{B}(\mathbb{R}^n).$$

下面只需要说明, $\forall B\in\mathscr{B}(\mathbb{R}^n)$,

$$\begin{aligned}&\inf\{P(O):B\subset O,O\text{ 为开集}\}\\&=\inf\left\{\sum_{i=1}^\infty P|_{\mathscr{A}}(A_i):B\subset\sum_{i=1}^\infty A_i,A_i\in\mathscr{A}\right\}.\end{aligned}$$

首先来证明“$\leqslant$”.

因为 $\forall B\in\mathscr{B}(\mathbb{R}^n)$, $\forall\epsilon>0$, $\exists A_i\in\mathscr{A}$ 不交, 满足 $B\subset\sum_{i=1}^\infty A_i$, 且 $\sum_{i=1}^\infty P|_{\mathscr{A}}(A_i)<\inf\{\sum_{i=1}^\infty P|_{\mathscr{A}}(A_i):B\subset\sum_{i=1}^\infty A_i,A_i\in\mathscr{A}\}+\epsilon$. 而 $\forall A_i=\prod_{k=1}^n[a_k^{(i)},b_k^{(i)})\in\mathscr{A}$, 由概率测度的上连续性知 $\exists\epsilon_k^{(i)}>0$, $k=1,\cdots,n$, 满足

$$P\left(\prod_{k=1}^n(a_k^{(i)}-\epsilon_k^{(i)},b_k^{(i)})\right)<P\left(\prod_{k=1}^n[a_k^{(i)},b_k^{(i)})\right)+\frac{\epsilon}{2^i},\quad\forall i=1,\cdots,n,\cdots.$$

求和得到

$$\begin{aligned}\sum_{i=1}^\infty P\left(\prod_{k=1}^n(a_k^{(i)}-\epsilon_k^{(i)},b_k^{(i)})\right)&<\sum_{i=1}^\infty P|_{\mathscr{A}}(A_i)+\epsilon\\&<\inf\left\{\sum_{i=1}^\infty P|_{\mathscr{A}}(A_i):B\subset\sum_{i=1}^\infty A_i,A_i\in\mathscr{A}\right\}+2\epsilon.\end{aligned}$$

也就是说

$$\inf\{P(O):B\subset O,O\text{ 为开集}\}<\inf\left\{\sum_{i=1}^\infty P|_{\mathscr{A}}(A_i):B\subset\sum_{i=1}^\infty A_i,A_i\in\mathscr{A}\right\}+2\epsilon.$$

令 $\epsilon\to0$, 有

$$\inf\{P(O):B\subset O,O\text{ 为开集}\}\leqslant\inf\left\{\sum_{i=1}^\infty P|_{\mathscr{A}}(A_i):B\subset\sum_{i=1}^\infty A_i,A_i\in\mathscr{A}\right\}.$$

接下来证明“$\geqslant$”.

$\forall B\in\mathscr{B}(\mathbb{R}^n)$, $\forall\epsilon>0$, $\exists O$ 为开集包含 B, 满足

$$P(O)<\inf\{P(O):B\subset O,O\text{ 为开集}\}+\epsilon.$$

又因为任意 $\mathbb{R}^n$ 中开集可以表示为可列个半开半闭方体的不交并, 所以直接可以得到

$$\inf\left\{\sum_{i=1}^{\infty}P|_{\mathscr{A}}(A_i):B\subset\sum_{i=1}^{\infty}A_i,A_i\in\mathscr{A}\right\}\leqslant P(O)<\inf\{P(O):B\subset O,O\text{ 为开集}\}+\epsilon.$$

令 $\epsilon\to 0$, 有

$$\inf\left\{\sum_{i=1}^{\infty}P|_{\mathscr{A}}(A_i):B\subset\sum_{i=1}^{\infty}A_i,A_i\in\mathscr{A}\right\}\leqslant\inf\{P(O):B\subset O,O\text{ 为开集}\}.$$

综上所述, 有 $P(B)=\inf\{P(O):B\subset O,O\text{ 为开集}\}$.

7. 使用本章习题第 3 题的结论即可.

8. 证明方法与本章习题第 9 题类似, 故省略.

9. (1) 先说明 $\mathscr{F}^*$ 对补封闭.

$\forall B\cup N\in\mathscr{F}^*$, 其中 $B\in\mathscr{F}$, $N\in\mathcal{N}$, $\exists C\in\mathscr{F}$, s.t.$N\subset C$, $P(C)=0$, 则 $(B\cup N)^c=[(B\cup N)^c\cap C]\cup[(B\cup N)^c\cap C^c]=[B^c\cap N^c\cap C]\cup[B^c\cap C^c]$. 因为 $B^c\cap N^c\cap C\subset B^c\cap C$, $B^c\cap C\in\mathscr{F}$ 且 $P(B^c\cap C)=0$, 同时 $B^c\cap C^c\in\mathscr{F}$, 故 $(B\cup N)^c\in\mathscr{F}^*$.

再说明 $\mathscr{F}^*$ 对可列并封闭.

$\forall B_i\cup N_i\in\mathscr{F}^*$, 其中 $B_i\in\mathscr{F}$, $N_i\in\mathcal{N}$, $\exists C_i\in\mathscr{F}$, s.t.$N_i\subset C_i$, $P(C_i)=0,\forall i\in N_+$. 则

$$\cup_{i=1}^{\infty}(B_i\cup N_i)=(\cup_{i=1}^{\infty}B_i)\cup(\cup_{i=1}^{\infty}N_i),$$

其中 $\cup_{i=1}^{\infty}C_i,\cup_{i=1}^{\infty}B_i\in\mathscr{F}$, $\cup_{i=1}^{\infty}N_i\subset\cup_{i=1}^{\infty}C_i$, $P(\cup_{i=1}^{\infty}C_i)=0$. 也就是说 $\cup_{i=1}^{\infty}(B_i\cup N_i)\in\mathscr{F}^*$.

由以上两点知 $\mathscr{F}^*$ 是一个 σ-代数.

(2) 假设存在 $B_i\cup N_i\in\mathscr{F}^*$ 满足条件 $B_1\cup N_1=B_2\cup N_2$. 其中 $B_i\in\mathscr{F}$, $N_i\in\mathcal{N}$, $\exists C_i\in\mathscr{F}$, s.t.$N_i\subset C_i$, $P(C_i)=0,i=1,2$. 则由

$$B_2\subset B_2\cup N_2=B_1\cup N_1\subset B_1\cup C_1,$$

知

$$P(B_2)\leqslant P(B_1)+P(C_1)=P(B_1).$$

同理知 $P(B_1)\leqslant P(B_2)$, 所以 $P(B_1)=P(B_2)$.

(3) 由 (2) 知可以无歧义地定义一个 $\mathscr{F}^*$ 上的非负集函数 P^*,

$$P^*(B\cup N)=P(B),\ \forall B\cup N\in\mathscr{F}^*,\ B\in\mathscr{F},\ N\in\mathcal{N}.$$

将其限制在 $\mathscr{F}$ 上时, 有 $P^*|_{\mathscr{F}}=P$.

下面说明 P^* 具有可列可加性, 这样一来 P^* 就是 P 在 $\mathscr{F}^*$ 上的延拓了.

$\forall B_i \cup N_i \in \mathscr{F}^*$ 不交, 必有 $B_i \in \mathscr{F}$ 不交, $N_i \in \mathcal{N}$, $\exists C_i \in \mathscr{F}$, s.t.$N_i \subset C_i$, $P(C_i) = 0, \forall i \in N_+$. 故有

$$\begin{aligned} P^*\left(\cup_{i=1}^{\infty}(B_i \cup N_i)\right) &= P^*\left((\cup_{i=1}^{\infty} B_i) \cup (\cup_{i=1}^{\infty} N_i)\right) \\ &= P\left(\cup_{i=1}^{\infty} B_i\right) = \sum_{i=1}^{\infty} P(B_i) = \sum_{i=1}^{\infty} P^*(B_i \cup N_i). \end{aligned}$$

可列可加性得证.

(4) 由题可知 $B = A_1 + B - A_1$, 而 $B - A_1 \subset A_2 - A_1 \in \mathscr{F}$ 且 $P(A_2 - A_1) = 0$, 故 $B \in \mathscr{F}^*$.

10. 因为 ξ_n 依概率收敛到 ξ, 所以必然存在子列 ξ_{n_k} 几乎处处收敛到 ξ. 也就是说存在一个集合 $A \in \mathscr{F}$, $\mu(A) = 0$, 使得 $\forall \omega \in A^c$, $\forall \epsilon > 0$, $\exists K(\epsilon, \omega) > 0, \forall k > K$ 有

$$0 \leqslant |\xi(\omega) - \xi_{n_k}(\omega)| < \epsilon.$$

由于 ξ_{n_k} 单调收敛到 ξ, 所以 $\forall n \geqslant n_k$ 有

$$0 \leqslant |\xi(\omega) - \xi_n(\omega)| \leqslant |\xi(\omega) - \xi_{n_k}(\omega)| < \epsilon.$$

因而

$$\xi_n \xrightarrow{\text{a.e.}} \xi.$$

11. (a) 设测度空间为 $(\mathbb{R}, \mathscr{B}(\mathbb{R}), L)$, L 表示 Lebesgue 测度, $\xi = 0$, $\xi_n = 1_{[n,+\infty)}$. 显然 $\xi_n \xrightarrow{\text{a.e.}} \xi$, 但是 $L\left(|\xi_n - \xi| > \dfrac{1}{2}\right) = +\infty$, $\xi_n \to \xi$ 不是依测度收敛.

(b) 设测度空间为 $([0,1], \mathscr{B}([0,1]), L|_{[0,1]})$, 考虑 $\xi = +\infty$, $\xi_n = n$. 显然 $\xi_n \xrightarrow{\text{a.e.}} \xi$, 但 $\xi_n \to \xi$ 不是依测度收敛.

12. 设概率空间为 $([0,1], \mathscr{B}([0,1]), L)$, L 为 Lebesgue 测度. 对每一个 $n \geqslant 1$, 把 $[0,1]$ 区间 n 等分, 得到 n 个小区间 $\left[\dfrac{k-1}{n}, \dfrac{k}{n}\right]$, $k = 1, 2, \cdots, n$. 这些小区间上的特征函数用 $f_{n,k}$ 表示 $(1 \leqslant k \leqslant n, n \geqslant 1)$. 现令

$$\begin{gathered} \mathcal{X} = 0, \\ \mathcal{X}_1 = f_{1,1}, \\ \mathcal{X}_2 = f_{2,1}, \quad \mathcal{X}_3 = f_{2,2}, \\ \mathcal{X}_4 = f_{3,1}, \quad \mathcal{X}_5 = f_{3,2}, \quad \mathcal{X}_6 = f_{3,3}, \\ \cdots\cdots \end{gathered}$$

很明显在 [0,1] 上 $\mathcal{X}_n$ 依概率收敛于 $\mathcal{X}$. 但对每一个 $x \in [0,1]$, $\mathcal{X}_n(x)$ 中有无穷多项为 0, 也有无穷多项为 1, 所以 $\mathcal{X}_n(x)$ 不收敛.

13. 先证必要性.

设 A 为集合 $\{\lim_{n\to\infty} 1_{A_n} = 0\}$, 则 $P(A) = 1$. $\forall \omega \in A$, $\exists N$, $n \geqslant N$ 时, $1_{A_n}(\omega) = 0$. 也就是说 A 包含于事件“仅有有限次发生在 A_n 中”, 即

$$A \subset \cup_{k=1}^{\infty} \cap_{n=k}^{\infty} A_n^c.$$

也就是说

$$\limsup_n A_n \subset A^c.$$

自然

$$P(\limsup_n A_n) = 0.$$

再证充分性. 因为

$$P\left(\cap_{k=1}^{\infty} \cup_{n=k}^{\infty} A_n\right) = P(\limsup_n A_n) = 0,$$

所以令 $A = \cup_{k=1}^{\infty} \cap_{n=k}^{\infty} A_n^c$, 则 $P(A) = 1$. 也就是说 $\forall \omega \in A, \exists K, n \geqslant K$ 时, $\omega \notin A_n$. 即

$$\lim_{n\to\infty} 1_{A_n} = 0.$$

故有

$$\lim_{n\to\infty} 1_{A_n} = 0 \text{ a.s.}.$$

14. 由定理 1.4.6, $\mathscr{F}_0$ 为 Ω_0 上的 σ-代数. 作为非负集函数, μ 显然是有限的, 所以只需证明其 σ 可加性, 即 $\mu\left(\sum_{n=1}^{\infty} A_n\right) = \sum_{n=1}^{\infty} \mu(A_n)$. 任取 $A_n \in \mathscr{F}_0$ 互不相交, $\sum_{n=1}^{\infty} A_n \in \mathscr{F}_0$.

首先证明 $\mu\left(\sum_{n=1}^{\infty} A_n\right) \leqslant \sum_{n=1}^{\infty} \mu(A_n)$.

因为 $\exists B_k \in \mathscr{F}$, 使得 $A_k = B_k \cap \Omega_0$ 和 $P(B_k) < \mu(A_k) + \dfrac{\epsilon}{2^k}$ 成立, 同时我们知道 $\sum_{n=1}^{\infty} A_n = \cup_{n=1}^{\infty} B_n \cap \Omega_0$, 故由 $\mu(A)$ 定义可知

$$\mu\left(\sum_{n=1}^{\infty} A_n\right) \leqslant P\left(\cup_{n=1}^{\infty} B_n\right) \leqslant \sum_{n=1}^{\infty} P(B_n) \leqslant \sum_{n=1}^{\infty} \mu(A_n) + \epsilon.$$

再令 ϵ 趋于 0, 得到 $\mu\left(\sum_{n=1}^{\infty} A_n\right) \leqslant \sum_{n=1}^{\infty} \mu(A_n)$ 成立.

然后证明 $\mu\left(\sum_{n=1}^{\infty} A_n\right) \geqslant \sum_{n=1}^{\infty} \mu(A_n)$.

$\forall \epsilon > 0, \exists B \in \mathscr{F}$ 有 $\sum_{n=1}^{\infty} A_n = B \cap \Omega_0$ 和 $P(B) < \mu\left(\sum_{n=1}^{\infty} A_n\right) + \epsilon$. 取 $B_k \in \mathscr{F}$ 满足 $A_k = B_k \cap \Omega_0$, B_k 互不相交同时 $B_k \subset B$, $k \in \mathbb{N}^+$(为什么可以这样取? 假设 $A_k = B_k' \cap \Omega_0, B_k' \in \mathscr{F}$, 可以令 $B_k'' = B_k' \cap B, B_k = B_k'' - \cup_{n=1}^{k-1} B_n''$). 于是得到

$$\mu\left(\sum_{n=1}^{\infty} A_n\right) > P(B) - \epsilon \geqslant P\left(\sum_{n=1}^{\infty} B_n\right) - \epsilon = \sum_{n=1}^{\infty} P(B_n) - \epsilon \geqslant \sum_{n=1}^{\infty} \mu(A_n) - \epsilon.$$

令 ϵ 趋于 0, 立马有 $\mu\left(\sum_{n=1}^{\infty} A_n\right) \geqslant \sum_{n=1}^{\infty} \mu(A_n)$.

15. 不妨设 $(X, \mathscr{F}, \mu)$ 为有限测度空间. 如果不是就将其分为可列个有限测度子集的和, 然后在每一块上分别构造.

第一步: 构造 $(C, \mathscr{F} \cap C)$ 和 $(C^c, \mathscr{F} \cap C^c)$ 上的测度 μ_1 和 μ_2.

使用上一题结论, 让 $(C, \mathscr{F} \cap C, \mu_1)$ 为上一题中所定义的测度空间, 再重新定义 $(C^c, \mathscr{F} \cap C^c, \mu_2)$. $\forall A \in \mathscr{F} \cap C^c$, 设

$$\mu_2(A) = \mu(B) - \mu_1(B \cap C),$$

其中 $B \in \mathscr{F}$, $A = B \cap C^c$. 下面验证 μ_2 确实为 $(C^c, \mathscr{F} \cap C^c)$ 上的测度, 也就是说明 (i) μ_2 的定义无歧义; (ii) μ_2 为非负可列可加集函数.

(i) 假设 $\exists B_i \in \mathscr{F}$, 有 $A = B_i \cap C^c \in \mathscr{F} \cap C^c$, $i = 1, 2$. 因为

$$\begin{aligned}
&\mu(B_1) - \mu_1(B_1 \cap C)\\
=&\mu(B_1 \setminus B_2) - \mu_1((B_1 \setminus B_2) \cap C) + \mu(B_1 \cap B_2) - \mu_1(B_1 \cap B_2 \cap C)\\
=&\mu(B_1 \cap B_2) - \mu_1(B_1 \cap B_2 \cap C)\\
=&\mu(B_2 \setminus B_1) - \mu_1((B_2 \setminus B_1) \cap C) + \mu(B_1 \cap B_2) - \mu_1(B_1 \cap B_2 \cap C)\\
=&\mu(B_2) - \mu_1(B_2 \cap C),
\end{aligned}$$

所以 μ_2 的定义无歧义. 其中

$$\mu(B_1 \setminus B_2) - \mu_1((B_1 \setminus B_2) \cap C) = \mu(B_2 \setminus B_1) - \mu_1((B_2 \setminus B_1) \cap C) = 0$$

是由 $B_1 \setminus B_2 \subset C$, $B_2 \setminus B_1 \subset C$ 和 14 中对 μ_1 的定义所得的.

(ii) μ_2 显然非负, 只要验证它为可列可加集函数即可.

任意互不相交集合列 $\{A_k\} \subset \mathscr{F} \cap C^c$, 存在 $\{B'_k\} \subset \mathscr{F}$, 有 $A_k = B'_k \cap C^c$, $k \geqslant 1$. 令 $B_k = B'_k \setminus (\cup_{n=1}^{k-1} B'_n)$, 于是 $\{B_k\}$ 互不相交, 同时依旧有 $A_k = B_k \cap C^c$ 及 $\{B_k\} \subset \mathscr{F}$. 所以

$$\begin{aligned}
\mu_2\Big(\cup_{k=1}^{\infty} A_k\Big) &= \mu\left(\cup_{k=1}^{\infty} B_k\right) - \mu_1\Big(\cup_{k=1}^{\infty}(B_k \cap C)\Big)\\
&= \sum_{k=1}^{\infty} \mu(B_k) - \sum_{k=1}^{\infty} \mu_1\Big(B_k \cap C\Big)\\
&= \sum_{k=1}^{\infty} \left[\mu(B_k) - \mu_1(B_k \cap C)\right] = \sum_{k=1}^{\infty} \mu_2(A_k),
\end{aligned}$$

可列可加性证得.

第二步: 证明 $\mathscr{A} = \mathscr{F} \cup (\mathscr{F} \cap C) \cup (\mathscr{F} \cap C^c)$ 为半代数.

(i) $\varnothing, X \in \mathscr{F} \subset \mathscr{A}$.

(ii) 容易验证 $\mathscr{A}$ 对交封闭.

(iii) $\forall A, B \in \mathscr{A}$, $A \subset B$. 根据习题 1 第 24 题知

$$\sigma(\mathscr{A}) = \{AC + BC^c:\ A, B \in \mathscr{F}\}.$$

于是 $B - A \in \sigma(\mathscr{A})$ 且可以表示为有限个 $\mathscr{A}$ 中元素的不交并.

第三步: 定义 $\mathscr{A}$ 上面的测度 $\hat{\mu}$.

$$\hat{\mu}(A) = \begin{cases} \mu(A), & A \in \mathscr{F},\\ \mu_1(A), & A \in \mathscr{F} \cap C,\\ \mu_2(A), & A \in \mathscr{F} \cap C^c. \end{cases}$$

显然 $\hat{\mu}$ 为非负集函数, 下面只需要说明它有可列可加性就行了. 任意互不相交的集合列 $\{A_k\} \subset \mathscr{A}$, $\sum_{k=1}^{\infty} A_k \in \mathscr{A}$, 有

(i) 若 A_n 全部属于一个 σ-代数. 该 σ-代数上面的测度为 $\hat{\mu}(A)$ 的限制, 故有可列可加性成立.

(ii) 否则 A_n 不全部属于一个 σ-代数. 因为 $\sum_{n=1}^{\infty} A_n \in \mathscr{A}$, 所以必有 $\sum_{n=1}^{\infty} A_n \in \mathscr{F}$. 那么设

$$\sum_{n=1}^{\infty} A_n = \sum_{n=1}^{\infty} A_n^{'} + \sum_{n=1}^{\infty} A_n^{''} + \sum_{n=1}^{\infty} A_n^{'''},$$

其中 $\sum_{n=1}^{\infty} A_n^{'} \in \mathscr{F}$, $\sum_{n=1}^{\infty} A_n^{''} \in \mathscr{F} \cap C$, $\sum_{n=1}^{\infty} A_n^{'''} \in \mathscr{F} \cap C^c$. 于是又有

$$\sum_{n=1}^{\infty} A_n^{''} + \sum_{n=1}^{\infty} A_n^{'''} \in \mathscr{F}.$$

那么根据 μ_2 的定义得到

$$\begin{aligned}
\hat{\mu}\left(\sum_{n=1}^{\infty} A_n\right) &= \mu\left(\sum_{n=1}^{\infty} A_n\right) \\
&= \mu\left(\sum_{n=1}^{\infty} A_n^{'}\right) + \mu\left(\sum_{n=1}^{\infty} A_n^{''} + \sum_{n=1}^{\infty} A_n^{'''}\right) \\
&= \mu\left(\sum_{n=1}^{\infty} A_n^{'}\right) + \mu_1\left(\sum_{n=1}^{\infty} A_n^{''}\right) + \mu_2\left(\sum_{n=1}^{\infty} A_n^{'''}\right) \\
&= \sum_{n=1}^{\infty} \mu\left(A_n^{'}\right) + \sum_{n=1}^{\infty} \mu_1\left(A_n^{''}\right) + \sum_{n=1}^{\infty} \mu_2\left(A_n^{'''}\right) = \sum_{n=1}^{\infty} \hat{\mu}\left(A_n\right).
\end{aligned}$$

总之, 通过以上三步定义了一个半代数上面的测度 $\hat{\mu}(A)$, 且有 $\hat{\mu}|_{\mathscr{F}}=\mu$. 同时因为 $\sigma(\mathscr{F} \cup \{C\}) = \sigma(\mathscr{A})$, 所以可以将测度从 $\mathscr{F}$ 扩充到 $\sigma(\mathscr{F} \cup \{C\})$ 上.

16. (a) 首先说明不等式 $\mu(A \setminus B) \leqslant \mu(A \setminus C) + \mu(C \setminus B)$, $\forall A, B, C \in \mathscr{F}$.

$\mu(A \setminus B) = \mu(A \cap B^c) = \mu(A \cap (C^c \cup C) \cap B) = \mu(((A \cap C^c) \cup (A \cap C)) \cap B^c) \leqslant \mu(A \cap C^c \cap B^c) + \mu(A \cap C \cap B^c) \leqslant \mu(A \cap C^c) + \mu(C \cap B^c) = \mu(A \setminus C) + \mu(C \setminus B)$.

然后来验证 $d(A,B)$ 是一个距离, 也就是以下三条:

首先 $d(A,B) \geqslant 0$. 由 $d(A,B)$ 定义知这是显然的.

其次 $d(A,B) = d(B,A)$. 因为 $d(A,B) = \mu(A \triangle B) = \mu(B \triangle A) = d(B,A)$.

最后 $d(A,B) \leqslant d(A,C) + d(C,B)$, $\forall A, B, C \in \mathscr{F}$.

因为 $d(A,B) = \mu(A \triangle B) = \mu(A \setminus B) + \mu(B \setminus A) \leqslant \mu(A \setminus C) + \mu(C \setminus B) + \mu(B \setminus C) + \mu(C \setminus A) = \mu(A \triangle C) + \mu(C \triangle B) = d(A,C) + d(C,B)$.

关于$d(E_1 \cup F_1, E_2 \cup F_2) \leqslant d(E_1, E_2) + d(F_1, F_2)$, 有

$$\begin{aligned}
d(E_1 \cup F_1, E_2 \cup F_2) &= \mu((E_1 \cup F_1) \triangle (E_2 \cup F_2)) \\
&= \mu((E_1 \cup F_1) \cap E_2^c \cap F_2^c) + \mu((E_2 \cup F_2) \cap E_1^c \cap F_1^c) \\
&\leqslant \mu(E_1 \cap E_2^c) + \mu(F_1 \cap F_2^c) + \mu(E_2 \cap E_1^c) + \mu(F_2 \cap F_1^c) \\
&= d(E_1, E_2) + d(F_1, F_2).
\end{aligned}$$

关于$d(E_1\cap F_1,E_2\cap F_2)\leqslant d(E_1,E_2)+d(F_1,F_2)$, 有

$$\begin{aligned}d(E_1\cap F_1,E_2\cap F_2)&=\mu((E_1\cap F_1)\triangle(E_2\cap F_2))\\&=\mu(E_1\cap F_1\cap(E_2^c\cup F_2^c))+\mu(E_2\cap F_2\cap(E_1^c\cup F_1^c))\\&\leqslant\mu(E_1\cap E_2^c)+\mu(F_1\cap F_2^c)+\mu(E_2\cap E_1^c)+\mu(F_2\cap F_1^c)\\&=d(E_1,E_2)+d(F_1,F_2).\end{aligned}$$

(b) 参考习题第 3 题的解答.

(c) 取 $(\mathscr{F},d)$ 空间的子类 $\mathscr{F}_0$, 其中 $\mathscr{F}_0$ 为满足题目假设的可数子类, 只考虑第一种情况的时候, 第二种类似. 下面证明它是可数稠密子集.

根据题目假设 $\forall A\in\mathscr{F}$, $\forall\epsilon>0$, $\exists E\in\mathscr{F}_0$, $A\subset E$, 同时满足 $\mu(E)<\mu(A)+\epsilon$. 此时

$$d(A,E)=\mu(A\triangle E)=\mu(A\setminus E)+\mu(E-A)=0+\mu(E)-\mu(A)<\epsilon.$$

所以 $\mathscr{F}_0$ 为 $(\mathscr{F},d)$ 的可数稠密子集, 故 $(\mathscr{F},d)$ 为可分空间.

(d) 更简单的办法是直接使用 (b) 的结论, 但是这里给出一个更加直观的证明. 先假设 F 是生成 Lebesgue-Stieltjes 测度的右连续函数, $\mathscr{A}$ 表示

$$\{(a,b]:-\infty<a\leqslant b<+\infty,a,b\in\mathbb{R},n\in\mathbb{N}^+\}.$$

显然 $\mathscr{A}$ 为一个可以生成 $\mathbb{R}$ 的半代数, 由测度延拓的唯一性知

$$\mu(B)=\inf\left\{\sum_{i=1}^{\infty}(F(b_i)-F(a_i)):B\subset\sum_{i=1}^{\infty}A_i,A_i=(a_i,b_i]\in\mathscr{A}\right\},\quad\forall B\in\mathbb{R}.$$

现在假设

$$\mathscr{F}_0=\left\{\cup_{i=1}^{n}(a_i,b_i]:-\infty\leqslant a_i\leqslant b_i\leqslant+\infty,a_i,b_i\in\mathbb{Q},n\in\mathbb{N}_+\right\}.$$

使用 F 的右连续性和 $\mu(B)$ 定义我们知道, 任意 $B\in\mathscr{B}(\mathbb{R})$, 任意 $\epsilon>0$, 存在 $\epsilon_i>0$, $i=1,\cdots,N$, 存在 $\sum_{i=1}^{\infty}A_i$ 和 $\sum_{i=1}^{N}A_i$, $A_i=(a_i,b_i]\in\mathscr{A}$ 满足

$$\sum_{i=1}^{\infty}\mu(A_i)<\mu(B)+\epsilon,$$

$$\sum_{i=N+1}^{\infty}\mu(A_i)<\epsilon,$$

$$\sum_{i=1}^{N}(a_i+\epsilon_i,b_i+\epsilon_i]\in\mathscr{F}_0,$$

$$\mu((a_i+\epsilon_i,b_i+\epsilon_i]\triangle(a_i,b_i])<\frac{\epsilon}{N},\quad i=1,\cdots,N.$$

于是有

$$d\left(B,\sum_{i=1}^{N}(a_i+\epsilon_i,b_i+\epsilon_i]\right)$$

$$\leqslant d\left(B,\sum_{i=1}^{\infty}A_i\right)+d\left(\sum_{i=1}^{\infty}A_i,\sum_{i=1}^{N}A_i\right)+d\left(\sum_{i=1}^{N}A_i,\sum_{i=1}^{N}(a_i+\epsilon_i,b_i+\epsilon_i]\right)$$
$$<3\epsilon.$$

因而 $\mathscr{F}_0$ 为 $(\mathscr{F},d)$ 的可数稠密子集, 故 $\mathbb{R}$ 上关于任一 Lebesgue-Stieltjes 测度的距离空间 $(\mathscr{F},d)$ 是可分的.

17. (a) 利用测度的下连续性, 有

$$\mu(\varliminf_n A_n)=\lim_{k\to+\infty}\mu\left(\cap_{n=k}^{+\infty}A_n\right)=\varliminf_{k\to+\infty}\mu\left(\cap_{n=k}^{+\infty}A_n\right)\leqslant\varliminf_{k\to+\infty}\mu(A_k).$$

(b) 对 $B_n=X-A_n$ 使用 (a) 的结论知

$$\mu(\varliminf_n(X-A_n))\leqslant\varliminf_n\mu(X-A_n).$$

而

$$\mu(\varliminf_n(X-A_n))=\mu(X-\varlimsup_n A_n)=\mu(X)-\mu(\varlimsup_n A_n),$$
$$\varliminf_n\mu(X-A_n)=\varliminf_n(\mu(X)-\mu(A_n))=\mu(X)-\varlimsup_n\mu(A_n).$$

也就是说

$$\mu(X)-\mu(\varlimsup_n A_n)\leqslant\mu(X)-\varlimsup_n\mu(A_n)$$
$$\Longrightarrow\mu(\varlimsup_n A_n)\geqslant\varlimsup_n\mu(A_n).$$

(c) 由 (a) 和 (b) 知

$$\mu(\lim_n A_n)=\mu(\varliminf_n A_n)\leqslant\varliminf_n\mu(A_n)$$
$$\leqslant\varlimsup_n\mu(A_n)\leqslant\mu(\varlimsup_n A_n)=\mu(\lim_n A_n),$$

故

$$\mu(\lim_n A_n)=\lim_n\mu(A_n).$$

(d) 因为

$$\varnothing\subset\varliminf_n(A_n\setminus A^*)\subset\varlimsup_n(A_n\setminus A^*)=\varlimsup_n A_n\setminus A^*=\varnothing,$$
$$\varnothing\subset\varliminf_n(A_*\setminus A_n)\subset\varlimsup_n(A_*\setminus A_n)=A_*\setminus\varliminf_n A_n=\varnothing,$$

所以

$$\lim_n(A_n\setminus A^*)=\lim_n(A_*\setminus A_n)=\varnothing.$$

由 (c) 结论知

$$\lim_n\mu(A_n\setminus A^*)=\mu(\lim_n(A_n\setminus A^*))=0,$$
$$\lim_n\mu(A_*\setminus A_n)=\mu(\lim_n(A_*\setminus A_n))=0.$$

(e) 因为无限次出现在 $A_n \triangle A = A_n \setminus A + A \setminus A_n$ 中的元素, 必然无限次出现在 $A_n \setminus A$ 或 $A \setminus A_n$ 某一个中, 于是

$$\overline{\lim_n} A_n \triangle A \subset \overline{\lim_n}(A_n \setminus A) \cup \overline{\lim_n}(A \setminus A_n),$$

所以

$$\begin{aligned}\overline{\lim_n} A_n \triangle A &\subset \overline{\lim_n}(A_n \setminus A) \cup \overline{\lim_n}(A \setminus A_n)\\ &= (\overline{\lim_n} A_n \setminus A) \cup (A \setminus \underline{\lim_n} A_n) = \varnothing.\end{aligned}$$

故

$$\lim A_n \triangle A \text{ 存在且等于 } \varnothing.$$

由 (c) 结论知

$$\lim_n \mu(A_n \triangle A) = \mu(\lim_n A_n \triangle A) = 0.$$

(f) 由 $\mu(A \triangle \underline{\lim}_n A_n) = \mu(A \triangle \overline{\lim}_n A_n) = 0$ 知 $\mu(A \setminus \underline{\lim}_n A_n) = 0$, $\mu(\overline{\lim}_n A_n \setminus A) = 0$. 于是有

$$\begin{aligned}0 \leqslant \overline{\lim_n} \mu(A \triangle A_n) &\leqslant \overline{\lim_n} \mu(A \setminus A_n) + \overline{\lim_n} \mu(A_n \setminus A)\\ &\leqslant \mu(\overline{\lim_n}(A \setminus A_n)) + \mu(\overline{\lim_n}(A_n \setminus A))\\ &= \mu(A \setminus \underline{\lim_n} A_n) + \mu(\overline{\lim_n} A_n \setminus A) = 0.\end{aligned}$$

18. (a) 显然 P 为非负有限可加集函数, 下面证明其是可列可加的. 如果不是, 则存在 $\epsilon > 0$ 和集合序列 $\{A_k\} \subset \mathscr{F}$, $A_k \downarrow \varnothing$, 但是 $\lim_k P(A_k) = \epsilon$. 选取 $\alpha_1 = \beta_1 = 1$, 在给定 α_n, β_n 的情况下寻找 $\alpha_{n+1} > \alpha_n$ 且满足

$$P_{\alpha_{n+1}}(A_{\beta_n}) \geqslant \frac{7\epsilon}{8},$$

$\beta_{n+1} > \beta_n$ 且满足

$$P_{\alpha_{n+1}}(A_{\beta_{n+1}}) \leqslant \frac{\epsilon}{8}.$$

定义 $B_n = A_{\beta_n} - A_{\beta_{n+1}}$. 那么 $P_{\alpha_{n+1}}(B_n) \geqslant \frac{3\epsilon}{4}$, 还有

$$P_{\alpha_{2n+1}}\left(\cup_{k=m}^{\infty} B_{2k}\right) \geqslant \frac{3\epsilon}{4}, \quad \forall n \geqslant m,$$

且

$$P_{\alpha_{2n}}\left(\cup_{k=m}^{\infty} B_{2k+1}\right) \geqslant \frac{3\epsilon}{4}, \quad \forall n \geqslant m+1.$$

上式同时对 n 取极限再相加得到

$$P(A_{\beta_{2m}}) = P\left(\cup_{k=2m}^{\infty} B_k\right) = P\left(\cup_{k=m}^{\infty} B_{2k}\right) + P\left(\cup_{k=m}^{\infty} B_{2k+1}\right) \geqslant \frac{3\epsilon}{2}.$$

对 m 取极限

$$\epsilon = \lim_m P(A_{\beta_{2m}}) \geqslant \frac{3\epsilon}{2}.$$

矛盾.

(b) $\forall\epsilon>0$, $\exists K_1$ 使得 $P(A_{K_1})<\dfrac{\epsilon}{2}$. 又因为

$$\lim_n P_n(A_{K_1})=P(A_{K_1})<\frac{\epsilon}{2},$$

所以存在 N 使得

$$P_n(A_{K_1})<\epsilon,\quad n\geqslant N.$$

当 N 固定以后必然存在 K_2 使得

$$P_n(A_k)<\epsilon,\quad k\geqslant K_2,\quad n=1,\cdots,N-1.$$

那么取 $K=\max\{K_1,K_2\}$, 就有

$$P_n(A_k)<\epsilon,\quad k\geqslant K,\quad n\geqslant 1.$$

即

$$\sup_n P_n(A_k)\leqslant\epsilon,\quad k\geqslant K.$$

19. 考虑正整数集和正整数幂集构成的测度空间 $(\mathbb{N}_+,\mathcal{P}(\mathbb{N}_+))$, $\{\mu_n\}$ 为一列测度有 $\mu_n(A):=\dfrac{1}{n}|A|$, 其中 $|A|$ 表示集合 A 的势. 由 $\mu(A)$ 的定义易知

$$\mu(A)=\begin{cases}+\infty, & |A|=+\infty,\\ 0, & |A|<+\infty.\end{cases}$$

若 μ 为测度, 那么

$$+\infty=\mu(\mathbb{N}_+)=\sum_{i=1}^{+\infty}\mu(\{i\})=0\ \ \text{矛盾}.$$

20. (a) $\forall\epsilon,\ \delta>0$, $\exists M>0$ 为实数, $\exists N>0$ 为整数, $n\geqslant N$ 时, 有 $P(|\xi|>M-1)<\epsilon$, $P(|\xi_n-\xi|>1)<\epsilon$. 故有

$$P(|\xi_n|>M)\leqslant P(|\xi|>M-1)+P(|\xi_n-\xi|>1)<2\epsilon$$

和 $P(|\xi|>M)<\epsilon$ 在 $n\geqslant N$ 时成立.

因为 $f(x)$ 为连续函数, 所以在 $[-M,M]$ 上一致连续. 也就是说 $\exists\delta'>0$, 当 x, $y\in[-M,M]$ 且 $|x-y|<\delta'$ 时, 有 $|f(x)-f(y)|\leqslant\delta$. 所以由以上讨论可以知道, 当 $n\geqslant N$ 时,

$$\begin{aligned}&P(|f(X)-f(X_n)|>\delta)\\ \leqslant&P(|f(\xi)-f(\xi_n)|>\delta,|\xi_n|\leqslant M,|\xi|\leqslant M)+P(|\xi|>M)+P(|\xi_n|>M)\\ =&P(|f(\xi)-f(\xi_n)|>\delta,|\xi-\xi_n|<\delta',|\xi_n|\leqslant M,|\xi|\leqslant M)\\ &+P(|f(\xi)-f(\xi_n)|>\delta,|\xi-\xi_n|\geqslant\delta',|\xi_n|\leqslant M,|\xi|\leqslant M)\\ &+P(|\xi|>M)+P(|\xi_n|>M)\end{aligned}$$

$$
\begin{aligned}
&= P(|f(\xi)-f(\xi_n)|>\delta, |\xi-\xi_n|\geqslant\delta', |\xi_n|\leqslant M, |\xi|\leqslant M)\\
&\quad +P(|\xi|>M)+P(|\xi_n|>M)\\
&\leqslant P(|\xi-\xi_n|\geqslant\delta')+P(|\xi|>M)+P(|\xi_n|>M).
\end{aligned}
$$

对上式两边同时取上极限可得

$$
\overline{\lim}\, P(|f(\xi)-f(\xi_n)|>\delta)\leqslant P(|\xi|>M)+P(|\xi_n|>M)+\overline{\lim}\, P(|\xi-\xi_n|\geqslant\delta'),
$$

得 $\overline{\lim}\, P(|f(\xi)-f(\xi_n)|>\delta)\leqslant 3\epsilon$.

令 $\epsilon\to 0$ 有

$$
\lim P(|f(\xi)-f(\xi_n)|>\delta)=0,
$$

即 $f(\xi_n)\xrightarrow{P} f(\xi)$.

(b) 在概率空间 $(\Omega,\mathscr{F},P)$ 上取 ξ_n 为常值 $\dfrac{1}{n}$, ξ 为常值 0. 定义于 $\mathbb{R}$ 上的函数 $f(x)$ 为单点集 $\{0\}$ 的示性函数 $1_{\{0\}}$, 则有

$$
\xi_n\xrightarrow{P}\xi,\quad 但是 P\left(|f(\xi)-f(\xi_n)|>\frac{1}{2}\right)=1 \text{ 不趋于 } 0.
$$

21.

$$
\begin{aligned}
&\sup_{A\in\mathscr{B}^1}|P(\xi\in A)-P(\eta\in A)|\\
=&\sup_{A\in\mathscr{B}^1}|P(\xi^{-1}(A))-P(\eta^{-1}(A))|\\
\leqslant&\sup_{A\in\mathscr{B}^1}P(\xi^{-1}(A)\triangle\eta^{-1}(A)).
\end{aligned}
$$

因为 $\forall A\in\mathscr{B}^1$, 有 $\xi^{-1}(A)\triangle\eta^{-1}(A)\subset\{\xi\neq\eta\}$, 所以显然

$$
\sup_{A\in\mathscr{B}^1}P(\xi^{-1}(A)\triangle\eta^{-1}(A))\leqslant P(\xi\neq\eta).
$$

不等式证得.

22. 设 A 为 $(0,1)$ 上的不可测集, 定义

$$
g=1_{A\setminus\{\frac{1}{2}\}},\quad f=\begin{cases} x, & x\neq 0,1,\\ \dfrac{1}{2}, & x=0,1.\end{cases}
$$

显然满足 $g:[0,1]\to\mathbb{R}^1$ 且 $f:[0,1]\to(0,1)$, $f\in\mathscr{F}$. 于是

$$
(g\circ f)^{-1}(\{1\})=A\setminus\left\{\frac{1}{2}\right\}\notin\mathscr{F},
$$

$g\circ f$ 不是 $\mathscr{F}$ 可测函数.

23. (a) 当 $f_n\xrightarrow{\text{a.e.}} f$ 时, a.s.$\forall\omega\in\{|f|>C\}$, $\exists N(\omega)$, 当 $n>N(\omega)$ 时, 有 $f_n>C$, 即

$$
\{|f|>C\}\subset\cup_{N=1}^{\infty}\cap_{n=N}^{\infty}\{|f_n|>C\}=\liminf_{n\to\infty}\{|f_n|>C\}.
$$

在一个零测度集外成立. 因此通过 Fatou 引理有

$$\mu(|f|>C)\leqslant\mu(\liminf_{n\to\infty}\{|f_n|>C\})\leqslant\liminf_{n\to\infty}\mu(|f_n|>C).$$

(b) 当 $f_n\xrightarrow{\mu}f$ 时, 存在 f_n 的子列 f_{n_k}, 有 $f_{n_k}\xrightarrow{\text{a.e.}}f$, 故由之前的结论知

$$\mu(|f|>C)\leqslant\liminf_{k\to\infty}\mu(|f_{n_k}|>C)\leqslant\limsup_{k\to\infty}\mu(|f_{n_k}|>C)\leqslant\limsup_{n\to\infty}\mu(|f_n|>C).$$

习 题 3

1. (a) 由定义有

$$\begin{aligned}\int_A fd\mu=&\int f1_A d\mu=\int f^+1_A d\mu-\int f^-1_A d\mu\\=&\lim_n\int T_n(f^+1_A)d\mu-\lim_n\int T_n(f^-1_A)d\mu=0.\end{aligned}$$

最后一步因为 $\forall n\geqslant 1$ 有

$$\int T_n(f^+1_A)\ d\mu\leqslant n\mu(A)=0,\int T_n(f^-1_A)\ d\mu\leqslant n\mu(A)=0.$$

(b) 特别地, 取 $A=\{f>0\}$ 有 $\int_{\{f>0\}}fd\mu=0$. 易知

$$\{f>0\}=\cup_{n=1}^{\infty}\left\{f>\frac{1}{n}\right\}.$$

若 $\mu(f>0)>0$, 则根据测度的下连续性知, 必存在 N 使得 $\mu\left(f>\frac{1}{N}\right)>0$. 于是

$$0<\mu\left(f>\frac{1}{N}\right)<N\int_{\{f>\frac{1}{N}\}}fd\mu\leqslant N\int_{\{f>0\}}fd\mu=0,$$

矛盾. 所以 $\mu(f>0)=0$, 同理有 $\mu(f<0)=0$, 故 $f=0$ a.e..

(c) 只需要验证

$$\int fd\mu=\sup\left\{\int gd\mu:g\leqslant f,\ g=\sum_{i=1}^{+\infty}a_i1_{A_n}\right\}.$$

显然有

$$\int fd\mu\geqslant\sup\left\{\int gd\mu:g\leqslant f,\ g=\sum_{i=1}^{+\infty}a_i1_{A_n}\right\}.$$

假设 f 可积, 余下情况请自己验证. 默认 $r>1$, 使用本章习题第 8 题的结论知

$$g_r^+=\sum_{n=-\infty}^{\infty}r^n1_{\{r^n\leqslant f^+<r^{n+1}\}}\leqslant f^+,$$

$$g_r^- = \sum_{n=-\infty}^{\infty} r^{n+1} 1_{\{r^n \leqslant f^- < r^{n+1}\}} \geqslant f^-,$$

且

$$\lim_{r\to 1+0} \int g_r^+ d\mu = \lim_{r\to 1+0} \sum_{n=-\infty}^{\infty} r^n \mu(r^n \leqslant f^+ < r^{n+1}) = \int f^+ d\mu,$$

$$\lim_{r\to 1+0} \int g_r^- d\mu = \lim_{r\to 1+0} r \times \sum_{n=-\infty}^{\infty} r^n \mu(r^n \leqslant f^- < r^{n+1}) = \int f^- d\mu,$$

即

$$g_r^+ - g_r^- \leqslant f \quad \text{且} \quad \lim_{r\to 1+0} \int g_r^+ - g_r^- d\mu = \int f d\mu.$$

所以得到

$$\int f d\mu \leqslant \sup\left\{ \int g d\mu : g \leqslant f,\ g = \sum_{i=1}^{+\infty} a_i 1_{A_n} \right\}.$$

于是等号成立.

(d) 方法一 (常规的方法): 令 $n_0 = m_0 = 0$. 按下述规则构造序列 $\{(n_k, m_k)\}$.

$$\forall k \geqslant 1, \quad \exists n_k > n_{k-1}, \quad \text{有} \quad \mu\left(|f - f_{n_k}| > \frac{1}{2k} \right) < \frac{1}{2k},$$

同时固定 n_k 以后

$$\forall k \geqslant 1, \quad \exists m_k > m_{k-1}, \quad \text{有} \quad \mu\left(|f_{n_k} - f_{n_k,m_k}| > \frac{1}{2k} \right) < \frac{1}{2k}.$$

得到函数列 $\{f_{n_k,m_k}\}_{k\geqslant 1}$. $\forall \epsilon > 0$, 对于任意 $k \geqslant \left[\frac{1}{\epsilon}\right] + 1$, 有

$$\begin{aligned}
\mu(\ |f - f_{n_k,m_k}| > \epsilon\ ) &\leqslant \mu\left(|f - f_{n_k,m_k}| > \frac{1}{k} \right) \\
&\leqslant \mu\left(|f - f_{n_k}| > \frac{1}{2k} \right) + \mu\left(|f_{n_k} - f_{n_k,m_k}| > \frac{1}{2k} \right) \\
&< \frac{1}{k}.
\end{aligned}$$

于是

$$\lim_k \mu(\ |f - f_{n_k,m_k}| > \epsilon\ ) = 0,$$

即 $f_{n_k,m_k} \xrightarrow{\mu} f,\ k \to \infty$.

方法二 (偷懒的方法): 因为依测度收敛是可以用度量刻画的.

(e) 依旧成立. 因为测度有限的情况下, 几乎处处收敛可以推出依测度收敛, 所以使用 (d) 的结论可知存在 $\{f_{n_k,m_k}\}_{k\geqslant 1}$ 有 $f_{n_k,m_k} \xrightarrow{\mu} f,\ k \to \infty$. 而依测度收敛必有子列几乎处处收敛, 所以又存在 $\{f_{n_k,m_k}\}_{k\geqslant 1}$ 的子列几乎处处收敛到 f.

2. 因为在上一问题的证明中, (a) – (d) 的证明并没有使用与测度有限有关的结论, 所以前 4 个结论依旧成立. 但是这里要指出 (e) 不再成立.

我们提前给出以下结论, 证明最后补充. $\forall n$, 定义在 $[0,1]$ 区间上的函数

$$f=\begin{cases}1, & x\in\mathbb{Q},\\ 0, & x\notin\mathbb{Q},\end{cases}$$

不能被连续函数点点逼近. 这里 $\mathbb{Q}$ 跟以前一样, 表示有理数全体.

考虑测度空间 $([0,1],\mathscr{B}([0,1]),\delta)$, 其中 δ 为计数测度. 定义函数序列

$$f_n=\begin{cases}1, & n!x \text{ 为整数},\\ 0, & n!x \text{ 不为整数}.\end{cases}$$

对任意 n, 定义连续函数序列 $\{f_{n,m}\}$ 为

$$f_{n,m}=\Big(\cos(2\pi n!x)\Big)^{2m},\quad m\geqslant 1.$$

显然 $f_n\to f$ 与 $f_{n,m}\to f_n$ 都是点点收敛, 所以

$$f_n\xrightarrow{\text{a.e.}}f,\quad f_{n,m}\xrightarrow{\text{a.e.}}f_n.$$

由于不存在子列 $\{f_{n_k,m_k}\}_{k\geqslant 1}$ 点点收敛到 f, 所以必不存在 $\{f_{n_k,m_k}\}_{k\geqslant 1}$ 在计数测度 δ 下几乎处处收敛到 f, 因此在这种情况下 (e) 命题不再成立.

结论: $[0,1]$ 区间上有理数的示性函数不能被连续函数点点逼近.

如果存在连续函数列 $\{f_k\}_{k\geqslant 1}$ 点点逼近它, 则说 $\forall x\in[0,1]\setminus\mathbb{Q}$, $\exists N$ 使得 $f_n(x)\leqslant\dfrac{1}{2}$, 对任意 $n\geqslant N$ 成立. 将命题转化为集合的语言就是

$$[0,1]\setminus\mathbb{Q}=\cup_{N=1}^{\infty}\cap_{n=N}^{\infty}\left\{x\ :\ f_n(x)\leqslant\frac{1}{2}\right\}.$$

对任意正整数 N 而言, 由于每个 f_n 连续, 所以

$$A_N=\cap_{n=N}^{\infty}\left\{x\ :\ f_n(x)\leqslant\frac{1}{2}\right\}$$

是只含无理数的闭集, 也就是说 A_N 为疏集. 于是便得到

$$[0,1]=\cup_{N=1}^{\infty}A_N\ \cup\ \cup_{x\in\mathbb{Q}}\{x\},$$

将 $[0,1]$ 表示为了可列个疏集的并. 但 $[0,1]$ 为完备的距离空间, 它必然是第二纲集, 这是一个矛盾.

需要进一步指出的是, 虽然这是一个反例, 但却是一个相当人为的反例, 因为 $[0,1]$ 上的计数测度在实际问题中几乎碰不到. 对 σ- 有限测度空间, 这个结论是依然正确的, 这基本上只要先限制在每个测度有限的局部考虑, 然后用对角线技巧即可.

3. 若有 $c>0$ 且 $c\neq 1$, 使得存在集合 A 满足结果. 那么定义

$$\mathscr{H}=\{B\in\mathscr{F}\ :\ \mu(A\cap B)=c\mu(B)\}.$$

由题目可知 $\mathscr{C}\subset\mathscr{H}$. 下面证明它为一个 λ 类,

(i) $X \in \mathscr{C} \subset \mathscr{H}$.

(ii) 任意 $B_1, B_2 \in \mathscr{H}$, $B_1 \subset B_2$, 由

$$\mu(A \cap B_1) = c\mu(B_1), \quad \mu(A \cap B_2) = c\mu(B_2),$$

相减得

$$\mu(A \cap (B_2 - B_1)) = c\mu(B_2 - B_1),$$

故 $B_2 - B_1 \in \mathscr{H}$.

(iii) 若 $B_n \in \mathscr{H}$, $B_n \uparrow B$, 因 μ 下连续, 故

$$\mu(A \cap B) = \lim_n \mu(A \cap B_n) = \lim_n c\mu(B_n) = c\mu(B).$$

所以使用 λ-π 类定理得到

$$\mathscr{F} = \sigma(\mathscr{C}) = \lambda(\mathscr{C}) \subset \mathscr{H},$$

也就是说 A 本身也属于 $\mathscr{H}$, 那么就有 $\mu(A) = c\mu(A)$. 因为 $c \neq 1$, 所以必有

$$\mu(A) = 0 \implies c = c\mu(X) = \mu(A \cap X) = 0.$$

这是一个矛盾. 故不存在这样的 A.

4. (a) 因为

$$\int \frac{|f-g|}{1+|f-g|} d\mu = 0 \Longleftrightarrow \int |f-g| d\mu = 0 \Longleftrightarrow f = g \text{ a.e.},$$

于是

$$d(f,g) = 0 \Longleftrightarrow f = g \text{ a.e.}.$$

(b) 由

$$\int \frac{|f-g|}{1+|f-g|} d\mu = \int \frac{|g-f|}{1+|g-f|} d\mu,$$

得

$$d(f,g) = d(g,f).$$

(c) 因为函数

$$f(t) = \frac{t}{1+t} = 1 - \frac{1}{1+t}$$

关于 t 递增, 所以

$$\begin{aligned}
\frac{|f-h|}{1+|f-h|} &\leqslant \frac{|f-g|+|g-h|}{1+|f-g|+|g-h|} \\
&= \frac{|f-g|}{1+|f-g|+|g-h|} + \frac{|g-h|}{1+|f-g|+|g-h|} \\
&\leqslant \frac{|f-g|}{1+|f-g|} + \frac{|g-h|}{1+|g-h|}.
\end{aligned}$$

上式两边积分即得到

$$d(f,h) \leqslant d(f,g) + d(g,h).$$

(d) 根据定义可验证.

(e) 由 $\lim_{m,n\to\infty} d(f_n,f_m)=0$ 可知 $|f_n-f_m|\xrightarrow{\mu}0, m,n\to\infty$, 所以 $\{f_n\}$ 为依测度 Cauchy 列. 使用定理 2.7.8 知 $\{f_n\}$ 依测度收敛到某个函数 f.

5. 反证法. 假设存在 f, 对任意可积函数 g, fg 也是可积函数, 但 $\forall c>0$, $\mu(\{x:|f(x)|>c\})>0$. 因为 $(X,\mathscr{F},\mu)$ 为 σ-有限测度空间, 所以存在 $\sum_{n=1}^{+\infty}X_n=X$, $X_n\in\mathscr{F}$ 且 $\mu(X_n)<+\infty$. 现在来构造函数 g, 使得 g 可积而 fg 不可积.

因为 $\mu(\{x:|f(x)|=+\infty\})=0$, 同时 $\forall c>0$, $\mu(\{x:|f(x)|>c\})>0$, 所以在假设 $n_0=0$ 的情况下, $\forall n_k, k\geqslant 0, \exists n_{k+1}>n_k$ 为整数, 有

$$0<\mu(2^{n_k}\leqslant f<2^{n_{k+1}}).$$

为了使得每个 $\mu(2^{n_k}\leqslant f<2^{n_{k+1}})$ 有限, 可以使用 $\sum_{n=1}^{m}X_n=X$ 来限制它. 在假设 $m_0=1$ 的前提下, 必然存在 $\{m_p\}$ 为一个关于 $p\geqslant 0$ 严格增的正整数列, 满足

$$0<\mu\left(\{2^{n_k}\leqslant f<2^{n_{k+1}}\}\cap\sum_{n=1}^{m_{k+1}}X_n\right)<+\infty.$$

下面假设 $C_k=\mu(\{2^{n_k}\leqslant f<2^{n_{k+1}}\}\cap\sum_{n=1}^{m_{k+1}}X_n)$, 令

$$g=\sum_{k=0}^{+\infty}C_k^{-1}2^{-n_k}1_{\{2^{n_k}\leqslant f<2^{n_{k+1}}\}\cap\sum_{n=1}^{m_{k+1}}X_n}.$$

显然

$$\int gd\mu=\sum_{k=0}^{+\infty}C_k^{-1}2^{-n_k}\mu\left(\{2^{n_k}\leqslant f<2^{n_{k+1}}\}\cap\sum_{n=1}^{m_{k+1}}X_n\right)=\sum_{k=0}^{+\infty}2^{-n_k}<+\infty,$$

但是

$$\begin{aligned}\int fgd\mu&=\sum_{k=0}^{+\infty}C_k^{-1}2^{-n_k}\int f1_{\{2^{n_k}\leqslant f<2^{n_{k+1}}\}\cap\sum_{n=1}^{m_{k+1}}X_n}d\mu\\&\geqslant\sum_{k=0}^{+\infty}C_k^{-1}\mu\left(\{2^{n_k}\leqslant f<2^{n_{k+1}}\}\cap\sum_{n=1}^{m_{k+1}}X_n\right)=\sum_{k=0}^{+\infty}1=+\infty.\end{aligned}$$

矛盾. 所以一定存在常数 c 使得 $\mu(\{x:|f(x)|>c\})=0$.

6. (a) $\forall u,v\in D$, 定义

$$f:t\mapsto\varphi(tu+(1-t)v).$$

根据题目要求只需要证明 f 为凸函数就行了. 已知 $\varphi\in C^2(D)$, 故显然 f 连续且二阶可导. 由链式法则知

$$f'(t)=\sum_{i=1}^{n}\frac{\partial\varphi}{\partial x_i}(u_i-v_i),$$

$$f''(t)=\sum_{i=1}^{n}\sum_{j=1}^{n}\frac{\partial^2\varphi}{\partial x_i\partial x_j}(u_i-v_i)(u_j-v_j)\geqslant 0.$$

所以 f 之一阶导数不减.

(b) 由 f 为凸函数知

$$\varphi(u)-\varphi(v)=f(1)-f(0)\geqslant f'(0)=\sum_{i=1}^{n}\frac{\partial\varphi}{\partial x_i}(v)(u_i-v_i).$$

于是对任意取值在 D 中的 n 维可积随机变量 $u=(u_1,u_2,\cdots,u_n)$, 有

$$\varphi(u)-\varphi(Eu)\geqslant\sum_{i=1}^{n}\frac{\partial\varphi}{\partial x_i}(Eu)(u_i-Eu_i).$$

同时取期望得到 $E\varphi(u)\geqslant\varphi(Eu)$.

7. 因为 $a\leqslant\xi\leqslant b$, 故有

$$(b-\xi)\left(\frac{1}{a}-\frac{1}{\xi}\right)\geqslant 0.$$

两边求期望有

$$E\left[(b-\xi)\left(\frac{1}{a}-\frac{1}{\xi}\right)\right]=\frac{b}{a}+1-E\left(\frac{\xi}{a}\right)-E\left(\frac{b}{\xi}\right)\geqslant 0.$$

由均值不等式可知

$$2\sqrt{\frac{b}{a}}\sqrt{E(\xi)E\left(\frac{1}{\xi}\right)}\leqslant\frac{1}{a}E(\xi)+bE\left(\frac{1}{\xi}\right)\leqslant 1+\frac{b}{a}.$$

不等式两边同时除以 $2\sqrt{\frac{b}{a}}$ 平方后可得

$$E(\xi)E\left(\frac{1}{\xi}\right)\leqslant\frac{(a+b)^2}{4ab}.$$

8. 对于 $r>1$ 定义

$$g_1^{(r)}=\sum_{n=-\infty}^{\infty}r^n 1_{\{r^n\leqslant f<r^{n+1}\}},\quad g_2^{(r)}=\sum_{n=-\infty}^{\infty}r^{n+1}1_{\{r^n\leqslant f<r^{n+1}\}}.$$

由定义知

$$\int g_1^{(r)}d\mu\leqslant\int fd\mu\leqslant\int g_2^{(r)}d\mu=r\int g_1^{(r)}d\mu,$$

所以

$$\frac{1}{r}\int fd\mu\leqslant\int g_1^{(r)}d\mu\leqslant\int fd\mu.$$

两边取极限有

$$\lim_{r\to 1+0}\int g_1^{(r)}d\mu=\int fd\mu.$$

9. 由积分的定义可知, 任何可积函数积分都是简单函数积分的极限一步步延伸出来的. 故只需要证明对简单函数命题成立即可.

设 f 为以 T 为周期的简单函数, $f=\sum_{i=1}^n a_i 1_{E_i}$, a_i 各不相同, E_i 互不相交, $i=1,2,\cdots,n$. 因为对于任意的 i, $\forall x\in E_i$, 有 $f(x+T)=f(x)=a_i$, 所以 $x+T\in E_i$. 也就是说 $\forall i$, 有 $E_i+T=E_i$. 于是由 Lebesgue 测度的平移不变性得到

$$\int_{[0,T]} f(x)dx=\sum_{i=1}^n a_i\mu(E_i\cap[0,T])=\sum_{i=1}^n a_i\mu(E_i\cap[a,a+T])=\int_{[a,a+T]} f(x)dx.$$

故对于简单函数结论成立.

习 题 4

1. 因为 $|\xi 1_{E_n}|\leqslant|\xi|$ 且 $|\xi 1_{E_n}|\xrightarrow{P}0$, 所以使用控制收敛定理有

$$\left|\lim_n\int_{E_n}\xi dP\right|\leqslant\lim_n\int_\Omega|\xi 1_{E_n}|dP=0.$$

2. 由高等概率论对期望的定义和定理 4.4.1, 有

$$E[g(\xi)]=\int g(\xi)dP=\int_{\mathbb{R}} gdP\circ\xi^{-1}.$$

下面证明 $P\circ\xi^{-1}$ 为 F_ξ 生成的 L-S 测度. 因为 $\forall[a,b)$, a, $b\in\mathbb{R}$ 有

$$P\circ\xi^{-1}([a,b))=P(\{\xi<b\}\setminus\{\xi<a\})=P(\xi<b)-P(\xi<a)=F_\xi(b)-F_\xi(a),$$

故在 π 类

$$\mathscr{A}=\{[a,b):-\infty<a\leqslant b<+\infty,\ a,\ b\in\mathbb{R}\}$$

上, 有

$$P\circ\xi^{-1}=\mu_\xi.$$

其中 μ_ξ 为 F_ξ 生成的 L-S 测度. 同时又因为 $\mathscr{B}(\mathbb{R})=\sigma(\mathscr{A})$, 所以由习题 2 的第 2 题可知, $P\circ\xi^{-1}=\mu_\xi$ 在 $\mathscr{B}(\mathbb{R})$ 上成立. 即

$$E[g(\xi)]=\int g(\xi)dP=\int_{\mathbb{R}} gdP\circ\xi^{-1}=\int_{\mathbb{R}} g(x)dF_\xi(x).$$

3. 因为

$$\left|\int_{A_n}\xi dP-\int_A XdP\right|\leqslant\int_{A_n\setminus A}|\xi|dP+\int_{A\setminus A_n}|\xi|dP=\int_{A_n\triangle A}|\xi|dP,$$

同时已知

$$P(A\triangle A_n)\to 0,$$

那么使用本章第 1 题的结论知

$$0\leqslant\overline{\lim}\,|\int_{A_n}\xi dP-\int_A\xi dP|\leqslant\lim\int_{A_n\triangle A}|\xi|dP=0.$$

也就是说有

$$\lim \int_{A_n} \xi dP = \int_A \xi dP.$$

4. 设

$$\mathscr{H} = \{f \in \mathscr{B}([h(a), h(b)]):\ f,\ (f \circ h)h' \text{可积且} \int_{[h(a),h(b)]} f(x)dx = \int_{[a,b]} f(h(x))h'(x)dx\},$$

$\mathscr{F} = \{[c,d]\ :\ [c,d] \subset [h(a), h(b)]\}$. 则 $\mathscr{F}$ 为 π 类且 $\sigma(\mathscr{F}) = \mathscr{B}([h(a), h(b)])$.

首先说明 $\mathscr{H} \supset \{1_E : E \in \mathscr{F}\}$.

$\forall f \in \{1_E\ :\ E \in \mathscr{F}\}$, 设 $f = 1_{[c,d]}$, $[c,d] \subset [h(a), h(b)]$. 因为 f, $(f \circ h)h'$ Riemann 可积, 所以其 Lebesgue 积分等于 Riemann 积分, 故

$$\int_{[h(a),h(b)]} f(x)dx = \int_{h(a)}^{h(b)} 1_{[c,d]} dx = d - c,$$

$$\int_{[a,b]} f(h(x))h'(x)dx = \int_{h^{-1}(c)}^{h^{-1}(d)} 1_{[c,d]}(h(x))h'(x)dx = \int_c^d 1_{[c,d]}(h)dh = d - c.$$

则

$$\int_{[h(a),h(b)]} f(x)dx = \int_{[a,b]} f(h(x))h'(x)dx.$$

再说明 $\mathscr{H}$ 为一个 λ 类.

(i) 显然 $1 = 1_{[h(a),h(b)]} \in \mathscr{H}$;

(ii) 由积分的线性性知 $\mathscr{H}$ 为线性空间;

(iii) 若 $f_n \geqslant 0$, $f_n \in \mathscr{H}$, $f_n \uparrow f$, f 可积, 有

$$\int_{[h(a),h(b)]} f_n(x)dx = \int_{[a,b]} f_n(h(x))h'(x)dx.$$

因为 h 非降可微, 所以 $h' \geqslant 0$, 得

$$f_n \geqslant 0, \quad f_n(h)h' \geqslant 0.$$

使用单调收敛定理有

$$\begin{aligned} +\infty > \int_{[h(a),h(b)]} f(x)dx &= \lim_{n\to+\infty} \int_{[h(a),h(b)]} f_n(x)dx \\ &= \lim_{n\to+\infty} \int_{[a,b]} f_n(h(x))h'(x)dx = \int_{[a,b]} f(h(x))h'(x)dx. \end{aligned}$$

故

$$f \in \mathscr{H}.$$

通过以上两点得出 $\mathscr{H}$ 包含全体 $\mathscr{B}([h(a), h(b)])$ 可积函数, 也就是说 $\forall f \in \mathscr{B}([h(a), h(b)])$ 可积, 有

$$\int_{[h(a),h(b)]} f(x)dx = \int_{[a,b]} f(h(x))h'(x)dx.$$

5. 任意 $t \in \mathbb{R}$, 取 $f(x)$ 分别为 $\cos(tx)$ 和 $\sin(tx)$. 于是

$$E[\mathrm{e}^{\mathrm{i}tX}] = E[\cos(tX)] + \mathrm{i}E[\sin(tX)] = E[\cos(tY)] + \mathrm{i}E[\sin(tY)] = E[\mathrm{e}^{\mathrm{i}tY}].$$

由定理 4.5.3 知 X, Y 同分布.

6. 方法一 (测度有限): 令

$$\mathscr{A} := \left\{ \sum_{i=1}^{n} \alpha_i f_i \ : \ f_i \in \mathscr{H}, n \geqslant 1, \alpha_i \in (-1,1), \sum_{i=1}^{n} |\alpha_i| = 1 \right\}.$$

因为 $\mathscr{H}$ 为一致可积函数族, 所以 $\mathscr{H}$ 积分一致绝对连续. 即 $\forall \epsilon > 0$ 取定, $\exists \delta > 0$, 使只要 $\mu(E) < \delta$, $E \in \mathscr{F}$, 便有

$$\sup_{g \in \mathscr{H}} \int_E |g| d\mu < \frac{\epsilon}{2}.$$

此时 $\forall f \in \mathscr{A}$, $f = \sum_{i=1}^{n} \alpha_i f_i$, $f_i \in \mathscr{H}$, $n \geqslant 1, \alpha_i \in (-1,1), \sum_{i=1}^{n} |\alpha_i| = 1$, 有

$$\int_E |f| d\mu \leqslant \sum_{i=1}^{n} |\alpha_i| \int_E |f_i| d\mu \leqslant \left(\sum_{i=1}^{n} |\alpha_i| \right) \sup_{g \in \mathscr{H}} \int_E |g| d\mu = \sup_{g \in \mathscr{H}} \int_E |g| d\mu < \frac{\epsilon}{2}.$$

故

$$\sup_{f \in \mathscr{A}} \int_E |f| d\mu \leqslant \frac{\epsilon}{2} < \epsilon.$$

也就是说 $\mathscr{A}$ 积分一致绝对连续. 不难验证 $\mathscr{G} = \overline{\mathscr{A}}$ 积分一致绝对连续.

同时又因为 $\mathscr{H}$ 为一致可积函数族, 所以 $\mathscr{H}$ 积分一致有界, 即 $\exists M > 0$, 有

$$\sup_{g \in \mathscr{H}} \int |g| d\mu < M.$$

此时 $\forall f \in \mathscr{A}$, $f = \sum_{i=1}^{n} \alpha_i f_i$, $f_i \in \mathscr{H}$, $n \geqslant 1, \alpha_i \in (-1,1), \sum_{i=1}^{n} |\alpha_i| = 1$, 有

$$\int |f| d\mu \leqslant \sum_{i=1}^{n} |\alpha_i| \int |f_i| d\mu \leqslant \left(\sum_{i=1}^{n} |\alpha_i| \right) \sup_{g \in \mathscr{H}} \int |g| d\mu = \sup_{g \in \mathscr{H}} \int |g| d\mu < M.$$

故

$$\sup_{f \in \mathscr{A}} \int |f| d\mu \leqslant M.$$

也就是说 $\mathscr{A}$ 积分一致有界. 不难验证 $\mathscr{G} = \overline{\mathscr{A}}$ 积分一致有界.

综上所述 $\mathscr{G}$ 一致可积.

方法二 (一般情况): 由于 $\mathscr{H}$ 一致可积, 故存在正的凸函数 φ, $\lim_{x \uparrow \infty} \dfrac{\varphi(x)}{x} = \infty$, 使得

$$\sup_{\xi \in \mathscr{H}} \int \varphi(|\xi|) d\mu < \infty.$$

由凸性及 Fatou 引理知

$$\sup_{\xi \in \overline{\mathscr{A}}} \int \varphi(|\xi|) d\mu < \infty.$$

所以 $\overline{\mathscr{A}}$ 一致可积.

7. 充分性. 因为 $\lim_{x\to\infty}\dfrac{h(x)}{x}=\infty$, 所以 $\forall M>0$, $\exists N$, $x>N$ 时, 有

$$\frac{h(x)}{M}>x.$$

故

$$\sup_{t\in T}\int_{|f_t|>N}|f_t|d\mu\leqslant\frac{1}{M}\sup_{t\in T}\int_{|f_t|>N}h(|f_t|)d\mu\leqslant\frac{1}{M}\sup_{t\in T}\int h(|f_t|)d\mu.$$

于是有

$$\varlimsup_{N\to\infty}\sup_{t\in T}\int_{|f_t|>N}|f_t|d\mu\leqslant\frac{1}{M}\sup_{t\in T}\int h(|f_t|)d\mu$$

对 $\forall M>0$ 成立. 令 $M\to+\infty$, 有

$$\lim_{N\to\infty}\sup_{t\in T}\int_{|f_t|>N}|f_t|d\mu=0,$$

即 $\{f_t,t\in T\}$ 一致可积.

必要性. 因为

$$\lim_{n\to\infty}\sup_{t\in T}\int_{\{|f_t|\geqslant n\}}|f_t|d\mu=0,$$

所以存在 $n_k\uparrow\infty$ 使 $n_0=0$,

$$\sup_{t\in T}\int_{\{|f_t|\geqslant n_k\}}|f_t|d\mu\leqslant 2^{-k},\quad\forall k\in\mathbb{N}_+,$$

且 $\dfrac{n_{k+1}}{n_{k+1}-n_k}<2$, 即 $n_{k+1}>2n_k$. 于是 $k+\dfrac{n_{k+1}}{n_{k+1}-n_k}$ 关于 k 单调上升.

令 $h(x)$ 为在每个 $[n_k,n_{k+1}]$ 上为线性的函数且

$$h(n_k)=kn_k.$$

则对 $x\in[n_k,n_{k+1})$ 有

$$h'_+(x)=k+\frac{n_{k+1}}{n_{k+1}-n_k}.$$

故 h'_+ 单调上升且易证

$$(k-1)x\leqslant h(x)\leqslant kx,\quad x\in[n_{k-1},n_k],$$

$$\frac{h(x)}{x}>k,\quad x\in(n_k,n_{k+1}).$$

因此 h 满足命题的条件且 $\forall t\in T$ 有

$$\begin{aligned}\int h(|f_t|)d\mu&=\sum_{k=1}^{\infty}\int_{\{n_{k-1}\leqslant|f_t|<n_k\}}h(|f_t|)d\mu\\&\leqslant\sum_{k=1}^{\infty}\int_{\{n_{k-1}\leqslant|f_t|<n_k\}}k|f_t|d\mu\\&\leqslant\sum_{k=1}^{\infty}\int_{\{n_{k-1}\leqslant|f_t|\}}k|f_t|d\mu\end{aligned}$$

$$\leqslant \sum_{k=1}^{\infty} k \sup_{t\in T} \int_{\{n_{k-1}\leqslant |f_t|\}} |f_t| d\mu$$

$$\leqslant \sup_{t\in T} \int |f_t| d\mu + \sum_{k=1}^{\infty} (k+1) 2^{-k} < \infty.$$

所以有

$$\sup_{t\in T} \int h(|f_t|) d\mu \leqslant \sup_{t\in T} \int |f_t| d\mu + \sum_{k=1}^{\infty} (k+1) 2^{-k} < \infty$$

成立, 必要性证得.

8. 必要性. 首先来证依概率收敛. $\forall \delta > 0$, 有 $P(|\xi - \xi_n| > \delta) \leqslant \frac{1}{\delta} E|\xi - \xi_n|$, 所以

$$\lim_{n\to+\infty} P(|\xi - \xi_n| > \delta) \leqslant \frac{1}{\delta} \lim_{n\to+\infty} E|\xi - \xi_n| = 0.$$

即

$$\xi_n \xrightarrow{P} \xi.$$

然后通过验证 ξ_n 的积分的一致有界性和一致绝对连续性来说明其一致可积性.

因为 $\forall \epsilon > 0$, $\exists N > 0$, $n > N$ 时, 有 $E|\xi_n - \xi| < \epsilon$, 故

$$E|\xi_n| \leqslant E|\xi_n - \xi| + E|\xi| < \epsilon + E|\xi|, \quad \forall n > N.$$

所以

$$\sup_{n\geqslant 1} E|\xi_n| \leqslant \max\{E|\xi_1|, E|\xi_2|, \cdots, E|\xi_N|, \epsilon + E|\xi|\} < +\infty,$$

ξ_n 积分一致有界.

同时因为 ξ 和 ξ_n 可积, 所以 $\exists \delta > 0$, $\forall E \in \mathscr{F}$, $P(E) < \delta$, 有

$$\int_E |\xi| dP < \epsilon, \quad \int_E |\xi_n| dP < \epsilon, \quad n \leqslant N.$$

当 $n > N$ 时, 有

$$\int_E |\xi_n| dP \leqslant \int_E |\xi| dP + \int |\xi - \xi_n| dP < 2\epsilon.$$

总之

$$\lim_{P(E)\to 0} \sup_n \int_E |\xi_n| d\mu = 0,$$

ξ_n 积分一致绝对连续.

充分性. 因为 $\{\xi_n\}$ 一致可积, 所以 $\{\xi_n\}$ 积分一致绝对连续.

同时又有 $\xi_n \xrightarrow{P} \xi$, 故通过定理 4.1.11 知

$$E|\xi_n - \xi| \to 0.$$

特别地 ξ 可积且

$$E\xi = \lim_{n\to+\infty} E\xi_n.$$

充分性证得.

9. 必要性. 首先来证依概率收敛, $\forall\delta>0$, 有 $P(|\xi-\xi_n|>\delta)\leqslant\dfrac{1}{\delta}E|\xi-\xi_n|$, 所以

$$\lim_{n\to+\infty}P(|\xi-\xi_n|>\delta)\leqslant\frac{1}{\delta}\lim_{n\to+\infty}E|\xi-\xi_n|=0,$$

即

$$\xi_n\xrightarrow{P}\xi.$$

然后因为 $E|\xi_n-\xi|\to 0$, 所以 $E\xi_n\to E\xi$ 是显然的.

充分性. 令 $h_n=\xi+\xi_n-|\xi-\xi_n|$, 则 $h_n\geqslant 0$ a.e. 且 $h_n\xrightarrow{P}2\xi$, $h_n\leqslant 2\xi$. 于是通过控制收敛定理有

$$\lim_{n\to+\infty}\int h_n dP=\int\lim_{n\to+\infty}h_n dP=2\int XdP.$$

所以由 $E\xi_n\to E\xi$ 知

$$\begin{aligned}2\int\xi dP=\underline{\lim}_{n\to+\infty}\int h_n dP&=\lim_{n\to+\infty}\int(\xi_n+\xi)dP-\overline{\lim}_{n\to+\infty}\int|\xi-\xi_n|dP\\&=2\int\xi dP-\overline{\lim}_{n\to+\infty}\int|\xi-\xi_n|dP.\end{aligned}$$

也就是说

$$\overline{\lim}_{n\to+\infty}\int|\xi-\xi_n|dP=0.$$

所以 $E|\xi_n-\xi|\to 0$, 充分性证得.

10. (a) 首先说明 $\xi_n\xrightarrow{\text{a.e.}}\xi,\eta_n\xrightarrow{\text{a.e.}}\eta,\zeta_n\xrightarrow{\text{a.e.}}\zeta$ 时, 有 $E\eta_n\to E\eta$.

因为 $\zeta_n-\eta_n\geqslant 0$, $\eta_n-\xi_n\geqslant 0$, 所以分别对其使用 Fatou 引理有

$$\int(\zeta-\eta)dP\leqslant\underline{\lim}_{n}\int(\zeta_n-\eta_n)dP=E(\zeta)-\overline{\lim}_{n}\int\eta_n dP,$$

即

$$\int\eta dP\geqslant\overline{\lim}_{n}\int\eta_n dP$$

及

$$\int(\eta-\xi)dP\leqslant\underline{\lim}_{n}\int(\eta_n-\xi_n)dP=\underline{\lim}_{n}\int\eta_n dP-E(\xi),$$

即

$$\int\eta dP\leqslant\underline{\lim}_{n}\int\eta_n dP.$$

于是

$$\lim_{n}E\eta_n=E\eta.$$

然后看 $\xi_n\xrightarrow{P}\xi,\eta_n\xrightarrow{P}\eta,\zeta_n\xrightarrow{P}\zeta$ 时的情况. 假设 $E\eta_n\to E\eta$ 不成立, 则 $\exists\delta>0$, $\exists\{n_k\}\subset\mathbb{N}$, 满足

$$|E\eta_{n_k}-E\eta|>\delta.$$

此时依旧有 $\xi_{n_k} \xrightarrow{P} \xi, \eta_{n_k} \xrightarrow{P} \eta, \zeta_{n_k} \xrightarrow{P} \zeta$, 所以 $\exists\{n_k'\} \subset \{n_k\}$ 使得

$$\xi_{n_k'} \xrightarrow{\text{a.e.}} \xi, \quad \eta_{n_k'} \xrightarrow{\text{a.e.}} \eta, \quad \zeta_{n_k'} \xrightarrow{\text{a.e.}} \zeta,$$

且

$$|E\eta_{n_k'} - E\eta| > \delta.$$

但这与我们开始所证的情况矛盾, 所以

$$\lim_n E\eta_n = E\eta.$$

(b) 已知

$$\zeta_n \xrightarrow{P} \zeta, \quad \zeta_n - \eta_n \xrightarrow{P} \zeta - \eta,$$
$$E\zeta_n \to E\zeta, \quad E(\zeta_n - \eta_n) \to E(\zeta - \eta).$$

使用本章习题第 9 题的结论知

$$E|\zeta_n - \zeta| \to 0, \quad E|(\zeta_n - \eta_n) - (\zeta - \eta)| \to 0.$$

于是

$$\begin{aligned} E|\eta - \eta_n| &= E|(\zeta_n - \eta_n) - (\zeta - \eta) + (\zeta - \zeta_n)| \\ &\leqslant E|(\zeta_n - \eta_n) - (\zeta - \eta)| + E|(\zeta - \zeta_n)| \to 0. \end{aligned}$$

11. 由 ξ 的可积性知, $\forall \epsilon > 0 (\epsilon < 1)$, $\exists \delta > 0$, $P(E) < \delta$ 时, 有 $\int_E |\xi| dP < \epsilon$ 成立. 同时因为 $\xi_n \xrightarrow{\text{a.e.}} \xi$, 故

$$\begin{aligned} &P\left(\cup_{n=1}^{+\infty} \cap_{i=n}^{+\infty} \{|\xi_i - \xi| < \epsilon\}\right) = 1, \\ \Longrightarrow &\lim_{n \to +\infty} P\left(\cap_{i=n}^{+\infty} \{|\xi_i - \xi| < \epsilon\}\right) = 1. \end{aligned}$$

进而 $\exists N$, 有

$$P\left(\cap_{i=N}^{+\infty} \{|\xi_i - \xi| < \epsilon\}\right) > 1 - \delta,$$

且当 $n \geqslant N$ 时,

$$|EX - EX_n| < \epsilon.$$

令 $A = \cap_{i=N}^{+\infty} \{|\xi_i - \xi| < \epsilon\}$, 则 $P(A^c) < \delta$. 于是 $\forall n \geqslant N$,

$$\begin{aligned} \left|\int_{\Omega \setminus A} \xi_n dP\right| &\leqslant \left|\int_\Omega \xi_n dP - \int_\Omega \xi dP\right| + \int_{\Omega \setminus A} |\xi| dP + \int_A |\xi - \xi_n| dP \\ &< \epsilon + \epsilon + \epsilon = 3\epsilon. \end{aligned}$$

同时在 A 上有

$$|\xi_n| - |\xi| \leqslant |\xi_n - \xi| < \epsilon < 1,$$

$$\Longrightarrow |\xi_n| < |\xi| + 1.$$

12. 根据条件 $\xi^{\frac{1}{2}}\eta^{\frac{1}{2}} \geqslant 1$ 使用 Hölder 不等式得

$$1 \leqslant E\xi^{\frac{1}{2}}\eta^{\frac{1}{2}} \leqslant (E\xi)^{\frac{1}{2}}(E\eta)^{\frac{1}{2}},$$

所以

$$E\xi E\eta \geqslant 1$$

成立.

13. (1) $\forall x_1, x_2 \in \mathbb{R}^+$, $x_1 < x_2$. 由凸函数的定义知

$$\begin{aligned}\frac{\varphi(x_2)-\varphi(x_1)}{x_2-x_1} &\geqslant \frac{\varphi(x_1)-\varphi(0)}{x_1-0} = \frac{\varphi(x_1)}{x_1} \geqslant 0 \\ &\Longrightarrow \varphi(x_2) \geqslant \varphi(x_1).\end{aligned}$$

同时由上式易知

$$\begin{aligned}+\infty > \frac{\varphi(x_2)-\varphi(x_1)}{x_2-x_1} &\geqslant \lim_{t\downarrow 0}\frac{\varphi(t)}{t} \geqslant 0 \\ &\Longrightarrow \varphi(x) \text{ 在原点处连续},\end{aligned}$$

即 $\varphi(x)$ 为 $[0,+\infty)$ 上的连续增函数.

因为 $\xi_n \xrightarrow{P} \xi$ 且 $\varphi(x)$ 连续, 所以 $\varphi(|\xi_n|) \xrightarrow{P} \varphi(|\xi|)$(习题 2 第 20 题). 同时已知 $E[\varphi(|\xi_n|)] \to E[\varphi(|\xi|)]$, 所以使用本章习题第 9 题可得 $E|\varphi(|\xi_n|)-\varphi(|\xi|)| \to 0$. 再使用本章习题第 8 题的结论得到 $\{\varphi(|\xi_n|)\}_{n\geqslant 1}$ 一致可积.

(2) 首先有

$$\begin{aligned}\varphi(|\xi_n-\xi|) \leqslant \varphi(|\xi_n|+|\xi|) &= \varphi\left(\frac{1}{2}2|\xi_n| + \frac{1}{2}2|\xi|\right) \\ &\leqslant \frac{1}{2}\varphi(2|\xi_n|) + \frac{1}{2}\varphi(2|\xi|) \leqslant \frac{C}{2}(\varphi(|\xi_n|)+\varphi(|\xi|)).\end{aligned}$$

然后因为 $\varphi(|\xi|)$ 可积, $\{\varphi(|\xi_n|)\}_{n\geqslant 1}$ 一致可积, 所以易知 $\varphi(|\xi|)$, $\{\varphi(|\xi_n|)\}_{n\geqslant 1}$ 积分一致绝对连续 (命题 4.1.15). 令 $\xi_0 = \xi$ 有

$$\lim_{P(E)\to 0}\sup_{n\geqslant 0}\int_E \varphi(|\xi_n|)dP = 0.$$

所以

$$\lim_{P(E)\to 0}\sup_{n\geqslant 1}\int_E \varphi(|\xi_n-\xi|)dP \leqslant 2\frac{C}{2}\lim_{P(E)\to 0}\sup_{n\geqslant 0}\int_E \varphi(|\xi_n|)dP = 0.$$

故 $\{\varphi(|\xi_n-\xi|)\}_{n\geqslant 1}$ 的积分一致绝对连续. 又因为 P 为有限测度且 $\varphi(|\xi_n-\xi|) \xrightarrow{P} 0$, 故使用定理 4.1.11 知

$$\lim_n E[\varphi(|\xi_n-\xi|)] = \lim_n \int |\varphi(|\xi_n-\xi|)-0|dP = 0.$$

14. 因为 f 为可积函数, 所以由命题 3.6.5 知, 存在单增凸函数 h: $\mathbb{R}^+ \to \mathbb{R}^+$,

$\lim_{n\to+\infty}\dfrac{h(x)}{x}=\infty$, 使 $h(|f|)$ 可积. 关于 $\forall t\in T$, 我们来考虑 $h(|f_t|)$ 的可积性.

首先有

$$\begin{aligned}\int h(|f_t|)d\mu&=\sum_{i=1}^{+\infty}\int_{A_i^t}h(|f_t|)d\mu\\&\leqslant\sum_{i=1}^{+\infty}\int_{A_i^t}h\left(\frac{1}{\mu(A_i^t)}\int_{A_i^t}|f|d\mu\right)d\mu\\&=\sum_{i=1}^{+\infty}\mu(A_i^t)h\left(\frac{1}{\mu(A_i^t)}\int_{A_i^t}|f|d\mu\right).\end{aligned}$$

然后将分情况证明

$$\mu(A_i^t)h\left(\frac{1}{\mu(A_i^t)}\int_{A_i^t}|f|d\mu\right)\leqslant\int_{A_i^t}h(|f|)d\mu.$$

(a) 当 $\mu(A_i^t)=+\infty$ 时, 有 $\dfrac{1}{\mu(A_i^t)}=0$, 故

$$\mu(A_i^t)h\left(\frac{1}{\mu(A_i^t)}\int_{A_i^t}|f|d\mu\right)=\mu(A_i^t)h(0)=0\leqslant\int_{A_i^t}h(|f|)d\mu.$$

(b) 当 $0<\mu(A_i^t)<+\infty$ 时, $\dfrac{d\mu}{\mu(A_i^t)}$ 在 A_i^t 上为概率测度. 所以由 Jensen 不等式, 得

$$\mu(A_i^t)h\left(\int_{A_i^t}|f|\frac{d\mu}{\mu(A_i^t)}\right)\leqslant\mu(A_i^t)\int_{A_i^t}h(|f|)\frac{d\mu}{\mu(A_i^t)}=\int_{A_i^t}h(|f|)d\mu.$$

(c) 当 $\mu(A_i^t)=0$ 时, 显然

$$\mu(A_i^t)h\left(\frac{1}{\mu(A_i^t)}\int_{A_i^t}|f|d\mu\right)=0\times h\left(\frac{1}{\mu(A_i^t)}\int_{A_i^t}|f|d\mu\right)=0\leqslant\int_{A_i^t}h(|f|)d\mu.$$

所以

$$\int h(|f_t|)d\mu\leqslant\sum_{i=1}^{+\infty}\int_{A_i^t}h(|f|)d\mu=\int h(|f|)d\mu<\infty.$$

由 t 的任意性有

$$\sup_{t\in T}\int h(|f_t|)d\mu\leqslant\int h(|f|)d\mu<\infty.$$

使用本章习题第 7 题的结论知 $\{f_t\}$ 一致可积.

15. (x 在 $[0,1]$ 外面时, 将 $f(x)$ 视为同最近端点值一样的常数.)

首先证明 $\forall x\in[0,1]$, $f'(x)$ 存在时, $\lim_{n\to+\infty}f_n(x)=f'(x)$.

$\forall\epsilon>0$, $\exists\delta>0$, $y\in(x-\delta,x+\delta)\cap[0,1]$ 时, 有

$$\left|\frac{f(y)-f(x)}{y-x}-f'(x)\right|<\epsilon.$$

取 $n \geqslant N = \left[\log_2\left(\frac{1}{\delta}\right)\right] + 1$, 有 $\frac{1}{2^n} < \delta$. 再令 $x_n = 2^{-n}[2^n x]$, $x_n^+ = 2^{-n}([2^n x] + 1)$, 易知

$$x_n \leqslant x \leqslant x_n^+, \quad 0 < x_n^+ - x_n \leqslant \frac{1}{2^n} < \delta.$$

因此得

$$\left|\frac{f(x_n^+) - f(x)}{x_n^+ - x} - f^{'}(x)\right| < \epsilon, \quad \left|\frac{f(x) - f(x_n)}{x - x_n} - f^{'}(x)\right| < \epsilon.$$

又由于

$$f_n(x) = \frac{x_n^+ - x}{\frac{1}{2^n}} \frac{f(x_n^+) - f(x)}{x_n^+ - x} + \frac{x - x_n}{\frac{1}{2^n}} \frac{f(x) - f(x_n)}{x - x_n},$$

$$f^{'}(x) = \frac{x_n^+ - x}{\frac{1}{2^n}} f^{'}(x) + \frac{x - x_n}{\frac{1}{2^n}} f^{'}(x).$$

故

$$\begin{aligned}
&|f_n(x) - f^{'}(x)| \\
\leqslant\ & \frac{x_n^+ - x}{\frac{1}{2^n}} \left|\frac{f(x_n^+) - f(x)}{x_n^+ - x} - f^{'}(x)\right| + \frac{x - x_n}{\frac{1}{2^n}} \left|\frac{f(x) - f(x_n)}{x - x_n} - f^{'}(x)\right| \\
<\ & \frac{x_n^+ - x}{\frac{1}{2^n}} \epsilon + \frac{x - x_n}{\frac{1}{2^n}} \epsilon = \epsilon.
\end{aligned}$$

即

$$\lim_n |f_n(x) - f^{'}(x)| = 0.$$

然后, 因为 $f(x)$ 为 $[0,1]$ 上的绝对连续函数, 所以 $f(x)$ 在 $[0,1]$ 上的导数几乎处处存在且 $f^{'}$ 可积, 即

$$f_n(x) \xrightarrow{\text{a.e.}} f^{'}(x)$$

且

$$f\left(\frac{[2^n x] + 1}{2^n}\right) - f\left(\frac{[2^n x]}{2^n}\right) = \int_{\left[\frac{[2^n x]}{2^n}, \frac{[2^n x]+1}{2^n}\right)} f^{'} dt.$$

从而易知

$$f_n(x) = \frac{f\left(\frac{k+1}{2^n}\right) - f\left(\frac{k}{2^n}\right)}{\frac{1}{2^n}} = \frac{1}{\frac{1}{2^n}} \int_{\left[\frac{k}{2^n}, \frac{k+1}{2^n}\right)} f^{'} dt, \quad \forall x \in \left[\frac{k}{2^n}, \frac{k+1}{2^n}\right).$$

于是使用本章习题第 14 题的结论知, $\{f_n\}_{n\geqslant 1}$ 积分一致绝对连续, 再根据定理 4.2.1 的充分性, 有

$$\lim_n \int_0^1 |f_n(x) - f^{'}(x)| dx = 0.$$

16. (a) 因为 $\{a_{mn}\}$ 关于 m, n 均单升, 故左、右两边的累次极限都存在 (可以为 $+\infty$), 下面只要证明两边极限相等.

首先假设一边极限为 $+\infty$.

不妨考虑 $\lim_{n\to+\infty}\lim_{m\to+\infty}a_{mn}=+\infty$ 的情况. 也就是说 $\forall M>0$, $\exists N$, $n_0>N$ 时, 有

$$\lim_{m\to+\infty}a_{mn_0}>M.$$

由 $\lim_{m\to+\infty}a_{mn_0}$ 的定义进一步知道 $\exists N'$, $m_0>N'$ 时, 有

$$a_{m_0n_0}>M.$$

于是得到

$$\lim_{n\to+\infty}a_{m_0n}\geqslant a_{m_0n_0}>M.$$

再对 m 取极限有

$$\lim_{m\to+\infty}\lim_{n\to+\infty}a_{mn}\geqslant\lim_{n\to+\infty}a_{m_0n}>M.$$

由 M 的任意性知

$$\lim_{m\to+\infty}\lim_{n\to+\infty}a_{mn}=+\infty.$$

所以两边极限相等且均为正无穷.

然后假设一边极限小于 $+\infty$.

不妨考虑 $\lim_{n\to+\infty}\lim_{m\to+\infty}a_{mn}=M<+\infty$ 的情况. 也就是说 $\forall\epsilon>0$, $\exists N$, $n_0>N$ 时, 有

$$\lim_{m\to+\infty}a_{mn_0}>M-\epsilon.$$

由 $\lim_{m\to+\infty}a_{mn_0}$ 的定义进一步知道 $\exists N'$, $m_0>N'$ 时, 有

$$a_{m_0n_0}>M-\epsilon.$$

于是得到

$$\lim_{n\to+\infty}a_{m_0n}\geqslant a_{m_0n_0}>M-\epsilon.$$

再对 m 取极限有

$$\lim_{m\to+\infty}\lim_{n\to+\infty}a_{mn}\geqslant\lim_{n\to+\infty}a_{m_0n}>M-\epsilon.$$

由 ϵ 的任意性知

$$\lim_{m\to+\infty}\lim_{n\to+\infty}a_{mn}\geqslant M=\lim_{n\to+\infty}\lim_{m\to+\infty}a_{mn}. \tag{0.1}$$

若

$$\lim_{m\to+\infty}\lim_{n\to+\infty}a_{mn}=+\infty,$$

则由最开始的讨论知 $M=+\infty$, 与 $M<+\infty$ 矛盾. 故

$$\lim_{m\to+\infty}\lim_{n\to+\infty}a_{mn}<+\infty.$$

重复本段的证明, 得到与 (0.1) 对应有

$$\lim_{n\to+\infty}\lim_{m\to+\infty}a_{mn}\geqslant\lim_{m\to+\infty}\lim_{n\to+\infty}a_{mn}. \tag{0.2}$$

由 (0.1), (0.2) 知两边极限相等且均小于无穷.

综上所述, 有

$$\lim_{n\to\infty}\lim_{m\to\infty} a_{mn} = \lim_{m\to\infty}\lim_{n\to\infty} a_{mn}$$

成立.

(b) 直接将 (a) 的结论运用于定理证明即可.

17. **定理 4.1.1** (默认测度有限)　否定条件: 假设不存在 $M>0$, 使得 $|f_n|\vee|f|<M$ 对 $\forall n\geqslant 1$ 成立.

反例: 考虑测度空间 $([0,1],\mathscr{B}([0,1]),L)$ 和函数列

$$f_n=\begin{cases} n, & x\in\left[0,\dfrac{1}{n}\right],\\ 0, & \text{其他}, \end{cases}$$

$$f\equiv 0.$$

显然 $f_n\xrightarrow{\text{a.e.}} f$, 但是不存在 $M>0$, 使得 $|f_n|\vee|f|<M$ 对 $\forall n\geqslant 1$ 成立. 我们有

$$1=\lim_n\int_{[0,1]} f_n dL \neq \int_{[0,1]} f dL = 0,$$

与定理结论不符.

定理 4.1.2 (默认测度有限)　否定条件: 假设 $\{f_n\}$ 上升但不是非负的.

反例: 考虑测度空间 $([-1,1],\mathscr{B}([-1,1]),L)$ 和函数列

$$f_n=\begin{cases} n, & x\in[0,1],\\ -\infty, & x\in[-1,0], \end{cases}$$

$$f=\begin{cases} +\infty, & x\in[0,1],\\ -\infty, & x\in[-1,0]. \end{cases}$$

显然 $f_n\xrightarrow{a.e.} f$ 且 $\{f_n\}$ 上升, 但是不是非负的. 于是

$$\int_{[-1,1]} f dL = \int_{[0,1]} f dL - \int_{[-1,0]} f dL = (+\infty)-(+\infty),$$

f 积分不存在, 与定理结论不符.

命题 4.1.16 (默认测度有限)　否定条件: 假设不是有限测度 ($\{f_n\}$ 不是随机变量序列).

反例: 考虑测度空间 $([0,+\infty),\mathscr{B}([0,+\infty)),L)$ 和函数列

$$f_n=\begin{cases} 0, & x\in[0,n],\\ -1, & x\in(n,+\infty), \end{cases}$$

$$f\equiv 0.$$

(具体分析看本章习题第 18 题的解答).

定理 4.2.1 否定条件: 充分性的证明中假设条件 (i) 不成立.

反例: 考虑测度空间 $([0,+\infty),\mathscr{B}([0,+\infty)),L)$ 和函数列

$$f_n=\begin{cases}1, & x\in[0,n],\\ 0, & x\in(n,+\infty),\end{cases}\qquad f\equiv 1.$$

显然 $\{f_n\}$ 为可积函数列, f 可测且 $f_n\xrightarrow{\text{a.e.}}f$, 同时容易验证 $\{f_n\}$ 积分绝对连续, 即

$$\lim_{L(E)\to 0}\sup_n\int_E f_n dL=0.$$

但是 f 不可积且

$$\lim_n\int|f-f_n|dL=+\infty\neq 0,$$

这与定理结论不符.

18. 先证明版本一的 Fatou 引理.

设概率空间为 $(X,\mathscr{F},\mu)$, $X=\sum_{m=1}^{\infty}X_m$ 且 $\mu(X_m)<\infty,\forall m\geqslant 1$. g 为可积函数, $f_n\geqslant g$, μ-a.e., $\forall n\geqslant 1$. 则 $\forall m\geqslant 1$ 使用有限版本的 Fatou 引理有

$$0\leqslant\int_{X_m}\underline{\lim_n}(f_n-g)d\mu\leqslant\underline{\lim_n}\int_{X_m}(f_n-g)d\mu.$$

由 σ 有限测度积分的定义, 同时关于 m 求和有

$$\begin{aligned}&\int_X\underline{\lim_n}(f_n-g)d\mu\\ &=\sum_{m=1}^{\infty}\int_{X_m}\underline{\lim_n}(f_n-g)d\mu\leqslant\sum_{m=1}^{\infty}\underline{\lim_n}\int_{X_m}(f_n-g)d\mu\\ &\leqslant\underline{\lim_n}\sum_{m=1}^{\infty}\int_{X_m}(f_n-g)d\mu=\underline{\lim_n}\int_X(f_n-g)d\mu.\end{aligned}$$

由于 g 可积易知

$$\int_X\underline{\lim_n}(f_n-g)d\mu=\int_X\underline{\lim_n}f_n-gd\mu=\int_X\underline{\lim_n}f_nd\mu-\int_X gd\mu,$$

$$\underline{\lim_n}\int_X(f_n-g)d\mu=\underline{\lim_n}\left(\int_X f_nd\mu-\int_X gd\mu\right)=\underline{\lim_n}\int_X f_nd\mu-\int_X gd\mu.$$

于是有

$$\begin{aligned}\int_X\underline{\lim_n}f_nd\mu-\int_X gd\mu &\leqslant\underline{\lim_n}\int_X f_nd\mu-\int_X gd\mu\\ &\Longrightarrow\int_X\underline{\lim_n}f_nd\mu\leqslant\underline{\lim_n}\int_X f_nd\mu.\end{aligned}$$

故 σ 有限的 Fatou 引理版本一成立.

然后我们将给出 Fatou 引理版本二在 σ 有限的情况下不成立的例子.

假设 $\{f_n\}$ 不是随机变量序列, 考虑测度空间 $([0,+\infty),\mathscr{B}([0,+\infty)),L)$ 和函数列

$$f_n=\begin{cases}0, & x\in[0,n],\\ -1, & x\in(n,+\infty),\end{cases}$$

$$f\equiv 0,$$

其中 L 为 Lebesgue 测度. 显然 $\{f_n\}$ 一致可积, 但是

$$\int_{[0,+\infty)}\varliminf_n f_n dL=\int_{[0,+\infty)}0dL=0\geqslant-\infty=\varliminf_n\int_{[0,+\infty)}f_n dL.$$

矛盾. 所以此时的 Fatou 引理不成立.

19. 必要性. 设 ξ 定义于 $(X,\mathscr{F},P)$ 上以 μ 为分布函数. 因为 $\forall B\in\mathscr{B}^n$, $P\circ(-\xi)^{-1}(B)=P\circ(\xi)^{-1}(-B)=\mu(-B)=\mu(B)=P\circ(\xi)^{-1}(B)$, 所以 $P\circ(-\xi)^{-1}=P\circ(\xi)^{-1}$. 我们有

$$\begin{aligned}\overline{\varphi_\mu(t)}=E\mathrm{e}^{-it\xi}&=\int\mathrm{e}^{-it\xi}dP=\int_{\mathbb{R}^n}\mathrm{e}^{itx}dP\circ(-\xi)^{-1}\\&=\int_{\mathbb{R}^n}\mathrm{e}^{itx}dP\circ(\xi)^{-1}=\int\mathrm{e}^{it\xi}dP=\varphi_\mu(t).\end{aligned}$$

所以 $\varphi_\mu(t)$ 为实值函数.

充分性. 因为 $\overline{\varphi_\mu(t)}=\varphi_\mu(-t)$ 为 $-\xi$ 的特征函数, 所以当 φ_μ 为实值函数时, 有 $\overline{\varphi_\mu(t)}=\varphi_\mu(t)$, 即 ξ 与 $-\xi$ 同分布. 于是

$$\mu(B)=P\circ(\xi)^{-1}(B)=P\circ(-\xi)^{-1}(B)=P\circ(\xi)^{-1}(-B)=\mu(-B),$$

μ 为对称的.

20. (a) 设 $\varphi(t)$ 为 ξ 的特征函数 $E\mathrm{e}^{\mathrm{i}t\xi}$, 则

$\overline{\varphi(t)}=\overline{E\mathrm{e}^{\mathrm{i}t\xi}}=E\mathrm{e}^{-\mathrm{i}t\xi}$ 为 $-\xi$ 的特征函数.

$|\varphi(t)|^2=\varphi(t)\overline{\varphi(t)}=E\mathrm{e}^{\mathrm{i}t\xi}\overline{E\mathrm{e}^{\mathrm{i}t\xi}}=E\mathrm{e}^{\mathrm{i}t(\xi_1-\xi_2)}$ 为 $\xi_1-\xi_2$ 的特征函数, 其中 ξ_1, ξ_2 独立同分布.

$\varphi^n(t)=E\mathrm{e}^{\mathrm{i}t(\xi_1+\xi_2+\cdots+\xi_n)}$ 为 $\xi_1+\xi_2+\cdots+\xi_n$ 的特征函数, 其中 $\xi_i(1\leqslant i\leqslant n)$ 独立同分布.

$\mathrm{e}^{\mathrm{i}bt}\varphi(at)=\mathrm{e}^{\mathrm{i}bt}E\mathrm{e}^{\mathrm{i}at\xi}=E\mathrm{e}^{\mathrm{i}t(a\xi+b)}$ 为 $a\xi+b$ 的特征函数.

(b) $|\varphi(t)|^2=E\mathrm{e}^{\mathrm{i}t(\xi_1-\xi_2)}$, 其中 ξ_1, ξ_2 独立同分布.

因为 $|\varphi(t)|^2$ 为实值函数, 所以由欧拉公式知

$$E\mathrm{e}^{it(\xi_1-\xi_2)}=\mathrm{Re}\ E\mathrm{e}^{it(\xi_1-\xi_2)}=E\left(\cos\left(\xi_1-\xi_2\right)t\right).$$

将结果代入题中所给式子有

$$\begin{aligned}1-|\varphi(2t)|^2&=1-E\left(\cos 2t\left(\xi_1-\xi_2\right)\right)\\&=2E\left(\sin^2 t\left(\xi_1-\xi_2\right)\right)\end{aligned}$$

$$
\begin{aligned}
&= 2E\left[(1-\cos(\xi_1-\xi_2)t)(1+\cos(\xi_1-\xi_2)t)\right] \\
&\leqslant 4E\left[(1-\cos(\xi_1-\xi_2)t)\right] \\
&= 4\left(1-|\varphi(t)|^2\right).
\end{aligned}
$$

即 $1-|\varphi(2t)|^2 \leqslant 4(1-|\varphi(t)|^2)$.

21. (a) 先假设相等的是闭半空间. $\forall\, t \in \mathbb{R}^n$ 取定, 定义 $\mathbb{R}^n$ 上的函数

$$
f: x \in \mathbb{R}^n \mapsto xt = \sum_{i=1}^n x_i t_i \in \mathbb{R}.
$$

因为在所有 $\{x : xt \leqslant c\}$ 上 μ, ν 一样, 所以 $\forall a < b \in \mathbb{R}$, 有

$$
\mu\Big(\{x : a < f(x) \leqslant b\}\Big) = \nu\Big(\{x : a < f(x) \leqslant b\}\Big),
$$

也就是

$$
\mu \circ f^{-1}\Big((a,b]\Big) = \nu \circ f^{-1}\Big((a,b]\Big),
$$

因为在生成 $\mathbb{R}$ 的 π 类上相等, 于是 $\mu \circ f^{-1} = \nu \circ f^{-1}$. 使用定理 4.4.1 有

$$
\int_{\mathbb{R}^n} \mathrm{e}^{ixt} d\mu = \int_{\mathbb{R}} \mathrm{e}^{iy} d\mu \circ f^{-1} = \int_{\mathbb{R}} \mathrm{e}^{iy} d\nu \circ f^{-1} = \int_{\mathbb{R}^n} \mathrm{e}^{ixt} d\nu,
$$

根据定理 4.5.3 知 $\mu = \nu$. 若将闭半空间换成开半空间, 证明中只需要将开闭区间对调, 严格不等号与不等号对调即可, 证明是类似的.

(b) 先假设成立的是开球. $\forall\, t \in \mathbb{R}^n$ 取定, 定义 $\mathbb{R}^n$ 上的函数

$$
f: x \in \mathbb{R}^n \setminus \{0\} \mapsto \frac{xt}{|x|^2} = \frac{\sum\limits_{i=1}^n x_i t_i}{\sum\limits_{i=1}^n x_i^2} \in \mathbb{R}.
$$

任意实数 $0 < a < b$, 有

$$
\begin{aligned}
\{x : a < f(x) \leqslant b\} &= \left\{ x : a < \frac{\sum\limits_{i=1}^n x_i t_i}{\sum\limits_{i=1}^n x_i^2} \leqslant b \right\} \\
&= \left\{ x : \left(x_1 - \frac{t_1}{2a}\right)^2 + \cdots + \left(x_n - \frac{t_n}{2a}\right)^2 < \frac{|t|^2}{4a^2} \right\} \\
&\quad \Big\backslash \left\{ x : \left(x_1 - \frac{t_1}{2b}\right)^2 + \cdots + \left(x_n - \frac{t_n}{2b}\right)^2 < \frac{|t|^2}{4b^2} \right\}.
\end{aligned}
$$

因为 μ, ν 在任意球面过原点的开球上相等, 所以

$$
\mu\Big(\{x : a < f(x) \leqslant b\}\Big) = \nu\Big(\{x : a < f(x) \leqslant b\}\Big).
$$

也就是

$$\mu\circ f^{-1}\big((a,b]\big)=\nu\circ f^{-1}\big((a,b]\big).$$

于是在 $\mathscr{B}\big((0,\infty)\big)$ 上 $\mu\circ f^{-1}=\nu\circ f^{-1}$. 同理有在 $\mathscr{B}\big((-\infty,0)\big)$ 上也有 $\mu\circ f^{-1}=\nu\circ f^{-1}$. 那么就有

$$\begin{aligned}\int_{\mathbb{R}^n\setminus\{xt=0\}}\mathrm{e}^{\mathrm{i}\frac{xt}{|x|^2}}d\mu&=\int_{\mathbb{R}\setminus\{0\}}\mathrm{e}^{\mathrm{i}y}d\mu\circ f^{-1}\\&=\int_{\mathbb{R}\setminus\{0\}}\mathrm{e}^{\mathrm{i}y}d\nu\circ f^{-1}=\int_{\mathbb{R}^n\setminus\{xt=0\}}\mathrm{e}^{\mathrm{i}\frac{xt}{|x|^2}}d\nu.\end{aligned}$$

再让

$$g:=\begin{cases}\dfrac{x}{|x|^2}, & x\in\mathbb{R}^n\setminus\{0\},\\ 0\ , & x=0.\end{cases}$$

并约定 $\dfrac{xt}{|x|^2}$ 在原点处为 0. 就有

$$\begin{aligned}\int_{\mathbb{R}^n}\mathrm{e}^{\mathrm{i}yt}d\mu\circ g^{-1}&=\int_{\mathbb{R}^n}\mathrm{e}^{\mathrm{i}\frac{xt}{|x|^2}}d\mu\\&=\int_{\mathbb{R}^n}\mathrm{e}^{\mathrm{i}\frac{xt}{|x|^2}}d\nu=\int_{\mathbb{R}^n}\mathrm{e}^{\mathrm{i}yt}d\nu\circ g^{-1}.\end{aligned}$$

使用定理 4.5.3 知 $\mu\circ g^{-1}=\nu\circ g^{-1}$. 同时因为 g 是 $\mathbb{R}^n\mapsto\mathbb{R}^n$ 的双射, 于是易知有 $\mu=\nu$ 成立. 闭球的情况类似.

习 题 5

1. $\forall A$ 为可测的矩形, 有 $A=A_1\times A_2$ 且 $A\in\mathscr{F}\times\mathscr{G}$, 由定理 5.2.4 知 $\forall x\in X,y\in Y$ 有 $A_x\in\mathscr{G},A_y\in\mathscr{F}$. 故取 $x\in A_1,y\in A_2$ 有 $A_2\in\mathscr{G},A_1\in\mathscr{F}$. 所以 $A=A_1\times A_2$ 为可测矩形.

2. 因为 $(\mathbb{R}^n,\mathscr{B}^n)$ 和 $(\mathbb{R}^1,\mathscr{B}^1)^n$ 全空间一样, 所以只需要证明两空间的 σ-代数一样, 即 $\mathscr{B}^n=\mathscr{B}\times\cdots\times\mathscr{B}$. 现在假设

$$\begin{aligned}\mathscr{F}&=\left\{\prod_{i=1}^{n}[a_i,b_i):-\infty\leqslant a_i\leqslant b_i\leqslant+\infty,i=1,\cdots,n\right\},\\\mathscr{A}&=\{A_1\times A_2\times\cdots\times A_n:A_i\in\mathscr{B},i=1,\cdots,n\}.\end{aligned}$$

则有

$$\mathscr{B}^n=\sigma(\mathscr{F}),\quad \mathscr{B}\times\cdots\times\mathscr{B}=\sigma(\mathscr{A}).$$

首先有 $\sigma(\mathscr{F})\subset\sigma(\mathscr{A})$, 因为显然 $\mathscr{F}\subset\mathscr{A}$.

同时还有 $\sigma(\mathscr{A})\subset\sigma(\mathscr{F})$. 因为 $\forall A\in\mathscr{A}$, 根据定义有 $A=A_1\times\cdots\times A_n=(A_1\times\mathbb{R}\times\cdots\times\mathbb{R})\cap(\mathbb{R}\times A_2\times\mathbb{R}\times\cdots\times\mathbb{R})\cap\cdots\cap(\mathbb{R}\times\mathbb{R}\times\cdots\times\mathbb{R}\times A_n)$, 而 $\mathbb{R}\times\cdots\times A_k\times\cdots\times\mathbb{R}\in\sigma(\{\mathbb{R}\times\cdots\times[a_k,b_k)\times\cdots\times\mathbb{R}:-\infty\leqslant a_k\leqslant b_k\leqslant+\infty\})\subset\sigma(\mathscr{F})$, $k=1,\cdots,n$. 故

$$\mathscr{A}\subset\mathscr{F}\Rightarrow\sigma(\mathscr{A})\subset\sigma(\mathscr{F}).$$

所以有 $(\mathbb{R}^n,\mathscr{B}^n)$ 和 $(\mathbb{R}^1,\mathscr{B}^1)^n$ 的 σ-代数一样. 于是

$$(\mathbb{R}^n,\mathscr{B}^n)=(\mathbb{R}^1,\mathscr{B}^1)^n$$

成立.

3. 由习题 1 第 13 题知

$$g^{-1}(\sigma(\mathscr{A}))=\sigma(g^{-1}(\mathscr{A})),$$

所以要证明 $g^{-1}(\sigma(\mathscr{A}))\subset\mathscr{F}$, 只要证明 $g^{-1}(\mathscr{A})\subset\mathscr{F}$.

首先来证充分性.

要证明 $f:X\mapsto(\mathbb{R}^n,\mathscr{B}^n)$ 可测, 只要有 $f^{-1}(\prod_{i=1}^n[a_i,b_i))\in\mathscr{F}$ 就可以了. 而 $f^{-1}(\prod_{i=1}^n[a_i,b_i))=\cap_{i=1}^n f_i^{-1}([a_i,b_i))$, 因为每个 f_i 为 $\mathscr{B}$- 可测, 故 $f_i^{-1}([a_i,b_i))\in\mathscr{F}$. 从而 $\cap_{i=1}^n f_i^{-1}([a_i,b_i))\in\mathscr{F}$, 所以 f 可测.

再考虑必要性.

假设 $f:X\mapsto(\mathbb{R}^n,\mathscr{B}^n)$ 可测, 则有 $f_i^{-1}([a,b))=f^{-1}(\mathbb{R}\times\mathbb{R}\times\cdots\times[a,b)\times\cdots\times\mathbb{R})\in\mathscr{F}$, 故 f_i 可测. 由 i 的任意性知 f_i 可测, $i=1,\cdots,n$.

综上所述两条件等价.

4. (a) 使用 Fubini 定理有

$$\begin{aligned}E[|\xi|^p]&=\int|\xi|^p dP=\int dP\int_0^{|\xi|}px^{p-1}dx\\&=\int dP\int_0^{+\infty}px^{p-1}1_{\{|\xi|>x\}}dx=\int_0^{+\infty}dx\int px^{p-1}1_{\{|\xi|>x\}}dP\\&=\int_0^{+\infty}px^{p-1}P(|\xi|>x)dx.\end{aligned}$$

一般情况的证明类似. 因为 $P(|\xi|\geqslant x)$ 为单调函数, 所以它只在可列个点与 $P(|\xi|>x)$ 不一样. 故当以上情况成立时有

$$E[|\xi|^p]=p\int_0^\infty x^{p-1}P(|\xi|>x)dx=p\int_0^\infty x^{p-1}P(|\xi|\geqslant x)dx.$$

(b) 根据 (a) 和不等式

$$\begin{aligned}&p\int_0^\infty x^{p-1}P(|\xi|>x)dx\geqslant p\sum_{n=1}^\infty\int_{2^{n-1}}^{2^n}2^{(n-1)(p-1)}P(|\xi|>2^n)dx\\&=p\sum_{n=1}^\infty 2^{(n-1)p}P(|\xi|>2^n)=p2^{-p}\sum_{n=1}^\infty 2^{np}P(|\xi|>2^n),\end{aligned}$$

左边收敛可以推出右边收敛. 根据 (a) 和不等式

$$\begin{aligned}&p\int_0^\infty x^{p-1}P(|\xi|>x)dx\leqslant p\sum_{n=1}^\infty\int_{2^n}^{2^{n+1}}2^{(n+1)(p-1)}P(|\xi|>2^n)dx+A\\&=p\sum_{n=1}^\infty 2^{(n+1)(p-1)+n}P(|\xi|>2^n)+A=p2^{p-1}\sum_{n=1}^\infty 2^{np}P(|\xi|>2^n)dx+A\end{aligned}$$

右边收敛可以推出左边收敛, 其中 A 为常数 $p\int_0^2 x^{p-1}P(|\xi|>x)dx$.

(c) 在 $x=0$ 处有

$$-\ln(1-x)=x+\frac{x^2}{2}+o(x^2).$$

根据定义知 $\forall x>0$,

$$\ln\frac{1}{F(x)}=\ln\frac{1}{1-P(\xi>x)}=\ln\frac{1}{1-P(\xi^+>x)}=-\ln(1-P(\xi^+>x)).$$

同时

$$\lim_{x\to+\infty}P(\xi^+>x)=0.$$

故当 x 充分大时有

$$P(\xi^+>x)<-\ln(1-P(\xi^+>x))<2P(\xi^+>x)$$

成立. 使用本题 (a) 的结论知 $E\xi^+<\infty$ 与 $\exists a>0$, $\int_a^\infty \ln\frac{1}{F(x)}dx<\infty$ 等价.

(d) 使用 Fubini 定理有

$$\begin{aligned}\int_0^\infty \frac{E(\xi\wedge x^r)}{x^r}dx&=\int_0^\infty dx\int\frac{\xi\wedge x^r}{x^r}dP=\int dP\int_0^\infty\frac{\xi\wedge x^r}{x^r}dx\\&=\int dP\left(\int_0^{\xi^{\frac1r}}1dx+\xi\int_{\xi^{\frac1r}}^\infty\frac{1}{x^r}dx\right)=\int\left(\xi^{\frac1r}+\xi\frac{1}{r-1}\xi^{-1+\frac1r}\right)dP\\&=\frac{r}{r-1}E\xi^{\frac1r}.\end{aligned}$$

(e) 因为 $\lim_{n\to\infty}\dfrac{P(|\xi|>\alpha n)}{P(|\xi|>n)}=0$, 所以 $\forall p\geqslant 1$, 当 $\exists N$, $n\geqslant N$ 时, 有 $\dfrac{P(|\xi|>\alpha n)}{P(|\xi|>n)}<\dfrac12\left(\dfrac1\alpha\right)^p$. 根据 (a) 有

$$\begin{aligned}E[|\xi|^p]&=\int_0^\infty px^{p-1}P(|\xi|>x)dx\\&=p\int_0^N x^{p-1}P(|\xi|>x)dx+p\sum_{k=0}^\infty\int_{N\alpha^k}^{N\alpha^{k+1}}x^{p-1}P(|\xi|>x)dx.\end{aligned}$$

而

$$\int_{N\alpha^k}^{N\alpha^{k+1}}x^{p-1}P(|\xi|>x)dx=\alpha^p\int_{N\alpha^k}^{N\alpha^{k+1}}\left(\frac{x}{\alpha}\right)^{p-1}P\left(|\xi|>\alpha\frac{x}{\alpha}\right)d\frac{x}{\alpha}$$

$$=\alpha^p\int_{N\alpha^{k-1}}^{N\alpha^k}x^{p-1}P(|\xi|>\alpha x)dx<\frac12\int_{N\alpha^{k-1}}^{N\alpha^k}x^{p-1}P(|\xi|>x)dx$$

$$<\cdots<\left(\frac12\right)^k\int_N^{N\alpha}x^{p-1}P(|\xi|>x)dx,$$

故有

$$\sum_{k=0}^\infty\int_{N\alpha^k}^{N\alpha^{k+1}}x^{p-1}P(|\xi|>x)dx<\sum_{k=0}^\infty\left(\frac12\right)^k\int_N^{N\alpha}x^{p-1}P(|\xi|>x)dx,$$

于是

$$\begin{aligned}E[|\xi|^p] &< p\int_0^N x^{p-1}P(|\xi|>x)dx + p\sum_{k=0}^{\infty}\left(\frac{1}{2}\right)^k\int_N^{N\alpha} x^{p-1}P(|\xi|>x)dx \\ &< pN^p + 2p(\alpha N)^p = pN^p(1+2\alpha^p) < +\infty.\end{aligned}$$

5. 已知 $f \in (\widetilde{\mathscr{F}\times\mathscr{G}})^{\mu\times\nu}$, 所以 $\exists f' \in \mathscr{F}\times\mathscr{G}$, 有 $f = f'$ 成立 $\widetilde{\mu\times\nu}$-a.e., 即 $\exists A \in \mathscr{F}\times\mathscr{G}$ 满足 $\{f \neq f'\} \subset A$ 且 $\mu\times\nu(A) = 0$. 使用 Fubini 定理知 $\forall x \in X, y \in Y$, 有

$$f'^y \in \mathscr{F}, \quad f'_x \in \mathscr{G} \quad 且 \quad \int_X f'^y d\mu, \quad \int_Y f'_x d\nu \quad 存在. \tag{0.1}$$

同时

$$\iint_{X\times Y} f' d(\widetilde{\mu\times\nu}) = \int_Y \nu(dy)\int_X f'(x,y)\mu(dx) = \int_X \mu(dx)\int_Y f'(x,y)\nu(dy). \tag{0.2}$$

根据 Fubini 定理的推论有

$$\mu(A^y) = 0, \quad \nu\text{-a.e.} \quad 且 \quad \nu(A_x) = 0, \mu\text{-a.e.}.$$

由 $\{f \neq f'\} \subset A$ 得

$$\begin{aligned}&\mu(\{f \neq f'\}^y) = 0, \quad \nu\text{-a.e.}, \\ &\nu(\{f \neq f'\}_x) = 0, \quad \mu\text{-a.e.}.\end{aligned} \tag{0.3}$$

因为 μ, ν 均为完备测度, 所以由 $f'^y \in \mathscr{F}, f'_x \in \mathscr{G}$ 和 $\mu(\{f \neq f'\}^y) = 0, \nu(\{f \neq f'\}_x) = 0$ 可得 $f^y \in \mathscr{F}, f_x \in \mathscr{G}$. 所以由 (0.1) 和 (0.3) 得

$$f^y \in \mathscr{F}, \nu\text{-a.e.} \quad 且 \quad f_x \in \mathscr{G}, \mu\text{-a.e.}.$$

当 $\mu(\{f \neq f'\}^y) = 0, \nu(\{f \neq f'\}_x) = 0$ 且 $\int_X f'^y d\mu$, $\int_Y f'_x d\nu$ 存在时, 显然有 $\int_X f^y d\mu$, $\int_Y f_x d\nu$ 存在. 所以由 (0.1) 和 (0.3) 得

$$\int_X f^y d\mu \text{ 存在 } \nu\text{-a.e. 且 } \int_Y f_x d\nu \text{ 存在 } \mu\text{-a.e.}.$$

由 (0.2) 和 (0.3) 易知

$$\begin{aligned}&\iint_{X\times Y} f d(\widetilde{\mu\times\nu}) = \iint_{X\times Y} f' d(\widetilde{\mu\times\nu}) \\ =& \int_Y \nu(dy)\int_X f'(x,y)\mu(dx) = \int_Y \nu(dy)\int_X f(x,y)\mu(dx) \\ =& \int_X \mu(dx)\int_Y f'(x,y)\nu(dy) = \int_X \mu(dx)\int_Y f(x,y)\nu(dy).\end{aligned}$$

由以上讨论知结论成立.

6. 使用 Fubini 定理有

$$\begin{aligned}E[\xi]-E[\eta]&=\int(\xi-\eta)dP=\int dP\int_{\eta}^{\xi}dx\\&=\int dP\int_{-\infty}^{+\infty}(1_{\{\eta<x\leqslant\xi\}}-1_{\{\xi<x\leqslant\eta\}})dx\\&=\int_{-\infty}^{+\infty}dx\int(1_{\{\eta<x\leqslant\xi\}}-1_{\{\xi<x\leqslant\eta\}})dP\\&=\int_{-\infty}^{+\infty}(P(\eta<x\leqslant\xi)-P(\xi<x\leqslant\eta))dx.\end{aligned}$$

7. 考虑概率空间 $(X,\mathscr{F},P)$, 设 (ξ_1,ξ_2) 和 (ξ_2,ξ_1) 分别为 η_1 和 η_2, 则 $\eta_i: X\mapsto\mathbb{R}^2$, $i=1,2$, 且由本章习题第 3 题知 $\eta_i\in\mathscr{F}$, $i=1,2$. 所以根据 (ξ_1,ξ_2) 与 (ξ_2,ξ_1) 同分布, 有

$$P\circ\eta_1^{-1}(A)=P\circ\eta_2^{-1}(A),\quad\forall A\in\mathscr{B}\times\mathscr{B}.\tag{0.4}$$

从而

$$\begin{aligned}E[f(\xi_1)g(\xi_2)]&=\int\int_{\mathbb{R}\times\mathbb{R}}f(x)g(y)dP\circ\eta_1^{-1}\\&=\int\int_{\mathbb{R}\times\mathbb{R}}f(x)g(y)dP\circ\eta_2^{-1}=E[f(\xi_2)g(\xi_1)].\end{aligned}\tag{0.5}$$

同时根据 (0.4), 有 $\forall A\in\mathscr{B}$

$$P\circ\xi_1^{-1}(A)=P\circ\eta_1^{-1}(A\times\mathbb{R})=P\circ\eta_2^{-1}(A\times\mathbb{R})=P\circ\xi_2^{-1}(A).$$

即 ξ_1, ξ_2 同分布, 得到

$$E[f(\xi_1)g(\xi_1)]=E[f(\xi_2)g(\xi_2)].\tag{0.6}$$

由于 f,g 为非负非降 Borel 函数, 所以

$$E[(f(\xi_1)-f(\xi_2))(g(\xi_1)-g(\xi_2))]\geqslant 0.$$

即

$$E[f(\xi_1)g(\xi_1)]+E[f(\xi_2)g(\xi_2)]\geqslant E[f(\xi_1)g(\xi_2)]+E[f(\xi_2)g(\xi_1)].$$

由 (0.5) 和 (0.6) 得到

$$E[f(\xi_1)g(\xi_1)]\geqslant E[f(\xi_1)g(\xi_2)].$$

8. 首先证明定理对非负可测函数成立.

假设我们所讨论的空间是 $(X,\mathscr{F},\mu)\times(Y,\mathscr{G},\nu)$, 因为 $(X,\mathscr{F},\mu)$, $(Y,\mathscr{G},\nu)$ 均为 σ 有限, 所以不妨假设 $X=\sum_{n=1}^{\infty}X_n$, $Y=\sum_{m=1}^{\infty}Y_m$, $\mu(X_n),\nu(Y_m)<\infty$, $\forall n,m\geqslant 0$.

$\forall f\in\mathscr{F}\times\mathscr{G}$, $f\geqslant 0$, 令

$$g_m(x)=\int_{Y_m}f(x,y)\nu(dy),\quad h_n(y)=\int_{X_n}f(x,y)\mu(dx).$$

于是使用有限测度的 Fubini 定理知道, $\forall n, m \geqslant 1$, 有

$$g_m \in \mathscr{F} \cap X_n, \quad x \in X_n,$$

$$h_n \in \mathscr{G} \cap Y_m, \quad y \in Y_m$$

且

$$\int\int_{X_n\times Y_m} fd(\mu\times\nu) = \int_{X_n} g_m(x)\mu(dx) = \int_{Y_n} h_n(y)\nu(dy).$$

于是由单调收敛定理知

$$g(x) = \int_Y f(x,y)\nu(dy) = \sum_{m=1}^{\infty}\int_{Y_m} f(x,y)\nu(dy) \in \mathscr{F},$$

$$h(y) = \int_X f(x,y)\mu(dx) = \sum_{n=1}^{\infty}\int_{X_n} f(x,y)\mu(dx) \in \mathscr{G}$$

且

$$\begin{aligned}\int\int_{X\times Y} fd(\mu\times\nu) &= \sum_{n=1}^{\infty}\sum_{m=1}^{\infty}\int\int_{X_n\times Y_m} fd(\mu\times\nu)\\ &= \sum_{n=1}^{\infty}\int_{X_n} g(x)\mu(dx) = \int_X g(x)\mu(dx)\\ &= \sum_{m=1}^{\infty}\int_{Y_m} h(y)\nu(dy) = \int_Y h(y)\nu(dy).\end{aligned}$$

然后证明定理对积分存在的函数成立.

若 f 的积分存在, 则有

$$\int\int_{X\times Y} fd(\mu\times\nu) = \int\int_{X\times Y} f^+d(\mu\times\nu) - \int\int_{X\times Y} f^-d(\mu\times\nu),$$

再使用上一步的结论知 Fubini 定理对积分存在的 f 也成立.

9. 使用本章习题第 8 题的结论可以证明 (a)–(c) 三者等价, 方法与推论 5.4.3 的证明类似.

10.

$$\begin{aligned}\int_{\mathbb{R}} \mathrm{e}^{-\frac{x^2}{2}}dx &= \sqrt{\int_{\mathbb{R}} \mathrm{e}^{-\frac{x^2}{2}}dx\int_{\mathbb{R}} \mathrm{e}^{-\frac{y^2}{2}}dy}\\ &\quad \text{(使用 Fubini 定理)}\\ &= \sqrt{(L)\iint_{\mathbb{R}\times\mathbb{R}} \mathrm{e}^{-\frac{x^2+y^2}{2}}dx\times dy}\\ &\quad \text{(因为被积函数连续)}\\ &= \sqrt{(R)\iint_{\mathbb{R}\times\mathbb{R}} \mathrm{e}^{-\frac{x^2+y^2}{2}}dxdy}\end{aligned}$$

$$(\text{利用极坐标代换 } x=\rho\cos\theta, y=\rho\sin\theta)$$

$$=\sqrt{\int_0^{2\pi} d\theta \int_0^{+\infty} \mathrm{e}^{-\frac{\rho^2}{2}} \rho d\rho}=\sqrt{2\pi}.$$

11. 定义

$$B=\{\ (x,y)\in X\times Y\ :\ f(x)\neq g(y)\}.$$

则存在可测集 A, 有 $B\subset A$ 且 $\mu\times\nu(A)=0$. 使用本章习题第 9 题的结论知

$$\nu(A_x)=0,\ \mu\text{-a.e.}.$$

然后取使得 $\nu(A_{x_0})=0$ 成立的 x_0, 并令 $c=f(x_0)$. 根据截口的定义有

$$\nu(\ \{y\ :\ g(y)\neq c\}\ )=0.$$

即 $g(y)=c,\ \nu$-a.e.. 同时因为

$$\mu(A_y)=0,\ \nu\text{-a.e.},$$

所以存在 y_0 使 $g(y_0)=c$ 且 $\mu(A_{y_0})=0$. 得到

$$\mu(\ \{x\ :\ f(x)\neq c\}\ )=0.$$

即 $f(x)=c,\ \mu$-a.e..

12. 因为对 Q-a.e. y, $f_n(\cdot,y)\xrightarrow{P} f(\cdot,y)$, 所以有 $\forall\epsilon>0$,

$$\lim_{n\to+\infty} P(|f_n(\cdot,y)-f(\cdot,y)|>\epsilon)=0,$$

对 Q-a.e. y 成立. 同时因为 $P(|f_n(\cdot,y)-f(\cdot,y)|>\epsilon)\leqslant 1$ 且 1 为概率空间的可积函数, 所以使用控制收敛定理有

$$\lim_{n\to+\infty}\int_Y P(|f_n(\cdot,y)-f(\cdot,y)|>\epsilon)dQ=0. \tag{0.7}$$

而

$$\int_Y P(|f_n(\cdot,y)-f(\cdot,y)|>\epsilon)dQ=\int_Y dQ\int_X 1_{\{|f_n-f|>\epsilon\}^y}dP$$
$$=\iint_{X\times Y} 1_{\{|f_n-f|>\epsilon\}}dP\times Q=P\times Q(|f_n-f|>\epsilon),$$

所以由 (0.7) 知

$$\lim_{n\to+\infty} P\times Q(|f_n-f|>\epsilon)=0.$$

即 $f_n\xrightarrow{P\times Q} f$.

13. (a) 设 η 为映射 $x\mapsto(x,f(x))$, 则 η 为 $X\mapsto X\times Y$ 的二元映射. 要说明 η 为 $\mathscr{F}/\mathscr{F}\times\mathscr{G}$- 可测, 即 $\eta^{-1}(\mathscr{F}\times\mathscr{G})\subset\mathscr{F}$, 根据习题 1 第 13 题, 只需要说明 $\mathscr{F}\times\mathscr{G}$ 中可测矩形在 η 下的原像属于 $\mathscr{F}$. 而这是显然的, 因为 $\forall A\in\mathscr{F}$, $B\in\mathscr{G}$, 有 $\eta^{-1}(A\times B)=A\cap f^{-1}(B)\in\mathscr{F}$.

(b) 设 ξ 为 $G\circ\eta$. 因为有 $G^{-1}(\mathscr{H})\subset\mathscr{F}\times\mathscr{G}$ 以及 $\eta^{-1}(\mathscr{F}\times\mathscr{G})\subset\mathscr{F}$, 所以

$$\xi^{-1}(\mathscr{H})=\eta^{-1}\circ G^{-1}(\mathscr{H})\subset\eta^{-1}(\mathscr{F}\times\mathscr{G})\subset\mathscr{F},$$

$X\ni x\to G(x,f(x))$ 是 $X\to Z$ 的可测映射.

14. (这里只叙述证明思路, 严格的证明过程请自己补充.)

假设 $r=\dfrac{q}{p}>1$ 及 $|g(x,y)|=|f(x,y)|^p$, 则只需要证明

$$\int_Y\left(\int_X|g(x,y)|\mu(dx)\right)^r\nu(dy)\leqslant\left[\int_X\left(\int_Y|g(x,y)|^r\nu(dy)\right)^{\frac{1}{r}}\mu(dx)\right]^r.$$

于是有

$$\begin{aligned}
&\int_Y\left(\int_X|g(x,y)|\mu(dx)\right)^r\nu(dy)\\
=&\int_Y\left(\int_X|g(x,y)|\mu(dx)\right)^{r-1}\left(\int_X|g(x,y)|\mu(dx)\right)\nu(dy)\\
=&\int_X\underline{\left[\int_Y\left(\int_X|g(x,y)|\mu(dx)\right)^{r-1}|g(x,y)|\nu(dy)\right]}\mu(dx)\\
&(\text{对划线部分使用 Hölder 不等式})\\
\leqslant&\int_X\underline{\left[\int_Y\left(\int_X|g(x,y)|\mu(dx)\right)^r\nu(dy)\right]^{\frac{r-1}{r}}}\left[\int_Y|g(x,y)|^r\nu(dy)\right]^{\frac{1}{r}}\mu(dx)\\
&(\text{划线部分与 } x \text{ 无关})\\
=&\underline{\left[\int_Y\left(\int_X|g(x,y)|\mu(dx)\right)^r\nu(dy)\right]^{\frac{r-1}{r}}}\int_X\left[\int_Y|g(x,y)|^r\nu(dy)\right]^{\frac{1}{r}}\mu(dx).
\end{aligned}$$

在上式两边同时除去

$$\left[\int_Y\left(\int_X|g(x,y)|\mu(dx)\right)^r\nu(dy)\right]^{\frac{r-1}{r}},$$

有

$$\left[\int_Y\left(\int_X|g(x,y)|\mu(dx)\right)^r\nu(dy)\right]^{\frac{1}{r}}\leqslant\int_X\left[\int_Y|g(x,y)|^r\nu(dy)\right]^{\frac{1}{r}}\mu(dx),$$

即

$$\int_Y\left(\int_X|g(x,y)|\mu(dx)\right)^r\nu(dy)\leqslant\left[\int_X\left[\int_Y|g(x,y)|^r\nu(dy)\right]^{\frac{1}{r}}\mu(dx)\right]^r.$$

15. (a) 显然 $\sigma(\mathscr{A})\subset\mathscr{F}\times\mathscr{G}$, 下面证明 $\mathscr{F}\times\mathscr{G}\subset\sigma(\mathscr{A})$.

因为 $\forall A\in\mathscr{F}$, $\forall B\in\mathscr{G}$, 有

$$A\times Y\in\sigma(\{A_0\times Y:A_0\in\mathscr{F}_0\})\subset\sigma(\mathscr{A}),$$

$$X\times B\in\sigma(\{X\times B_0:B_0\in\mathscr{G}_0\})\subset\sigma(\mathscr{A}),$$

故

$$A\times B=(A\times Y)\cap(X\times B)\in\sigma(\mathscr{A}).$$

也就是说 $\sigma(\mathscr{A})$ 包含所有可测矩形, 自然有 $\mathscr{F}\times\mathscr{G}\subset\sigma(\mathscr{A})$.

(b) $\forall A_1\times B_1,\ A_2\times B_2\in\mathscr{A}$. 由于 $\mathscr{F}_0$ 与 $\mathscr{G}_0$ 均是 π 类, 故 $A_1\cap A_2\in\mathscr{F}_0$, $B_1\cap B_2\in\mathscr{G}_0$. 故

$$(A_1\times B_1)\cap(A_2\times B_2)=(A_1\cap A_2)\times(B_1\cap B_2)\in\mathscr{A},$$

即 $\mathscr{A}$ 为 π 类.

(c) 由 $(a)(b)$ 和 λ-π 类定理知

$$\mathscr{F}\times\mathscr{G}=\sigma(\mathscr{A})=\lambda(\mathscr{A}).$$

16. 考虑 σ 有限测度空间 $(X,\mathscr{F},\mu)$ 和 $(Y,\mathscr{G},\nu)$. 于是存在分割 $X=\sum_{n=1}^\infty X_n$ 和 $Y=\sum_{n=1}^\infty Y_n$ 有 $\mu(X_n)<\infty$, $\nu(Y_n)<\infty$, $n\geqslant 1$.

唯一性. $\forall A$ 为可测集, 由测度的可列可加性得

$$\mu\times\nu(A)=\sum_{n=1}^\infty\sum_{m=1}^\infty \mu\times\nu(A\cap(X_n\times Y_m)).$$

同时当把测度 $\mu\times\nu$ 限制在某个分块 $X_n\times Y_m$ 上时, 它还是一个乘积测度. 于是根据定理 5.3.1 的结论知其是唯一的, 所以 $\mu\times\nu$ 是唯一的.

存在性. 对于任意 $n\geqslant 1$, $m\geqslant 1$. 定义测度

$$\mu_n(A)=\mu(A\cap X_n),\quad \nu_m(B)=\nu(B\cap Y_m),\quad \forall A\in\mathscr{F},\quad \forall B\in\mathscr{G}.$$

使用定理 5.3.1 的结论知, $\mu_n\times\nu_m$ 为 $X\times Y$ 上的乘积测度且满足 $\mu_n\times\nu_m(A\times B)=\mu_n(A)\times\nu_m(B)$, $\forall A\in\mathscr{F}$, $\forall B\in\mathscr{G}$. 令

$$\mu\times\nu=\sum_{n=1}^\infty\sum_{m=1}^\infty\mu_n\times\nu_m,$$

显然其依旧是一个测度且有

$$\begin{aligned}\mu\times\nu(A\times B)&=\sum_{n=1}^\infty\sum_{m=1}^\infty\mu_n\times\nu_m(A\times B)\\&=\sum_{n=1}^\infty\mu_n(A)\times\sum_{m=1}^\infty\nu_m(B)=\mu(A)\times\nu(B).\end{aligned}$$

习 题 6

1. 分别记题中所描述的集合为 H_1,H_2,H_3. 若存在某个 $i(i=1,2,3)$ 使得 H_i 为 $(\mathbb{R}^{[0,1]},\mathscr{B}^{[0,1]})$ 的可测集. 则由定理 6.3.2 知

$$H_i\in\prod_{t\in[0,1]}\mathscr{B}_t(\mathbb{R})=\cup_{S\subset T,\ S\text{可数}}\prod_{t\in S}\mathscr{B}_t(\mathbb{R}),$$

其中 $\mathscr{B}_t(\mathbb{R})\equiv\mathscr{B}(\mathbb{R})$, 指标集 $T=[0,1]$.

那么 $\exists S\subset[0,1]$ 且 S 可数, 有 $H_i\in\prod_{t\in S}\mathscr{B}_t(\mathbb{R})$. 故得到

$$H_i=A\times\prod_{t\in S^c}\mathbb{R}_t,$$

其中 $\mathbb{R}_t=\mathbb{R}$ 为实数全体, $A\in\prod_{t\in S}\mathscr{B}_t(\mathbb{R})$.

也就是说在 $t\in S^c$ 时, 对于 $f\in H_i$, $f(t)$ 的取值是无限制的. 因为 S 可数, 所以 S^c 在 $[0,1]$ 上稠密. 现在取 $x_0\in(0,1)$, 则 $\exists\{x_n\}\subset S^c$, 满足 $x_n\uparrow x_0$. 再任取 $a\in H_i$, 现在在 $[0,1]$ 上定义

$$f(t)=\begin{cases}n, & t=x_n, n\text{ 为偶数},\\ -n, & t=x_n, n\text{ 为奇数},\\ a(t), & t\in S,\\ 0, & \text{其他}.\end{cases}$$

显然 $f\in H_i$, 但是 f 不是有界变差函数, 不是绝对连续函数, 也不是可微函数. 所以 $f\notin H_i, i=1,2,3$. 矛盾.

2. 假设有 $\delta>0$, 存在 $\{n_k\}$ 为正整数列, 使得对任意 $k\geqslant 1$ 有 $P_{n_k}(E_{n_k})<1-\delta$. 那么根据乘积测度 P 的定义及其上连续性有

$$\begin{aligned}P(E)&=\lim_n P\left(\prod_{i=1}^n E_i\times\prod_{i=n+1}^\infty X_i\right)=\lim_n\prod_{i=1}^n P_i(E_i)\\&\leqslant\lim_k\prod_{i=1}^k P_{n_i}(E_{n_i})\leqslant\lim_k(1-\delta)^k=0.\end{aligned}$$

所以当 $\lim_n P(E_n)\neq 1$ 时, 必有 $P(E)=0$.

习 题 7

1. 首先 $\forall A\in\mathscr{F}$, $|\xi|\leqslant 1$, 有

$$\begin{aligned}\left|\int_A\xi d\mu\right|&=\left|\int_A\xi d\mu^+-\int_A\xi d\mu^-\right|\\&\leqslant\left|\int_A\xi d\mu^+\right|+\left|\int_A\xi d\mu^-\right|\leqslant\int_A|\xi|d\mu^++\int_A|\xi|d\mu^-\\&=\int_A|\xi|d|\mu|\leqslant|\mu|(A).\end{aligned}$$

所以大于等于号成立.

然后令 $\xi=1_E-1_{E^c}$, 其中 E 为 Hahn 分解的正集, 于是 $\forall A\in\mathscr{F}$, 有

$$\int_A\xi d\mu=\mu(A\cap E)-\mu(A\cap E^c)=|\mu|(A).$$

易知小于等于号也成立.

2. 对于 $\forall A\in\mathscr{F}$, 定义非负集函数

$$\mu(A)=\sum_{n=1}^{\infty}\frac{1}{2^n}\frac{\mu_n(A)}{\mu_n(X)}.$$

利用类似本章习题第 3 题的方法, 容易验证其有限可加性和 $\varnothing$ 处的上连续性. 所以 μ 为概率测度且 $\mu_n\ll\mu$.

3. 由题知 μ 是 $(X,\mathscr{F})$ 上的 σ 有限测度, 所以假设 $X=\sum_{n=1}^{\infty}X_n$ 且 $\mu(X)<\infty$. 对于 $\forall A\in\mathscr{F}$, 定义非负集函数

$$P(A)=\sum_{n=1}^{\infty}\frac{1}{2^n}\frac{\mu(A\cap X_n)}{\mu(X_n)}.$$

首先验证其有限可加性.

$\forall A,B\in\mathscr{F}$ 不交, $\forall m\geqslant 1$, 由 μ 自身的有限可加性得到

$$\sum_{n=1}^{m}\frac{1}{2^n}\frac{\mu((A+B)\cap X_n)}{\mu(X_n)}=\sum_{n=1}^{m}\frac{1}{2^n}\frac{\mu(A\cap X_n)}{\mu(X_n)}+\sum_{n=1}^{m}\frac{1}{2^n}\frac{\mu(B\cap X_n)}{\mu(X_n)}.$$

两边取极限知 $P(A+B)=P(A)+P(B)$. 即 P 为有限可加集函数.

再验证其在 $\varnothing$ 处上连续.

任意序列 $\{F_k\}\subset\mathscr{F}$ 且 $F_k\downarrow\varnothing$, 由 μ 自身的可列可加性知, 对于任意的 $n\geqslant 1$, 有

$$\lim_{k\to\infty}\mu(F_k\cap X_n)=0.$$

所以

$$\lim_{k\to\infty}P(F_k)=\lim_{k\to\infty}\sum_{n=1}^{\infty}\frac{1}{2^n}\frac{\mu(F_k\cap X_n)}{\mu(X_n)}=\sum_{n=1}^{\infty}\lim_{k\to\infty}\frac{1}{2^n}\frac{\mu(F_k\cap X_n)}{\mu(X_n)}=0.$$

即 P 在 $\varnothing$ 处上连续. 综上所述 P 为一个可列可加非负集函数. 又显然 $P(X)=1$, 故其为概率测度.

最后说明 $\mu\sim P$.

$\forall A\in\mathscr{F}$, 若 $\mu(A)=0$, 则自然 $\mu(A\cap X_n)=0$, $\forall n\geqslant 1$. 于是 $P(A)=0$, 即 $P\ll\mu$. 若有 $P(A)=0$, 也会有 $\mu(A\cap X_n)=0$, $\forall n\geqslant 1$. 那么根据 μ 的可列可加性知, $\mu(A)=\sum_{n=1}^{\infty}\mu(A\cap X_n)=0$, 即 $\mu\ll P$. 所以最终有 $\mu\sim P$.

4. (a) 令 $\nu(A)=P(A)-Q(A)$, $\forall A\in\mathscr{F}$, 则易知 ν 为赋号测度. 根据 Jordan-Hahn 分解得到 $\nu=\nu^+-\nu^-$. 设 E 为其正集, 有

$$\nu^+(\Omega)=|\nu(E)|\leqslant\sup_{A\in\mathscr{F}}\{|P(A)-Q(A)|\}$$

且

$$\nu^-(\Omega)=|\nu(E^c)|\leqslant\sup_{A\in\mathscr{F}}\{|P(A)-Q(A)|\}.$$

于是对于任意 $\xi\in\mathscr{F}$, $|\xi|\leqslant 1$ 有

$$\left|\int_\Omega\xi dP-\int_\Omega\xi dQ\right|\leqslant\int_\Omega|\xi|d|\nu|$$

$$\leqslant \nu^+(\Omega)+\nu^-(\Omega)\leqslant 2\sup_{A\in\mathscr{F}}\{|P(A)-Q(A)|\},$$

即 $\|P-Q\|\leqslant 2\sup_{A\in\mathscr{F}}\{|P(A)-Q(A)|\}$.

因为 $\forall A\in\mathscr{F}$, 有

$$P(A)-Q(A)=(1-P(A^c))-(1-Q(A^c))=-(P(A^c)-Q(A^c)),$$

所以

$$\sup_{A\in\mathscr{F}}\{P(A)-Q(A)\}=-\inf_{A\in\mathscr{F}}\{P(A)-Q(A)\}.$$

于是有

$$\nu^+(\Omega)=\sup_{A\in\mathscr{F}}\{P(A)-Q(A)\}=\sup_{A\in\mathscr{F}}\{|P(A)-Q(A)|\}$$

且

$$\nu^-(\Omega)=-\inf_{A\in\mathscr{F}}\{P(A)-Q(A)\}=\sup_{A\in\mathscr{F}}\{|P(A)-Q(A)|\}.$$

令 $\xi=1_E-1_{E^c}$, 得到

$$\int_\Omega \xi d\nu=\nu(E)-\nu(E^c)=\nu^+(\Omega)+\nu^-(\Omega)=2\sup_{A\in\mathscr{F}}\{|P(A)-Q(A)|\}.$$

故 $\|P-Q\|\geqslant 2\sup_{A\in\mathscr{F}}\{|P(A)-Q(A)|\}$, (a) 得证.

(b) 根据 (a) 的证明知

$$\|P-Q\|=\ \nu^+(\Omega)+\nu^-(\Omega).$$

由题目假设知

$$d\nu=d\nu^+-d\nu^-=(f-g)^+d\mu-(f-g)^-d\mu.$$

于是

$$\|P-Q\|=\int(f-g)^+d\mu+\int(f-g)^-d\mu=\int|f-g|d\mu.$$

5. (a) 设 μ 的 Jordan-Hahn 分解为 $\mu^+-\mu^-$, E 为其正集. 于是 $\mu^+(E^c)=\mu^-(E)=0$, μ^+ 与 μ^- 相互奇异.

(b) $\mu_1\perp\mu_2$ 的充要条件是 $f_1f_2=0$.

当 μ_1, μ_2 相互奇异时, 存在 $E\in\mathscr{F}$, 有 $|\mu_1|(E)=|\mu_2|(E^c)=0$. 因为对于 $\forall A\in\mathscr{F}$, 有

$$|\mu_i|(A)=0\Rightarrow\int_A|f_i|d\mu=0\Rightarrow A\subset\{f_i=0\},\quad i=1,2.$$

所以

$$X=E\cup E^c\subset\{f_1=0\}\cup\{f_2=0\}=\{f_1f_2=0\},$$

即 $f_1f_2=0$.

当 $f_1f_2=0$ 时, 取 E 为 $\{f_1=0\}$, 则

$$E^c=\{f_1=0\}^c=\{f_1f_2=0\}\setminus\{f_1=0\}=\{f_2=0\}.$$

于是

$$|\mu_1|(E) = |\mu_2|(E^c) = 0,$$

即 $\mu_1 \perp \mu_2$.

根据定义容易验证, $\mu_1 \ll \mu_2$ 的充要条件是 $\{f_2 = 0\} \subset \{f_1 = 0\}$.

当 $\mu_1 \ll \mu_2$ 时, 有 $\dfrac{d\mu_1}{d\mu_2} = \dfrac{f_1}{f_2}$ 为 μ_2-a.e. 唯一的. 因为根据命题 7.3.6 有

$$\mu_1(A) = \int_A f_1 d\mu = \int_A \frac{f_1}{f_2} f_2 d\mu = \int_A \frac{f_1}{f_2} d\mu_2,$$

所以由 Radon-Nikodym 导数的唯一性知 $\dfrac{d\mu_1}{d\mu_2} = \dfrac{f_1}{f_2}$.

6. (a) 对于任意有限测度 L, 若有 $\mu, \nu \ll L$, 可令 $m = L + \tau$, 则自然有 $\tau, L \ll m$ 成立, 同时还有 $\mu, \nu \ll m$. 于是根据命题 7.3.6 和推论 7.3.7 知

$$\begin{aligned}
H_\alpha(\mu,\nu) &= \int \left(\frac{d\mu}{d\tau}\right)^\alpha \left(\frac{d\nu}{d\tau}\right)^{1-\alpha} d\tau = \int \left(\frac{d\mu}{d\tau}\right)^\alpha \left(\frac{d\nu}{d\tau}\right)^{1-\alpha} \frac{d\tau}{dm} dm \\
&= \int \left(\frac{d\mu}{d\tau}\frac{d\tau}{dm}\right)^\alpha \left(\frac{d\nu}{d\tau}\frac{d\tau}{dm}\right)^{1-\alpha} dm \\
&= \int \left(\frac{d\mu}{dm}\right)^\alpha \left(\frac{d\nu}{dm}\right)^{1-\alpha} dm.
\end{aligned}$$

重复以上类似的步骤易知有

$$\int \left(\frac{d\mu}{dL}\right)^\alpha \left(\frac{d\nu}{dL}\right)^{1-\alpha} dL = \int \left(\frac{d\mu}{dm}\right)^\alpha \left(\frac{d\nu}{dm}\right)^{1-\alpha} dm$$

成立. 于是

$$\int \left(\frac{d\mu}{dL}\right)^\alpha \left(\frac{d\nu}{dL}\right)^{1-\alpha} dL = \int \left(\frac{d\mu}{d\tau}\right)^\alpha \left(\frac{d\nu}{d\tau}\right)^{1-\alpha} d\tau.$$

所以 H_α 的定义与 τ 的选取无关.

(b) 因为对任意 $x, y \geqslant 0$, $\alpha, \beta \geqslant 0$ 且 $\alpha + \beta = 1$, 有

$$x^\alpha y^\beta \leqslant \alpha x + \beta y$$

成立 (可以参考引理 8.1.2 的证明). 于是有

$$\begin{aligned}
0 \leqslant H_\alpha(\mu,\nu) &= \int \left(\frac{d\mu}{d\tau}\right)^\alpha \left(\frac{d\nu}{d\tau}\right)^{1-\alpha} d\tau \\
&\leqslant \alpha \int \frac{d\mu}{d\tau} d\tau + (1-\alpha) \int \frac{d\nu}{d\tau} d\tau \\
&= \alpha\mu(X) + (1-\alpha)\nu(X) \leqslant \max\{\mu(X), \nu(X)\}.
\end{aligned}$$

(c) 由本章第 5 题的结论知 $H_\alpha(\mu,\nu) = 0 \Longleftrightarrow \mu \perp \nu$.

7. 由 $\lim_{x\to\infty} \varphi(x) = \infty$ 知, 对于 $\forall M > 0$, 存在实数 N, 满足当 $x > N$ 时, 有

$$\frac{\varphi(x)}{x} x = \varphi(x) \geqslant M.$$

即 $x \geqslant N$ 时, 有 $\varphi(x)x \geqslant Mx$. 于是对于任意的 $n \geqslant 1$, 有

$$\begin{aligned}\int_{\left\{\left|\frac{d\mu_n}{d\mu}\right|>N\right\}}\left|\frac{d\mu_n}{d\mu}\right|d\mu &\leqslant \frac{1}{M}\int_{\left\{\left|\frac{d\mu_n}{d\mu}\right|>N\right\}}\varphi\left(\frac{d\mu_n}{d\mu}\right)\frac{d\mu_n}{d\mu}d\mu\\ &=\frac{1}{M}\int_{\left\{\left|\frac{d\mu_n}{d\mu}\right|>N\right\}}\varphi\left(\frac{d\mu_n}{d\mu}\right)d\mu_n \leqslant \frac{1}{M}\sup_n\int\varphi\left(\frac{d\mu_n}{d\mu}\right)d\mu_n.\end{aligned}$$

于是有

$$\lim_{N\to\infty}\sup_n\int_{\left\{\left|\frac{d\mu_n}{d\mu}\right|>N\right\}}\left|\frac{d\mu_n}{d\mu}\right|d\mu \leqslant \lim_{M\to\infty}\frac{\sup_n\int\varphi(\frac{d\mu_n}{d\mu})d\mu_n}{M}=0.$$

所以 $\left\{\dfrac{d\mu_n}{d\mu}\right\}$ 一致可积.

8. 首先证明 $\mu=\mu_1-\mu_2$.

因为 f, f_1, f_2 对应的 $L-S$ 测度分别为 μ,μ_1,μ_2, 所以在 π 类

$$\mathscr{A}=\{(a,b]\ :\ 0<a\leqslant b<+\infty\}$$

上, 有

$$\begin{aligned}&\mu((a,b])=f(b)-f(a)\\ =&\frac{1}{2}(V(b)+f(b))-\frac{1}{2}(V(a)+f(a))-\left\{\frac{1}{2}(V(b)-f(b))-\frac{1}{2}(V(a)-f(a))\right\}\\ =&\mu_1((a,b])-\mu_2((a,b]).\end{aligned}$$

于是由测度扩张的唯一性知 $\mu=\mu_1-\mu_2$ 成立.

然后分步证明 $\mu=\mu_1-\mu_2$ 恰为 μ 的 Jordan-Hahn 分解.

第一步: 若存在实值函数 $g_i, h_i \geqslant 0$, g_i, h_i 单调不减且函数 $A=g_i-h_i, i=1,2$, 则 $g_1\wedge g_2, h_1\wedge h_2$ 单调不减且 $A=g_1\wedge g_2-h_1\wedge h_2$.

显然 $g_1\wedge g_2, h_1\wedge h_2$ 单调不减, 同时因为 $A(x)=g_1(x)-h_1(x)=g_2(x)-h_2(x)$, 所以 $\forall x>0$, 若有 $g_1(x)<g_2(x)$, 必有 $h_1(x)<h_2(x)$. 此时有 $A(x)=g_1(x)-h_1(x)=g_1\wedge g_2(x)-h_1\wedge h_2(x)$, 反之有 $A(x)=g_2(x)-h_2(x)=g_1\wedge g_2(x)-h_1\wedge h_2(x)$.

第二步: 若实值函数 $A=g-h$ 且函数 $g,h\geqslant 0$ 不减, 有 A 的全变差 $V_a^bA\leqslant(g(b)-g(a))+(h(b)-h(a))$.

任意 $a\leqslant x_0<\cdots<x_k<\cdots<x_n\leqslant b$, 有

$$\begin{aligned}&\sum_{i=0}^{n-1}|A(x_i)-A(x_{i+1})|\\ =&\sum_{i=0}^{n-1}|g(x_i)-h(x_i)-g(x_{i+1})+h(x_{i+1})|\\ \leqslant&\sum_{i=0}^{n-1}|g(x_i)-g(x_{i+1})|+\sum_{i=0}^{n-1}|h(x_i)-h(x_{i+1})|\\ \leqslant&(g(b)-g(a))+(h(b)-h(a)).\end{aligned}$$

于是有

$$\begin{aligned}V_a^b A=&\sup_{a\leqslant x_0<\cdots<x_k<\cdots<x_n\leqslant b,n\in\mathbb{N}}\sum_{i=0}^{n-1}|A(x_i)-A(x_{i+1})|\\ \leqslant&(g(b)-g(a))+(h(b)-h(a)).\end{aligned}$$

第三步: 假设 $A(0)=0$, 在 $[0,+\infty)$ 上有 $\dfrac{V_0^x A+A(x)}{2}-\dfrac{V_0^x A-A(x)}{2}$ 为 $A(x)$ 的最小分解. 即 $\forall g,h\geqslant 0$ 不减, 若 $A=g-h$, 则有 $g\geqslant\dfrac{V_0^x A+A(x)}{2}$, $h\geqslant\dfrac{V_0^x A-A(x)}{2}$.

如果不是的话, 则 $\exists g,h$ 满足条件且 $\exists x>0$ 有 $g(x)<\dfrac{V_0^x A+A(x)}{2}$, 自然 $h(x)<\dfrac{V_0^x A-A(x)}{2}$. 于是使用第一步的结论有

$$A(x)=\frac{V_0^x A+A(x)}{2}\wedge g(x)-\frac{V_0^x A-A(x)}{2}\wedge h(x).$$

再通过第二步得出

$$V_0^x A\leqslant g(x)+h(x)<\frac{V_0^x A+A(x)}{2}+\frac{V_0^x A-A(x)}{2}=V_0^x A.$$

矛盾.

第四步: $\mu=\mu_1-\mu_2$ 恰为 μ 的 Jordan-Hahn 分解.

假设 $\mu=\mu_1^{'}-\mu_2^{'}$ 为 μ 的 Jordan-Hahn 分解, 则 $\forall a\in\mathbb{R}_+$, 有 $\mu_1^{'}((a,x])-\mu_2^{'}((a,x])$ 恰为 $f(x)-f(a)$ 的最小分解. 于是由第三步得出

$$\mu_1^{'}((a,x])=\frac{V_0^x f+f(x)}{2}-\frac{V_0^a f+f(a)}{2}=\mu_1((a,x]),$$

$$\mu_2^{'}((a,x])=\frac{V_0^x f-f(x)}{2}-\frac{V_0^a f-f(a)}{2}=\mu_2((a,x]).$$

根据测度延拓的唯一性有 $\mu_1^{'}=\mu_1$, $\mu_2^{'}=\mu_2$. 也就是说 $\mu=\mu_1-\mu_2$ 恰为 μ 的 Jordan-Hahn 分解.

习 题 8

1. 令

$$\mathscr{H}=\{f\in\mathscr{F}:\ \text{存在序列}\ \{g_n\}\subset\mathbf{A}\text{有}g_n\xrightarrow{L^p}f\}.$$

下面证明 $\mathscr{H}$ 包含 L^p 全体.

(i) 显然 $1\in\mathbf{A}$, 所以 $1\in\mathscr{H}$.

(ii) $\mathscr{H}$ 为线性空间.

(iii) 因为 $\mathscr{A}$ 为生成 $\mathscr{F}$ 的 π 类, 所以 $\mathbf{A}$ 包含该 π 类的示性函数全体, 也就是说 $\mathscr{H}$ 包含该 π 类的示性函数全体.

(iv) 若 $f_n\geqslant 0$, $f_n\in\mathscr{H}$, $f_n\uparrow f$ 且 $f\in L^p$.

因为 $0 \leqslant f_n \leqslant f$, 而 $f \in L^p$, 所以易知 $f_n \in L^p$ $(n \geqslant 1)$. 根据控制收敛定理有

$$\|f - f_n\|_p \to 0.$$

于是可以找到 $\mathbf{A}$ 中的序列在 L^p 范数下趋于 f, 那么 $f \in \mathscr{H}$.

综合上面所证的 (i)−(iv), 再由 λ-π 类定理容易验证 $L^p \subset \mathscr{H}$, 即 $\mathbf{A}$ 在 L^p 中稠密.

2. 必要性. 若 $L^p(P)$ 为可分的, 则存在可数函数族 $\mathscr{H} \subset L^p(P)$, 使得 $\forall A \in \mathscr{F}$, 存在 $\{f_n\}_{n\geqslant 1} \subset \mathscr{H}$, 有

$$P\left(\ |f_n - 1_A| \geqslant \frac{1}{2} \ \right) \leqslant 2^p \int |f_n - 1_A|^p dP \to 0, \quad n \to \infty.$$

选定 A 和逼近其示性函数的序列 $\{f_n\}_{n\geqslant 1}$ 后, 令

$$A_n = \left\{ \frac{1}{2} < f_n < \frac{3}{2} \right\}.$$

因为

$$A \cap A_n^c = \{1_A = 1\} \cap \left\{ f_n \leqslant \frac{1}{2} \right\} \cap \left\{ \frac{3}{2} \leqslant f_n \right\} \subset \left\{ |f_n - 1_A| \geqslant \frac{1}{2} \right\},$$

$$A^c \cap A_n = \{1_A = 0\} \cap \left\{ \frac{1}{2} < f_n < \frac{3}{2} \right\} \subset \left\{ |f_n - 1_A| \geqslant \frac{1}{2} \right\},$$

所以

$$P(A \triangle A_n) \leqslant 2P\left(|f_n - 1_A| \geqslant \frac{1}{2} \right) \to 0, \quad n \to \infty.$$

故这样构造出来的集合在 $\mathscr{F}$ 中稠密. 由于 f_n 和 A_n 一一对应, 所以此类集合可列, P 是可分的.

充分性. 若 P 是可分的, 则存在集族 $\mathscr{A}$ 在 $\mathscr{F}$ 中稠密. 定义

$$\mathscr{H}_1 = \left\{ \sum_{i=1}^{n} a_i 1_{A_i} \ : \ n \in \mathbb{N}^+, \ a_i \in \mathbb{Q}, \ A_i \in \mathscr{A}, \ i = 1, \cdots, n \right\}.$$

显然 $\mathscr{H}_1$ 可数且能逼近任何 $L^p(P)$ 中的简单函数, 所以自然 $\mathscr{H}_1$ 在 $L^p(P)$ 中稠密.

3. 因为 $\|g - g_n\|_q \to 0$, 所以易知存在 $M > 0$, 满足 $\|g_n\|_q \leqslant M$, $\forall n \geqslant 1$. 于是根据 Hölder 不等式有

$$\begin{aligned} \|f_n g_n - fg\|_1 &\leqslant \|f_n g_n - f g_n\|_1 + \|f g_n - fg\|_1 \\ &\leqslant \|f - f_n\|_p \|g_n\|_q + \|f\|_p \|g - g_n\|_q \\ &\leqslant M\|f - f_n\|_p + \|f\|_p \|g - g_n\|_q \to 0. \end{aligned}$$

所以有 $\|f_n g_n - fg\|_1 \to 0$.

4. (a) $\Longrightarrow$ (b) 因为 $\{X_n\}$ 为 L^p 空间收敛的序列, 所以其 L^p 范数一致有界, 不妨设界为 M. 于是 $\forall n \geqslant 1$, 有

$$\left(\int_{\{|X_n| > a\}} |X_n|^p d\mu \right)^{\frac{1}{p}} \leqslant \left(\int_{\{|X_n| > a\}} |X|^p d\mu \right)^{\frac{1}{p}} + \left(\int_{\{|X_n| > a\}} |X - X_n|^p d\mu \right)^{\frac{1}{p}}.$$

因为

$$p(\,|X_n|>a\,)\leqslant\frac{1}{a^p}M^p\to 0,\quad a\to\infty,$$

关于 n 一致, 所以由 $|X|^p$ 的绝对可积性知第一项趋于 0. 而第二项由于小于 $|X-X_n|$ 的 p 范数, 所以也是可以控制的, 于是有

$$\lim_{a\to\infty}\sup_n\int_{\{|X_n|>a\}}|X_n|^p d\mu=0.$$

即 $\{|X_n|^p\}$ 一致可积.

余下证明可以参考习题 4 第 8, 9 两题的解答, 证明是类似的.

5. 令

$$\mathscr{H}=\{f\in\mathscr{F}\times\mathscr{G}:\text{存在序列}\{g_n\}\subset\mathscr{A}\text{有}g_n\xrightarrow{L^p}f\}.$$

下面证明 $\mathscr{H}$ 包含 $L^p(\mu\times\nu)$ 全体.

(i) $1\in\mathscr{H}$. 证明参考 (iii).

(ii) $\mathscr{H}$ 为线性空间.

(iii) $\forall A\in\mathscr{F}$, $\forall B\in\mathscr{G}$ 及 $\forall\epsilon>0$, 存在 $f_\epsilon\in\mathbf{F}$ 和 $g_\epsilon\in\mathbf{G}$, 满足

$$\left(\int_X|1_A-f_\epsilon|^p d\mu\right)^{\frac{1}{p}}<\epsilon$$

且

$$\left(\int_Y|1_B-g_\epsilon|^p d\nu\right)^{\frac{1}{p}}<\epsilon.$$

于是

$$\begin{aligned}&\left(\int_{X\times Y}|1_A(x)1_B(y)-f_\epsilon g_\epsilon|^p d\mu\times\nu\right)^{\frac{1}{p}}\\ \leqslant&\left(\int_{X\times Y}|1_A(x)1_B(y)-1_A(x)g_\epsilon|^p d\mu\times\nu\right)^{\frac{1}{p}}+\left(\int_{X\times Y}|1_A(x)g_\epsilon-f_\epsilon g_\epsilon|^p d\mu\times\nu\right)^{\frac{1}{p}}\\ \leqslant&\left(\int_Y|1_B-g_\epsilon|^p d\nu\right)^{\frac{1}{p}}+\left(\int_X|1_A-f_\epsilon|^p d\mu\right)^{\frac{1}{p}}||g_\epsilon||_p<\epsilon(2+\epsilon).\end{aligned}$$

所以 $1_A(x)1_B(y)\in\mathscr{H}$. $\mathscr{H}$ 包含生成 $\mathscr{F}\times\mathscr{G}$ 的可测矩形的示性函数全体.

(iv) 若 $f_n\geqslant 0$, $f_n\in\mathscr{H}$, $f_n\uparrow f$ 且 $f\in L^p(\mu\times\nu)$.

由假设可以推得 $f_n\in L^p(\mu\times\nu)$, 再由控制收敛定理易知

$$||f-f_n||_{p,X\times Y}\to 0.$$

所以 f 可以被 $\mathscr{A}$ 中的元素逼近, 即 $f\in\mathscr{H}$.

综合上面所证的 (i)–(iv), 再由 λ-π 类定理容易验证 $L^p(\mu\times\nu)\subset\mathscr{H}$. 即 $\mathscr{A}$ 在 $L^p(\mu\times\nu)$ 中稠密.

6. 假设 $f^{-1}\in L^1$, 则有

$$f^{\frac{1}{2}}\in L^2\quad\text{及}\quad f^{-\frac{1}{2}}\in L^2.$$

于是使用 Hölder 不等式知

$$+\infty=\mu(X)=\int_X 1d\mu=\int_X f^{\frac{1}{2}}f^{-\frac{1}{2}}d\mu$$
$$\leqslant\left(\int_X fd\mu\right)^{\frac{1}{2}}\left(\int_X f^{-1}d\mu\right)^{\frac{1}{2}}<+\infty.$$

矛盾. 所以必然有 $f^{-1}\notin L^1$.

7. (不妨设 $g_n\xrightarrow{L^1}g$, 于是 $\int g_nd\mu\to\int gd\mu$.)

首先讨论 $g_n\xrightarrow{\text{a.e.}}g$ 的情况. 由题目知 $f_n\xrightarrow{\text{a.e.}}f$, 令 $h_n=g_n+g-|f_n-f|$, 则有 $h_n\geqslant 0$ 且 $h_n\xrightarrow{\text{a.e.}}2g$. 于是由 Fatou 引理知

$$\begin{aligned}&\int 2gd\mu\leqslant\varliminf_n\int h_nd\mu\\&=\lim_n\left(\int g_nd\mu+\int gd\mu\right)-\varlimsup_n\int|f_n-f|d\mu\\&=\int 2gd\mu-\varlimsup_n\int|f_n-f|d\mu.\end{aligned}$$

于是有

$$\varlimsup_n\int|f_n-f|d\mu\leqslant 0,$$

即 $\|f-f_n\|_1\to 0$.

然后说明 $g_n\xrightarrow{L^1}g$ 时结论也成立. 如果结论不成立的话, 则存在正整数列 $\{n_k\}$ 和 $\delta>0$, 有 $\|f-f_{n_k}\|_1>\delta$, $\forall k\geqslant 1$. 但是依旧有 $g_{n_k}\xrightarrow{L^1}g$, 所以可以找到 $\{n_k\}$ 的子列 $\{n_k'\}$, 有 $g_{n_k'}\xrightarrow{\text{a.e.}}g$. 使用第一问的结论知 $\|f-f_{n_k'}\|_1\to 0$, 这是一个矛盾. 所以必有 $\|f-f_n\|_1\to 0$.

8. 设 q 为 p 的共轭数. 定义 L^p 上的有界线性函数列 $\{L_n\}$ 如下:

$$L_n:g\in L^p\mapsto\int f1_{\{f<n\}}gd\mu.$$

因为 $\forall g\in L^p$, 有

$$\sup_n|L_n(g)|\leqslant\sup_n L_n(|g|)\leqslant L(|g|)<\infty,$$

所以根据共鸣定理可知 $\{\ \|L_n\|\ \}$ 一致有界, 即 $\exists M>0$ 使得

$$\sup_n\int_{\{f<n\}}|f|^qd\mu=\sup_n\|L_n\|\leqslant M.$$

那么由 Fatou 引理可得

$$\int|f|^qd\mu\leqslant\varliminf_n\int_{\{f<n\}}|f|^qd\mu\leqslant\sup_n\int_{\{f<n\}}|f|^qd\mu\leqslant M.$$

9. 必要性: 设 $\varphi(x)=|x|^p$, $f\in L^p$. 任选 X 的有限分割 $X=\sum_{i=1}^n A_i$, 使得对于任意 i 有 $\mu(A_i)>0$. 那么 $\dfrac{d\mu}{\mu(A_i)}$ 有定义且为 A_i 上的概率测度. 于是根据 Jensen 不等式知

$$\sum_{i=1}^n\mu(A_i)^{1-p}\left|\int_{A_i}fd\mu\right|^p=\sum_{i=1}^n\mu(A_i)\varphi\left(\int_{A_i}f\frac{d\mu}{\mu(A_i)}\right)$$

$$\leqslant \sum_{i=1}^{n} \mu(A_i) \int_{A_i} \varphi(f) \frac{d\mu}{\mu(A_i)} = \int \varphi(f) d\mu = \|f\|_p^p.$$

所以这样的 C 存在且 C 的最小值不大于 $\|f\|_p^p$.

充分性: $\forall f \in L^1$, 不妨认为 $f \geqslant 0$, 否则分正负部考虑 f.

对任意正整数 n, 令

$$A_{k,n} = \left\{ \frac{k}{2^n} \leqslant f < \frac{k+1}{2^n} \right\}, \quad k = 0, \cdots, n2^n - 1$$

及

$$A_{n2^n,n} = \{n \leqslant f\}.$$

那么

$$\sum_{k=0}^{n2^n} \left(\frac{k}{2^n} \right)^p \mu(A_{k,n}) \leqslant \sum_{k=0}^{n2^n} \mu(A_{k,n})^{1-p} \left| \int_{A_{k,n}} f d\mu \right|^p.$$

于是根据 Fatou 引理, 如果这样的 C 存在, 有

$$\begin{aligned} \int |f|^p d\mu &= \int \varliminf_n \sum_{k=0}^{n2^n} \left(\frac{k}{2^n} \right)^p 1_{A_{k,n}} d\mu \\ &\leqslant \varliminf_n \int \sum_{k=0}^{n2^n} \left(\frac{k}{2^n} \right)^p 1_{A_{k,n}} d\mu = \varliminf_n \sum_{k=0}^{n2^n} \left(\frac{k}{2^n} \right)^p \mu(A_{k,n}) \\ &\leqslant \varliminf_n \sum_{k=0}^{n2^n} \mu(A_{k,n})^{1-p} \left| \int_{A_{k,n}} f d\mu \right|^p \leqslant C < \infty. \end{aligned}$$

所以 $f \in L^p$ 且 C 的最小值不小于 $\|f\|_p^p$.

综合考虑充分性和必要性可知, 当情况成立时 C 的最小值恰为 $\|f\|_p^p$.

10. 必要性由第 9 题易得. 同时可知 C 的最小值小于等于 $\|f\|_p^p$.

充分性: 取 $\Omega = [0,1]$, 定义 $\mathscr{B}_n$ 为区间 $\left\{ \left[\frac{k}{2^n}, \frac{k+1}{2^n} \right) : k = 0, \cdots, 2^n - 1 \right\}$ 全体生成的 σ-代数, 令 $f_n = E[f|\mathscr{B}_n]$ 及 $\varphi(x) = |x|^p$. 易知 $\vee_{n=1}^{\infty} \mathscr{B}_n = \mathscr{B}([0,1])$. 由定理 9.4.2 (虽然是第 9 章, 但显然没有逻辑循环的问题), $f_n \xrightarrow{\text{a.e.}} f$. 于是由 Fatou 引理有

$$\begin{aligned} \int |f|^p dt &= E[\varphi(f)] = E[\lim_{n\to\infty} \varphi(f_n)] \\ &= E[\varliminf_{n\to\infty} \varphi(E[f|\mathscr{B}_n])] \leqslant \varliminf_{n\to\infty} E[\varphi(E[f|\mathscr{B}_n])] \\ &= \varliminf_{n\to\infty} \sum_{k=0}^{2^n-1} \frac{\left| F\left(\frac{k+1}{2^n} \right) - F\left(\frac{k}{2^n} \right) \right|^p}{\left(\frac{k+1}{2^n} - \frac{k}{2^n} \right)^{p-1}} \leqslant C < \infty, \end{aligned}$$

即 $f \in L^p([0,1])$ 且 C 大于等于 $\|f\|_p^p$.

习 题 9

1. (a) 根据题意只需要证明, $\forall F(x,y)\in\mathscr{B}(\mathbb{R}^2)$ 对称, $\forall A\in\mathscr{B}(\mathbb{R})$ 及 $\forall r\in\mathbb{R}$, 有

$$\int_{\{F(\xi,\eta)<r\}}1_A(\xi)dP=\int_{\{F(\xi,\eta)<r\}}1_A(\eta)dP$$

成立. 令 ζ: $\omega\mapsto(\xi(\omega),\eta(\omega))\in\mathbb{R}^2$, 有

$$\begin{aligned}&P\circ\zeta^{-1}(A_1\times A_2)=P(\{\xi\in A_1\}\cap\{\eta\in A_2\})\\=&P(\{\xi\in A_1\})P(\{\eta\in A_2\})=P(\{\eta\in A_1\})P(\{\xi\in A_2\})\\=&P(\{\xi\in A_2\}\cap\{\eta\in A_1\})=P\circ\zeta^{-1}(A_2\times A_1).\end{aligned}$$

也就是说测度 $P\circ\zeta^{-1}$ 本身是对称的. 于是得到

$$\begin{aligned}&\int_{\{F(\xi,\eta)<r\}}1_A(\xi)dP\\=&P\circ\zeta^{-1}(\{A\times\mathbb{R}\}\cap\{F(x_1,x_2)<r\})\\=&P\circ\zeta^{-1}(\{\mathbb{R}\times A\}\cap\{F(x_2,x_1)<r\})\\=&\int_{\{F(\eta,\xi)<r\}}1_A(\eta)dP=\int_{\{F(\xi,\eta)<r\}}1_A(\eta)dP.\end{aligned}$$

(b) 因为$\xi+\eta=E(\xi+\eta|\xi+\eta)=E(\xi|\xi+\eta)+E(\eta|\xi+\eta)$, 而由 (a) 的结论知 $E(\xi|\xi+\eta)=E(\eta|\xi+\eta)$, 于是有 $E[\xi|\xi+\eta]=\dfrac{\xi+\eta}{2}$.

(c) 同 (a) 可证对任意 n 维对称 Borel 函数 $F(x_1,\cdots,x_n)$ 及任意使得 $G(\xi_m),1\leqslant m\leqslant n$ 可积的 Borel 函数 G 有

$$\begin{aligned}&E[G(\xi_1)|F(\xi_1,\cdots,\xi_n)]=E[G(\xi_m)|F(\xi_1,\cdots,\xi_n)],\quad 1\leqslant m\leqslant n.\\\Rightarrow\ &E[\xi_1|\xi_1+\cdots+\xi_n]=E[\xi_m|\xi_1+\cdots+\xi_n],\quad 1\leqslant m\leqslant n.\end{aligned}$$

所以由

$$\xi_1+\cdots+\xi_n=E[\xi_1+\cdots+\xi_n|\xi_1+\cdots+\xi_n]$$

知

$$E[\xi_1|\xi_1+\cdots+\xi_n]=\frac{\xi_1+\cdots+\xi_n}{n}.$$

2. 使用命题 9.1.5 有

$$||E[\xi_n|\mathscr{G}]-E[\xi|\mathscr{G}]||_p^p\leqslant E[E[|\xi_n-\xi|^p|\mathscr{G}]]=||\xi_n-\xi||_p^p\to 0.$$

3. 因为

$$E[f(\xi)|\xi]=f(\xi),$$

所以根据 $E[f(\xi)|\xi=x]$ 定义知

$$E[f(\xi)|\xi=x]=f(x).$$

4. (a) 充分性. 任意区间 $(a_1,b_1]$ 和 $(a_2,b_2]$, 令

$$f_n=\begin{cases}0, & (-\infty,a_1],\\ \text{线性}, & \left(a_1,a_1+\dfrac{1}{n}\right],\\ 1, & \left(a_1+\dfrac{1}{n},b_1\right],\\ \text{线性}, & \left(b_1,b_1+\dfrac{1}{n}\right],\\ 0, & \left(b_1+\dfrac{1}{n},+\infty\right),\end{cases}$$

$$g_n=\begin{cases}0, & (-\infty,a_2],\\ \text{线性}, & \left(a_2,a_2+\dfrac{1}{n}\right],\\ 1, & \left(a_2+\dfrac{1}{n},b_2\right],\\ \text{线性}, & \left(b_2,b_2+\dfrac{1}{n}\right],\\ 0, & \left(b_2+\dfrac{1}{n},+\infty\right).\end{cases}$$

于是有

$$E[f_n(\xi)g_n(\eta)]=E[f_n(\xi)]E[g_n(\eta)]. \tag{0.1}$$

同时

$$\begin{aligned}&|E[f_n(\xi)g_n(\eta)]-E[1_{(a_1,b_1]}(\xi)1_{(a_2,b_2]}(\eta)]|\\ \leqslant{}& E[|f_n(\xi)g_n(\eta)-1_{(a_1,b_1]}(\xi)g_n(\eta)|]+E[|1_{(a_1,b_1]}(\xi)g_n(\eta)-1_{(a_1,b_1]}(\xi)1_{(a_2,b_2]}(\eta)|]\\ \leqslant{}& E[|f_n(\xi)-1_{(a_1,b_1]}(\xi)|]+E[|g_n(\eta)-1_{(a_2,b_2]}(\eta)|]\to 0,\end{aligned}$$

且

$$\begin{aligned}&|E[f_n(\xi)]E[g_n(\eta)]-E[1_{(a_1,b_1]}(\xi)]E[1_{(a_2,b_2]}(\eta)]|\\ \leqslant{}& E[|f_n(\xi)-1_{(a_1,b_1]}(\xi)|]E[|g_n(\eta)|]+E[|g_n(\eta)-1_{(a_2,b_2]}(\eta)|]E[|1_{(a_1,b_1]}(\xi)|]\\ \leqslant{}& E[|f_n(\xi)-1_{(a_1,b_1]}(\xi)|]+E[|g_n(\eta)-1_{(a_2,b_2]}(\eta)|]\to 0.\end{aligned}$$

所以在 (0.1) 两边同时取极限可得

$$E[1_{(a_1,b_1]}(\xi)1_{(a_2,b_2]}(\eta)]=E[1_{(a_1,b_1]}(\xi)]E[1_{(a_2,b_2]}(\eta)].$$

也就是说有

$$P(\xi^{-1}((a_1,b_1])\cap\eta^{-1}((a_2,b_2]))=P\circ\xi^{-1}((a_1,b_1])P\circ\eta^{-1}((a_2,b_2]).$$

根据引理 9.6.2 知 ξ 与 η 相互独立.

必要性. 因为 ξ 与 η 相互独立, 所以 $\forall A, B \in \mathscr{B}(\mathbb{R})$, 有

$$E[1_A(\xi)1_B(\eta)] = E[1_A(\xi)]E[1_B(\eta)].$$

于是通过简单的线性相加可知对一般简单函数结论成立, 再通过单调收敛定理知对一般非负连续函数结论成立.

(b) 根据 (a) 的结论, 对任意非负有界连续函数 f 和 g, 有

$$E[f(\xi_n)g(\eta_n)] = E[f(\xi_n)]E[g(\eta_n)]$$

成立. 对上式两边取极限, 通过控制收敛定理有

$$E[f(\xi)g(\eta)] = E[f(\xi)]E[g(\eta)].$$

所以由单调收敛定理知, 对任意连续函数 $f, g \geqslant 0$, 都有

$$E[f(\xi)g(\eta)] = E[f(\xi)]E[g(\eta)].$$

故 ξ 与 η 相互独立.

5. (a) 显然 $P(\xi < \eta) = P(\xi > \eta)$, 下面说明 $P(\xi = \eta) = 0$.

$\forall n \in N$, 取 $A_k^{(n)} = \left\{\frac{k}{2^n} < \xi \leqslant \frac{k+1}{2^n}\right\} \cap \left\{\frac{k}{2^n} < \eta \leqslant \frac{k+1}{2^n}\right\}$, 则

$$\{\xi = \eta\} \subset \sum_{k=-\infty}^{+\infty} A_k^{(n)}.$$

于是

$$\begin{aligned} P(\xi = \eta) &\leqslant \sum_{k=-\infty}^{+\infty} P(A_k^{(n)}) \leqslant \max_k P\left(\left\{\frac{k}{2^n} < \xi \leqslant \frac{k+1}{2^n}\right\}\right) \\ &= \max_k \left\{F_\xi\left(\frac{k+1}{2^n}\right) - F_\xi\left(\frac{k}{2^n}\right)\right\}. \end{aligned}$$

因为连续的分布函数必定一致连续, 所以

$$P(\xi = \eta) \leqslant \lim_{n\to\infty} \max_k \left\{F_\xi\left(\frac{k+1}{2^n}\right) - F_\xi\left(\frac{k}{2^n}\right)\right\} = 0.$$

于是有

$$P(\xi \leqslant \eta) = P(\xi > \eta) = 1/2.$$

(b) 考虑乘积空间 $(\mathbb{R} \times \mathbb{R}, \mathscr{B}(\mathbb{R}) \times \mathscr{B}(\mathbb{R}), \mu_\xi \times \mu_\eta)$, 其中 μ_ξ 和 μ_η 分别为 ξ 和 η 的分布. 因为 ξ 和 η 的分布函数没有公共的间断点, 所以易知 $\mu_\xi \times \mu_\eta\{x = y\} = 0$. 于是有

$$1 = \mu_\xi \times \mu_\eta(\mathbb{R} \times \mathbb{R}) = \mu_\xi \times \mu_\eta(x \geqslant y) + \mu_\xi \times \mu_\eta(x \leqslant y).$$

使用 Fubini 定理知

$$\begin{aligned}\mu_\xi\times\mu_\eta(x\geqslant y)&=\iint_{\mathbb{R}\times\mathbb{R}}1_{\{x\geqslant y\}}d\mu_\xi\times\mu_\eta\\&=\int_{\mathbb{R}}\mu_\eta((-\infty,x])d\mu_\xi(x)=\int_{\mathbb{R}}G(x)dF(x)=E[G(\xi)].\end{aligned}$$

同时

$$\begin{aligned}\mu_\xi\times\mu_\eta(y\geqslant x)&=\iint_{\mathbb{R}\times\mathbb{R}}1_{\{y\geqslant x\}}d\mu_\xi\times\mu_\eta\\&=\int_{\mathbb{R}}\mu_\xi((-\infty,y])d\mu_\eta(y)=\int_{\mathbb{R}}F(y)dG(y)=E[F(\eta)].\end{aligned}$$

所以有

$$E[F(\eta)]+E[G(\xi)]=1$$

成立.

6. (a) 方法一: 由 $E[\xi|\eta]\geqslant\eta$, $E[\eta|\xi]\geqslant\xi$ 知, $\forall A\in\mathscr{B}(\mathbb{R})$, 有

$$\int(E[\xi|\eta]-\eta)1_{\{\eta\in A\}}dP\geqslant 0$$

且

$$\int(E[\eta|\xi]-\xi)1_{\{\xi\in A\}}dP\geqslant 0.$$

又因为 $E(\eta)=E(\xi)$, 所以

$$\int(E[\xi|\eta]-\eta)dP=0$$

且

$$\int(E[\eta|\xi]-\xi)dP=0.$$

于是有

$$E[\xi|\eta]=\eta,\quad E[\eta|\xi]=\xi.$$

方法二: 由 $E[\xi|\eta]\geqslant\eta$ 知, $\forall c\in\mathbb{R}$ 有

$$\begin{aligned}0&\leqslant\int(\xi-\eta)1_{\{\eta>c\}}dP\\&=\int(\xi-\eta)1_{\{\eta>c\}\cap\{\xi>c\}}dP+\underline{\int(\xi-\eta)1_{\{\eta>c\}\cap\{\xi\leqslant c\}}dP}.\end{aligned}$$

因为划线部分小于等于 0, 所以有

$$\int(\xi-\eta)1_{\{\eta>c\}\cap\{\xi>c\}}dP\geqslant 0,\tag{0.2}$$

同时由 $E[\eta|\xi]\geqslant\xi$ 知, $\forall c\in\mathbb{R}$ 有

$$0\leqslant\int(\eta-\xi)1_{\{\xi>c\}}dP$$

$$= \int (\eta - \xi) 1_{\{\xi > c\} \cap \{\eta > c\}} dP + \underline{\int (\eta - \xi) 1_{\{\xi > c\} \cap \{\eta \leqslant c\}} dP}.$$

因为划线部分小于等于 0, 所以有

$$\int (\eta - \xi) 1_{\{\eta > c\} \cap \{\xi > c\}} dP \geqslant 0. \tag{0.3}$$

于是通过 (0.2) 和 (0.3) 知

$$\int (\xi - \eta) 1_{\{\eta > c\} \cap \{\xi > c\}} dP = 0.$$

故有

$$0 \leqslant \int (\xi - \eta) 1_{\{\eta > c\}} dP \leqslant 0$$

且

$$0 \leqslant \int (\eta - \xi) 1_{\{\xi > c\}} dP \leqslant 0.$$

也就是说

$$E[\xi|\eta] = \eta, \quad E[\eta|\xi] = \xi.$$

(b) 由 $E[\xi|\eta] = \eta$ 知, $\forall c \in \mathbb{R}$ 有

$$\begin{aligned} 0 &= \int (\xi - \eta) 1_{\{\eta \leqslant c\}} dP \\ &= \underline{\int (\xi - \eta) 1_{\{\eta \leqslant c\} \cap \{\xi > c\}} dP} + \int (\xi - \eta) 1_{\{\eta \leqslant c\} \cap \{\xi \leqslant c\}} dP. \end{aligned}$$

因为划线部分大于等于 0, 所以有

$$\int (\xi - \eta) 1_{\{\eta \leqslant c\} \cap \{\xi \leqslant c\}} dP \leqslant 0. \tag{0.4}$$

同时由 $E[\eta|\xi] = \xi$ 知, $\forall c \in \mathbb{R}$ 有

$$\begin{aligned} 0 &= \int (\eta - \xi) 1_{\{\xi \leqslant c\}} dP \\ &= \underline{\int (\eta - \xi) 1_{\{\xi \leqslant c\} \cap \{\eta > c\}} dP} + \int (\eta - \xi) 1_{\{\xi \leqslant c\} \cap \{\eta \leqslant c\}} dP. \end{aligned}$$

因为划线部分大于等于 0, 所以有

$$\int (\eta - \xi) 1_{\{\xi \leqslant c\} \cap \{\eta \leqslant c\}} dP \leqslant 0. \tag{0.5}$$

通过 (0.4) 和 (0.5) 知

$$\int (\xi - \eta) 1_{\{\eta \leqslant c\} \cap \{\xi \leqslant c\}} dP = 0.$$

于是

$$\int (\xi - \eta) 1_{\{\eta \leqslant c\} \cap \{\xi > c\}} dP = \int (\eta - \xi) 1_{\{\xi \leqslant c\} \cap \{\eta > c\}} dP = 0,$$

也就是说 $\forall c \in \mathbb{R}$ 有

$$P(\eta \leqslant c < \xi) = P(\xi \leqslant c < \eta) = 0.$$

故

$$P(\{\eta \neq \xi\}) \leqslant P\left(\cup_{c\in\mathbb{Q}}\{\{\eta \leqslant c < \xi\} \cup \{\xi \leqslant c < \eta\}\}\right) = 0.$$

那么

$$\xi = \eta.$$

(c) 方法一: 使用 (a), (b) 结论知 (c) 成立.

方法二: 任取连续严格增的有界非负函数 $F(x)$, 比如说 $F(x) = \arctan(x) + \dfrac{\pi}{2}$. 由

$$E[\xi|\eta] \geqslant \eta, \quad E[\eta|\xi] \geqslant \xi$$

知

$$E[\xi F(\eta)] \geqslant E[\eta F(\eta)], \quad E[\eta F(\xi)] \geqslant E[\xi F(\xi)].$$

所以

$$E[(F(\xi) - F(\eta))(\xi - \eta)] \leqslant 0.$$

由于 $F(x)$ 严格增, 自然

$$E[(F(\xi) - F(\eta))(\xi - \eta)] \geqslant 0.$$

故

$$E[|\xi - \eta|] = 0,$$

所以 $\eta = \xi$.

7. (a) 因为

$$E[\xi \vee \eta|\mathscr{G}] \geqslant E[\xi|\mathscr{G}]$$

且

$$E[\xi \vee \eta|\mathscr{G}] \geqslant E[\eta|\mathscr{G}],$$

所以

$$E[\xi \vee \eta|\mathscr{G}] \geqslant E[\xi|\mathscr{G}] \vee E[\eta|\mathscr{G}].$$

同理有 $E[\xi \wedge \eta|\mathscr{G}] \leqslant E[\xi|\mathscr{G}] \wedge E[\eta|\mathscr{G}]$.

(b) 由 $\xi, \eta \in L^2$ 知

$$E[\xi\eta] = E[E[\xi\eta|\eta]] = E[\eta E[\xi|\eta]] = E[\eta^2].$$

由 ξ, η 同分布知

$$E[\xi^2] = E[\eta^2].$$

故有

$$E[(\xi - \eta)^2] = E(\xi^2) - 2E(\xi\eta) + E(\eta^2) = 0,$$

所以 $\xi = \eta$.

(c) 由 $E[\xi|\eta] = \eta$ 知,

$$E[\xi \wedge b|\eta] \leqslant \eta \wedge b.$$

同时由 $\xi \wedge b$ 和 $\eta \wedge b$ 同分布可得

$$0 = E[\eta \wedge b] - E[\xi \wedge b] \geqslant \int (\eta \wedge b - E[\xi \wedge b|\eta]) 1_{\{\eta \wedge b > E[\xi \wedge b|\eta]\}} dP \geqslant 0,$$

进一步有 $E[\xi \wedge b|\eta] = \eta \wedge b$. 于是有

$$E[(\xi \wedge b) \vee a|\eta] \geqslant (\eta \wedge b) \vee a.$$

再通过 $(\xi \wedge b) \vee a$ 和 $(\eta \wedge b) \vee a$ 同分布可知

$$\begin{aligned} 0 &= E[(\xi \wedge b) \vee a] - E[(\eta \wedge b) \vee a] \\ &\geqslant \int (E[(\xi \wedge b) \vee a|\eta] - (\eta \wedge b) \vee a) 1_{\{E[(\xi \wedge b) \vee a|\eta] > (\eta \wedge b) \vee a\}} dP \\ &\geqslant 0, \end{aligned}$$

故有

$$E[(\xi \wedge b) \vee a|\eta] = (\eta \wedge b) \vee a.$$

(d) $\forall a < b$ 为实数. 因为 $(\xi \wedge b) \vee a$ 与 $(\eta \wedge b) \vee a$ 同分布, 且由 (c) 知

$$E[(\xi \wedge b) \vee a|(\eta \wedge b) \vee a] = (\eta \wedge b) \vee a,$$

故使用 (b) 的结论知

$$(\xi \wedge b) \vee a = (\eta \wedge b) \vee a.$$

令 $a \to -\infty$ 且 $b \to +\infty$, 有 $\xi = \eta$.

8. $\forall A \in \mathscr{B}(\mathbb{R})$ 有

$$P(\xi_1 \in A|\eta) = P(\xi_2 \in A|\eta).$$

这等价于 $\forall A, B \in \mathscr{B}(\mathbb{R})$ 有

$$\int_{\eta^{-1}(B)} 1_A(\xi_1) dP = \int_{\eta^{-1}(B)} 1_A(\xi_2) dP,$$

也就是说有

$$\int 1_A(\xi_1) 1_B(\eta) dP = \int 1_A(\xi_2) 1_B(\eta) dP$$

成立.

充分性:

如果 $\forall A, B \in \mathscr{B}(\mathbb{R})$ 有

$$\begin{aligned} P \circ (\xi_1, \eta)^{-1}(A \times B) &= \int 1_A(\xi_1) 1_B(\eta) dP \\ &= \int 1_A(\xi_2) 1_B(\eta) dP = P \circ (\xi_2, \eta)^{-1}(A \times B) \end{aligned}$$

成立, 则 $\forall C \in \mathscr{B}(\mathbb{R}^2)$ 有

$$P \circ (\xi_1, \eta)^{-1}(C) = P \circ (\xi_2, \eta)^{-1}(C).$$

所以 (ξ_1,η) 与 (ξ_2,η) 同分布.

必要性: 如果 (ξ_1,η) 与 (ξ_2,η) 同分布, 则 $\forall A,B\in\mathscr{B}(\mathbb{R})$ 有

$$\int 1_A(\xi_1)1_B(\eta)dP = P\circ(\xi_1,\eta)^{-1}(A\times B)$$
$$= P\circ(\xi_2,\eta)^{-1}(A\times B) = \int 1_A(\xi_2)1_B(\eta)dP$$

成立.

9.

$$E[\xi||\xi|] = \begin{cases} \xi, & ab\geqslant 0,\\ \xi 1_{\{|\xi|>\min\{|a|,b\}\}}, & ab<0. \end{cases}$$

(1) $ab\geqslant 0$ 时, 有 $a<b\leqslant 0$ 或者 $0\leqslant a<b$. 此时有 $\sigma(\xi)=\sigma(|\xi|)$, 故

$$E[\xi||\xi|] = E[\xi|\xi] = \xi.$$

(2) $ab<0$ 时, 有 $a<0<b$ (不妨假设 $|a|<b$). 此时有

$$E[\xi||\xi|] = E[\xi 1_{\{|\xi|\leqslant|a|\}}||\xi|] + E[\xi 1_{\{|\xi|>|a|\}}||\xi|].$$

因为在 $\{|\xi|\leqslant|a|\}$ 上 $|\xi|$ 产生的 σ-代数是关于 0 对称的, 所以

$$E[\xi 1_{\{|\xi|\leqslant|a|\}}||\xi|] = 0.$$

而在 $\{|\xi|>|a|\}$ 上 $|\xi|$ 产生的 σ-代数和 ξ 产生的 σ-代数一样, 故

$$E[\xi 1_{\{|\xi|>|a|\}}||\xi|] = E[\xi 1_{\{|\xi|>|a|\}}|\xi] = \xi 1_{\{|\xi|>|a|\}}.$$

于是

$$E[\xi||\xi|] = \xi 1_{\{|\xi|>|a|\}} = \xi 1_{\{|\xi|>\min\{|a|,b\}\}}.$$

$$E[\xi|\mathrm{sign}(\xi)] = \begin{cases} \dfrac{a+b}{2}, & ab\geqslant 0,\\ \dfrac{a}{2}1_{\{\xi<0\}} + \dfrac{b}{2}1_{\{\xi>0\}}, & ab<0. \end{cases}$$

(1)$ab\geqslant 0$ 时, 有 $a<b\leqslant 0$ 或者 $0\leqslant a<b$. 此时有 $\sigma(\mathrm{sign}(\xi))=\{\varnothing,X\}$, 故有

$$E[\xi|\mathrm{sign}(\xi)] = E[\xi] = \frac{a+b}{2}.$$

(2)$ab<0$ 时, 有 $a<0<b$. 此时有

$$\begin{aligned} E[\xi|\mathrm{sign}(\xi)] &= E[\xi 1_{\{\xi<0\}} + \xi 1_{\{\xi>0\}}|\mathrm{sign}(\xi)]\\ &= E[\xi 1_{\{\xi<0\}}|\xi<0] + E[\xi 1_{\{\xi>0\}}|\xi>0]\\ &= \frac{E[\xi 1_{\{\xi<0\}}]}{P(\xi<0)}1_{\{\xi<0\}} + \frac{E[\xi 1_{\{\xi>0\}}]}{P(\xi>0)}1_{\{\xi>0\}} \end{aligned}$$

$$=\frac{a}{2}1_{\{\xi<0\}}+\frac{b}{2}1_{\{\xi>0\}}.$$

10. 假设我们所考虑的概率空间为 $([0,1],\mathscr{B}([0,1]),P)$.

(i) 条件独立但不独立的例子.

取 A 为 $\left[0,\frac{1}{4}\right]$, B 为 $\left[0,\frac{1}{2}\right]$, C 为 $\left[0,\frac{1}{2}\right]$, 则

$$P(AB)=P\left(\left[0,\frac{1}{4}\right]\right)=\frac{1}{4}\neq\frac{1}{8}=P(A)P(B).$$

而

$$\begin{aligned}P(AB|C)&=\frac{P\left(\left[0,\frac{1}{4}\right]\cap\left[0,\frac{1}{2}\right]\right)}{P\left(\left[0,\frac{1}{2}\right]\right)}=\frac{1}{2}\\&=\frac{P\left(\left[0,\frac{1}{4}\right]\right)}{P\left(\left[0,\frac{1}{2}\right]\right)}\frac{P\left(\left[0,\frac{1}{2}\right]\right)}{P\left(\left[0,\frac{1}{2}\right]\right)}=P(A|C)P(B|C).\end{aligned}$$

所以 A 和 B 关于 C 条件独立, 但 A 和 B 本身不独立.

(ii) 独立但不条件独立的例子.

取 A 为 $\left[0,\frac{1}{2}\right]$, B 为 $\left[\frac{1}{4},\frac{3}{4}\right]$, C 为 $\left[\frac{1}{4},1\right]$, 则

$$P(AB)=P\left(\left[\frac{1}{4},\frac{1}{2}\right]\right)=\frac{1}{4}=\frac{1}{2}\times\frac{1}{2}=P(A)P(B).$$

而

$$\begin{aligned}P(AB|C)&=\frac{P\left(\left[\frac{1}{4},\frac{1}{2}\right]\cap\left[\frac{1}{4},1\right]\right)}{P\left(\left[\frac{1}{4},1\right]\right)}=\frac{1}{3}\\&\neq\frac{2}{9}=\frac{P\left(\left[\frac{1}{4},\frac{1}{2}\right]\right)}{P\left(\left[\frac{1}{4},1\right]\right)}\frac{P\left(\left[\frac{1}{4},\frac{3}{4}\right]\right)}{P\left(\left[\frac{1}{4},1\right]\right)}=P(A|C)P(B|C).\end{aligned}$$

所以 A 和 B 本身独立, 但 A 和 B 关于 C 不条件独立.

11. $\forall M>0$, 令 $A_k=\{X_k\geqslant M\}$. 因为 $\{X_n\}$ 为一列独立同分布的随机变量列, 故有 A_k 之间相互独立且概率相同. 同时由 $F(x)<1$, $\forall x\in\mathbb{R}$ 知

$$\sum_{n=1}^{+\infty}P(A_n)=+\infty.$$

故由 Borel-Cantelli 引理知

$$P(A_n\ \text{i.o.})=1.$$

于是

$$\overline{\lim_n} X_n \geqslant M \quad \text{a.e.}.$$

由 M 的任意性知

$$+\infty = \overline{\lim_n} X_n \leqslant \lim_n \sup_{1\leqslant k\leqslant n} X_k \quad \text{a.e.}.$$

12. (a)η 为示性函数的时候显然成立, 一般情况通过单调收敛定理逼近即可.

(b) 因为 $\forall A \in \mathscr{F}$ 有 $\mu(A) = \int_A \xi dP$, 所以 $\forall A \in \sigma(X_1, X_2, \cdots, X_n)$ 有

$$\mu(A) = \int_A E[\xi|X_1, X_2, \cdots, X_n]dP.$$

根据定义 $\forall A \in \sigma(X_1, X_2, \cdots, X_n)$ 有

$$\begin{aligned}
&\int_A E^{\mu}[\eta|X_1, X_2, \cdots, X_n]d\mu = \int_A \eta d\mu \\
&= \int_A \eta\xi dP = \int_A E[\eta\xi|X_1, X_2, \cdots, X_n]dP \\
&= \int_A \frac{E[\eta\xi|X_1, X_2, \cdots, X_n]}{E[\xi|X_1, X_2, \cdots, X_n]} E[\xi|X_1, X_2, \cdots, X_n]dP \\
&= \int_A \frac{E[\eta\xi|X_1, X_2, \cdots, X_n]}{E[\xi|X_1, X_2, \cdots, X_n]} d\mu.
\end{aligned}$$

因为

$$\frac{E[\eta\xi|X_1, X_2, \cdots, X_n]}{E[\xi|X_1, X_2, \cdots, X_n]} \in \sigma(X_1, X_2, \cdots, X_n),$$

所以由 Radon-Nikodym 导数的唯一性知

$$E^{\mu}[\eta|X_1, \cdots, X_n] = \frac{E[\eta\xi|X_1, \cdots, X_n]}{E[\xi|X_1, \cdots, X_n]}.$$

13. 令 $A_k = \{\xi_1 \geqslant c, \xi_2 \geqslant c, \cdots, \xi_k < c\} \in \mathscr{G}_k$.

先设 $c \neq 0$, 不妨认为 $c > 0$, 则

$$\begin{aligned}
&P(\{\min_{1\leqslant k\leqslant n} \xi_k < c\}) = \sum_{k=1}^n P(A_k) \\
&\geqslant \sum_{k=1}^n \int_{A_k} \frac{\xi_k}{c} dP = \frac{1}{c}\sum_{k=1}^n \int_{A_k} \xi dP = \frac{1}{c}\sum_{k=1}^n \int_{A_k} E[\xi|\mathscr{G}_n]dP \\
&= \frac{1}{c}\int_{\{\min_{1\leqslant k\leqslant n} \xi_k < c\}} \xi_n dP = \frac{1}{c}\left(\int \xi_n dP - \int_{\{\min_{1\leqslant k\leqslant n} \xi_k \geqslant c\}} \xi_n dP\right) \\
&= \frac{1}{c}\big(E[\xi_1] - E[\xi_n 1_{\{\min_{k\leqslant n} \xi_k \geqslant c\}}]\big).
\end{aligned}$$

故有

$$cP(\{\min_{1\leqslant k\leqslant n} \xi_k < c\}) \geqslant E[\xi_1] - E[\xi_n 1_{\{\min_{k\leqslant n} \xi_k \geqslant c\}}].$$

再设 $c=0$, 于是

$$\begin{aligned}0 &\geqslant \sum_{k=1}^{n}\int_{A_k}\xi_k dP=\sum_{k=1}^{n}\int_{A_k}\xi dP=\sum_{k=1}^{n}\int_{A_k}E[\xi|\mathscr{G}_n]dP\\&=\int_{\{\min_{1\leqslant k\leqslant n}\xi_k<c\}}\xi_n dP=\int \xi_n dP-\int_{\{\min_{1\leqslant k\leqslant n}\xi_k\geqslant c\}}\xi_n dP\\&=E[\xi_1]-E[\xi_n 1_{\{\min_{k\leqslant n}\xi_k\geqslant c\}}],\end{aligned}$$

依旧有

$$cP(\{\min_{1\leqslant k\leqslant n}\xi_k<c\})\geqslant E[\xi_1]-E[\xi_n 1_{\{\min_{k\leqslant n}\xi_k\geqslant c\}}].$$

14. (a) 参考 (b) 的解答.

(b) 显然有

$$\frac{1}{2}[\varphi(|\xi|)+\varphi(-|\xi|)]\in\sigma(|\xi|).$$

同时 $\forall a\geqslant 0$, 有

$$\begin{aligned}&\int_{\{|\xi|\leqslant a\}}\frac{1}{2}[\varphi(|\xi|)+\varphi(-|\xi|)]dP\\&=\frac{1}{2}\int_{\{\xi\in[-a,0)\}}\varphi(|\xi|)+\varphi(-|\xi|)dP+\frac{1}{2}\int_{\{\xi\in[0,a]\}}\varphi(|\xi|)+\varphi(-|\xi|)dP\\&=\frac{1}{2}\int_{\{\xi\in[-a,0)\}}\varphi(-\xi)+\varphi(\xi)dP+\frac{1}{2}\int_{\{\xi\in[0,a]\}}\varphi(\xi)+\varphi(-\xi)dP\\&=\frac{1}{2}\int_{\{|\xi|\leqslant a\}}\varphi(\xi)dP+\frac{1}{2}\int_{\{|\xi|\leqslant a\}}\varphi(-\xi)dP\\&=\int_{\{|\xi|\leqslant a\}}\varphi(\xi)dP.\end{aligned}$$

所以有

$$E[\varphi(\xi)||\xi|]=\frac{1}{2}[\varphi(|\xi|)+\varphi(-|\xi|)].$$

15. 令

$$\eta_n=\sum_{k=-\infty}^{\infty}\frac{E\left[\varphi(\xi)1_{\{\xi\in[\frac{k}{2^n},\frac{k+1}{2^n})\}}\right]}{P\left(\xi\in\left[\frac{k}{2^n},\frac{k+1}{2^n}\right)\right)}1_{\{\xi\in[\frac{k}{2^n},\frac{k+1}{2^n})\}}\ \left(\text{上式及后续证明中约定}\frac{0}{0}=0\right).$$

由 ξ_n 定义知

$$\sigma(\xi_n)=\sigma\left(\left\{\xi^{-1}\left(\left[\frac{k}{2^n},\frac{k+1}{2^n}\right)\right)\ :\ k\in\mathbb{N}\right\}\right).$$

显然

$$\eta_n\in\sigma(\xi_n).$$

同时 $\forall A\in\sigma(\xi_n)$, 必然存在 $\{m_k\}\subset\mathbb{N}$, 有

$$A=\sum_{k=0}^{\infty}\xi^{-1}\left(\left[\frac{m_k}{2^n},\frac{m_k+1}{2^n}\right)\right).$$

于是

$$\begin{aligned}\int_A \eta_n dP &= \sum_{k=0}^{\infty}\int_{\xi^{-1}\left(\left[\frac{m_k}{2^n},\frac{m_k+1}{2^n}\right)\right)}\eta_n dP\\ &= \sum_{k=0}^{\infty}\int_{\xi^{-1}\left(\left[\frac{m_k}{2^n},\frac{m_k+1}{2^n}\right)\right)}\frac{E[\varphi(\xi)1_{\{\xi\in[\frac{m_k}{2^n},\frac{m_k+1}{2^n})\}}]}{P(\xi\in[\frac{m_k}{2^n},\frac{m_k+1}{2^n}))}dP\\ &= \sum_{k=0}^{\infty}E[\varphi(\xi)1_{\{\xi\in[\frac{m_k}{2^n},\frac{m_k+1}{2^n})\}}] = E[\varphi(\xi)1_A].\end{aligned}$$

也就是说

$$E[\varphi(\xi)|\xi_n] = \eta_n.$$

那么

$$E[\varphi(\xi)|\xi_n] = \sum_{k=-\infty}^{\infty}\frac{E[\varphi(\xi)1_{\{\xi\in[\frac{k}{2^n},\frac{k+1}{2^n})\}}]}{P(\xi\in[\frac{k}{2^n},\frac{k+1}{2^n}))}1_{\{\xi\in[\frac{k}{2^n},\frac{k+1}{2^n})\}}.$$

16. 设

$$\mathscr{B}_{I'} = \left\{\cap_{k=1}^n B_k : n\in\mathbb{N}^+,\ B_k\in\cup_{t\in T_i,\ i\in I'}\mathscr{C}_t\right\},$$

其中 I' 为指标集合. 显然 $\mathscr{B}_{I'}$ 为 π 类且 $\sigma(\mathscr{B}_{I'}) = \vee_{i\in I'}\mathscr{A}_i$. 此时对任意有限个指标 (不妨假设为 $1,\cdots,n$), 任意 $A_i\in\mathscr{A}_i$, $i=1,\cdots,n$. 因为 $\mathscr{B}_{\{n\}}$ 与 $\mathscr{B}_{\{1,\cdots,n-1\}}$ 独立, 所以使用引理 9.6.2 知 $\mathscr{A}_n$ 与 $\vee_{i=1}^{n-1}\mathscr{A}_i$ 独立, 于是有

$$P\left(\cap_{i=1}^n A_i\right) = P\left(\cap_{i=1}^{n-1}A_i\right)P(A_n).$$

归纳得到

$$P\left(\cap_{i=1}^n A_i\right) = \prod_{i=1}^n P(A_i).$$

也就是说任意有限个 $\mathscr{A}_i$ 独立, 故 $\{\mathscr{A}_i, i\in I\}$ 独立.

17. 必要性显然, 充分性使用第 16 题的结论.

18. 必要性. 设

$$\mathscr{B}_m = \left\{\cap_{k=1}^n B_k : n\in\mathbb{N}^+,\ B_k\in\cup_{i=1}^m\sigma(\xi_i)\right\}.$$

显然 $\mathscr{B}_m$ 为 π 类且 $\sigma(\mathscr{B}_m) = \sigma(\xi_1,\cdots,\xi_m)$. 因为 $\sigma(\xi_n)$ 与 $\mathscr{B}_{n-1}$ 独立, 所以使用引理 9.6.2 知 $\sigma(\xi_n)$ 与 $\sigma(\xi_1,\cdots,\xi_{n-1})$ 独立.

充分性. 根据命题 9.6.4 只需要说明任意 m 个 ξ_k(不妨假设就是前 m 个) 及任意 m 个有界 Borel 可测函数 F_i, $i=1,\cdots,m$ 有

$$E\left[\prod_{i=1}^m F_i(\xi_i)\right] = \prod_{i=1}^m E[F_i(\xi_i)].$$

根据条件假设知 $\sigma(\xi_m)$ 与 $\sigma(\xi_1,\cdots,\xi_{m-1})$ 独立, 于是有

$$E\left[\prod_{i=1}^m F_i(\xi_i)\right] = E\left[\prod_{i=1}^{m-1}F_i(\xi_i)\right]E[F_m(\xi_m)].$$

依次进行下去可得到

$$E\left[\prod_{i=1}^{m} F_i(\xi_i)\right] = \prod_{i=1}^{m} E[F_i(\xi_i)].$$

所以 $(\xi_n)_{n\geqslant 1}$ 是独立随机变量列.

19. 若 $f = 1_A(x)1_B(y)$, 则可直接看出等式成立. 一般情况用单调类定理.

20. 根据随机变量独立的定义, ξ, η 独立的充要条件是, $\forall A, B \in \mathscr{B}(\mathbb{R})$, 有

$$P(\{\xi \in A\} \cap \{\eta \in B\}) = P(\xi \in A)P(\eta \in B).$$

也就是说

$$P \circ (\xi, \eta)^{-1}(A \times B) = P \circ \xi^{-1}(A) P \circ \eta^{-1}(B).$$

因为

$$\{A \times B \ : \ A, B \in \mathscr{B}(\mathbb{R})\}$$

为生成 $\mathscr{B}(\mathbb{R}^2)$ 的一个 π 类, 由测度延拓的唯一性知, 这等价于

$$\tau = P \circ (\xi, \eta)^{-1} = P \circ \xi^{-1} \times P \circ \eta^{-1} = \mu \times \nu.$$

对任意有限个随机变量 $\{\xi_t\}_{t\in I}$, 分别以 μ_t 和 $\mu_{t_1,t_2,\cdots,t_n}$ 记 ξ_t 和 $(\xi_{t_1}, \xi_{t_2}, \cdots, \xi_{t_n})$ 的概率分布, 则 $\{\xi_t\}_{t\in I}$ 独立的充要条件是, 对任意有限个不同指标 $\{t_1, t_2, \cdots, t_n\} \subset I$, 有

$$\mu_{t_1,t_2,\cdots,t_n} = \mu_{t_1} \times \mu_{t_2} \times \cdots \times \mu_{t_n}$$

成立.

21. 因为 ξ 在 $\left[0, \frac{1}{2}\right]$ 上严格单调且在 $[0, 1]$ 上关于 $x = \frac{1}{2}$ 对称, 于是易知 $\sigma(\xi) \cap \left[0, \frac{1}{2}\right] = \mathscr{B}\left(\left[0, \frac{1}{2}\right]\right)$ 且 $\forall A \in \sigma(\xi)$, A 关于 $x = \frac{1}{2}$ 对称. 令

$$\eta_0(\omega) = \frac{\eta(\omega) + \eta(1-\omega)}{2}.$$

因为 η_0 关于 $x = \frac{1}{2}$ 对称, 所以

$$\eta_0 \in \sigma(\xi).$$

同时 $\forall a \in \left[0, \frac{1}{2}\right]$, 有

$$\int_{[0,a]\cup[1-a,1]} \eta(\omega)d\omega = \int_{[0,a]\cup[1-a,1]} \frac{\eta(\omega) + \eta(1-\omega)}{2} d\omega = \int_{[0,a]\cup[1-a,1]} \eta_0(\omega)d\omega.$$

也就是说

$$E[\eta|\xi](\omega) = \eta_0(\omega) = \frac{\eta(\omega) + \eta(1-\omega)}{2}.$$

22. 令

$$\xi_0 = \begin{cases} \dfrac{1}{6}, & \omega \in \left[0, \dfrac{1}{2}\right), \\ 2\omega^2, & \omega \in \left[\dfrac{1}{2}, 1\right]. \end{cases}$$

因为 $\eta(\omega)$ 在 $\left[0,\frac{1}{2}\right)$ 上为常数, 在 $\left[\frac{1}{2},1\right]$ 上严格单调, 所以易知 $\forall A\in\sigma(\eta)$ 有

$$A=B\cup C,\quad B\in\mathscr{B}\left(\left[\frac{1}{2},1\right]\right),\quad C\in\left\{\varnothing,\left[0,\frac{1}{2}\right)\right\}.$$

(a) 当 $C=\varnothing$ 时, 自然有

$$\int_A\xi dP=\int_A\xi_0 dP.$$

(b) 当 $C=\left[0,\frac{1}{2}\right)$ 时, 有

$$\int_A\xi dP=\int_B\xi dP+\frac{1}{12}=\int_B\xi_0 dP+\int_C\frac{1}{6}dP=\int_A\xi_0 dP.$$

所以

$$E[\xi|\eta]=\xi_0=\begin{cases}\dfrac{1}{6}, & \omega\in\left[0,\dfrac{1}{2}\right),\\ 2\omega^2, & \omega\in\left[\dfrac{1}{2},1\right].\end{cases}$$

23. 充分性. 只要证明对任意有界 Borel 可测函数 F, $\forall A\in\mathscr{G}_1$ 有

$$E[1_AF(\xi)|\mathscr{G}_2]=E[1_A|\mathscr{G}_2]E[F(\xi)|\mathscr{G}_2]$$

成立. 因为 $\forall B\in\mathscr{G}_2$ 有

$$\begin{aligned}\int_B E[1_A|\mathscr{G}_2]E[F(\xi)|\mathscr{G}_2]dP&=\int_B E[1_AE[F(\xi)|\mathscr{G}_2]|\mathscr{G}_2]dP\\&=\int_B 1_AE[F(\xi)|\mathscr{G}_2]dP=\int_{A\cap B}E[F(\xi)|\mathscr{G}_2]dP\\&=\int_{A\cap B}E[F(\xi)|\mathscr{G}_1\vee\mathscr{G}_2]dP=\int_{A\cap B}F(\xi)dP\\&=\int_B 1_AF(\xi)dP,\end{aligned}$$

所以

$$E[1_A|\mathscr{G}_2]E[F(\xi)|\mathscr{G}_2]=E[1_AF(\xi)|\mathscr{G}_2].$$

将 F 取为 Borel 集的示性函数立马可以得到 ξ 与 $\mathscr{G}_1$ 关于 $\mathscr{G}_2$ 条件独立.

必要性. 要证明对任意有界 Borel 函数 F

$$E[F(\xi)|\mathscr{G}_1\vee\mathscr{G}_2]=E[F(\xi)|\mathscr{G}_2],$$

只要证明 $\forall A=A_1\cap A_2$, $A_i\in\mathscr{G}_i, i=1,2$, $B\in\mathscr{B}(\mathbb{R})$ 有

$$\int_A 1_B(\xi)dP=\int_A E[1_B(\xi)|\mathscr{G}_2]dP.$$

因为

$$\begin{aligned}\int_{A_1\cap A_2} E[1_B(\xi)|\mathscr{G}_2]dP &= \int_{A_2} 1_{A_1} E[1_B(\xi)|\mathscr{G}_2]dP \\ &= \int_{A_2} E[1_{A_1}E[1_B(\xi)|\mathscr{G}_2]|\mathscr{G}_2]dP = \int_{A_2} E[1_{A_1}|\mathscr{G}_2]E[1_B(\xi)|\mathscr{G}_2]dP \\ &= \int_{A_2} E[1_{A_1}1_B(\xi)|\mathscr{G}_2]dP = \int_{A_2} 1_{A_1}1_B(\xi)dP \\ &= \int_{A_1\cap A_2} 1_B(\xi)dP,\end{aligned}$$

所以

$$E[1_B(\xi)|\mathscr{G}_1\vee\mathscr{G}_2] = E[1_B(\xi)|\mathscr{G}_2].$$

使用控制收敛定理立即可得要证等式.

24. (a) 根据本章习题第 23 题知只需要证明 $\forall F\in\mathscr{F}_3$ 有界, 有

$$E[F|\mathscr{F}_1\vee\mathscr{F}_2] = E[F|\mathscr{F}_2].$$

因为 $\mathscr{F}_1\vee\mathscr{F}_2$ 与 $\mathscr{F}_3$ 独立, 所以 $\mathscr{F}_2$ 与 $\mathscr{F}_3$ 独立, 于是

$$E[F|\mathscr{F}_1\vee\mathscr{F}_2] = E[F] = E[F|\mathscr{F}_2].$$

$\mathscr{F}_1$ 与 $\mathscr{F}_3$ 关于 $\mathscr{F}_2$ 条件独立.

(b) 由 (a) 的结论知 $\mathscr{F}_1$ 与 $\mathscr{F}_3$ 关于 $\mathscr{F}_2$ 条件独立, 同时使用引理 9.7.3 知

$$E[\xi|\mathscr{F}_2\vee\mathscr{F}_3] = E[\xi|\mathscr{F}_2]$$

对任意可积的 $\xi\in\mathscr{F}_1$ 成立.

(c) 因为 $\xi_1\in\sigma(\xi_1,\xi_2)$ 且 $\xi_2\in\sigma(\xi_1,\xi_2)$, 所以 $\xi_1+\xi_2\in\sigma(\xi_1,\xi_2)$. 于是有 $\sigma(\xi_1+\xi_2)\subset\sigma(\xi_1,\xi_2)$, 所以 $\sigma(\xi_1,\xi_2)\vee\sigma(\xi_1+\xi_2)=\sigma(\xi_1,\xi_2)$ 与 $\sigma(\xi_3)$ 独立. 使用 (a) 的结论可得 $\sigma(\xi_1,\xi_2)$ 与 $\sigma(\xi_3)$ 关于 $\xi_1+\xi_2$ 条件独立.

25. 设

$$\mathscr{H} = \{f\in\mathscr{B}(\mathbb{R}^2)\text{ 有界：} E[f(\xi,\eta)|\mathscr{G}_1\vee\mathscr{G}_2] = E[f(\xi,y)|\mathscr{G}_2]|_{y=\eta}\}.$$

因为 $\forall A,B\in\mathscr{B}(\mathbb{R})$, 有

$$\begin{aligned}E[1_A(\xi)1_B(\eta)|\mathscr{G}_1\vee\mathscr{G}_2] &= 1_B(\eta)E[1_A(\xi)|\mathscr{G}_1\vee\mathscr{G}_2] \\ &= 1_B(\eta)E[1_A(\xi)|\mathscr{G}_2] = (1_B(y)E[1_A(\xi)|\mathscr{G}_2])\,|_{y=\eta} \\ &= E[1_A(\xi)1_B(y)|\mathscr{G}_2]|_{y=\eta},\end{aligned}$$

所以有

$$\{1_{A\times B}(x,y)\ :\ A,B\in\mathscr{B}(\mathbb{R})\}\subset\mathscr{H}.$$

同时若 $f_n \in \mathscr{H}$, $f_n \geqslant 0$ 且 $f_n \uparrow f$ 有界可测, 则

$$\begin{aligned}E[f(\xi,\eta)|\mathscr{G}_1 \vee \mathscr{G}_2] &= \lim_n E[f_n(\xi,\eta)|\mathscr{G}_1 \vee \mathscr{G}_2]\\ &= \lim_n (E[f_n(\xi,y)|\mathscr{G}_2]|_{y=\eta}) = \left(\lim_n E[f_n(\xi,y)|\mathscr{G}_2]\right)|_{y=\eta}\\ &= E[\lim_n f_n(\xi,y)|\mathscr{G}_2]|_{y=\eta} = E[f(\xi,y)|\mathscr{G}_2]|_{y=\eta}.\end{aligned}$$

于是

$$f \in \mathscr{H}.$$

故 $\mathscr{H}$ 包含全体有界 Borel 可测函数.

26. $\forall \epsilon > 0$, $\exists N$, $l \geqslant N$ 时 $\dfrac{2}{l} < \epsilon$. 同时因为 $n = 2^m + k$ 时, 有

$$\frac{n}{2} = 2^{m-1} + \frac{k}{2} < 2^m,$$

所以

$$\int \eta_n(y)dy = \frac{1}{2^m} < \frac{2}{n}.$$

于是

$$\begin{aligned}\sup_n \int_{\{\theta_n \geqslant l\}} \theta_n d\mu &= \sup_{n \geqslant l} \int_{\{\theta_n \geqslant l\}} \theta_n d\mu\\ &= \sup_{n \geqslant l} \int \xi_n(x)dx \int \eta_n(y)dy\\ &= \sup_{n \geqslant l} \int \eta_n(y)dy < \frac{2}{l} < \epsilon.\end{aligned}$$

也就是说

$$\lim_{l\to\infty} \sup_n \int_{\{\theta_n \geqslant l\}} \theta_n d\mu = 0.$$

所以 $\{\theta_n\}$ 一致可积.

而后易知

$$\limsup_n \theta_n = \begin{cases} +\infty, & x = 0 \text{ 且 } y \in [0,1] \Big\backslash \left\{\dfrac{k}{2^m},\ m \geqslant 1,\ 0 \leqslant k \leqslant 2^m\right\},\\ 0, & \text{其他}.\end{cases}$$

得到

$$E[\limsup_n \theta_n|\mathscr{B}] = 0.$$

但是因为

$$E[\theta_n|\mathscr{B}] = E[\xi_n\eta_n|\mathscr{B}] = \eta_n E[\xi_n|\mathscr{B}] = \eta_n E[\xi_n] = \eta_n,$$

所以

$$\limsup_n E[\theta_n|\mathscr{B}] = \limsup_n \eta_n = 1.$$

于是得到

$$E[\limsup_n \theta_n|\mathscr{B}] = 0 < 1 = \limsup_n E[\theta_n|\mathscr{B}].$$

27. 根据 Fatou 引理, 有

$$E[\eta|\mathscr{G}] = E[\liminf_n \xi_n|\mathscr{G}] \leqslant \liminf_n E[\xi_n|\mathscr{G}] \leqslant \sup_n E[\xi_n|\mathscr{G}].$$

习　题　10

1. 假设

$$\mathscr{H} = \{F \in \mathscr{B}(\mathbb{R}^2)\text{有界} : E[F(\xi,\eta)|\eta = y] = \int_\Omega F(\xi,y)p(y,d\omega)\}.$$

因为 $\forall A, B \in \mathscr{B}(\mathbb{R})$, 有

$$E[1_A(\xi)1_B(\eta)|\eta] = 1_B(\eta)E[1_A(\xi)|\eta],$$

所以

$$\begin{aligned}&E[1_A(\xi)1_B(\eta)|\eta = y] = 1_B(y)E[1_A(\xi)|\eta = y]\\&= 1_B(y)\int_\Omega 1_A(\xi)p(y,d\omega) = \int_\Omega 1_A(\xi)1_B(y)p(y,d\omega)\end{aligned}$$

$P \circ \eta^{-1}$-a.s. 成立. 于是

$$\{1_{A\times B} \ : \ A, B \in \mathscr{B}(\mathbb{R})\} \subset \mathscr{H},$$

即 $\mathscr{H}$ 包含生成 $\mathscr{B}(\mathbb{R}^2)$ 的 π 类的示性函数全体.

同时若 $F_n \in \mathscr{H}$, $F_n \geqslant 0$ 且 $F_n \uparrow F$ 有界可测, 则根据条件期望的控制收敛定理有

$$\begin{aligned}&E[F(\xi,\eta)|\eta = y] = \lim_n E[F_n(\xi,\eta)|\eta = y]\\&= \lim_n \int_\Omega F_n(\xi,y)p(y,d\omega) = \int_\Omega F(\xi,y)p(y,d\omega)\end{aligned}$$

$P \circ \eta^{-1}$-a.s. 成立, 同时极限是 $P \circ \eta^{-1}$-a.s. 意义下的. 那么

$$F \in \mathscr{H}.$$

综上所述, $\mathscr{H}$ 包含全体 $\mathbb{R}^2$ 上的有界 Borel 函数.

2. 假设

$$\mathscr{H} = \left\{F \in \mathscr{T} \times \mathscr{S} \text{ 有界}: \ E[F(\xi,\eta)|\mathscr{G}] = \int_T F(t,\eta)p(\omega,dt)\right\}.$$

因为 $\forall A \in \mathscr{T}, B \in \mathscr{S}$, 有

$$E[1_A(\xi)1_B(\eta)|\mathscr{G}] = 1_B(\eta)E[1_A(\xi)|\mathscr{G}],$$

所以有

$$
\begin{aligned}
&E[1_A(\xi)1_B(\eta)|\mathscr{G}](\omega) = 1_B(\eta(\omega))E[1_A(\xi)|\mathscr{G}](\omega) \\
&= 1_B(\eta(\omega))\int_T 1_A(t)p(\omega,dt) = \int_T 1_A(t)1_B(\eta(\omega))p(\omega,dt).
\end{aligned}
$$

于是

$$\{1_{A\times B}\ :\ A\in\mathscr{T}, B\in\mathscr{S}\}\subset\mathscr{H},$$

即 $\mathscr{H}$ 包含生成 $\mathscr{T}\times\mathscr{S}$ 的 π 类的示性函数全体.

同时若 $F_n\in\mathscr{H}$, $F_n\geqslant 0$ 且 $F_n\uparrow F$ 有界可测, 则根据条件期望的控制收敛定理有

$$
\begin{aligned}
&E[F(\xi,\eta)|\mathscr{G}] = \lim_n E[F_n(\xi,\eta)|\mathscr{G}] \\
&= \lim_n \int_T F_n(t,\eta)p(\omega,dt) = \int_T F(t,\eta)p(\omega,dt).
\end{aligned}
$$

从而

$$F\in\mathscr{H}.$$

综上所述, $\mathscr{H}$ 包含全体 $\mathscr{T}\times\mathscr{S}$ 上的有界 Borel 函数.

3. 设 ξ 为 $(\mathbb{R},\mathscr{B})$ 上任意非常数的对称分布, 令 $\eta=-\xi$. 那么显然

$$\xi\Rightarrow\xi,$$

$$\xi\Rightarrow\eta.$$

但是

$$(\xi,\xi)\Rightarrow(\xi,\eta)=(\xi,-\xi)$$

却不成立.

4. 首先定义 $\mathbb{R}$ 上的可列集族

$$\mathscr{O}=\left\{B\left(x,\frac{1}{n}\right):\ x\in\mathbb{Q},\ n\in\mathbb{N}_+\right\},$$

其中 $B(x,r)$ 表示以 x 为中心, r 为半径的开区间. 同时设 $\{B_k\}_{k\geqslant 1}$ 为 $\mathscr{O}$ 的一个枚举. $\forall\epsilon>0$, 由 Polish 空间测度的正则性 (定理 10.3.2) 知, 存在开集列 $\{O_k\}$ 和紧集列 $\{C_k\}$ 使得

$$C_k\subset f^{-1}(B_k)\subset O_k,\quad \mu(O_k\setminus C_k)<\frac{\epsilon}{2^k},\quad \forall k\geqslant 1.$$

令 $A=\cup_{k=1}^{\infty}O_k\setminus C_k$, 易知

$$\mu(A)\leqslant\sum_{k=1}^{\infty}\mu(O_k\setminus C_k)<\sum_{k=1}^{\infty}\frac{\epsilon}{2^k}=\epsilon.$$

再次使用正则性知, 存在紧集 $K_\epsilon\subset A^c$, 使得 $\mu(A^c\setminus K_\epsilon)<\epsilon-\mu(A)$. 此时有

$$\mu(K_\epsilon^c)=\mu(A^c\setminus K_\epsilon)+\mu(A)<\epsilon.$$

下面说明 f 在 K_ϵ 上连续. 因为 $\forall k\geqslant 1$ 有

$$C_k\subset f^{-1}(B_k)\subset O_k,$$

所以

$$O_k\cap K_\epsilon=C_k\cap K_\epsilon\subset f^{-1}(B_k)\cap K_\epsilon\subset O_k\cap K_\epsilon.$$

也就是说 $f^{-1}(B_k)\cap K_\epsilon=O_k\cap K_\epsilon$, 任意 $\mathscr{O}$ 集合的原像为 K_ϵ 中的开集. 故 f 在 K_ϵ 上连续.

5. 令

$$\varphi(x)=1_{\{0\}}(x),\quad \xi\equiv 0,\quad \xi_n=\frac{1}{n}.$$

则显然 $\forall\epsilon>0$,

$$\lim_n P(|\xi_n-\xi|>\epsilon)=0,$$

即 $\xi_n\xrightarrow{P}\xi$. 但是

$$\varphi(\xi)=1,\quad \varphi(\xi_n)\equiv 0,\quad \forall n\geqslant 1.$$

也就是说 $\varphi(\xi_n)\Rightarrow\varphi(\xi)$ 并不成立.

6. 必要性. 若 $P_n\Longrightarrow P$, 则 $\forall f\in C_b(X)$, 有

$$\lim_n\int fdP_n=\int fdP.$$

自然对任意子列 $\{P_{n'}\}$, 有

$$\lim_{n'}\int fdP_{n'}=\int fdP.$$

也就是说 $P_{n'}\Longrightarrow P$.

充分性. 设 $P_n\Rightarrow P$ 不成立, 则存在 $f\in C_b(X)$, $\epsilon>0$ 及一子列 $n'\to\infty$, 使得

$$\left|\int fdP_{n'}-\int fdP\right|>\epsilon,\quad \forall n'.$$

故在 $\{P_{n'}\}$ 中不可能抽出弱收敛到 P 的子列 $\{P_{n''}\}$.

7. $\forall\epsilon>0$, 存在 $M>0$(不妨设其为 1), 有

$$F(1)>1-\frac{\epsilon}{2}\quad 且\quad F(-1)<\frac{\epsilon}{2}.$$

同时存在 N_1, 当 $n\geqslant N_1$ 时, 有

$$|F(1)-F_n(1)|<\frac{\epsilon}{2}$$

且

$$|F(-1)-F_n(-1)|<\frac{\epsilon}{2}.$$

于是易知

$$\sup_{|x|>1}|F_n(x)-F(x)|<\epsilon,\ n\geqslant N_1.$$

同时因为 $F(x)$ 在 $[-1,1]$ 上一致连续且 $\forall x\in[-1,1]$, 有 $F_n(x)\to F(x)$. 故 $\exists N_2$, $m\geqslant N_2$ 时, 有

$$\left|F\left(\frac{k}{2^m}\right)-F\left(\frac{k+1}{2^m}\right)\right|<\frac{\epsilon}{5},\quad k=0,\pm1,\cdots,\pm(2^m-1),-2^m.$$

m 固定后存在 N_3, $n \geqslant N_3$ 时, 有

$$\left|F_n\left(\frac{k}{2^m}\right) - F\left(\frac{k}{2^m}\right)\right| < \frac{\epsilon}{5}, \quad k = 0, \pm 1, \cdots, \pm(2^m - 1), -2^m.$$

所以 $\forall n \geqslant N_3$, 任意 $x \in [-1, 1]$ $\left(\text{不妨假设 } x \in \left[0, \frac{1}{2^m}\right]\right)$, 有

$$\begin{aligned}
&|F(x) - F_n(x)| \\
\leqslant\ & |F(x) - F(0)| + |F(0) - F_n(0)| + |F_n(0) - F_n(x)| \\
<\ & \frac{2\epsilon}{5} + |F_n(0) - F_n(x)| \leqslant \frac{2\epsilon}{5} + \left|F_n(0) - F_n\left(\frac{1}{2^m}\right)\right| \\
\leqslant\ & \frac{2\epsilon}{5} + |F_n(0) - F(0)| + \left|F(0) - F\left(\frac{1}{2^m}\right)\right| + \left|F\left(\frac{1}{2^m}\right) - F_n\left(\frac{1}{2^m}\right)\right| \\
<\ & \epsilon.
\end{aligned}$$

于是易知

$$\sup_{|x| \leqslant 1} |F_n(x) - F(x)| < \epsilon, \quad n \geqslant N_3.$$

取 $n \geqslant \max\{N_1, N_3\}$, 有

$$\sup_{x \in \mathbb{R}} |F_n(x) - F(x)| < \epsilon.$$

得到

$$\sup_{x \in \mathbb{R}} |F_n(x) - F(x)| \to 0.$$

反例: 取

$$F_n = \begin{cases} 0, & x < \dfrac{1}{n}, \\ 1, & x \geqslant \dfrac{1}{n}, \end{cases} \qquad F = \begin{cases} 0, & x < 0, \\ 1, & x \geqslant 0. \end{cases}$$

显然

$$\sup_{x \in \mathbb{R}} |F_n(x) - F(x)| \equiv 1.$$

8. 因为对任意的 n 和非负 M 有

$$\begin{aligned}
P_n([-M, M]^c) = P(\{|\xi_n| > M\}) &= \int_{\{|\xi_n| > M\}} 1 dP \\
&\leqslant \frac{1}{M^p} \int |\xi_n|^p dP \leqslant \frac{1}{M^p} \sup_n E|\xi_n|^p < \infty.
\end{aligned}$$

故 $\forall \epsilon > 0$, 存在足够大的 M, 有

$$P_n([-M, M]^c) < \epsilon, \quad \forall n \in N.$$

也就是说对任意的 n 有

$$P_n([-M, M]) > 1 - \epsilon.$$

同时易知 $[-M,M]$ 为紧集, 所以 $\{P_n, n\geqslant 1\}$ 是胎紧的.

9. 根据定理 10.5.9 因为 $P_n \Longrightarrow P$, 所以存在定义于 $(\Omega,\mathscr{F},Q)$ 上的随机变量 $\{\xi_n\}$ 和 η, 它们分别以 P_n, P 为分布且有 $\xi_n \overset{\text{a.s.}}{\to} \eta$. 因为有 $P(A)=0$, 所以由

$$\{\lim_n h(\xi_n)\neq h(\eta)\}\subset\{\xi_n\text{不收敛到}\eta\}\cup\eta^{-1}\left(\{x\in\xi: h\text{在 } x \text{ 处不连续}\}\right),$$

知

$$Q(\lim_n h(\xi_n)\neq h(\eta))\leqslant 0+Q\circ\eta^{-1}(A)=0+P(A)=0.$$

也就是说

$$h(\xi_n)\overset{\text{a.s.}}{\to} h(\eta).$$

所以 $h(\xi_n)$ 的分布函数弱收敛到 $h(\eta)$ 的分布函数. 即

$$\begin{aligned}P_n\circ h^{-1}&=Q\circ\xi_n^{-1}\circ h^{-1}\\&=Q\circ h(\xi_n)^{-1}\Longrightarrow Q\circ h(\eta)^{-1}\\&=Q\circ\eta^{-1}\circ h^{-1}=P\circ h^{-1}.\end{aligned}$$

10. (a) 该范数下的柯西列是一致收敛的连续函数列, 所以极限函数也是连续函数, 故 C 为完备的赋范线性空间.

(b) 令

$$\xi_n^{(m)}(t,\omega)=\sum_{k=0}^{2^m-1}\xi_n\left(\frac{k}{2^m},\omega\right)1_{\left[\frac{k}{2^m},\frac{k+1}{2^m}\right)}(t)+\xi_n(1,\omega)1_{\{1\}}(t),$$

$\forall(t,\omega)\in[0,1]\times\Omega$. 同时显然有

$$\xi_n\left(\frac{k}{2^m},\omega\right)\in\mathscr{B}([0,1])\times\mathscr{F}$$

与

$$1_{\left[\frac{k}{2^m},\frac{k+1}{2^m}\right)}(t)\in\mathscr{B}([0,1])\times\mathscr{F}$$

对 $\forall n\geqslant 0$, $\forall(t,\omega)\in[0,1]\times\Omega$ 及 $k=0,\cdots,2^m-1$ 成立. 于是易知

$$\xi_n^{(m)}(t,\omega)\in\mathscr{B}([0,1])\times\mathscr{F}.$$

而每个 ξ_n 均为路径连续的, 所以有

$$\xi_n=\lim_m\xi_n^{(m)},$$

$\forall(t,\omega)\in\mathscr{B}([0,1])\times\mathscr{F}$. 故有

$$\xi_n(t,\omega)\in\mathscr{B}([0,1])\times\mathscr{F}.$$

(c) 根据习题 1 第 28 题的结论知, (a) 中范数生成的 σ-代数 $\mathscr{B}$ 等同于由 $C[0,1]$ 中柱集全体生成的 σ-代数. 令 $\eta_n\colon\omega\mapsto\xi_n(\cdot,\omega)$ 有

$$\eta_n^{-1}\left(\{f\in C[0,1]\ :\ f(t_1)\in A_1, f(t_2)\in A_2,\cdots,f(t_m)\in A_m\}\right)$$

$$= \{\xi_n(t_1) \in A_1, \xi_n(t_2) \in A_2, \cdots, \xi_n(t_m) \in A_m\} \in \mathscr{F},$$

$\forall t_i \in [0,1]$ 与 $\forall A_i \in \mathscr{B}(\mathbb{R})$, $i = 1, 2, \cdots, m$. 所以由习题 1 第 13 题知

$$\eta_n^{-1}(\mathscr{B}) \subset \mathscr{F},$$

即 $\omega \mapsto \xi_n(\cdot, \omega)$ 为 $(\Omega, \mathscr{F})$ 到 $(C, \mathscr{B})$ 的可测映射.

(d) 要说明 $Q_n \Longrightarrow Q_0$, 只要说明 $\forall O \in \mathscr{B}(\mathbb{R})$ 为开集有

$$\liminf_n Q_n(O) \geqslant Q_0(O).$$

令

$$\eta_n: \ \omega \mapsto \xi_n(\cdot, \omega),$$
$$\zeta_n: \ \omega \mapsto ||\xi_n(\cdot, \omega)||.$$

因为任意

$$\{\ ||\cdot|| \in O\} \subset C$$

也是 $(C, \mathscr{B})$ 中的开集, 所以

$$\begin{aligned}
&\liminf_n Q_n(O) = \liminf_n P \circ \zeta_n^{-1}(O) \\
&= \liminf_n P(||\xi_n(\cdot, \omega)|| \in O) = \liminf_n P \circ \eta_n^{-1}(||\cdot|| \in O) \\
&\geqslant P \circ \eta_0^{-1}(||\cdot|| \in O) = P \circ \zeta_0^{-1}(O) = Q_0(O).
\end{aligned}$$

故 $Q_n \Longrightarrow Q_0$.

11. (a) 令 $\{y_k\}$ 为 Y 中的可数稠密集, 则全体 $\left\{y : \rho(y_k, y) < \dfrac{1}{n}\right\}, k, n \in \mathbb{N}_+$ 可列. 不妨将其统一记为 $\{B_m\}$, 然后令 $h_m(y) = \rho(B_m, y) \wedge 1$, 容易验证如此定义的 $\{h_m\}$ 就是要找的有界连续函数列.

(b) 任意取定 Y 上的有界连续函数 G, 先定义

$$\mathscr{H} = \left\{H \in \mathscr{B} \text{ 有界}: \int G(f(x))H(x)d\mu = \int G(g(x))H(x)d\mu\right\}.$$

根据引理 10.1.1 知 $\forall F \in \mathscr{B}$ 为闭集, 存在 $\{f_n\} \subset C_b(X) \cap C_+(X)$, 有 $f_n \downarrow 1_F$. 于是根据控制收敛定理有

$$\begin{aligned}
&\int G(f(x))1_F(x)d\mu = \lim_n \int G(f(x))f_n(x)d\mu \\
&= \lim_n \int G(g(x))f_n(x)d\mu = \int G(g(x))1_F(x)d\mu.
\end{aligned}$$

所以 $\mathscr{H}$ 包含生成 $\mathscr{B}$ 的 π 类的示性函数全体, 同时易知 $\mathscr{H}$ 是一个线性空间且对有界非负上升序列封闭, 所以 $\mathscr{H}$ 包含全体 $\mathscr{B}$- 可测有界函数. 当 H 可积时, 将其分正负部考虑, 然后使用控制收敛定理即可.

(c) 在 (b) 的条件下分别令 $H(x)$ 为 $G(f(x))$ 和 $G(g(x))$ 即可.

(d) 在已知 (c) 的情况下依次取

$$G(y) = h_m(y), \quad m \geqslant 1,$$

其中 $h_m(y)$ 为 (a) 中所设有界连续的函数列, 于是有

$$\int |h_m(f(x)) - h_m(g(x))|^2 d\mu = 0, \quad m \geqslant 1.$$

进一步有

$$\int \sum_{m=1}^{+\infty} \frac{|h_m(f(x)) - h_m(g(x))|^2}{2^m} d\mu = 0.$$

那么得到

$$\sum_{m=1}^{+\infty} \frac{|h_m(f(x)) - h_m(g(x))|^2}{2^m} = 0, \ \mu\text{-a.s.}.$$

由此易知 $f = g$ a.e..

(e) 设概率空间为 $([0,1], \mathscr{B}([0,1]), Q)$, 其中 Q 为 Lebesgue 测度. 设 f 和 g 分别为 $1_{[0,\frac{1}{2})}$ 和 $1_{[\frac{1}{2},1]}$. 显然 $f \neq g$, 但是

$$\int F(f(x))dQ = \frac{F(0)+F(1)}{2} = \int F(g(x))dQ$$

对任意 $[0,1]$ 上有界连续函数成立.

(f) 要证明 $f_n \xrightarrow{P} f$, 就是要证明 $\rho(f_n, f) \xrightarrow{P} 0$, 而

$$\rho(f_n, f) \xrightarrow{P} 0 \Longleftrightarrow \sum_{m=1}^{+\infty} \frac{|h_m(f_n) - h_m(f)|^2}{2^m} \xrightarrow{P} 0, \quad n \to \infty.$$

因为 $(f_n(x), x) \Rightarrow (f(x), x)$, 所以对任意 $Y \times X$ 上的有界连续函数 F, 有

$$\lim_n \int F(f_n(x), x)dP = \int F(f(x), x)dP.$$

同时对于 Y 上任意有界 (设为 M) 连续函数 G 和 X 上的有界可测函数 H, 根据 Lusin 定理 $\forall \epsilon > 0$ 存在 X 上的有界连续函数 H', 有

$$\int |H(x) - H'(x)|dP < \epsilon.$$

于是有

$$\begin{aligned}
&\left|\int G(f_n(x))H(x)dP - \int G(f(x))H(x)dP\right| \\
\leqslant &\int |G(f_n(x))||H(x) - H'(x)|dP + \left|\int G(f_n(x))H'(x)dP - \int G(f(x))H'(x)dP\right| \\
&+ \int |G(f(x))||H'(x) - H(x)|dP \\
\leqslant &\, 2M\epsilon + \left|\int G(f_n(x))H'(x)dP - \int G(f(x))H'(x)dP\right|,
\end{aligned}$$

那么

$$\lim_n \int G(f_n(x))H(x)dP = \int G(f(x))H(x)dP.$$

令 $H(x)=G(f(x))$ 则有

$$\lim_n \int G(f_n(x))G(f(x))dP = \int G^2(f(x))dP.$$

显然

$$\lim_n \int G^2(f_n(x))dP = \int G^2(f(x))dP,$$

于是可得

$$\lim_n \int |G(f_n(x)) - G(f(x))|^2 dP = 0.$$

那么依次令 $G(y)=h_m(y)$ 可以得到

$$\lim_n \int |h_m(f_n(x)) - h_m(f(x))|^2 dP = 0, \quad m \geqslant 1.$$

也就是有

$$\lim_n \int \sum_{m=1}^{+\infty} \frac{|h_m(f_n) - h_m(f)|^2}{2^m} dP = 0.$$

故 $\rho(f_n, f) \xrightarrow{P} 0$.

12. 首先我们证明以下结论.

若 X, Y 为 Polish 空间, $\varphi: X \mapsto Y$ 为 Borel 函数, $(\Omega, \mathscr{B}, P)$ 上的随机变量列 ξ_n, ξ 取值于 X, $\xi_n \xrightarrow{\text{a.s.}} \xi$ 且同分布, 则 $\varphi(\xi_n) \xrightarrow{P} \varphi(\xi)$.

证明 由 Ulam 定理与 Lusin 定理知, 任意 $\epsilon > 0$, 存在紧集 K_ϵ, 使得

$$P \circ \xi^{-1}(K_\epsilon^c) < \epsilon \quad \text{且} \quad \varphi|_{K_\epsilon} \text{ 连续}.$$

所以 $\forall \delta > 0$,

$$\begin{aligned}
&P(|\varphi(\xi_n) - \varphi(\xi)| > \delta) \\
\leqslant\ & P(\xi_n, \xi \in K_\epsilon, |\varphi(\xi_n) - \varphi(\xi)| > \delta) + P(\xi_n \in K_\epsilon^c) + P(\xi \in K_\epsilon^c) \\
=\ & P(\xi_n, \xi \in K_\epsilon, |\varphi(\xi_n) - \varphi(\xi)| > \delta) + 2P \circ \xi^{-1}(K_\epsilon^c).
\end{aligned}$$

因为

$$\lim_n P(\xi_n, \xi \in K_\epsilon, |\varphi(\xi_n) - \varphi(\xi)| > \delta) = 0,$$

令 $\epsilon \to 0$, 有

$$\lim_n P(|\varphi(\xi_n) - \varphi(\xi)| > \delta) = 0.$$

即 $\varphi(\xi_n) \xrightarrow{P} \varphi(\xi)$.

然后我们说明 $(\xi_n, \varphi(\eta_n)) \Rightarrow (\xi, \varphi(\eta))$.

假设 X, Y, Z 为 Polish 空间, ξ 和 ξ_n 取值于 X, η 和 η_n 取值于 Y, $\varphi: X \mapsto Y$. 由 Skorohod 表现定理知, 存在 $([0,1), \mathscr{B}([0,1)), Q)$ 上的随机变量序列 $\hat{\xi}_n, \hat{\xi}, \hat{\eta}_n, \hat{\eta}$ 使得

$$(\hat{\xi}_n, \hat{\eta}_n) \stackrel{d}{=} (\xi_n, \eta_n), \quad (\hat{\xi}, \hat{\eta}) \stackrel{d}{=} (\xi, \eta)$$

且

$$(\hat{\xi}_n, \hat{\eta}_n) \xrightarrow{\text{a.s.}} (\hat{\xi}, \hat{\eta}).$$

于是易知

$$\hat{\xi}_n \xrightarrow{Q} \hat{\xi}.$$

同时由第一步的证明知

$$\varphi(\hat{\eta}_n) \xrightarrow{Q} \varphi(\hat{\eta}),$$

所以有

$$(\hat{\xi}_n, \varphi(\hat{\eta}_n)) \xrightarrow{Q} (\hat{\xi}, \varphi(\hat{\eta})).$$

由此推出

$$(\hat{\xi}_n, \varphi(\hat{\eta}_n)) \Rightarrow (\hat{\xi}, \varphi(\hat{\eta})).$$

也就是说

$$(\xi_n, \varphi(\eta_n)) \stackrel{d}{=} (\hat{\xi}_n, \varphi(\hat{\eta}_n)) \Rightarrow (\hat{\xi}, \varphi(\hat{\eta})) \stackrel{d}{=} (\xi, \varphi(\eta)).$$

.

13. (a) 设 $\mu \ll \nu$ 有

$$\int_X \left(\ln \frac{d\mu}{d\nu}\right) d\mu = \int_X \left(\ln \frac{d\mu}{d\nu}\right) \frac{d\mu}{d\nu} d\nu.$$

因为 $x \ln x$ 在 $(0,1]$ 上为有界函数 (界设为 M) 且

$$\left(\ln \frac{d\mu}{d\nu}\right) \frac{d\mu}{d\nu}^{-} = \left(\ln \frac{d\mu}{d\nu}\right) \frac{d\mu}{d\nu} 1_{\{0<\frac{d\mu}{d\nu}\leqslant 1\}},$$

所以

$$\left|\int_X \left(\ln \frac{d\mu}{d\nu}\right) \frac{d\mu}{d\nu}^{-} d\nu\right| \leqslant \int_{\{0<\frac{d\mu}{d\nu}\leqslant 1\}} \left|\left(\ln \frac{d\mu}{d\nu}\right) \frac{d\mu}{d\nu}\right| d\nu \leqslant M < \infty.$$

于是积分 $\int_X \left(\ln \frac{d\mu}{d\nu}\right) d\mu$ 存在, 即这样定义的 $\mathbb{R}(\mu|\nu)$ 的确存在.

(b) 只需考虑 $\mu \ll \nu$ 的情况, 先设 $\varphi(x) = x \ln x$, 则使用 Jensen 不等式知

$$\int_X \frac{d\mu}{d\nu} \ln \frac{d\mu}{d\nu} d\nu = E\left[\varphi\left(\frac{d\mu}{d\nu}\right)\right] \geqslant \varphi\left(E\left[\frac{d\mu}{d\nu}\right]\right) = \varphi(1) = 0.$$

若 $\mu = \nu$, 则 $\frac{d\mu}{d\nu} = 1$, $\mathbb{R}(\mu|\nu) = \int_X \ln 1 d\mu = 0$.

若 $\mathbb{R}(\mu|\nu) = 0$, 假设 $\nu\left(\frac{d\mu}{d\nu} \neq 1\right) > 0$. 因为当正实数 $u \neq v$ 时,

$$\varphi(u) - \varphi(v) > \varphi_{+}'(v)(u - v),$$

所以取 $u=\dfrac{d\mu}{d\nu}, v=E\left[\dfrac{d\mu}{d\nu}\right]$ (为 1), 有

$$\varphi\left(\frac{d\mu}{d\nu}\right)-\varphi\left(E\left[\frac{d\mu}{d\nu}\right]\right)>\varphi_+'\left(E\left[\frac{d\mu}{d\nu}\right]\right)\left(\frac{d\mu}{d\nu}-E\left[\frac{d\mu}{d\nu}\right]\right)$$

在 $\left\{\dfrac{d\mu}{d\nu}\neq 1\right\}$ 上成立. 于是

$$\begin{aligned}0=&\int\varphi\left(\frac{d\mu}{d\nu}\right)d\nu=\int\varphi\left(\frac{d\mu}{d\nu}\right)-\varphi\left(E\left[\frac{d\mu}{d\nu}\right]\right)d\nu\\=&\int_{\left\{\frac{d\mu}{d\nu}\neq 1\right\}}\varphi\left(\frac{d\mu}{d\nu}\right)-\varphi\left(E\left[\frac{d\mu}{d\nu}\right]\right)d\nu\\>&\int_{\left\{\frac{d\mu}{d\nu}\neq 1\right\}}\varphi_+'\left(E\left[\frac{d\mu}{d\nu}\right]\right)\left(\frac{d\mu}{d\nu}-E\left[\frac{d\mu}{d\nu}\right]\right)d\nu=0.\end{aligned}$$

矛盾. 故 $\nu\left(\dfrac{d\mu}{d\nu}\neq 1\right)=0$, 即 $\mu=\nu$.

(c) 不妨设

$$\frac{d\mu}{d\nu}=\mathrm{e}^{-k}g=f.$$

于是只需要说明 $\forall\mu\in\mathbf{P}(X)$, 有

$$-\ln\int_X\mathrm{e}^{-k}d\nu\leqslant\int_X f\ln f+kfd\nu.$$

而

$$-\ln\int_X\mathrm{e}^{-k}d\nu=-\ln\int_X\frac{1}{g}\mathrm{e}^{-k}gd\nu=-\ln\int_X\frac{1}{g}d\mu,$$

同时

$$\int_X f\ln f+kfd\nu=\int_X\mathrm{e}^{-k}g\ln gd\nu=\int_X-\ln\frac{1}{g}d\mu.$$

使用 Jensen 不等式知道有

$$-\ln\int_X\frac{1}{g}d\mu\leqslant\int_X-\ln\frac{1}{g}d\mu$$

成立.

(Jensen 不等式成立的条件及每一步函数的可积性请读者自己讨论.)

于是有

$$-\log\int_X\mathrm{e}^{-k}d\nu\leqslant\inf_{\mu\in\mathbf{P}(X)}\left\{\mathbb{R}(\mu|\nu)+\int kd\mu\right\}.$$

代入 μ_0 易验证等号成立.

14. 先证明 $\gamma\ll\mu$.

因为 $\left\{\dfrac{d\gamma_n}{d\mu}\right\}$ 关于 μ 一致可积, 所以 $\left\{\dfrac{d\gamma_n}{d\mu}\right\}$ 关于 μ 积分一致绝对连续 (命题 4.1.15). 也就是说 $\forall\epsilon>0$, 存在 $\delta>0$, 当 $\mu(A)<\delta$ 时, 有 $\forall n\in\mathbb{N}_+$

$$\gamma_n(A)=\left|\int_A\frac{d\gamma_n}{d\mu}d\mu\right|\leqslant\int_A\left|\frac{d\gamma_n}{d\mu}\right|d\mu<\frac{\epsilon}{2}.$$

任取集合 B, $\mu(B) < \frac{\delta}{2}$. 根据 Polish 空间测度的正则性, 存在集合 C 为包含 B 的开集且 $\mu(C) < \delta$, 于是我们有

$$\gamma(B) \leqslant \gamma(C) \leqslant \liminf_{n} \gamma_n(C) \leqslant \frac{\epsilon}{2} < \epsilon.$$

再使用命题 7.3.2 知 $\gamma \ll \mu$.

然后证明 $\forall f$ 有界 (不妨设为 M) 可测, 有

$$\int f d\gamma_n \to \int f d\gamma.$$

根据 Lusin 定理知, 存在 $g \in C(X)$, 有

$$\mu(g \neq f) < \frac{\delta}{2}$$

且

$$\sup_X |g| \leqslant \sup_X |f| < \infty,$$

于是有

$$\begin{aligned}
&\left|\int f d\gamma_n - \int f d\gamma\right| \\
\leqslant &\int |f-g| \left|\frac{d\gamma_n}{d\mu}\right| d\mu + \left|\int g d\gamma_n - \int g d\gamma\right| + \int |g-f| \left|\frac{d\gamma}{d\mu}\right| d\mu \\
< &3M\epsilon + \left|\int g d\gamma_n - \int g d\gamma\right|.
\end{aligned}$$

所以根据 $\gamma_n \Rightarrow \gamma$ 有

$$\overline{\lim_n} \left|\int f d\gamma_n - \int f d\gamma\right| \leqslant 3M\epsilon.$$

令 $\epsilon \to 0$, 即

$$\lim_n \int f d\gamma_n = \int f d\gamma.$$

《大学数学科学丛书》已出版书目

1. 代数导引　万哲先　著　2004 年 8 月
2. 代数几何初步　李克正　著　2004 年 5 月
3. 线性模型引论　王松桂等　编著　2004 年 5 月
4. 抽象代数　张勤海　著　2004 年 8 月
5. 变分迭代法　曹志浩　编著　2005 年 2 月
6. 现代偏微分方程导论　陈恕行　著　2005 年 3 月
7. 抽象空间引论　胡适耕　张显文　编著　2005 年 7 月
8. 近代分析基础　陈志华　编著　2005 年 7 月
9. 抽象代数——理论、问题与方法　张广祥　著　2005 年 8 月
10. 混合有限元法基础及其应用　罗振东　著　2006 年 3 月
11. 孤子引论　陈登远　编著　2006 年 4 月
12. 矩阵不等式　王松桂等　编著　2006 年 5 月
13. 算子半群与发展方程　王明新　编著　2006 年 8 月
14. Maple 教程　何青　王丽芬　编著　2006 年 8 月
15. 有限群表示论　孟道骥　朱萍　著　2006 年 8 月
16. 遗传学中的统计方法　李照海　覃　红　张　洪　编著　2006 年 9 月
17. 广义最小二乘问题的理论和计算　魏木生　著　2006 年 9 月
18. 多元统计分析　张润楚　2006 年 9 月
19. 几何与代数导引　胡国权　编著　2006 年 10 月
20. 特殊矩阵分析及应用　黄廷祝等　编著　2007 年 6 月
21. 泛函分析新讲　定光桂　著　2007 年 8 月
22. 随机微分方程　胡适耕　黄乘明　吴付科　著　2008 年 5 月
23. 有限维半单李代数简明教程　苏育才　卢才辉　崔一敏　著　2008 年 5 月
24. 积分方程　李星　编著　2008 年 8 月
25. 代数学　游宏　刘文德　编著　2009 年 6 月
26. 代数导引（第二版）　万哲先　著　2010 年 2 月
27. 常微分方程简明教程　王玉文　史峻平　侍述军　刘　萍　编著　2010 年 9 月
28. 有限元方法的数学理论　杜其奎　陈金如　编著　2012 年 1 月
29. 近代分析基础（第二版）　陈志华　编著　2012 年 4 月
30. 线性代数核心思想及应用　王卿文　编著　2012 年 4 月
31. 一般拓扑学基础（第二版）　张德学　编著　2015 年 1 月

32. 公钥密码学的数学基础　王小云　王明强　孟宪萌　著　2013 年 1 月
33. 常微分方程　张祥　编著　2015 年 5 月
34. 巴拿赫空间几何与最佳逼近　张子厚　刘春燕　周　宇　著　2016 年 2 月
35. 实变函数论教程　杨力华　编著　2017 年 5 月
36. 现代偏微分方程导论（第二版）　陈恕行　著　2018 年 5 月
37. 测度与概率教程　任佳刚　巫　静　著　2018 年 12 月